普通高等教育"十三五"规划教材

生物工程导论

供生物工程、生物技术等相关专业用

主　编　张　晶

副主编　杨　磊　王　菲　范晓光

中国石化出版社

内 容 提 要

　　本书将生物工程所涉及的五大工程,即发酵工程、细胞工程、基因工程、酶工程和生物反应器工程等相关内容进行有机融合和精心编撰,从生物工程学科的重要理论基础入手,最后例举了该学科的前沿内容。全书内容共分为八章:第1章绪论,第2章微生物与发酵工程,第3章细胞工程,第4章基因工程,第5章酶与酶工程,第6章生物反应工程,第7章生物工程设备,第8章生物工程学科前沿。本书体系新颖、内容全面、语言通顺、简明、理论与应用并重。

　　本书可作为高等学校工科生物工程相关专业的教材或教学参考书,也可作为工科非生物专业普及生物工程基础知识的教学参考书,同时还可供从事生物工程生产、科研、管理人员参考阅读。

图书在版编目(CIP)数据

生物工程导论 / 张晶主编 . —北京:中国石化出版社,2018. 2(2022. 9 重印)
ISBN 978-7-5114-4345-8

Ⅰ.①生… Ⅱ.①张… Ⅲ.①生物工程-高等学校-教材 Ⅳ.①Q81

中国版本图书馆 CIP 数据核字(2018)第 030541 号

未经本社书面授权,本书任何部分不得被复制、抄袭,或者以任何形式或任何方式传播。版权所有,侵权必究。

中国石化出版社出版发行
地址:北京市东城区安定门外大街 58 号
邮编:100011　电话:(010)57512500
发行部电话:(010)57512575
http://www.sinopec-press.com
E-mail:press@ sinopec.com
北京力信诚印刷有限公司印刷
全国各地新华书店经销
*
787×1092 毫米 16 开本 21 印张 522 千字
2018 年 2 月第 1 版　2022 年 9 月第 2 次印刷
定价:50.00 元

《生物工程导论》编委会

主　　编　张　晶

副　主　编　杨　磊　王　菲　范晓光

编写人员　王战勇　吴　闯　李菊娣　韩秋菊
　　　　　　姚秀清　顾贵洲

前　言

生物工程是 21 世纪高新技术革命的核心内容，其历史悠久。近年来随着分子技术、代谢工程等技术的融合，生物工程得以快速发展，内涵也日益丰富，蛋白质工程、酶工程、组织工程、生物能源、生物材料、生物医药等新兴学科和技术不断涌现和成熟，使得现代生物工程成为当今高新科技的重要组成部分。一些生物工程技术的建立和发展已经或即将带来新的技术革命，导致新产品的不断出现。

在人类所面临的粮食短缺问题、健康问题、环境问题、资源问题、人口问题和能源问题等方面，生物工程显示出其强大的作用。生物工程广泛应用于食品、医药、化工、环境保护和能源等领域，可促进传统产业的技术改造和新兴产业的形成，对人类社会生活将产生深远的影响。生物工程与人们的日常生活、经济和社会的发展关系密切，它几乎渗透到所有的学科。在 21 世纪各行各业、各个学科领域将会涌现出更多杰出的人才，参与到与生命科学交叉的边缘领域的研究和开发中来。由此可见编写本书的意义所在。

本书由张晶主编。其中第 1 章和第 2 章由张晶编写；第 3 章和第 6 章由杨磊和张晶编写；第 4 章和第 5 章由王菲和张晶编写；第 7 章由范晓光写；第 8 章由杨磊、王菲、王战勇、姚秀清、李菊娣、吴闯、韩秋菊和顾贵州等人编写。

本书在编写时力求使之适应教学改革、培养学生自主学习能力的需要，但限于生物工程技术的飞速发展以及编写者自身水平的限制，书中会存在错误或不足之处，敬请各位老师与同学提出宝贵意见，全体编著人员不胜感激，谢谢！

编　者

目　录

1 绪 论

21世纪，生物工程是推动社会经济发展和社会进步的一项关键技术，不论是发达国家还是发展中国家都把生物工程纳入科学技术发展的重点。一般认为，现代生物工程是20世纪70年代初，在分子生物学、细胞生物学等基础上发展起来的一个新兴技术领域。由于基因重组、细胞融合、固定化酶、细胞大规模培养和生物大分子分离、分析新技术的出现，人们运用生命科学的这些新成就，结合发酵和生化工程原理，定向设计组建新品种，或加工生物原料，为社会提供商品和服务，形成了现代生物工程。

1.1 生物工程的概念及特点

生物工程是20世纪70年代初兴起的一门新兴的综合性应用学科，90年代诞生了基于系统论的生物工程，即系统生物工程的概念。所谓生物工程，一般认为是以生物学（特别是其中的微生物学、遗传学、生物化学和细胞学）的理论和技术为基础，结合化工、机械、电子计算机等现代工程技术，充分运用分子生物学的最新成就，自觉地操纵遗传物质，定向地改造生物或其功能，短期内创造出具有超远缘性状的新物种，再通过合适的生物反应器对这类"工程菌"或"工程细胞株"进行大规模的培养，以生产大量有用代谢产物或发挥它们独特生理功能的一门新兴技术。生物工程包括五大工程，即遗传工程（基因工程）、细胞工程、微生物工程（发酵工程）、酶工程和生物反应工程，如图1-1所示。它们各有其特点和相对独立的技术学科体系，同时彼此之间又是互相渗透，互相结合，相辅相成，相得益彰，共同构成现代生物工程学科领域。

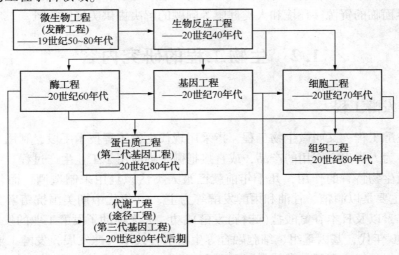

图1-1 生物工程技术发展及相互关系

（1）基因工程是现代生物工程的核心或前沿学科，酶工程、细胞工程以及微生物工程或发酵工程的新发展都需借助于基因工程的手段。

（2）细胞工程是应用细胞生物学方法，按照人们预定的设计，有计划地保存、改变和创造细胞遗传物质的技术。细胞工程包括细胞融合或体细胞杂交技术、细胞大规模培养技术、植物组织培养快速繁殖技术等。

（3）酶是最重要的生命物质之一，是生物体内进行新陈代谢、自我复制以及物质的合成、分解和转化所不可缺少的生物催化剂。酶工程根据研究和解决问题的手段不同可分为两大部分，即化学酶工程和生物酶工程，它们是生物工程的重要组成部分，与细胞工程和基因工程密切相关。

（4）微生物工程是利用微生物的特定性状，通过现代生化工程技术，使微生物产生有用物质或直接用于工业化生产的技术。主要包括菌种选育、菌体生产、代谢产物的发酵和微生物功能的应用等技术。它是将传统的发酵与 DNA 重组、细胞融合、酶分子修饰、基因调控等新技术结合起来的现代微生物发酵，所以微生物工程也称发酵工程。在整个生物工程技术领域，微生物工程是一个非常重要的组成部分，基因工程、细胞工程和酶工程的研究成果，一定要通过微生物工程，才能转化为生产力，获得经济效益和社会效益。

（5）生物化学工程是研究生物发酵及酶反应生产过程中的一些带共性的工程技术问题和基础理论问题的学科，它以化学工程原理和方法研究含有生物体系或生化反应的工业生产中的有关技术问题。这些问题的解决，对生物工程技术，特别是基因工程、细胞工程、酶工程和微生物工程新成果的开发和产业化，将起着重要的保障作用，同时对已有的发酵工业技术改造也将产生积极作用。

在这五大领域中，前两者作用是将常规菌（或动植物细胞株）作为特定遗传物质受体，使它们获得外来基因，成为能表达超远缘性状的新物种——"工程菌"或"工程细胞株"。后三者的作用则是为这些有巨大潜在价值的新物种创造良好的生长与繁殖条件，进行大规模的培养，以充分发挥其内在潜力，为人们提供巨大的经济效益和社会效益。生物工程技术的应用范围十分广泛，主要包括医药卫生、食品轻工、农牧渔业、能源工业、化学工业、冶金工业、环境保护等几个方面，它必将对人类社会的政治、经济、军事和生活等方面产生巨大的影响，为世界面临的资源、环境和人类健康等问题的解决提供美好的前景。

1.2 生物工程的研究内容

1.2.1 发酵工程

现代的发酵工程，又叫微生物工程，指采用现代生物工程技术手段，利用微生物的某些特定的功能，为人类生产有用的产品，或直接把微生物应用于工业生产过程。

发酵是微生物特有的作用，几千年前就已被人类认识且用来制造酒、面包等食品。20世纪 20 年代主要是以酒精、甘油和丙醇发酵等为主。40 年代中期美国抗菌素工业兴起，大规模生产青霉素以及日本谷氨酸盐（味精）发酵成功，大大推动了发酵工业的发展。

20 世纪 70 年代，基因重组、细胞融合等生物工程技术飞速发展，发酵工业进入现代发酵工程的阶段。不但生产酒精类饮料、醋酸和面包，而且生产胰岛素、干扰素、生长激素、抗生素和疫苗等多种医疗保健药物，生产天然杀虫剂、细菌肥料和微生物除草剂等农用生产资料，在化学工业上生产氨基酸、香料、生物高分子、酶、维生素和单细胞蛋白等。

从广义上讲，发酵工程由三部分组成：上游工程、发酵工程和下游工程。其中上游工程包括优良种株的选育，最适发酵条件(pH、温度、溶解氧和营养组成)的确定，营养物的准备等。发酵工程主要指在最适发酵条件下，发酵罐中大量培养细胞和生产代谢产物的工艺技术。下游工程指从发酵液中分离和纯化产品的技术。

发酵工程的步骤一般包括：

第一步，菌种的选育。

第二步，培养基的制备和灭菌。

第三步，扩大培养和接种。

第四步，发酵过程。

第五步，分离提纯。

发酵工程在医药工业、食品工业、农业、冶金工业、环境保护等许多领域得到广泛应用。

1.2.2 细胞工程

一般认为，细胞工程是根据细胞生物学和分子生物学原理，采用细胞培养技术，在细胞水平进行的遗传操作。

1.2.2.1 细胞培养技术

细胞培养技术是细胞工程的基础技术。所谓细胞培养，就是将生物有机体的某一部分组织取出一小块，进行培养，使之生长、分裂的技术。近20年来细胞生物学的一些重要理论研究的进展，例如细胞全能性的揭示，细胞周期及其调控，癌变机理与细胞衰老的研究，基因表达与调控等，都与细胞培养技术分不开。

体外细胞培养中，供给离开整体的动植物细胞所需营养的是培养基，培养基中除了含有丰富的营养物质外，一般还含有刺激细胞生长和发育的一些微量物质。培养基一般有固态和液态两种，它必须经灭菌处理后才可使用。此外，温度、光照、振荡频率等也都是影响培养的重要条件。

植物细胞与组织培养的基本过程包括如下几个步骤：第一步，从健康植株的特定部位或组织，如根、茎、叶、花、果实、花粉等，选择用于培养的起始材料(外植体)；第二步，用一定的化学药剂(最常用的有次氯酸钠、升汞和酒精等)对外植体表面消毒，建立无菌培养体系；第三步，形成愈伤组织和器官，由愈伤组织再分化出芽并可进一步诱导形成小植株。

动物细胞培养有两种方式。一种叫非贴壁培养，即细胞在培养过程中不贴壁，条件较为复杂，难度也大一些，但是容易同时获得大量的培养细胞。这种方法一般用于淋巴细胞、肿瘤细胞和一些转化细胞的培养。另一种培养方式是贴壁培养，贴壁后的细胞呈单层生长，所以此法又叫单层细胞培养。大多数哺乳动物细胞的培养必须采用这种方法。

1.2.2.2 细胞核移植技术

由于克隆是无性繁殖，所以同一克隆内所有成员的遗传构成完全相同，如此有利于保持原有品种的优良特性。人们开始探索用人工的方法来进行高等动物的克隆。哺乳动物克隆的方法主要有胚胎分割和细胞核移植两种。其中，细胞核移植是发展较晚但富有潜力的一门新技术，是指用机械方式把一个被称为"供体细胞"的细胞核移入另一个除去了细胞核被称为"受体"的细胞中，然后重组细胞进一步发育、分化。核移植的原理是基于动物细胞的细胞核的全能性。

采用细胞核移植技术克隆动物的设想，最初由一位德国胚胎学家在 1938 年提出。从 1952 年起，科学家们首先采用两栖类动物开展细胞核移植克隆实验，先后获得了蝌蚪和成体蛙。1963 年，我国童第周教授领导的科研组，以金鱼等为材料，研究了鱼类胚胎细胞核移植技术，获得成功。到 1995 年为止，在主要的哺乳动物中，胚胎细胞核移植都获得成功，但成体动物已分化细胞的核移植一直未能取得成功。1996 年，英国爱丁堡罗斯林研究所，Ian Wilmut 研究小组成功地利用细胞核移植的方法培养出一只克隆羊——多莉，这是世界上首次利用成年哺乳动物的体细胞进行细胞核移植而培养出的克隆动物。

在核移植中，并不是所有的细胞都可以作为核供体。作为供体的细胞有两种：一种是胚胎细胞，一种是某些体细胞。研究表明，卵细胞、卵母细胞和受精卵细胞都是合适的受体细胞。核移植的研究，不仅在探明动物细胞核的全能性、细胞核与细胞质关系等重要理论问题方面具有重要的科学价值，而且在畜牧业生产中有着非常重要的经济价值和应用前景。

1.2.2.3 细胞融合技术

细胞融合技术是一种新的获得杂交细胞以改变细胞性能的技术，是指在离体条件下，利用融合诱导剂，把同种或不同物种的体细胞人为融合，形成杂合细胞的过程。细胞融合技术是细胞遗传学、细胞免疫学、病毒学、肿瘤学等研究的一种重要手段。

（1）动物细胞融合的主要步骤是：

第一步，获取亲本细胞。将取样的组织用胰蛋白酶或机械方法分离细胞，分别进行贴壁培养或悬浮培养。

第二步，诱导融合。

（2）植物细胞融合的主要步骤是：

第一步，制备亲本原生质体。

第二步，诱导融合。

微生物细胞的融合步骤与植物细胞融合基本相同。

从 20 世纪 70 年代开始，已经有许多种细胞融合成功，有植物间、动物间、动植物间甚至人体细胞与动植物间的成功融合的杂交植物，如"西红柿马铃薯"、"拟南芥油菜"和"蘑菇白菜"等。从目前的技术水平来看，人们还不能把许多远缘的细胞融合后培养成杂种个体，尤其是动物细胞难度更大。

1.2.3 基因工程

基因工程是指在基因水平上，按照人类的需要进行设计，然后按设计方案创建出具有某种新的性状的生物新品系，并能使之稳定地遗传给后代。基因工程采用与工程设计十分类似的方法，既具有理学的特点，同时具有工程学的特点。生物学家在了解遗传密码是 RNA 转录表达以后，还想从分子水平去干预生物的遗传。1973 年，美国斯坦福大学的科恩教授，把两种质粒上不同的抗药基因"裁剪"下来，"拼接"在同一个质粒中。当这种杂合质粒进入大肠杆菌后，这种大肠杆菌就能抵抗两种药物，且其后代都具有双重抗菌性，科恩的重组实验拉开了基因工程的大幕。

DNA 重组技术是基因工程的核心技术。重组，顾名思义，就是重新组合，即利用供体生物的遗传物质，或人工合成的基因，经过体外切割后与适当的载体连接起来，形成重组 DNA 分子，然后将重组 DNA 分子导入到受体细胞或受体生物构建转基因生物，该种生物就可以按人类事先设计好的蓝图表现出另外一种生物的某种性状。

1.2.3.1 DNA 重组技术的物质基础

（1）目的基因。基因工程是一种有预期目的的创造性工作，它的原料就是目的基因；所谓目的基因，是指通过人工方法获得的符合设计者要求的 DNA 片段。在适当条件下，目的基因将会以蛋白质的形式表达，从而实现设计者改造生物性状的目标。

（2）载体。目的基因一般都不能直接进入另一种生物细胞，它需要与特定的载体结合，才能安全地进入受体细胞中。目前常用的载体有质粒、噬菌体和病毒。

质粒是在大多数细菌和某些真核生物的细胞中发现的一种环状 DNA 分子，它位于细胞质中。许多质粒含有在某种环境下可能是必不可少的基因。

噬菌体是专门感染细菌的病毒，由蛋白质外壳和中心的核酸组成。在感染细菌时，噬菌体把 DNA 注入到细菌里，以此 DNA 为模板，复制 DNA 分子，并合成蛋白质，最后组装成新的噬菌体。当细菌死亡破裂后，大量的噬菌体被释放出来，去感染下一个目标。

质粒、噬菌体和病毒的相似之处在于，它们都能把自己的 DNA 分子注入到宿主细胞中并保持 DNA 分子的完整，因而，它们成为运载目的基因的合适载体。因此，基因工程中的载体实质上是一些特殊的 DNA 分子。

（3）工具酶。基因工程需要有一套工具，以便从生物体中分离目的基因，然后选择适合的载体，将目的基因与载体连接起来。DNA 分子很小，其直径只有 2nm。基因工程实际上是一种"超级显微工程"，对 DNA 的切割、缝合与转运，必须有特殊的工具。

1968 年，科学家第一次从大肠杆菌中提取出了限制性内切酶。限制性内切酶最大的特点是专一性强，能够在 DNA 上识别特定的核苷酸序列，并在特定切点上切割 DNA 分子。70 年代以来，人们已经分离提取了 400 多种限制性内切酶。有了它，人们就可以随心所欲地进行 DNA 分子长链切割。1976 年，5 个实验室的科学家几乎同时发现并提取出一种酶，作 DNA 连接酶。从此，DNA 连接酶就成了"黏合"基因的"分子黏合剂"。

1.2.3.2 DNA 重组技术的一般操作步骤

一个典型的 DNA 重组包括五个步骤：

（1）目的基因的获取。目前，获取目的基因的方法主要有三种：反向转录法、从细胞基因组直接分离法和人工合成法。

反向转录法是利用 mRNA 反转录获得目的基因的方法。现在用这种方法人们已先后合成了家兔、鸭和人的珠蛋白基因、羽毛角蛋白基因等。

从细胞基因组中直接分离目的基因常用"鸟枪法"，因为这种方法犹如用散弹打鸟，所以又称"散弹枪法"。用"鸟枪法"分离目的基因，具有简单、方便和经济等优点。许多病毒和原核生物、一些真核生物的基因，都用这种方法获得了成功的分离。

化学合成目的基因是 20 世纪 70 年代以来发展起来的一项新技术。应用化学合成法，可在短时间内合成目的基因。科学家们已相继合成了人的生长激素释放抑制素、胰岛素、干扰素等蛋白质的编码基因。

（2）DNA 分子的体外重组。体外重组是把载体与目的基因进行连接。例如，以质粒作为载体时，首先要选择出合适的限制性内切酶，对目的基因和载体进行切割，再以 DNA 连接酶使切口两端的脱氧核苷酸连接。于是目的基因被镶嵌进质粒 DNA，重组形成了一个新的环状 DNA 分子(杂种 DNA 分子)。

（3）DNA 重组体的导入。把目的基因装在载体上后，就需要把它引入受体细胞中。导入的方式有多种，主要包括转化、转导、显微注射、微粒轰击和电击穿孔等方式。转化和转导主要适用于细菌一类的原核生物细胞和酵母这样的低等真核生物细胞，其他方式主要应用于高等动植物细胞。

（4）受体细胞的筛选。由于 DNA 重组体的转化成功率不是太高，因而，需要在众多的细胞中把成功转入 DNA 重组体的细胞挑选出来。应事先找到特定的标志，证明导入是否成功。例如，我们常用抗生素来证明导入的成功。

（5）基因表达。目的基因在成功导入受体细胞后，它所携带的遗传信息必须通过合成新的蛋白质才能表现出来，从而改变受体细胞的遗传性状。目的基因在受体细胞中要表达，需要满足一些条件。例如，目的基因是利用受体细胞的核糖体来合成蛋白质，因此目的基因上必须含有能启动受体细胞核糖体工作的功能片段。

这五个步骤代表了基因工程的一般操作流程。人们掌握基因工程技术的时间并不长，但已经获得了许多具有实际应用价值的成果。基因工程作为现代生物技术的核心，将在社会生产和实践中发挥越来越重要的作用。

1.2.4 酶工程

酶工程又称酶技术。随着酶学研究的迅速发展，特别是酶应用的推广，使酶学基本原理与化学工程相结合，从而形成了酶工程。酶工程是酶制剂的大批量生产和应用的技术。它从应用的目的出发，将酶学理论与化学工程相结合，研究酶，并在一定的反应装置中利用酶的催化特性，将原料转化为产物的一门新技术。就酶工程本身的发展而言，包括下列主要内容：

（1）酶的产生。酶制剂的来源，有微生物、动物和植物，但主要来源是微生物。由于微生物比动植物具有更多的优点，因此，一般选用优良的产酶菌株，通过发酵来产生酶。为了提高发酵液中的酶浓度，选育优良菌株、研制基因工程菌、优化发酵条件。工业生产需要特殊性能的新型酶，如耐高温的 α-淀粉酶、耐碱性的蛋白酶和脂肪酶等，因此，需要研究、开发生产特殊性能新型酶的菌株。

（2）酶的制备。酶的分离提纯技术是当前生物技术"后处理工艺"的核心。采用各种分离提纯技术，从微生物细胞及其发酵液，或动植物细胞及其培养液中分离提纯酶，制成高活性的不同纯度的酶制剂，为了使酶制剂更广泛用于国民经济各个方面，必须提高酶制剂的活性、纯度和收率，需要研究新的分离提纯技术。

（3）酶和细胞固定化。酶和细胞固定化研究是酶工程的中心任务。为了提高酶的稳定性，重复使用酶制剂，扩大酶制剂的应用范围，采用各种固定化方法对酶进行固定化，制备了固定化酶，如固定化葡萄糖异构酶、固定化氨基酰化酶等，测定固定化酶的各种性质，并对固定化酶作各方面的应用与开发研究。目前固定化酶仍具有强大的生命力，它受到生物化学、化学工程、微生物、高分子、医学等各领域的高度重视。

固定化细胞是在固定化酶的基础上发展起来的。用各种固定化方法对微生物细胞、动物细胞和植物细胞进行固定化，制成各种固定化生物细胞。研究固定化细胞的酶学性质，特别是动力学性质，研究与开发固定化细胞在各方面的应用，是当今酶工程的热门课题。

固定化技术是酶技术现代化的一个重要里程碑，是克服天然酶在工业应用方面的不足之处，而又发挥酶反应特点的突破性技术。可以说，没有固定化技术的开发，就没有现代的酶技术。

6

（4）酶分子改造。又称为酶分子修饰。为了提高酶的稳定性，降低抗原性，延长药用菌在机体内的半衰期，采用各种修饰方法对酶分子结构进行改造，以便创造出天然酶所不具备的某些优良特性（如较高的稳定性、无抗原性、抗蛋白酶水解等），甚至创造出新的酶活性，扩大酶的应用，从而提高酶的应用价值，达到较大的经济效益和社会效益。

酶分子改造可以从两个方面进行：

① 用蛋白质工程技术对酶分子结构基因进行改造，期望获得一级结构和空间结构较为合理的具有优良特性、高活性的新酶（突变酶）。

② 用化学法或酶法改造酶蛋白的一级结构，或者用化学修饰法对酶分子中侧链基团进行化学修饰，以便改变酶学性质。这类酶在酶学基础研究上和医药上特别有用。

（5）有机介质中的酶反应。由于酶在有机介质中的催化反应具有许多优点。因此，近年来，酶在有机介质中催化反应的研究，已受到不少人的重视，成为酶工程中一个新的发展方向。

（6）酶传感器。又称为酶电极。酶电极是由感受器（如固定化酶）和换能器（如离子选择性电极）所组成的一种分析装置，用于测定混合物溶液中某种物质的浓度。其研究内容包括：酶电极的种类、结构与原理；酶电极的制备、性质及应用。

（7）酶反应器。酶反应器是完成酶促反应的装置。其研究内容包括：酶反应器的类型及特性；酶反应器的设计、制造及选择等。

（8）抗体酶、人工酶和模拟酶。抗体酶是一类具有催化活性的抗体，是抗体的高度专一性与酶的高效催化能力二者巧妙结合的产物。其研究内容是：抗体酶的制备、结构、特性、作用机理、催化反应类型、应用等。

人工酶是用人工合成的具有催化活性的多肽或蛋白质。据 1977 年 Dhar 等报道，人工合成的 Glu-Phe-Ala-G1u-Glu-Ala-Ser-Phe 八肽具有溶菌酶的活性，其活性为天然溶菌酶的 50%。

利用有机化学合成的方法合成了一些比酶结构简单得多的具有催化功能的非蛋白质分子。这些物质分子可以模拟酶对底物的结合和催化过程，既可以达到酶催化的高效率，又能够克服酶的不稳定性。这样的物质分子称为模拟酶。用环糊精已成功模拟了胰凝乳蛋白酶等多种酶。

（9）酶技术的应用。研究与开发酶、固定化酶、固定化细胞等在医学、食品、发酵、纺织、制革、化学分析、氨基酸合成、有机酸合成、半合成抗生素合成、能源开发以及环境工程等方面的应用。

1.2.5 生物反应工程

生物反应工程的主要内容可分为两大部分：生物反应动力学，生物反应器的设计、优化与放大。

1.2.5.1 生物反应动力学

生物反应动力学研究生物反应过程速率及其影响因素，它是生物反应工程学的理论基础之一。这里所讨论的生物反应动力学包含两个层次的动力学：一是本征动力学，又称微观动力学，它是指在没有传递等工程因素影响时，生物反应固有的速率，该速率除与反应本身特性有关外，只与各反应组分的浓度、温度、催化剂及溶剂的性质有关，而与传递因素无关；二是宏观动力学，又可称为反应器动力学，它是指在反应器内所观测到的总反应速率及其与影响因素的关系。这些影响因素包括反应器的传质、传热、物料的流动与混合，以及反应器的型式和结构及操作方式等。对生物反应工程而言，更为关注的是生物反应宏观动力学，因为根据宏观动力学及其对反应器空间和反应时间的积分结果，可计算出达到预定反应程度所需的反应时间和反应器体积。

由于生物反应过程的复杂性，也给生物反应动力学带来了多样性。对酶催化反应，反应动力学可表达为分子水平动力学，对细胞反应，其动力学可在细胞水平表达；对废水的生物处理体系，则可表达为微生物群体动力学。每一表达水平都有其特征，这些特征需要有其特有的动力学处理方法。

1.2.5.2　生物反应器的设计、优化与放大

生物反应器是进行生物反应的核心设备。要求它能为进行各种生物反应过程提供良好的反应环境和条件。

生物反应器的设计内容，包括反应器型式、结构和操作方式的选择，以及反应器几何尺寸的确定。

在选择反应器型式、结构和操作方式时，应根据生物反应和物料的特性以及工艺要求而定。不同的反应器型式、结构和操作方式，会有不同的传递特性、不同的流动与混合特性，从而导致了对生物反应过程速率和反应结果的不同影响。

确定反应器的几何尺寸时，首先应根据有关衡算式和反应动力学，确定完成规定的生产任务时所需的反应器有效体积，进而确定反应器的几何尺寸。

生物反应器的优化包括优化操作和优化设计，亦称为生物反应过程的优化。它是在分析所涉及的生物反应过程特征的基础上，进行有关工程的基础研究，从而制定出最合理的技术方案和最优操作条件，进行反应器的最优设计，以达到优质、高产、低耗的目标。为了能使生物反应器在最佳条件下运转，必须对生物反应过程参数进行检测与控制，这是实现生物反应过程优化的基础。

生物反应器的放大是指将实验室规模的研究结果放大到工业规模的生物反应器中进行的技术。它是生物反应过程开发的重要组成部分。生物反应器放大的关键在于能否将实验室的优化环境成功转移到工业反应器中。为此，需要弄清反应器的几何尺度、操作条件与环境因素之间的确切关系，以使实验室的优化环境能在工业大规模反应器中得以重现。

从生物反应工程考虑，要能正确进行生物反应器的设计、优化和放大，必须对反应器的传递和流动特性进行深入的研究。例如，反应器中气液固相的传质、反应介质的流体力学特性以及反应器流体的流动模型与混合特性等。

2 微生物与发酵工程

2.1 微生物概述

2.1.1 什么是微生物

微生物(microorganism, microbe)是一切肉眼看不见或看不清的微小生物的总称。它们都是一些个体微小(一般<0.1mm)、构造简单的低等生物。微生物的特点可以概括为三个字"小、简、低"。

小——个体微小,绝大多数的微生物要在光学显微镜(细胞)、电子显微镜(细胞器,病毒)下可见;简——构造简单,有单细胞、多细胞、非细胞结构;低——进化地位低,有原核类的细菌(真细菌,古生菌)、放线菌、蓝细菌(旧称"蓝绿藻"或"蓝藻")、支原体、立克次氏体、衣原体等,真核类的真菌(酵母菌、霉菌和蕈菌)、原生动物、显微藻类,非细胞类的病毒、亚病毒(类病毒、拟病毒和朊病毒)。

2.1.2 微生物的特性

绝大多数的微生物体形极其微小,测量单位一般用微米(μm)和纳米(nm),从而使微生物具有与之密切相关的五个重要特性,即:体积小,比表面积大;吸收多,转化快;生长旺,繁殖快;适应强,易变异;分布广,种类多。这五大特性不论在理论上还是在实践上都极其重要,现简单阐述如下。

(1) 体积小,比表面积大。任何固定体积的物体,如对其进行三维切割,则切割的次数越多,其所产生的颗粒数就越多,每个颗粒的体积也就越小。这时,如把所有小颗粒的表面积相加,其总数将极其可观,见表2-1。

表 2-1 对1cm³固体做10倍系列三维分割后的比面值变化

边长/mm	立方体数	总表面积/cm²	比面值	近似对象	边长/μm	立方体数	总表面积/m²	比面值	近似对象
10	1	6	6	豌豆	1.0	10^{12}	6	60000	球菌
1.0	10^3	60	60	细小药丸	0.1	10^{15}	60	600000	大胶粒
0.1	10^6	600	600	滑石粉粒	0.01	10^{18}	600	6000000	大分子
0.01	10^9	6000	6000	变形虫	0.0001	10^{21}	6000	60000000	分子

正是由于微生物小体积、大面积的特性,使它们具有不同于一切大生物的五大特性。因为一个小体积、大面积系统,将有一个巨大的营养吸收面、代谢排泄面和环境信息的交换面,因此产生其他四个特性。

(2) 吸收多,转化快。有资料表明,大肠杆菌(*Escherichia coli*)在1h内可分解其自重1000~10000倍的乳糖;产朊假丝酵母(*Candidautilis*)合成蛋白质的能力比大豆强100倍,比食用牛(公牛)强10万倍。

这一特性为微生物的快速生长繁殖和合成大量代谢产物提供了充足的物质基础，微生物在自然界的物质循环和人类生产实践中起到了"活的微型化工厂"的作用。

（3）生长旺，繁殖快。微生物具有极高的生长和繁殖速度。例如：大肠杆菌($E. coli$)，其繁殖方式是无性二分裂法，在合适的生长条件下，细胞分裂1次仅需12.5～20min。若按平均20min分裂1次计，则1h可分裂3次，每昼夜可分裂72次，这时，原始的一个细菌已产生了4722366500万亿个后代，总重约可达4722t。据报道，当前全球的细菌总数约为$5×10^{30}$个。

实际上，由于各种条件的限制，微生物的几何级数分裂速度只能维持数小时。因而在液体培养中，细菌细胞的浓度一般只能达到$10^8～10^9$个/mL左右。

微生物的这一特性在发酵工业中具有重要的实践意义，主要体现在它的生产效率高、发酵周期短。例如，用作发面剂的酿酒酵母($Saccharomyces cerevisiae$)，其繁殖速率虽为2h分裂1次，但在单罐发酵时，仍可以12h"收获"1次，每年可"收获"数百次，这是其他任何农作物所不可能达到的"复种指数"。有人统计，500kg重的大豆，在合适的栽培条件下，24h可生产50kg蛋白质；而同样重的酵母菌，只要以糖蜜（糖厂下脚料）和氨水作主要养料，在24h内却可真正合成50000kg的优良蛋白质。据计算，一个年产10^5t酵母菌的工厂，如以酵母菌的蛋白质含量为45%计，则相当于在562500亩（1亩=1/15公顷）农田上所生产的大豆蛋白质的量。此外，还有不受气候和季节影响等优点，这对缓解当前全球面临的人口剧增与粮食匮乏有重大的现实意义。

微生物的生长旺、繁殖快的特性对生物学基本理论的研究也有极大的优越性，它使科学研究周期大为缩短、效率提高。当然，若是一些危害人、畜和农作物的病原微生物或会使物品霉腐变质的有害微生物，它们的这一特性就会给人类带来极大的损失或灾害，因此必须认真对待。

（4）适应强，易变异。微生物具有极强的适应性或极其灵活代谢调节机制，这是任何高等动、植物所无法比拟的。试想，一个只能容纳（20～30）万个蛋白质分子的大肠杆菌($E. coli$)细胞，却存在着（2000～3000）万种执行不同生理功能的蛋白质。

微生物对环境条件尤其是地球那些恶劣的"极端环境"，如高温、高酸、高碱、高盐、高辐射、高压、高毒、低温等的惊人适应力，堪称生物界之最。

微生物的个体一般都是单细胞、多细胞甚至是非细胞的，它们通常都是单倍体，加之具有繁殖快、数量多以及与外界环境直接接触等特点，因此即使其变异频率十分低（一般为$10^{-5}～10^{-10}$），也可在短时间内产生大量变异后代。有益的变异可为人类创造巨大的经济和社会效益，如产青霉素的菌种产黄青霉($Penicillium chrysogenum$)，1943年时每毫升发酵液仅分泌约20单位(U)的青霉素，至今早已超过5万U，甚至可以达到10万U以上，这给人类战胜有害病菌提供了强有力的武器弹药。但有些变异是对人类不利的，如各种致病菌的耐药性变异使原来已得到控制的一些传染病变得无药可治，而各种优良菌种生产性状的退化则会使生产无法正常进行等。

（5）分布广，种类多。地球上除了火山的中心区域等少数地方外，从土壤圈、水圈、大气圈至岩石圈，到处都有微生物存在。不论在动、植物体内外，还是土壤、河流、空气、平原、高山、深海、污水、垃圾、海底淤泥、冰川、盐湖、沙漠，甚至油井、酸性矿水和岩层下，都有大量与其相适应的各类微生物存在。微生物将永远是各项生存纪录的保持者，也可

10

谓在人类生存的地球上微生物几乎是无孔不入。

微生物的种类多主要体现在物种的多样性上，迄今为止，人类已描述过的生物总数约200万种。据估计，微生物的总数约在（50~600）万种，其中已记载过的仅约20万种（1995年），包括原核生物3500万种，病毒4000种，真菌9万种，原生动物和藻类10万种，随着人类的不断研究发现这些数字还在增长。除此之外，微生物的种类多还体现在生理代谢类型的多样性，代谢产物的多样性，遗传基因的多样性，生态类型的多样性等方面。

2.1.3 微生物按结构特征的分类

微生物种类多、数量大，但按其结构特征可分为三大类：

（1）原核微生物。有明显核区，无核膜、核仁，无线粒体，能量代谢和许多物质代谢在质膜上进行，核糖体分布在细胞质中，沉降系数为70S❶。例如：细菌、放线菌、支原体、衣原体、立克次氏体、螺旋体等。

（2）真核微生物。有核膜，核仁，有线粒体，能量代谢和许多合成代谢在线粒体中进行，核糖体分布在内质网膜上，沉降系数为80S。例如：真菌（酵母菌、霉菌、蕈菌）、显微藻类、原生动物等。

（3）非细胞型微生物。没有完整的细胞结构，只有简单的核酸和蛋白质构成。例如：病毒、亚病毒等。

2.2 微生物的培养条件与培养基

2.2.1 微生物的培养条件

2.2.1.1 微生物需要的营养

营养是指生物体从外部环境中摄取对其生命活动必需的能量和物质，以满足正常生长和繁殖需要的一种最基本生理功能。营养物是指具有营养功能的物质，在微生物学中，它还包括非常规物质形式的光辐射能。总之，微生物的营养物可为它们的正常生命活动提供结构物质、能量、代谢调节物质和必要的生理环境。微生物生长繁殖需要六大类营养要素，包括碳源、氮源、能源、生长因子、无机盐和水分。

（1）碳源。一切能满足微生物生长繁殖所需的碳元素的营养物，称为碳源（carbonsource）。微生物细胞的原生质以及所有的代谢产物都是含有碳素的有机物，碳素同时又作为能源，因此，对碳的需要量最大，约占细胞干重的50%，又称大量营养物。

碳源主要有无机碳源、有机碳源两类。如图2-1所示。

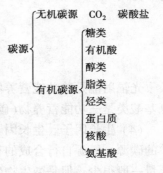

图2-1 微生物的碳源

微生物工业发酵中所利用的碳源物质很丰富，其中常见的有单糖、饴糖、糖蜜、淀粉（玉米粉、山芋粉、野生植物淀粉）、麸皮、米糠等。对异养微生物来说，最适碳源是"C.H.O"型。其中，糖类是最广泛利用的碳源。在糖类中，单糖优

---

❶1S = 10⁻¹³s。

11

于双糖和多糖，己糖优于戊糖，单糖中尤以葡萄糖为最常用。在多糖中，淀粉明显优于纤维素或几丁质等，纯多糖则优于杂多糖。

洋葱假单胞菌能够利用 90 种以上不同的碳素化合物中的任何一种作为碳源和能源，而甲烷氧化菌只能利用甲烷和甲醇，纤维素分解菌只能利用纤维素。因此，可以根据微生物对碳源的利用情况作为分类的依据，目前在微生物分类工作中已利用了 148 种碳素化合物进行菌种鉴定。

在选用一种具体培养基原料时，一定不要简单认为它就是一种纯粹的"营养要素"，例如，糖蜜原是制糖工业中的一种当作废液处理的副产品，内含丰富的糖类、氨基酸、有机酸、维生素、无机盐和色素等。

（2）氮源。凡能提供微生物生长繁殖所需氮元素的营养源，称为氮源（nitrogen source）。氮是构成重要生命物质蛋白质和核酸的主要营养元素，占细菌干重的 12%~15%，是微生物的主要营养物质。

氮源的功能主要是提供微生物合成原生质和细胞其他结构的原料，一般不提供能量。有少数细菌，如硝化细菌能利用铵盐、硝酸盐作为氮源和能源。某些梭菌对糖的利用不活跃，可以利用氨基酸作为唯一的能源。

在饼粕中，氮主要以蛋白质形式存在，微生物须将其降解后才可利用，故称迟效性氮源。迟效性氮源有利于代谢产物的形成。在玉米浆、牛肉膏中的氮，主要以蛋白质的降解产物形式存在，可直接被菌体吸收利用，故称速效性氮源。速效性氮源通常有利于菌体的生长。

一部分微生物不需要利用氨基酸作氮源，它们能把尿素、铵盐、硝酸盐甚至氮气等简单氮源自行合成所需要的一切氨基酸，因而可称为"氨基酸自养型生物"。所有的绿色植物和某些微生物都是氨基酸自养型生物。凡需要从外界吸收现成的氨基酸作氮源的微生物，就是"氨基酸异养型生物"。所有动物和大量的异养微生物属于氨基酸异养型生物。

（3）能源。能源（energy source）是指能为微生物的生命活动提供最初能量来源的营养物或辐射能（见图 2-2）。由于各种异养微生物的能源就是其碳源，因此微生物的能源谱就显得十分简单。

$$
能源\begin{cases} 化学物质\begin{cases} 有机物：化能异养微生物的能源 \\ 无机物：化能自养微生物的能源 \end{cases} \\ 辐射能：光能自养和光能异养微生物的能源 \end{cases}
$$

图 2-2　微生物的能源

光辐射能是单功能营养物（能源），还原态无机物 NH_4^+ 是双功能营养物（能源、氮源），氨基酸类是三功能营养物（碳源、氮源、能源）。

（4）生长因子。生长因子（growth factor）是一类调节微生物正常代谢所必需，不能用简单的碳源、氮源自行合成的有机物。由于它没有能源和碳、氮源等结构材料的功能，因此需要量一般很少，但是微生物生长所不可缺少的微量有机物。

生长因子的功能是提供微生物细胞重要化学物质（蛋白质、核酸和脂质）、辅因子（辅酶和辅基）的组分和参与代谢。生长因子分为狭义的生长因子和广义的生长因子，狭义的生长因子一般仅指维生素；广义的生长因子除维生素外，还包括氨基酸、嘌呤碱和嘧啶碱、卟啉及其衍生物、甾醇、胺类、C_4~C_6 直链或分支脂肪酸等。一些特殊的辅酶也能用做生长因子。

12

提供生长因子的天然物质有酵母膏、蛋白胨、麦芽汁、玉米浆、动植物组织或细胞浸液以及微生物生长环境的提取液等，也可以在培养基中加成分已知、含量确定的复合维生素。

维生素是被发现的第一个生长因子。维生素中的大多数是酶的组成成分，与微生物生长和代谢的关系极为密切。与微生物有关的维生素主要是 B 族维生素，包括 $B_1 \sim B_{12}$。此外，硫酸锌、维生素 C、维生素 K 也是较重要的生长因子。

氨基酸是许多微生物所需要的生长因子，这与它们缺乏合成这些氨基酸的酶有关。不同的微生物合成氨基酸的能力差异很大。一般来说，革兰氏阴性菌（G^-）合成氨基酸的能力比革兰氏阳性菌（G^+）强。微生物需要氨基酸的量约为 $20 \sim 50 \mu g/mL$。在有些情况下，由于培养基中一种氨基酸的含量过高，会抑制其他所需要的氨基酸的摄取，称作氨基酸不平衡。因此必须注意使所有的氨基酸保持在适当和低浓度的水平上，避免氨基酸之间浓度不协调所产生的不良作用。

嘌呤和嘧啶也是许多微生物所需要的生长因子，它们是核酸和辅酶的组成成分。微生物在生长旺盛时，需要嘌呤和嘧啶的浓度为 $10 \sim 20 \mu g/mL$，需要核苷酸和核苷的最高浓度为 $200 \sim 2000 \mu g/mL$。

按微生物与生长因子的关系可分为以下几类：

① 生长因子自养型微生物。是指能自行合成生长因子，不需要从外界补充生长因子的微生物。多数真菌、放线菌和细菌属于此类。

② 生长因子异养型微生物。是指那些合成生长因子的能力极其有限甚至丧失，以致必须补充外源生长因子才能生长的微生物。如乳酸菌、各种动物致病菌、原生动物和支原体等。

③ 生长因子过量合成微生物。少数微生物在其代谢活动中，能合成并大量分泌某些维生素等生长因子，因此，可作为有关维生素的生产菌种。最突出的例子是生产维生素 B_2 的阿舒假囊酵母，其 B_2 产量可达 $2.5g/L$ 发酵液，而一般微生物产量一般，如橄榄色链霉菌产 B_2 的量只有 $3.3mg/L$，灰色链霉菌更少，仅有 $0.3mg/L$。

（5）无机盐。无机盐（mineral salts）包括有大量元素和微量元素两类。凡生长所需浓度在 $10^{-3} \sim 10^{-4}mol/L$ 范围内的元素都属于大量元素，如 P、S、K、Mg、Ca、Na、Fe 等；凡生长所需浓度在 $10^{-6} \sim 10^{-8}mol/L$ 范围内的元素都属于微量元素，如 Cu、Zn、Mn、Mo、Co 等。

无机盐的功能主要有：

① 提供微生物细胞化学组成中（除 C 和 N 外）的重要元素，如 P、S 分别为核酸与含硫氨基酸的重要组成元素。

② 参与并稳定微生物细胞的结构，如 P 参与的磷脂双分子层构成了细胞膜的基本结构；Ca 参与细菌芽孢结构的皮层组成；Mg 有稳定核糖体和细胞膜的作用。

③ 与酶的组成和酶活力有关。如 Fe 是细胞色素氧化酶的必要组分，Mg、Cu 和 Zn 是许多酶的激活剂，固氮酶含 Fe、Mo 辅因子。

④ 调节和维持微生物生长过程中诸如渗透压、氢离子浓度和氧化还原电位等生长条件，如 Na 和 K 有调节细胞渗透压的作用；磷酸盐缓冲剂能保持微生物生长过程中 pH 值的稳定性；含 S 的 Na_2S 和含巯基（SH）的巯基乙酸可降低氧化还原电位。

⑤ 用作某些化能自养菌的能源物质，如 NH_4^+、NO_2^-、S 和 Fe^{2+} 分别为亚硝化细菌、硝化细菌、硫化细菌和铁细菌用作能源。

⑥ 用于呼吸链末端的氢受体，如 NO_3^-、SO_4^{2-}、S^0 等可被硝酸盐还原细菌或硫酸盐还原

13

细菌等作无氧呼吸时呼吸链的末端氢受体。

（6）水。水是微生物营养中不可缺少的一种物质。这并不是由于水本身是营养物质，而是因为水是具有一系列为生命活动所必需的优良理化特性。

① 水是一种最优良的溶剂，可保证几乎一切生物化学反应的进行。

② 水可维持各种生物大分子结构的稳定性，并参与某些重要的生物化学反应。

③ 水的比热高，汽化热高，又是热的良好导体，保证了细胞内温度不会因代谢过程中释放的能量骤然上升，故可有效控制细胞内的温度变化。

微生物细胞的含水量很高，细菌、酵母菌和霉菌的营养体分别含 80%、75% 和 85% 左右，霉菌孢子约含水 39%，而细菌芽孢核心部分的含水量则低于 30%。

2.2.1.2 微生物的营养类型

微生物营养类型的分类，依各人认识的角度不同而不同。常见的微生物营养类型的划分，较多的是以能源和碳源来划分，也有用能源、供氢体和碳源一起来划分的，微生物的营养类型见表 2-2。

表 2-2 微生物的营养类型

营养类型	能 源	氢供体	基本碳源	实 例
光能无机营养型（光能自养型）	光	无机物	CO_2	蓝细菌、紫硫细菌、绿硫细菌、藻类
光能有机营养型（光能异养型）	光	有机物	CO_2 及简单有机物	红螺菌科的细菌（即紫色无硫细菌）
化能无机营养型（化能自养型）	无机物	无机物	CO_2	硝化细菌、硫化细菌、铁细菌、氢细菌、硫磺细菌等
化能有机营养型（化能异养型）	有机物	有机物	有机物	绝大多数细菌和全部真菌

自养型与异养型之间的根本区别，不在于能否利用 CO_2，而在于能否利用 CO_2 作为唯一碳源。异养微生物中有许多可以利用 CO_2，但它们不能以 CO_2 作为唯一碳源或主要碳源；自养微生物能利用 CO_2 作为唯一碳源，但并不是绝对不能利用有机物。

2.2.1.3 营养物质进入细胞的方式

对绝大多数属于渗透营养型的微生物来说，营养物质通过细胞膜进入细胞的问题，是一个较复杂又很重要的生理学问题。细胞壁在营养物质运送上不起多大作用，仅简单地排阻相对分子质量过大（>600D）的溶质的进入，细胞膜则是控制营养物进入和代谢产物排出的主要屏障。

细胞膜以四种方式控制物质的运送，即单纯扩散（被动扩散）、促进扩散、主动运送和基团移位（基团转位），其中主动运送最为重要，如图 2-3 所示。

物质运送类型 ┫ 细胞膜上无载体蛋白：单纯扩散
　　　　　　　细胞膜上有载体蛋白 ┫ 不耗能量：促进扩散
　　　　　　　　　　　　　　　　　耗能量 ┫ 运送前后溶质分子不变：主动运送
　　　　　　　　　　　　　　　　　　　　运送前后溶质分子改变：基团移位

图 2-3 微生物的物质运送类型

不同微生物运输物质的方式不同，即使对同一种物质，不同微生物的摄取方式也不一样。例如，半乳糖在大肠杆菌中靠促进扩散运送，而在金黄色葡萄球菌中则是通过基团移位运送。在这方面，最突出的是葡萄糖，见表2-3。

表2-3 不同微生物摄取葡萄糖方式

磷酸转化酶系统	主动运送	促进扩散	磷酸转化酶系统	主动运送	促进扩散
大肠杆菌	铜绿假单胞菌	酵母菌	巴氏芽胞细菌	藤黄微球菌	
枯草杆菌	维涅兰德固氮菌		金黄色葡萄球菌	耻垢分枝杆菌	

2.2.2 培养基

培养基（medium，复数为 media）是指由人工配制的、适合微生物生长繁殖或产生代谢产物用的混合营养物质。任何培养基都应具备微生物所需要的六大营养要素，并且根据微生物的不同营养类型设置营养物质的比例。

2.2.2.1 选用和设计培养基的原则和方法

制备培养基的原则可以用"目的明确、营养协调、条件适宜、经济节约"这16个字来概括。

（1）目的明确。不同微生物菌种对营养的需求不同，因此，设计培养基首先要明确培养基是培养何种微生物菌种并要获得何种产物，是用于科学研究还是大规模发酵生产，是作为生产中的种子培养用还是用于发酵等。

培养细菌、放线菌、酵母菌与霉菌的培养基是不同的。病毒、立克次氏体、衣原体和有些螺旋体等专性寄生于微生物，不能在人工制备的一般培养基上生长，而须用鸡胚培养、细胞培养和动物培养等方法。

就微生物的营养类型来说，有自养型和异养型微生物，根据它们的营养要求特点，培养自养型微生物所用的培养基应完全由无机盐组成，因它们有较强的合成能力，可将这些简单的物质及 CO_2 合成自己的细胞物质。培养异养型微生物所用的培养基中至少要有一种有机物作为碳源，通常是葡萄糖，因为异养型微生物的生物合成能力较弱，有些异养微生物还需要多种有机物。如果为获取微生物细胞或作种子培养基用，营养成分宜丰富些，尤其是氮源含量应高些，即碳氮比（C/N）低，这样有利于微生物生长繁殖。如果为获取代谢物或用作发酵培养基，其 C/N 比应该高些，即所含氮源宜低些，使微生物不致过旺生长，更有利于代谢产物的积累。

（2）营养协调。培养基应含有维持微生物最适生长所必须的一切营养物质。但更重要的是营养物质浓度与配比要合适，这就是营养协调。占微生物大多数的异养微生物来说，它们所需要营养要素的比例大体是：水>C 源（能源）>N 源>P、S>K、Mg>生长因子。其中，碳源与氮源的比例，即 C/N 比尤为重要。严格地说，C/N 比是指在微生物培养基中所含的碳源中碳原子的摩尔数与氮源中氮原子的摩尔数之比。

不同的微生物要求不同的 C/N 比。如细菌和酵母菌培养基中的 C/N 比约为 5/1，而霉菌培养基中的 C/N 比约为 10/1。谷氨酸发酵中，种子培养基的 C/N 比通常为 100/（0.5~2），可使菌体大量繁殖，发酵培养基的 C/N 比为 100/（11~21），可使谷氨酸大量积累。另外，还要注意培养基中无机盐的量及它们之间的平衡。很多无机盐在低浓度时为微生物最适生长所必须，但在超出其生长范围的高浓度时则变为抑菌因子。

（3）条件适宜。

① 适宜的 pH 值。细菌生长的最适 pH 在 7.0~8.0，放线菌生长的最适 pH 在 7.5~8.5，

15

酵母菌生长的最适 pH 在 3.8~6.0，霉菌生长的最适 pH 在 4.0~5.8。对于某些极端环境中的微生物来说。往往可以大大突破所属类群微生物 pH 范围的上限和下限。例如，氧化硫硫杆菌(嗜酸菌)的生长 pH 范围为 0.9~4.5，一些专性嗜碱菌的生长 pH 在 11~12 以上。

培养基的 pH 可以通过加入 NaOH 和 HCl 来调节。由于微生物在代谢过程中会产生使培养基 pH 改变的代谢产物，如不加以调节，会抑制甚至杀死其自身。因此在设计培养基时，就要考虑到培养基的 pH 调节能力。

培养基的 pH 的调节分为内源调节和外源调节。通常在培养基中加入能够保持 pH 相对稳定的物质。这种通过培养基内在成分发挥的调节作用，就是 pH 的内源调节。内源调节的方法有：

（a）采用磷酸缓冲液进行调节。磷酸缓冲液 K_2HPO_4 略呈碱性，KH_2PO_4 略呈酸性，当两者为等摩尔浓度比时，溶液的 pH 可稳定在 pH 为 6.8。当培养基的酸度增加时，K_2HPO_4 与酸结合成为 KH_2PO_4。

$$K_2HPO_4 + HCl \longrightarrow KH_2PO_4 + KCl$$

当培养基的碱度增加时，KH_2PO_4 与碱结合成为 K_2HPO_4。

$$KH_2PO_4 + KOH \longrightarrow K_2HPO_4 + H_2O$$

磷酸缓冲液在培养基中进行的内源调节只能在一定的 pH 值范围内(6.0~7.6)才有效。所以对于不同的 pH 区域应选用不同的缓冲液来保持 pH 的相对稳定。

（b）采用加入 $CaCO_3$ 作"备用碱"的方式。$CaCO_3$ 在水溶液中溶解度极低，加入至液体或固体培养基时，不会使培养液的 pH 升高。但当微生物生长过程中不断产酸时，它逐渐被溶解，反应过程是：

$$CO_3^{2-} \underset{-H^+}{\overset{+H^+}{\rightleftharpoons}} HCO_3^- \underset{-H^+}{\overset{+H^+}{\rightleftharpoons}} H_2CO_3 \rightleftharpoons CO_2 + H_2O$$

因为 $CaCO_3$ 是不溶性且是沉淀性的，故在配成的培养基中分布很不均匀，如因实验需要，也可用 $NaHCO_3$ 来调节。

有时微生物能产生大量的酸或碱，使用缓冲液和不溶性碳酸盐均不能解决问题，这时需直接加入酸或碱到培养液中以保持适宜的 pH，这种方法即外源调节。

② 适宜的渗透压和水活度。渗透压是某水溶液中一个可用压力来量度的物化指标，它表示两种浓度不同的溶液间若被一个半透性膜隔开时，稀溶液中的水分子会因水势的推动而透过隔膜流向浓溶液，直到浓溶液所产生的机械压力足以使两边水分子的进出达到平衡为止，这时浓溶液中的溶质所产生的机械压力，即为它的渗透压值。等渗溶液适宜微生物的生长，高渗溶液会使细胞发生质壁分离，而低渗溶液则会使细胞吸水膨胀，对细胞壁脆弱或丧失的各种缺壁细胞来说，在低渗溶液中会破裂。

水活度(a_w)是表示在天然或人为环境中，微生物可实际利用的自由水或游离水的含量。其定量涵义为：在同温同压下，某溶液的蒸气压(P)与纯水蒸气压(P_0)之比。

各种微生物生长繁殖范围的 a_w 值在 0.98~0.6。细菌的水活度是 0.90~0.98，酵母菌是 0.87~0.91，霉菌是 0.80~0.87。少数特化微生物能在水活度较低的条件下生长，是因为特化微生物能通过提高细胞内溶质浓度从环境中取得水，而一般微生物遇到水活度非常低的情况时则会休眠甚至死亡。

③ 适宜的氧化还原势。氧化还原势又称氧化还原电位，是量度某氧化还原系统中还原剂释放电子或氧化剂接受电子趋势的一种指标。氧化还原势一般以 Eh 表示，它是指以

氢电极为标准时某氧化还原系统的电极电位值。单位是 V（伏）或 mV（毫伏），好氧微生物的 Eh 值为 +0.3~+0.4V；兼性厌氧微生物的 Eh 值为 +0.1V 以上时进行好氧呼吸，Eh 值为 +0.1V 以下时进行发酵；厌氧微生物只能在 Eh 值为 +0.1V 以下时生长。

（4）经济节约。配制培养基要本着经济节约的原则，尤其是针对发酵企业生产来说尤为重要，可以节省开支、降低成本。经济节约可以简单概括如下：

① 以粗代精。以粗制的原料代替精致的原料，例如：用制糖工业的副产品糖蜜代替蔗糖。

② 以"野"代"家"。以野生植物代替家培作物，例如：用野生木薯粉代替玉米淀粉。

③ 以废代好。把其他生产中的废弃物作为培养基原料，例如：造纸厂的亚硫酸废液（含戊糖）可培养酵母菌。

④ 以简代繁。以简单的培养基配方代替复杂的营养及配方，这对实际生产来说可以简化程序、降低成本。

⑤ 以烃代粮。以石油加工或化工生产过程中产生的有机污染烃类物质做碳源培养某些微生物，可以让微生物把难降解的有机烃类污染物分解转化，减少有机烃类物质对环境的污染。在微生物中，已知有 28 属细菌、12 属酵母菌和 30 属丝状真菌能降解石油和天然气，利用这些微生物还可能会得到一些不易用粮食原料生产的化工原料（高级醇、脂肪酸等），以节约宝贵的粮食资源。

⑥ 以纤代糖。以纤维素代替淀粉或糖类，在条件允许的情况下，尽可能降低生产成本。

⑦ 以氮代胨。尽可能以 N_2、铵盐、硝酸盐或尿素代替氨基酸或蛋白质。

⑧ 以"国"代"进"。尽量以国产原料代替进口原料。

2.2.2.2 培养基的种类

（1）按微生物的种类分类。按微生物的种类的不同可以把培养基分为用于培养细菌的培养基，如牛肉膏蛋白胨培养基；培养放线菌的培养基，如高氏 1 号培养基；培养霉菌的培养基，如察氏培养基；培养酵母菌的培养基，如麦芽汁培养基。

（2）按培养基的成分分类。

① 天然培养基（complex media）。是指一些利用动、植物或微生物体或其提取物质制成的培养基，人们无法确切知道其中的成分。比较典型的培养基有牛肉膏蛋白胨培养基、麦芽汁培养基等。此类培养基的优点是取材方便、营养丰富、种类多样、配制方便，缺点是成分不稳定也不很清楚，因此在做精细的科学实验时，会引起数据不稳定，不太适合做精细的实验研究。

② 组合培养基（chemical defined media）。又称合成培养基或综合培养基，是一类用多种高纯化学试剂配制成的、各成分（包括微量元素）的量都确切知道的培养基。比较典型的培养基有淀粉硝酸盐培养基（高氏 1 号培养基）、蔗糖硝酸盐培养基（察氏培养基），此类培养基的优点是成分精确、重演性高，缺点是价格昂贵、配制较繁。

例如：察氏培养基。硝酸钠 3g，磷酸氢二钾 1g，硫酸镁 0.5g，氯化钾 0.5g，硫酸亚铁 0.01g，蔗糖 30g，琼脂 20g，蒸馏水 1000mL。

③ 半组合培养基（semi-defined media）。既含有天然成分又含有纯化学试剂的培养基称半组合培养基。比较典型的培养基有马铃薯蔗糖培养基。在生产和实验室中使用最多的是半组合培养基，大多数微生物都能在此类培养基上生长。

固体培养基 { 固化培养基
非可逆性固化培养基
天然固态培养基
滤膜

图 2-4　固体培养基

（3）按培养基的物理状态分类。

① 固体培养基。外观呈固体状态的培养基称为固体培养基（solid media），根据固体的性质又可把它分成四种类型（见图 2-4）。

固化培养基在液体培养基中加入 1.5%～2.0% 琼脂或 5%～12% 明胶做凝固剂，就可以制成遇热可融化、冷却后则凝固的固体培养基，也称凝固培养基。凝固培养基在各种微生物学实验中有极其广泛的用途。常用的凝固剂有琼脂（agar），又称洋菜，是从石花菜中提取出来的胶体多糖。其化学成分是多聚半乳糖硫酸酯，融化温度 96℃，凝固温度 40℃，常用浓度 1.5%～2.0%，罕见分解。

非可逆性固化培养基是指由血清凝固成的固体培养基或由无机硅胶配成的，当凝固后就不能再融化，其中的硅胶平板是专门用于化能自养微生物分离、纯化的固体培养基。

天然固态培养基是指由天然固体状基质直接制成的培养基，如培养真菌用的由麸皮、米糠、木屑、纤维、稻草粉等配制的固体培养基；由马铃薯片、胡萝卜条、大米、麦粒、面包、动物或植物组织制备的固体培养基等。

滤膜是一种坚韧且带有无数微孔的醋酸纤维薄膜，如果把它制成圆片状覆盖在营养琼脂或浸有培养液的纤维素衬垫上，就形成了具有固体培养基性质的培养条件。

② 半固体培养基。在凝固性固体培养基中，如凝固剂含量低于正常量（琼脂含量 0.2%～0.5%），培养基呈现出在容器倒放时不致流下、但在剧烈振荡后则能破散的状态，这种固体培养基称半固体培养基（semi-solid media）。

半固体培养基的用途主要是细菌运动性的观察（穿刺接种），噬菌体效价的测定（双层平板法），微生物趋化性研究，各种厌氧菌的培养以及菌种保藏。

③ 液体培养基（liquid media）。是指呈液体状态的培养基，它在微生物学实践和生产中应用极其广泛。在实验室中主要作各种生理、代谢研究和获得大量菌体之用，在实践上，绝大多数发酵培养基都采用液体培养基。

④ 脱水培养基（dehydrated culture media）。又称脱水商品培养基或预制干燥培养基，指含有除水以外的一切成分的商品培养基，使用时只要加入适量水分并加以灭菌即可，是一类既有成分精确又有使用方便等优点的现代化培养基。

（4）按培养基的用途分类。

① 选择性培养基（selected media）。是根据某种微生物的特殊营养要求或对某些化学、物理因素的抗性而设计的培养基。选择性培养基是在上世纪末由荷兰的 M. W. Beijerinck（贝杰林克）和俄国的 S. N. Vinogradsky（文诺格拉德斯基）发明的。选择性培养基的功能是使混合样品中的劣势菌变成优势菌，从而提高该菌的筛选效率。

对于混合样品中数量很少的某种微生物，可采取"投其所好"、"取其所抗"进行富集培养。"投其所好"的"好"是指微生物的营养、环境因子。专一性营养源培养法就是其中的方法之一，它是利用待选微生物专门需要的某种碳源或氮源。例如，筛选纤维素分解菌选用纤维素作为培养基中的唯一碳源，各类降解石化废水特殊有机物的细菌筛选通常是以这类有机物为培养基中的唯一碳源，将目的细菌富集筛选出来。"取其所抗"可理解为"投毒法"。其中，"毒"是某种选择性的抑制剂，待选细菌对其有抗性。常用的抑制剂有染料、胆汁酸盐、金属盐类、酸、碱和抗生素。例如，欲分离古细菌，培养基中通常加入青霉素，古细菌能唯一分离并存活下来，胆汁酸盐能抑制 G^+ 细菌的生长，所以能选择性生长 G^- 细菌。在分离酵母菌和霉菌时加入青霉素、四环素、链霉素可抑制细菌和放线菌的生长；在分离放线菌时，培养基中加入10%苯酚数滴可抑制细菌和霉菌的生长，在培养基中加入一定浓度的结晶紫，可抑制 G^+ 菌的生长，而对 G^- 菌无影响。

② 鉴别性培养基(differential media)。培养基中加入能与某一菌的无色代谢产物发生显色反应的指示剂，从而用肉眼就能使该菌菌落与外形相似的其他种菌落相区分的培养基。在这里，"鉴别"是"明查分别"细菌种类，"鉴"是指在培养基中加入指示剂，"别"是指不同菌落制造不同的代谢物，显色会不同，从而来区分细菌的不同种类。最常见的鉴别性培养基是伊红美兰培养基，即EMB培养基。常用来检查饮水和乳制品中是否含有肠道致病菌，在遗传学研究中有重要用途。

EMB培养基中伊红和美兰的作用机制是伊红是一种红色酸性染料，美兰是一种蓝色碱性染料，这两种染料在低酸度时结合形成沉淀，起着产酸指示剂的作用。大肠杆菌能强烈分解乳糖产生大量有机酸，菌体带 H^+，故可染上酸性染料伊红，又因伊红和美兰结合，所以菌落被染上深紫色，从菌落表面的反射光中还可看到绿色金属闪光。另外，伊红和美兰两种苯胺染料还起着抑制 G^+ 细菌和一些难培养的 G^- 细菌生长的作用。见图2-5，在EMB琼脂平板上，左边为乳糖发酵菌 *E.coli*，右边为非乳糖发酵的铜绿假单胞菌。

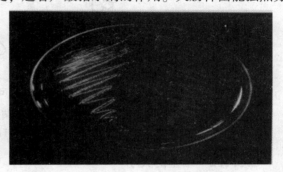

图2-5　EMB琼脂平板乳糖发酵菌落观察
注意：*E.coli* 菌落的绿色金属光泽

③ 发酵用培养基。在发酵生产中依据不同的作用分为孢子培养基、种子培养基和发酵培养基。

（a）孢子培养基。孢子培养基是供制备孢子用的，要求培养基能使孢子迅速发芽和生长，能形成大量的孢子，但不引起菌种变异。一般孢子培养基中的基质浓度(特别是有机氮)要低些，否则影响孢子的形成，无机盐浓度适量，否则影响孢子的数量和质量。

（b）种子培养基。种子培养基是供孢子发芽和菌体生长繁殖用的，要求营养成分易被菌体吸收利用，同时还要比较丰富和完整，其中氮源和维生素含量略高一些。在设计种子培养基时还要考虑与发酵培养基组成的关系，这样种子进入发酵罐后很快适应发酵环境。

（c）发酵培养基。发酵培养基是供菌体生长繁殖和合成大量代谢产物用的，要求培养基的组成丰富完整，营养成分浓度适中，利于菌体生长及合成大量的代谢产物。发酵培养基还应考虑在发酵过程中的各种生化代谢的协调，使发酵液的pH值保持相对稳定。

2.3　常见的工业微生物

2.3.1　细菌

细菌(bacteria)是一类细胞细短(细胞直径约0.5μm，长度约0.5~5μm)、结构简单、细胞壁坚韧、以二等分裂方式繁殖和水生性较强的原核微生物。在温暖潮湿、富含有机物的地方，都有大量细菌活动，有特殊的臭味或酸败味，发黏、发滑。

2.3.1.1　细菌的形态

细菌个体的基本形态主要有球菌、杆菌、螺旋菌，见图2-6。细菌通常是以无性二分裂方式进行繁殖，根据细胞分裂的方向及分裂后的各子细胞的空间排列状态不同，可将球菌分为单球菌、双球菌、链球菌、四联球菌、八叠球菌、葡萄球菌等。杆菌是细菌中种类最多的类型，因菌种不同，菌体细胞的长短、粗细等都有所差异。杆菌的形态有短杆状、长杆状、棒杆状、梭状杆状、月亮状、竹节状等，按杆菌细胞繁殖后的排列方式则有链状、栅状、"八"字状等。螺旋菌根据其弯曲情况分为弧菌、螺菌、螺旋体。

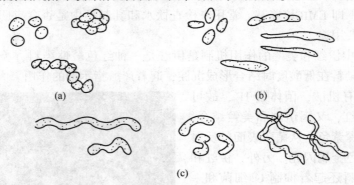

图2-6　细菌的基本形态
(a)球菌；(b)杆菌；(c)螺旋菌

2.3.1.2　细菌的大小

细菌个体比较微小，测量细菌大小的单位是 μm。球菌直径 $0.2 \sim 1.5 \mu m$，杆菌长 $1 \sim 5 \mu m$、宽 $0.5 \sim 1 \mu m$。例如：$E.\ coli$ 平均长度 $2 \mu m$、宽度 $0.5 \mu m$，1500 个大肠杆菌头尾相接大约 3mm。

工业上常用的细菌种类主要以杆菌为主，例如：枯草芽孢杆菌、醋酸杆菌、棒状杆菌、短杆菌等。

2.3.2　放线菌

放线菌(actinomycetes)是一类呈菌丝状生长、主要以孢子繁殖和陆生性强的原核生物。由于它与细菌十分接近，加上至今已发现的 80 余属(1992 年)放线菌都呈革兰氏阳性，因此，也可以将放线菌定义为一类主要呈丝状生长和以孢子繁殖的革兰氏阳性细菌。

放线菌在自然界分布极广，它存在于土壤、河流、湖泊、海洋、空气、食品、动植物的体表和体内，以土壤中为最多，据测定每克土壤中，放线菌的孢子数可达 10^7 左右。放线菌特别适宜生长在含水量低、有机物丰富和呈微碱性的土壤中。

2.3.2.1　典型放线菌——链霉菌的形态构造

链霉菌的细胞呈丝状分枝，菌丝直径很小，与细菌相似，其菌体由分枝的菌丝组成。由于菌丝的连续生长和分枝形成网络状菌丝体结构。在营养生长阶段，菌丝内无隔，内含许多核质体，故一般呈单细胞状态。其菌丝由营养菌丝(基内菌丝)、气生菌丝和孢子丝组成，如图2-7所示。

(1)基内菌丝。向基质的四周表面和内部伸展的菌丝，较细、颜色较淡，具吸收营养和排泄代谢废物功能。菌丝大小为 $(0.2 \sim 0.8) \times (100 \sim 600) \mu m$。可产生各种不同颜色的色素，水溶性色素可使培养基着色，脂溶性色素可使菌落呈现相应颜色。

20

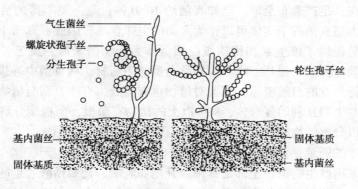

气生菌丝 ————

螺旋状孢子丝 ——

分生孢子 ——

轮生孢子丝

基内菌丝 ——

固体基质

固体基质 ——

基内菌丝

图 2-7　链霉菌的形态构造模式图

（2）气生菌丝。在基内菌丝上，不断向空间分化出较粗、颜色较深的菌丝，直径 1~
1.4μm，长度不一，直形或弯曲分枝，有的可产生色素。气生菌丝生长致密，覆盖整个菌落
表面，菌丝呈放射状。

（3）孢子丝。当菌丝逐步成熟时，大部分气生菌丝分化成孢子丝，并通过横割分裂的方
式，产生成串的分生孢子。链霉菌孢子丝的形状和排列多种多样，有直、波曲、钩状、螺旋
状、丛生、轮生等。其中以螺旋状的孢子丝较为常见，而螺旋状孢子丝按其螺旋的松紧、大
小、转数和旋向又分为多种，孢子丝是放线菌分类鉴定的重要指标。

2.3.2.2　放线菌的代表种类

放线菌具有代表性的种属有：

（1）链霉菌属（*Streptomyces*）。该菌属共约 1000 多种，具有发育良好的菌丝体，菌丝体
有基内菌丝、气生菌丝和孢子丝之分，孢子丝和孢子的形态因种而异。抗生素主要由放线菌
产生，而其中 90% 由链霉菌产生。

（2）诺卡氏菌属（*Nocardia*）。该菌属中多数种没有气生菌丝，只有营养菌丝。在培养 15
小时至 4 天内，菌丝体产生横膈膜，分枝的菌丝体突然全部断裂成杆状、球状或带叉的杆
状体。

（3）小单孢菌属（*Micromonospora*）。该菌属不形成气生菌丝，只在营养菌丝上长出很多
分枝小梗，顶端生长着一个孢子；其菌落较链霉菌小得多。

（4）放线菌属（*Actinomyces*）。该菌属多为致病菌，只有营养菌丝，有隔膜，可断裂成 V
或 Y 形体。

放线菌最大的经济价值是能够产生大量的抗生素，至今已报道过的近万种抗生素中，约
70% 由放线菌所产生，放线菌是酶类和维生素（A 和 B$_{12}$）产生菌。放线菌在纤维素降解、甾
体转化、石油脱蜡、烃类发酵以及污水处理等方面也有广泛的应用。弗兰克氏菌属的放线菌
可与非豆科植物共生固氮，在自然界物质循环和提高土壤肥力等方面有着重要的作用。

2.3.3　真菌

真菌是一类有细胞壁，不含叶绿素，无根茎叶的分化，具有核膜，能进行有丝分裂，细
胞质中存在线粒体等多种细胞器，以产生大量孢子进行繁殖，以寄生或腐生方式生存的真核
微生物。真菌主要包括单细胞真菌——酵母菌、丝状真菌——霉菌和大型真菌——蕈菌。

真菌种类多、数量大、繁殖快、分布广，在土壤、水域、空气中以及动物、植物和腐败

有机物上都有存在，足迹遍布全球。已知真菌约 10 万种，是一类丰富的自然资源。作为食物的来源，许多大型真菌的子实体可以作为人类的美味食品，因此，真菌不仅丰富了食物的品种，更重要的是提供了维生素和优质蛋白质。作为药物的来源，灵芝、虫草、茯苓、猪苓、雷丸和、马勃、猴头、银耳、木耳等均是名贵的中药材，从真菌中寻找抗癌药物已世界瞩目，是一个急待开发的自然宝库。真菌对植物也有益处，有些真菌与植物的根结合在一起形成菌根，结成共生和互利的复合体，80%以上的植物有菌根，菌根能分解长石、磷石、泥炭、木质素等难以分解的物质作为营养，而使石缝中长出苍松翠柏。

作为工业生产的资源，在有机酸工业生产中，尤其是柠檬酸生产，迄今为止，利用发酵法生产柠檬酸所采用微生物菌种全部是真菌。其他如乳酸、葡萄糖酸、延胡索酸、苹果酸等都可由真菌发酵。在酶制剂工业中，据统计在 550 种酶制剂中，有 1/3 是真菌产生的，其中真菌来源的淀粉酶、蛋白酶、脂肪酶、纤维素酶等，早已在工业生产中应用。

2.3.3.1 酵母菌

"酵母"之意为"发酵之母"，国外用"yeast"等名称也具有发酵之意，现国际上用"酵母"一词来称呼一类结构较简单的单细胞真菌。因此，"酵母菌"不是分类学上的名词，它在真菌分类系统中分属于子囊菌纲、担子菌纲与半知菌类，现知酵母大约有 500 多种，分属于 56 个属。

酵母菌的用途很广，可以用于乙醇和有关饮料的生产，面包的制造，甘油的发酵，石油的脱蜡，饲用、药用或食用单细胞蛋白的生产，提取核酸、麦角甾醇、辅酶 A、细胞色素 C、凝血质和维生素等生化药物，酵母菌还可作为遗传工程的受体菌。

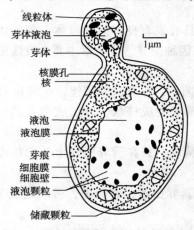

图 2-8　酵母菌细胞构造的模式图

线粒体
芽体液泡
芽体
核膜孔
核
液泡
液泡膜
芽痕
细胞膜
细胞壁
液泡颗粒
储藏颗粒
1μm

（1）酵母菌的形态和结构。对酵母菌的早期研究是出于对发酵现象的兴趣，1680 年荷兰的列文虎克第一个看到了酿酒酵母的形态。酵母菌细胞的形态通常有球状、卵圆状、椭圆状、柱状或香肠状等多种，当它们进行一连串的芽殖后，如果长大的子细胞与母细胞并不分离，其间仅以狭小的面积相连，这种藕节状的细胞串就称假菌丝，见图 2-8。

① 酵母菌的细胞壁。酵母菌细胞壁厚约 25nm，约占细胞壁干重的 25%，是一种坚韧的结构。其主要成分为葡聚糖、甘露聚糖、蛋白质和几丁质，另有少量脂类。酵母菌细胞壁的结构似三明治，外层为甘露聚糖，内层为葡聚糖，它们都是复杂的分枝状聚合物，中间夹有一层蛋白质（葡聚糖酶、甘露聚糖酶等）。

② 酵母菌的细胞膜。将酵母原生质体放在低渗溶液中破裂后，再经离心、洗涤等手续就可以得到纯净的细胞膜。酵母菌的细胞膜在电镜下观察时，也是一种三层结构。它的主要成分是蛋白质（50%）、类脂（40%）和少量糖类。

③ 酵母菌的细胞核。酵母菌具有用多孔核膜包裹起来的定形细胞核——真核，活细胞中的核可用相差显微镜加以观察，如用碱性品红或姬姆萨染色法对固定的酵母细胞进行染色，还可观察到核内的染色体，其数目因种而异。酿酒酵母（*S. cerevisiae*）的基因组共由 17 条染色体组成，其全序列已于 1996 年公布，大小为 12.052Mb，共有 6500 个基因，这是第一个测出的真核生物基因组序列。

酵母线粒体内含有一个 DNA 片段，是长达 $25\mu m$ 的环状结构，相对分子质量为 $5.0 \times 10^7 D$，比高等动物线粒体中的 DNA 大 5 倍，类似于原核生物中的染色体。线粒体上的 DNA 量约占酵母细胞总 DNA 量的 $15\% \sim 23\%$，它的复制是相对独立进行的，不受核 DNA 的控制。

$2\mu m$ 质粒是 1967 年后才在 *S. cerevisiae* 中被发现，是一个闭合环状超螺旋 DNA 分子，长约 $2\mu m$(6kb)，因此而得名。一般每个细胞含 $60 \sim 100$ 个，占总 DNA 量的 3%，它的复制受核基因组的控制。$2\mu m$ 质粒的生物学功能虽不清楚，但却是用于研究基因调控、染色体复制的理想系统，也可作为酵母菌转化的有效载体，并由此组建"工程菌"。

酵母菌的繁殖方式分为有性繁殖和无性繁殖两种，而以无性繁殖为主。

（2）酵母菌的菌落特征。在固体培养基上生长的酵母菌可形成菌落。其特征为表面湿润黏稠，与培养基结合不紧密，容易挑起，比细菌菌落大而厚，外观较稠、较不透明，颜色也较单调，多数呈乳白色或矿烛色，少数呈红色、个别呈黑色等。

不产生假菌丝的酵母菌，其菌落更为隆起，边缘十分圆整，而产生假菌丝的酵母菌，则菌落较平坦，表面和边缘较粗糙。酵母菌的菌落一般还会散发出一股悦人的酒香味。

2.3.3.2　霉菌

霉菌(mould)不是一个分类学上的名词，它是丝状真菌的一个俗称，意即"会引起物品霉变的真菌"。在微生物学中，凡是在基质上长成绒毛状、棉絮状或蜘蛛网状，但不形成大型子实体的丝状真菌统称霉菌。霉菌分属于藻状菌纲、子囊菌纲及半知菌类。

霉菌是微生物学中种类最多的一大类，有记载的已有 40000 种左右。霉菌在自然界中的分布极为广泛，它们以孢子和菌丝的片段大量存在于土壤中，因其绝大多数是好氧菌，所以主要生活在近地面的土层中。通常分离霉菌时取偏酸性、含有机质较丰富的接近表层的土壤。

霉菌可以用来生产风味食品、酒精、抗生素、有机酸、酶制剂、维生素、甾体激素等。在农业上用于发酵生产饲料、植物生长刺激素(赤霉素)、杀虫农药(白僵菌剂)等。

镰刀霉分解无机氰化物的能力强，对水中氰化物的去除率达 90% 以上，有的霉菌还可以处理含硝基化合物废水。霉菌还可以引起食物、工农业制品的霉变，据统计全世界平均每年由于霉变而不能食(饲)用的谷物约占总量的 2%，这是一笔相当惊人的经济损失。腐生型霉菌在自然界物质转化中也有十分重要的作用。

（1）霉菌细胞的形态和构造。

① 菌丝的构造及其延伸过程。霉菌的营养体的基本单位是菌丝，其直径通常为 $3 \sim 10\mu m$，比细菌和放线菌的细胞约粗 10 倍，与酵母菌的直径相似。幼年菌丝一般无色透明，老龄菌丝常呈各种色泽。

菌丝分为无隔菌丝和有隔菌丝两种。其中，无隔菌丝是整个菌丝为长管状单细胞，细胞质内含有多个细胞核。其生长只表现为菌丝的延长和细胞核的裂殖增多以及细胞质的增加，如毛霉、根霉、犁头霉等；而有隔菌丝是菌丝内有隔膜，使整个菌丝由多个细胞组成，每个细胞内含有一个或多个核，在其隔膜的中央有小孔相通，使细胞质、细胞核和养料可以自由流通。如木霉属、青霉属、曲霉属等大多数霉菌菌丝均属此类，见图 2-9。

霉菌菌丝细胞的构造与酵母菌类似。但其生长都是由菌丝顶端细胞的不断延伸而实现的。随着顶端不断向前伸展，细胞壁和细胞质的形态、成分都逐渐变化、加厚并趋向成熟。

② 菌丝体。当霉菌的孢子落在适宜的固体培养基质上后，就发芽生长并产生菌丝。由许多菌丝相互交织而成的一个菌丝集团称菌丝体。菌丝体分为营养菌丝体和气生菌丝体两

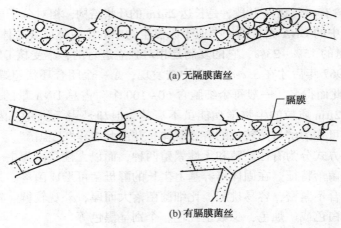

(a) 无隔膜菌丝

隔膜

(b) 有隔膜菌丝

图 2-9　霉菌的菌丝

种。营养菌丝体是密布在固体营养基质内部,主要执行吸取营养物功能,而气生菌丝体是伸展到空间的菌丝体。

真菌在液体培养基中进行通气搅拌培养时,菌丝体往往会相互紧密纠缠形成颗粒,均匀地悬浮于培养液中,产生菌丝球的特殊构造,这是菌丝体在液体培养时形成的特化形态。这样,有利于氧的传递以及营养物和代谢产物的输送,对菌丝的生长和代谢产物形成有利。

(2)霉菌的菌落特征。霉菌的菌落形态较大,质地一般比放线菌疏松,外观干燥、不透明,呈现或松或紧的蜘蛛网状、绒毛状或棉絮状或毡状,菌落与培养基的连接紧密,不易挑起,菌落正反面的颜色和边缘与中心的颜色常不一致。

(3)常见的霉菌。

① 毛霉属(Mucor)。

(a)分类。藻状菌纲,毛霉目,毛霉科。

(b)分布。多分布于土壤、肥料中,也常见于水果、蔬菜、各类淀粉食物、谷物上,引起霉腐变质。

(c)形态。菌丝发达,白色、无隔膜、无囊托、无假根、无匍匐枝,菌丝幼嫩时,原生质浓稠,均匀一致,老时则出现液泡并含有各种内含物,菌落蜘蛛网状。

(d)繁殖。无性繁殖、有性繁殖。

(e)应用。具很强的分解蛋白质能力,用于制作腐乳、豆豉,有的可产生淀粉酶、柠檬酸,也可用于甾族化合物转化。

代表种有:

高大毛霉(Mucor mucedo):多出现在牲畜的粪便上,能产生 3-羟基丁酮、脂肪酶和琥珀酸,对甾族化合物有转化作用。

总状毛霉(Mucor racemosus):分布最广的一种,在土壤、空气和各种粪便上都能找到。

② 根霉属(Rhizopus)。

(a)分类。藻状菌纲,毛霉目,毛霉科。

(b)分布。常分布于土壤、空气中,常见于各类淀粉食品上,可引起霉腐变质和水果、蔬菜腐烂。

(c)形态。菌丝发达,白色、无隔膜、有囊托、假根、匍匐枝,菌落呈疏松的絮状。

24

(d) 繁殖。无性繁殖、有性繁殖。

(e) 应用。产生淀粉酶，是酿酒和发酵饲料的主要菌种，酿酒工业称其为糖化菌。有些根霉可用于制取延胡索酸、乳酸等有机酸，也可用于甾族激素的转化。

代表种有：

黑根霉(Rhizopus nigricarns)：到处存在，尤其在发霉的食品上更易发现，瓜果蔬菜在运输和贮藏中的腐烂，甘薯的软腐都与其有关。

米根霉(Rhizopus oryzae)：在酒药和酒曲中常见到，在土壤、空气中也常见。

③ 曲霉属(Aspergillus)。

(a) 分类。大部分属于半知菌纲，丛梗孢目，丛梗孢科；少部分属于子囊菌纲(红曲霉)。

(b) 分布。广泛分布于土壤、空气和谷物上，可引起食物、谷物、水果、蔬菜等霉腐。

(c) 形态。菌丝发达，有隔膜，为多细胞霉菌。分生孢子穗由顶囊、小梗和分生孢子构成。菌落呈绒状。

(d) 繁殖。无性繁殖，有性繁殖。

(e) 应用。制酱、酿酒、制醋的主要菌种。现代发酵工业利用曲霉产生淀粉酶、蛋白酶、果胶酶、柠檬酸、葡萄糖酸等。农业上用于糖化饲料。

④ 青霉属(Penicillium)。

(a) 分类。半知菌纲，丛梗孢目，丛梗孢科。

(b) 分布。广泛分布于土壤、空气和各类物品上，常生长在柑桔、面包上，使之变质。

(c) 形态。菌丝发达，具隔膜，分生孢子梗顶端不膨大，无顶囊，而是多次分枝，产生几轮对称或不对称的小梗，顶端形成成串的分生孢子，呈青绿色或灰绿色，孢子穗形似扫帚状，称帚状枝。

(d) 繁殖。无性繁殖，有性繁殖(极少发生)。

(e) 应用。在工业上有很高的经济价值，生产青霉素。

⑤ 镰刀霉属。镰刀—孢子囊形状呈镰刀形、长柱形、球形，有多细胞与单细胞之分。

应用：可用于处理含氰废水。(镰刀霉对氰化物的分解能力强)。

⑥ 木霉属(又称绿霉菌)。分生孢子梗对生的或互生的分支，还可二级或三级分支。分解纤维素和木质素的能力较强，发酵产纤维素酶。应用于纺织行业去毛刺、柔软，还可用于酿酒、药物提取、饲料添加剂行业的植物破壁。

⑦ 交链孢霉属。孢子囊链式相连，单个孢子呈纺锤形，有横和竖的隔膜将孢子分隔呈砖壁状。可引起霉腐、致癌、过敏性鼻炎。

⑧ 地霉。地霉属节孢子，单个或连接成链。菌体蛋白营养价值高，可食用或作饲料，如白地霉饲料，还可用于处理酒糟废水。

2.3.3.3 产大型子实体的真菌——蕈菌

蕈菌(mushroom)又称伞菌，也是一个通俗名称，通常是指那些能形成大型肉质子实体的真菌，包括大多数担子菌类和极少数的子囊菌类。

蕈菌广泛分布于世界各处，在森林落叶地带更为丰富。它们与人类的关系密切，其中可食用的种类就有2000多种，目前已利用的食用菌约有400种，其中约50种已能进行人工栽培，蕈菌中的一些种类还有药用价值。

2.4 微生物常见的发酵过程

微生物发酵过程可分为分批、补料-分批、半连续和连续发酵等几种方式，不同的发酵方式各有其优缺点，只有充分地了解和掌握生产菌种在不同工艺条件下的细胞生长、代谢和产物合成的规律，才能很好地控制发酵生产的过程，获得最大的生产效益。

2.4.1 分批发酵

2.4.1.1 分批发酵概述

分批发酵是指在一封闭培养系统内，种子接种到培养基后只流通气体，发酵液始终留在生物反应器中，是具有初始限制量基质的一种发酵方式。在此发酵系统中所有液体的流量等于零，也可以理解为是一次投料、一次接种、一次收获的间歇培养方式。这种培养方式，发酵液中的细胞浓度、基质浓度和产物浓度均随时间不断变化。

分批发酵过程一般可大体分为四期，即停滞期、对数生长期、生长稳定期和衰亡期。也可细分为六期，即停滞期、加速期、对数期、减速期、静止期和衰亡期，见图2-10。

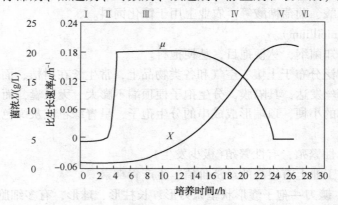

图2-10 分批培养中微生物的典型生长曲线

（1）停滞期（Ⅰ）。是指刚接种后的一段时间内，细胞数目和菌量不变，因为菌种对新的生长环境有一段适应过程。此期长短主要取决于种子的活性、接种量和培养基的可利用性和浓度。一般来说，种子应具备耐受含高渗化合物和低 CO_2 分压的培养基的能力。

在工业生产中，使用的种子应采用对数生长期且达到一定浓度的培养物，把它们接种到发酵罐新鲜培养液时，几乎不出现调整，这样可在短时间内获得大量生长旺盛的菌体，有利于缩短生产周期。

（2）加速期（Ⅱ）。通常很短，大多数菌种细胞在此期的比生长速率在短时间内从最小值到最大值。当菌种已经完全适应其生长环境，养分充足又无抑制剂时，菌种便进入恒定的对数生长期。

（3）对数生长期（Ⅲ）。比生长速率达最大，对数生长期的长短主要取决于培养基，包括溶氧的可利用性和有害代谢物的累积。在研究和生产中，时常需要延长细胞的对数生长期。

（4）减速期（Ⅳ）。随着养分的减少，有害代谢产物的积累，菌种的生长不可能无限制的继续，菌种细胞量仍旧在增加，但其比生长速率不断下降，细胞在代谢与形态方面逐渐变化，经短时间的减速后进入生长静止期（稳定期）。减速期的长短取决于菌体对限制性基质的亲和力，亲和力高，则减速期短。

（5）静止期（Ⅴ）。即净生长速率为零，实际上是菌体的生长和死亡的动态平衡。但此期菌体的次级代谢十分活跃，许多次级代谢产物在此期大量合成，菌体的形态也发生较大的变化，如菌体已经分化、颜色变浅、形成空胞等。

（6）衰亡期。当养分耗尽，对菌体生长有害的代谢物大量累积，已不利于菌体生存，发酵进入衰亡期（Ⅵ），此时，菌体开始自溶，逐渐走向死亡，菌体生长呈负增长。在发酵工业中，一般不会等到菌体自溶时才结束。

发酵周期的长短不仅取决于前面五期（不包括衰亡期）的长短，还取决于菌的初始浓度。

2.4.1.2　分批发酵过程的典型类型

根据产物的形成是否与菌体生长同步关联 Pirt 将产物形成动力学分为生长关联型和非生长关联型。一般，初级代谢产物的形成与生长关联，而次级代谢产物的形成与生长无关。

（1）生长关联型。又可分为生长完全关联型（第Ⅰ型）和与生长部分关联型（第Ⅱ型）。

① 生长完全关联型。又称生长完全相关型（第Ⅰ型），其特点是菌体生长、碳源利用和产物形成几乎都在相同的时间出现高峰，表现出产物形成直接与碳源利用有关。分两种情况，即菌体生长类型和代谢产物类型。菌体生长类型是指终产物是菌体本身，菌体增加与碳源利用平行，且两者有定量关系，如酵母、蘑菇菌丝、苏云金杆菌等的发酵。代谢产物类型是指产物的累积与菌体增长相平行，并与碳源有准量关系，如酒精、山犁糖、葡萄糖酸等发酵。

② 与生长部分关联型。又称与生长部分相关型（第Ⅱ型），其特点是在发酵的第一时期菌体迅速增长，而产物的形成很少或全无，在第二时期，产物以高速形成，生长也可能出现第二个高峰，碳源利用在这两个时期都很高。

（2）非生长关联型。又称与生长不相关型（第Ⅲ型），其特点是产物的形成一般在菌体生长接近或达到最高生长时期（即稳定期），产物形成与碳源利用无准量关系，产物的量远低于碳源的消耗量。如：抗生素、维生素等的发酵。

在分批发酵中，对于产物为细胞本身，可以采用支持最高生长量的培养条件；对于产物为初级代谢物，可以设法延长与产物相关联的对数生长期；对于产物为次级代谢物，可缩短对数生长期，延长生产（静止）期，或降低对数期的比生长速率❶，从而使次级代谢物更早形成。

2.4.1.3　分批发酵的优缺点

分批发酵在发酵工业生产中仍有重要地位，其优点主要是操作简单，周期短，染菌的机会少，生产过程和产品的质量容易掌控。但也存在不足，主要是因使用复合培养基，存在基质抑制问题，易出现二次生长现象。如果是对基质浓度敏感的产物或次级代谢产物（抗生素）的发酵生产，不适合用分批发酵，因为分批发酵周期较短（一般1~2天），产率较低。这主要是由于养分有限，无法长时间维持发酵，因此，逐渐完善发展了补料-分批发酵。

---

❶比生长速率 u：单位时间内单位质量的菌体所增加的量。它是表征微生物生长速率的一个参数，也是发酵动力学中的一个重要参数。

2.4.2 补料-分批发酵

补料-分批发酵是指在分批发酵过程中，补入新鲜的料液，以克服由于养分的不足，导致发酵过程过早结束的缺点。由于只有料液的输入，没有输出，因此，发酵液的体积在间断增加。

补料-分批发酵的优点是：

（1）可以解除快速利用碳源的阻遏效应，并维持适当的菌体浓度，不至于加剧发酵系统的供氧矛盾；

（2）克服养分的不足，避免发酵过早结束；

（3）减缓代谢有害物的不利影响。

2.4.3 半连续发酵

半连续发酵是指在补料-分批发酵的基础上加上间歇放掉部分发酵液（行业中称为带放）。带放是指放掉的发酵液和其他正常放罐的发酵液送去提炼上段。这是考虑到补料-分批发酵虽然可以通过补料补充养分或前体的不足，但由于有害代谢物的不断积累，产物合成最终难免受到阻遏。

半连续发酵也存在着不足：

（1）放掉发酵液的同时也丢失了部分未利用的养分和处于生长旺盛的菌体。

（2）一些经代谢产生的前体也可能丢失。

（3）定期补料和带放，使提炼的发酵液体积增大，增加了下游加工的劳动强度和工作量。

（4）易发生非生产菌突变体的生长。

2.4.4 连续发酵

连续发酵又称连续流动培养或开放型培养。是指发酵过程中培养基料液连续输入发酵罐，并同时放出含有产品的发酵液的培养方法，即一边补入新鲜的料液，一边以相近的流速放料，维持发酵液原来的体积，在这样的环境中培养，所提供的基质对菌体的生长起到限制作用。

在连续培养系统中，因培养物的生长速率受其周围化学环境，即受培养基的一种限制性组分控制，使微生物细胞的浓度、比生长速率和环境条件（如营养物质浓度和产物浓度），均处于不随时间而变化的稳定状态之下。因此，连续培养系统又称为恒化器。

连续发酵又可分为单级连续发酵和多级连续发酵。单级连续发酵是指连续发酵过程是在单一的发酵罐中完成，单级连续发酵因发酵液一次性流入、流出，流出发酵罐的发酵液中含有较多的未被菌体充分利用的营养基质，会造成原材料的浪费，降低发酵产率。为提高营养基质的利用率，对基本恒化器进行改进，改进方法有多种，但最普遍的方法是增加罐的级数和将菌体送回罐内。多级恒化器的优点是在不同级的罐内存在不同的条件，有利于多种碳源的利用和次级代谢物的生产，如采用葡萄糖和麦芽糖混合碳源培养产气克雷伯氏菌，在第一级罐内只利用葡萄糖，在第二级罐内利用麦芽糖，菌的生长速率远比第一级小，同时形成次级代谢产物。由于多级连续发酵系统比较复杂，用于研究工作和生产实际有较大的困难。

连续发酵优点是：

（1）可以解除快速利用碳源的阻遏效应，并维持适当的菌体浓度，不至于加剧发酵系统的供氧矛盾。

（2）克服养分的不足，避免发酵过早结束。

（3）减缓代谢有害物的不利影响。

（4）可提高设备利用率和单位时间的产量，减少发酵罐的非生产时间。

（5）便于发酵过程中的目的控制。

连续发酵技术也存在一些问题，其中的主要问题是杂菌污染和生产菌株突变问题。在连续发酵过程中，需要长时间连续不断地向发酵系统供给无菌的新鲜空气和培养基，不可避免地发生杂菌污染问题。杂菌污染问题是连续培养中难以解决的问题。因此，了解污染的杂菌在何种情况下，会在系统中发展成为主要的微生物群体，是控制杂菌污染比较有效的手段。另外，微生物在复制过程中难免会出现差错引起突变，一旦在连续培养系统中的生产菌细胞群体中某一个细胞发生了突变，而且突变的结果使这一细胞株获得在给定条件下高速生长的能力，那么它就有可能取代系统中原来的生产菌株，使连续发酵过程失败。连续发酵的时间越长，所形成的突变株数目越多，发酵过程失败的可能性越大。

2.5　发酵条件的影响及其控制

在发酵过程中，人们想按照人的意愿和目的去控制发酵过程，但目前还难以完全实现。因为，影响发酵的因素太多太复杂。有些因素甚至是人类目前为止未知的。因此，充分了解发酵工艺条件对发酵过程的影响和掌握反映菌种的生理和发酵过程的规律，可以帮助人们有效控制微生物的生长和生产。

微生物发酵的生产水平取决于生产菌种的特性和发酵条件的控制。因此，了解生产菌种与环境条件，如培养基、罐温、pH值、氧的供需等的相互作用，菌种的生长生理，代谢规律和产物合成的代谢调控机制，将会使发酵的控制从感性认识转变为理性认识。生产菌种在发酵过程中的代谢规律，可以通过各种检测手段了解各种状态参数随时间的变化，并予以有效控制。

化学工程和计算机的应用为发酵工艺控制开辟了新的途径。研究发酵动力学，找出能恰当描述和真正反映系统的发酵过程的数学模型，并通过现代化的试验手段和计算机的应用，定能为发酵的优化控制开创一个新局面。

2.5.1　培养基对发酵的影响及其控制

发酵生产中依据不同的作用分为孢子培养基、种子培养基和发酵培养基。许多生产厂家用于发酵生产产品的的培养基配方一般都是保密性的，因为，这是保证发酵生产稳定进行和获得高品质产品的重要保障之一。

在发酵生产中，培养基的各组成成分要适当，培养基过于丰富，会使菌体生长过盛，发酵液非常黏稠，传质状况变差，菌体细胞用于非生产的能量增多，对产物的合成不利，不利于发酵。反之，培养基营养成分不充足，会使发酵单元在规定时间内，难以得到最多的产品，造成设备、动能等的浪费，增加生产成本。

到目前为止，人们还不能从理论推出或计算出培养基配方。设计培养基时应注意的主要问题是：

（1）碳源（氮源）中快速碳源（氮源）和慢速碳源（氮源）之比。

（2）选择适当的碳氮比。

（3）酸性物质和碱性物质的组合。

在谷氨酸发酵中以乙醇为碳源，控制发酵液的乙醇浓度在 2.5~3.5g/L 范围内可延长谷氨酸合成时间。在葡萄糖氧化酶（GOD）发酵中葡萄糖对 GOD 的形成具有双重调节作用，低浓度有诱导作用，高浓度有阻遏（分解代谢物）作用，即葡萄糖的分解代谢中间产物（如：柠檬酸三钠、苹果酸钙、丙酮酸钠），对 GOD 有明显的抑制作用。因此，适当降低葡萄糖的用量，从 8% 降到 6%，补入 2% 氨基乙酸或甘油，可以使酶活提高 26%。

2.5.2　培养基的灭菌情况对发酵的影响

现代发酵工业大多采用纯种发酵，在接种之前要对培养基及相关设备等灭菌。灭菌的目的是杀死或除去物料或设备中一切有生命的物质。发酵工业常用的灭菌方法有化学药剂灭菌、辐射灭菌、湿热灭菌、干热灭菌及过滤除菌等。培养基灭菌主要采用湿热灭菌。

湿热灭菌就是用蒸汽加热物料或器材杀灭微生物的操作，蒸汽冷凝时放出大量潜热，在高温和冷凝水的共同作用下，细胞因蛋白质凝固变性而死亡。

培养基在进行湿热灭菌时，除了杀死微生物细胞外，培养基中热敏性物质也受到损失，如蛋白质变性、维生素破坏等。一般随灭菌温度的升高、时间的延长，对养分的破坏作用增大，从而影响产物的合成，特别是葡萄糖，不宜和其他培养基成分一起灭菌。如 GOD 发酵培养基的灭菌条件对产酶有显著的影响，见表 2-4。

表 2-4　培养基灭菌条件对葡萄糖氧化酶产量的影响

灭菌蒸汽压力/kPa（1b/in²）	68.95（10）		103.43（15）	
时间/min	15	25	15	25
葡萄糖氧化酶酶活/（U/mL）	48.08	43.72	35.04	27.10

2.5.3　种子的培养对发酵的影响

现代发酵工业发酵罐的规模从几十立方米至几百立方米，高达上百吨碳源或氮源在几十小时内转化成菌体或代谢产物，这项艰巨的任务是由小小的微生物来完成的。要在短时间内得到数量巨大、代谢旺盛的微生物，就必须对种子进行扩大培养。种子扩大培养是指将处于休眠状态的保藏菌种接入试管斜面活化后，再经摇瓶及种子罐逐级扩大培养而获得一定数量和质量的纯种过程。种子罐逐级培养的次数叫种子罐的级数，几级种子罐培养出的种子相对应称为几级种子。

对不同的产品发酵，要根据种子生长的快慢、要求接种量的大小等因素来决定种子扩大培养的级数。氨基酸发酵使用细菌发酵，细菌生长速度快，采用二级种子扩大培养能满足发酵所需种子。而抗生素生产中，放线菌的细胞生长速度慢，常常采用三级种子扩大培养，如图 2-11 所示。

2.5.3.1　种子的质量

种子的优劣对发酵生产起极其关键的作用，种子进入发酵罐后不仅要表达其代谢特性，还要尽量缩短发酵周期，提高设备利用效率，降低生产成本。作为发酵用种子应满足以下基本要求：

（1）菌种细胞生长活力强，移种至发酵罐后能迅速生长，尽量缩短延迟期。

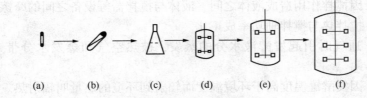

图 2-11 种子扩大培养流程图

(a)保藏种子；(b)试管斜面；(c)三角瓶种子；(d)一级种子罐；(e)二级种子罐；(f)发酵罐

（2）生长性状稳定，保持稳定的生产能力，无杂菌污染。

（3）菌体总量及浓度能满足大容量发酵罐的要求。

种子培养基的营养成分应满足种子生长繁殖的要求。一般要选择有利于孢子发芽和菌丝生长的培养基，营养成分适当丰富和完全，氮源和维生素含量较高，这样可以使菌丝粗壮并具有较强的活力，培养基的营养成分还要尽量与发酵培养基接近，以适应发酵环境，有利于缩短延迟期。另一方面，种子培养基浓度不能太高，但要能维持种子生长过程中 pH 的稳定。

2.5.3.2 接种菌龄和接种量

接种菌龄是指种子罐培养的种子从开始培养到接入下一级种子罐或发酵罐的培养时间。选择适当的接种菌龄非常重要，种子菌龄太短容易出现前期生长缓慢、发酵周期延长、产物形成推延等不利后果，接种菌龄太老会引起生产能力下降、菌丝过早自溶。不同品种或同一品种的发酵工艺条件不同，其接种菌龄也不同，一般最适的接种菌龄要经过多次的试验来确定。

接种量是指移入的种子液体积占接种后培养液体积的比例，接种量的大小取决于生产菌种在发酵罐中的生长繁殖速度。采用较大的接种量可以缩短发酵罐中菌丝或菌体到达高峰的时间，使产物形成提前到来，提高生产效率，原因是由于接种量大，种子液中的水解酶多，有利于迅速利用发酵液中的营养和产物的形成，由于菌体生长快，迅速占据整个发酵罐，减少了污染杂菌的机会。但是，如果接种量过多，往往使菌丝或菌体生长过快，培养液强度增加，需氧量增加，造成供氧不足，影响菌丝或菌体的生长、代谢及产物的合成。在抗生素生产中一般最适接种量为7%～15%，有时可增加到20%～25%。而由棒状杆菌生产谷氨酸发酵的接种量为1%即可。

2.5.4 温度对发酵的影响

在发酵过程中需要维持适当的条件，来实现生产菌种的生长和代谢产物产生，温度是其中的条件之一。引起发酵过程中温度变化的原因是发酵过程所产生的热量，即发酵热。发酵热主要包括生物热、搅拌热、蒸发热和辐射热等。

$$Q_{发酵} = Q_{生物} + Q_{搅拌} - Q_{蒸发} - Q_{辐射}$$

（1）生物热。生物在生长繁殖过程中产生的热叫生物热。微生物利用培养基中的糖、脂肪、蛋白质等生成 CO_2、水和其他物质时，产生的热量部分用来生成高能化合物供微生物代谢活动需要，部分用来合成产物，其余的以热的形式散发。在发酵初期菌体少、呼吸弱、产热少，对数期菌体繁殖快、菌体增多、呼吸强烈、产热多，发酵后期菌体基本停止繁殖，主要靠菌体内源呼吸来维持生命，产热越来越少。不同的菌株不同的底物产热也不同，发酵过程中需根据微生物产热特点确定合适的工艺条件。

（2）搅拌热。因搅拌作用造成液体之间、液体与搅拌器等设备之间的摩擦，产生可观的热量，即搅拌热。搅拌热与搅拌轴功率成正比。

（3）蒸发热。通气时引起发酵液水分的蒸发，被热空气和蒸发水分带走的热量叫蒸发热。

（4）辐射热。因发酵罐温度高于环境温度而辐射到环境的热量叫辐射热。其大小取决于罐内、外温度差。

温度对微生物生长的影响主要表现在以下两个方面：

① 在微生物生长的适宜温度范围内，温度升高可增加微生物生长繁殖速度，缩短生长周期。

② 当温度超过了微生物生长的最适温度，随着温度的升高会导致微生物酶变性而杀死微生物。

温度对发酵的影响主要表现在温度影响培养基的物理性质，如温度会影响氧或其他底物的溶解度和传递速率等。温度也影响微生物的合成方向，生产四环素的金色链霉菌同时能产生金霉素，当温度低于30℃时，产金霉素能力较强，随着温度的提高，合成四环素的能力也提高，到达35℃时，则只产四环素而金霉素的合成几乎停止。

所谓最适温度是指在该温度下最适于菌体的生长或发酵产物的生成，它是一个相对概念，不同的菌种不同的培养基，最适温度不同。在同一发酵过程中，微生物最适生长温度和发酵产物合成的最适温度也可能不同，如青霉素产生菌的最适生长温度是30℃，而最适于青霉素合成的温度是20℃。在发酵过程中，根据发酵不同阶段对温度的不同需求进行温度调节和控制，可以提高发酵生产的效率。

2.5.5 pH 对发酵的影响

（1）发酵过程的 pH 是微生物在一定环境条件下生命代谢活动的综合指标，它是重要的发酵参数之一。pH 对发酵的影响表现在：

① 影响菌体细胞膜上的电荷，从而影响某些离子的渗透性，最终影响代谢。

② 不同的酶具有不同的最适 pH，pH 的改变会改变酶的活性。

③ 影响营养物质和中间代谢物的解离，从而影响对其吸收。

④ 影响环境中有害物质对菌体的毒性。

选择最适发酵 pH 的准则是获得最大比生长速率和适当的菌体数量，以获得最高产量。发酵过程中 pH 的变化决定于微生物的种类、基础培养基的组成和发酵条件等因素，在菌体代谢过程中菌体自身有一定调节 pH 的能力。外界条件发生较大变化时，pH 将会出现波动，凡是导致酸性物质生成（如有机酸）、碱性物质消耗（如 NH_4^+ 被利用），会引起发酵液的 pH 下降。例如：利福霉素发酵过程中，由于利福霉素 B 分子中的所有碳原子都是由葡萄糖衍生的，在生长期葡萄糖的利用情况对利福霉素 B 的生产有一定的影响，试验证明，其发酵最适 pH 在 7.0~7.5。从图 2-12 可以看出，当 pH 在 7.0 时，平均得率系数达最大值，平均比生产能力呈缓慢上升趋势；当 pH 上升到 7.5 时，平均得率系数开始下降，平均比生产能力仍呈缓慢上升趋势；从平均得率系数和平均比生产能力的变化幅度看，pH 对平均得率系数的影响更明显。并且，在利福霉素 B 发酵的各参数中从经济角度考虑，平均得率系数最重要。因此，pH 为 7.0 是生产利福霉素 B 的最佳 pH 条件。在此条件下葡萄糖的消耗主要用于合成产物，同时还能保证适当的菌量。

（2）控制发酵 pH 值，首先是从基础培养基配方中考虑维持发酵过程中 pH 稳定的需要，再次是从发酵过程调节 pH。基础培养基配方中维持发酵过程中 pH 稳定的调节方式主要有：

① 采用磷酸缓冲液进行调节。

② 采用加入 $CaCO_3$ 作"备用碱"的方式，因为 $CaCO_3$ 是不溶性且具沉淀性的，也可用 $NaHCO_3$ 来调节。

③ 培养基配方中的碳源和氮源及其适当的比例也是比较简单的调节方式。

（3）发酵过程中，往往要考虑菌体的生长和产物的形成，单纯地调控发酵基础培养基的配方是难以满足整个发酵过程对 pH 值的需求，因此，要从发酵过程调节 pH 值。发酵过程中调节 pH 值的方法主要有：

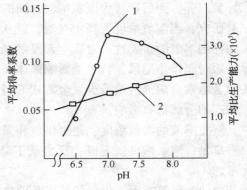

图 2-12　pH 对平均得率系数及平均比生产能力的影响
1—平均得率系数；2—平均比生产能力

① 发酵过程补料调节，当采用生理酸性物质作氮源时，由于 NH_4^+ 被利用，余下的酸根引起 pH 值下降，在发酵培养基中补加氨水或尿素，一方面补充氮源，另一方面又可调 pH 值，补加葡萄糖等碳源也可调 pH 值。

② 直接加酸或碱来调节，必要时采用直接加酸或碱，来解决面临的急需紧急调节 pH 值的问题。一般情况下，建议采取补料的方式调节更为上策。最适 pH 值的选择主要考虑初期阶段的 pH 值要满足微生物有较大比生长速率，在一定菌体浓度的基础上，pH 值应有利于代谢产物的形成。

2.5.6　溶解氧对发酵的影响

在 25℃、101.3kPa 下，空气中的氧在水中的溶解度为 0.25mmol/L，在发酵液中的溶解度只有 0.22mmol/L，而发酵液中的大量微生物耗氧迅速[耗氧速率大于 $25\sim100$ mmol O_2/（L·h）]。因此，供氧对于好氧微生物来说是非常重要的。

临界溶氧浓度是指在好氧发酵中，满足微生物呼吸的最低氧浓度，是微生物对氧的最低要求，用 $C_{临界}$ 表示。在 $C_{临界}$ 以下，微生物的呼吸速率随溶解氧浓度降低而显著下降。一般好氧微生物 $C_{临界}$ 很低，约为 $0.003\sim0.05$ mmol/L，其 $C_{临界}$ 大约是饱和浓度的 1%～25%。

发酵液中的微生物只能利用溶解氧，需氧发酵并不是溶氧越大越好，溶氧高虽然有利于菌体生长和产物合成，但溶氧太大有时反而抑制产物的形成。培养液中维持微生物呼吸和代谢所需的溶解氧量必须与微生物的耗氧量相平衡，这样才能满足微生物对氧的利用。为避免发酵处于限氧条件下，需要考查每一种发酵产物的 $C_{临界}$ 和最适溶氧浓度（optimal dissolved oxyegn concentration），并使发酵过程保持在最适氧浓度。

最适溶氧浓度的大小与菌体和产物合成代谢的特性有关，溶解氧的不同对菌体生长和产物的形成及其产量都会产生不同的影响。如谷氨酸发酵，供氧不足时，谷氨酸积累就会明显降低，产生大量乳酸和琥珀酸。又如薛氏丙酸菌发酵生产维生素 B_{12} 中，维生素 B_{12} 的组成部分咕啉醇酰胺（cobinamide，又称 B 因子）的生物合成前期的两种主要酶就受到氧的阻遏，限制氧的供给，才能积累大量的 B 因子，B 因子又在供氧的条件下才转变成维生素 B_{12}，因而采用厌氧和供氧相结合的办法，有利于维生素 B_{12} 的合成。在天冬酰胺酶的发酵中，前期是好氧培养，而后期转为厌氧培养，酶的活力能大为提高，但掌握好转变时机颇为重要。据实验研究，当溶氧浓度下降45%时，就从好氧培养转为厌氧培养，酶的活力可提高6倍，这说明控制溶氧的重要性。对抗生素发酵来说，氧的供给就更为重要。如金霉素发酵，在生长期中短时间停止通风，就可能影响菌体在生产期的糖代谢途径，由 HMP 途径转向 EMP 途径，使金霉素合成的产量减少。金霉素 C_6 上的氧还直接来源于溶解氧，所以，溶氧对菌体代谢和产物合成都有影响。

发酵液的溶氧浓度，是由供氧和需氧两方面所决定的。也就是说，当发酵的供氧量大于需氧量，溶氧浓度就上升，反之就下降。因此要控制好发酵液中的溶氧浓度，需从两方面考虑。

（1）供氧方面。供氧的前提条件决定与设备设计的供氧能力的大小，对于已设计安装好的现有设备，其供氧的最大能力是一定的。在生产实际中来调节供氧是在设备允许的条件下，通过提高氧传递的推动力和液相体积氧传递系数 KLa 值来实现。溶解氧的大小主要是由通风量和搅拌转速决定。溶解氧的多少还与发酵罐的径高比、液层厚度、搅拌器型式、搅拌叶直径大小、培养基黏度、发酵温度和罐压等有关。在实际生产中，固定设备的搅拌转速固定不变，当搅拌转数达到最大时，通常用调节通风量来改变供氧水平。

影响氧传递的主要因素有：

① 增加罐压可以提高溶解氧浓度，增加氧传递速率，但同时也增加了 CO_2 的浓度，高浓度 CO_2 对大多数发酵不利，增加罐压对设备的耐压要求提高。

② 增加通气量，可增加气液比表面积，提高氧传递速率。

③ 增加通气中的氧含量（用纯氧），可以提高溶解氧浓度，但成本提高。

④ 增加搅拌速率，搅拌能把大气泡打成小气泡，可增加气液接触面积，且小气泡上升速度慢，延长气液接触时间，搅拌使发酵液呈湍流运动，减少气泡周围液膜厚度，减少液膜阻力，增加溶氧量，搅拌使菌体分散，避免结团。

（2）需氧方面。发酵液的需氧量，受菌体浓度、基质的种类和浓度以及培养条件等因素的影响，其中以菌体浓度的影响最为明显。发酵液的摄氧率随菌体浓度增加而按比例增加，但氧的传递速率是随菌体浓度的对数关系减少的，因此可以控制菌的比生长速率在临界值略高一点的水平，达到最适浓度，这是控制最适溶氧浓度的重要方法。最适菌体浓度既能保证产物的比长成速率维持在最大值，又不会使需氧大于供氧。

控制最适的菌体浓度可以通过控制基质的浓度来实现，如青霉素发酵，就是通过控制补加葡萄糖的速率达到最适菌体浓度。现已利用敏感型的溶氧电极传感器来控制青霉素发酵，利用溶氧浓度的变化来自动控制补糖速率，间接控制供氧速率和 pH 值，实现菌体生长、溶氧和 pH 值三位一体的控制体系。除控制补料速度外，在工业上，还可采用调节温度（降低培养温度可提高溶氧浓度）、中间补水、添加表面活性剂等工艺措施，来改善溶氧水平。

由上可知，溶解氧是好氧发酵控制最重要的参数之一。结合生产实际，采取适当的措施来提高溶氧浓度，如调节搅拌转速或通气速率。但供氧量的大小还必须与需氧量相协调，也就是说要有适当的工艺条件来控制需氧量，使生产菌的生长和产物生成对氧的需求量不超过设备的供氧能力，使生产菌发挥出最大的生产能力，这对生产实际具有重要的意义。

2.5.7　发酵终点的判断

任何生产都要追求高产量、低成本。对于微生物发酵来说，在发酵过程中要让营养物质得到最大程度的利用，同时争取得到最多的产物，那么，发酵终点的判断就显得尤为重要。正确地判断发酵终点，对提高产物的生产能力和经济效益很有意义。

发酵类型不同，要求达到的目标也不同，因此，对发酵终点的判断也应有所不同。对原材料与发酵成本占整个生产成本的主要部分的发酵品种，主要追求提高产率、得率（转化率）和发酵系数。如下游提炼成本占主要部分和产品价值高的发酵品种，则除了追求高产率和发酵系数外，还要求高的产物浓度。

发酵过程中的产物形成，有的是随菌体生长而产生，如初级代谢产物氨基酸等。有的产物的产生与菌体生长无明显的相关性，一般到生长后期才进入产物分泌期，如次级代谢产物抗生素的合成。但是，无论是初级代谢产物还是次级代谢产物发酵，有的产生菌到了发酵末期，营养耗尽，菌体衰老而进入自溶，释放出体内的分解酶会破坏已形成的产物，因此，要准确判断发酵终点，及时放罐。

要确定一个合理的放罐时间，需要考虑以下几个因素。一般情况下，对老品种的发酵来说，放罐时间都已经掌握，在正常情况下可根据计划作业，按时放罐。但在异常情况下，如染菌、代谢异常（糖耗缓慢等），就应根据不同情况，进行适当处理，为了能够得到尽量多的产物，应该及时采取措施（如改变温度或补充营养等），并适当提前或拖后放罐时间。

总之，何时放罐要根据产物的产量、过滤速度、氨基酸的含量、菌丝形态、pH 值、发酵液的外观和黏度等确定。发酵终点的掌握，就要综合考虑这些参数来确定。

参 考 文 献

[1] 周德庆. 微生物学教程[M]. 北京：高等教育出版社，2011
[2] 俞俊棠等. 新编生物工艺学[M]. 北京：化学工业出版社，2008
[3] 罗九甫等. 生物工程原理与技术[M]. 北京：科学出版社，2006
[4] 朱伟萍等. 水处理生物学[M]. 北京：中国电力出版社，2008

3 细胞工程

细胞工程是现代生物工程与生物技术的重要组成部分，在医药、农业、食品、能源、环境等领域有着广泛应用。在过去的数十年里，植物组织培养、染色体工程、动物胚胎工程、单克隆抗体等细胞工程技术已经产生了巨大的经济效益；近年来，以动植物生物制药、干细胞、组织工程、体细胞克隆等为代表的新型细胞工程技术成为国际研究热点，并已经展现了巨大的发展潜力。

3.1 细胞工程简介

细胞工程是指以细胞为对象，应用生命科学理论，借助工程学原理与技术，有目的地利用或改造生物遗传性状，以获得特定的细胞、组织产品或新型物种的一门综合性科学技术。细胞工程的研究对象包括微生物、植物和动物，由此可将细胞工程分为微生物细胞工程、植物细胞工程和动物细胞工程。微生物工程历史悠久，技术体系较完善，一般所讲的细胞工程主要以动植物为研究对象。根据具体情况，细胞工程的研究对象可以是完整的细胞、组织或器官、胚胎，也可以是原生质体、细胞核、染色体、细胞器等。

3.1.1 细胞工程发展简史

细胞工程的发展经历了探索、诞生、快速发展三个阶段。

（1）探索期。细胞工程的历史可追溯到19世纪，最早的探索是从动植物组织培养开始的。这期间一些重要科技事件如下：

① 动物组织培养。1885年，Roux发现鸡的神经元在生理盐水中可以存活，并使用了"组织培养"一词。1892年，Driesch将海胆胚胎分离成单细胞，通过细胞培养获得了完整幼虫。同年，Wilson证明了文昌鱼胚胎单细胞的发育能力。1907年，美国生物学家Harrison从蝌蚪的脊索中分离出神经组织，把它放在青蛙的凝固淋巴液中培养。蝌蚪神经组织存活了几周，从神经元中长出了神经纤维，开创了动物组织培养的先河。1925年，Maximow开发出双盖片法改良了Harrison采用的盖玻片悬滴培养法。1933年，Conklin证明文昌鱼胚胎第一次分裂得到的2个分裂球可以形成2个完整的幼虫。1938年，德国科学家Spemann提出通过核移植培育克隆动物的设想。1952年，美国Briggs等科学家成功将豹蛙的囊胚细胞核移植到同种蛙的成熟去核的卵子中，并获得了发育正常的胚胎。

② 植物组织培养。1902年，德国植物学家Haberlandt提出了细胞全能性学说，预言植物细胞具有全能性，并进行了植物单个细胞离体培养的尝试。1904年，Hanig在无机盐和蔗糖溶液中尝试进行萝卜和辣根菜的离体胚培养。1922年，Kotte和Robbins进行豌豆、玉米、棉花的根尖和茎尖的培养获得初步成功。1937年，荷兰植物学家Went发现B族维生素和生长素对植物根的生长具有促进作用。1937~1938年，法国科学家Gautheret和Nobercourt几乎同时离体培养了胡萝卜组织，并使细胞成功增殖。1948年，Skoog等发现腺嘌呤可诱导芽的

形成，并认为腺嘌呤和生长素的比例是控制芽形成的重要因素。1956 年，Miller 等从鱼精子中分离得到比腺嘌呤活性高的激动素，并与 Skoog 一起提出了植物激素控制器官形成的观点，认为生长素与分裂素比例是控制植物细胞分化的关键：当生长素与分裂素比例高时利于根的生长，比例低时利于芽或茎的分化，比例相当时利于保持分裂但无分化的状态。这个规律的发现极大推动了植物组织培养技术的发展。1958 年，Steward 和 Reinert 发现胡萝卜的体细胞可以分化成体细胞胚，这成为植物组织培养领域的一个重大突破，也进一步验证了细胞全能性学说。

（2）诞生期。动物方面，1956~1959 年，Swarup 利用低温处理三棘刺鱼获得了三倍体，并饲养至性成熟。1959 年，美籍华人科学家张明觉首次获得第一个体外受精动物——试管兔。1962 年，Capstick 等成功进行了仓鼠肾细胞的悬浮培养，为动物细胞大规模培养技术的建立提供了基础。1958 年，日本学者 Okada 发现经过紫外线灭活的仙台病毒可以引起艾氏腹水瘤细胞的融合。1965 年，Harris 和 Watkins 进一步证明灭活的病毒在适当条件下可以诱导动物细胞的融合。亲缘关系较远的不同种动物细胞，也可以被诱导融合；形成的融合细胞在适宜的条件下可以继续存活下去。至此，动物细胞融合技术已经初步建立起来。

植物方面，1960 年，兰花等植物无性繁殖获得成功，开辟了利用植物组织培养快速繁殖植物的有效途径。1960 年，Cocking 应用真菌纤维素酶酶解的方法成功地大量制备出番茄根部和烟草叶片细胞的原生质体，使植物细胞融合有了原料保证。20 世纪 70 年代初，华裔加籍科学家高国楠发现聚乙二醇可以促使植物原生质体融合，因此，植物细胞融合技术初步建立。

随着动植物组织培养、细胞融合技术的不断完善，以及在细胞核移植、动物克隆、多倍体育种、体外受精等方面的尝试，最终推动了 20 世纪 70 年代前后细胞工程这门新兴学科的形成。

（3）快速发展期。20 世纪 70 年代开始，随着细胞生物学、发育生物学、生物化学、分子生物学、遗传学等学科发展和研究的日益深入，细胞工程进入快速发展阶段，技术不断完善。

动物方面，1973 年，童第周等在金鱼和鳑鲏鱼间成功进行核移植获得了种间杂种鱼。1975 年，Kohler 和 Milstein 成功构建能分泌单克隆抗体又能体外大量增殖的杂交瘤细胞，从而建立了小鼠淋巴细胞杂交瘤技术。1977 年，英国采用胚胎工程技术成功培育出世界首例试管婴儿。1981 年，Evans 和 Kanfman 成功分离到小鼠胚胎干细胞。1983 年，Palmiter 和 Brinster 将大鼠生长素基因转小鼠培育出生长快的超级小鼠。1984 年，丹麦科学家 Villadsen 成功利用胚胎细胞克隆出一只绵羊，这是首次证实的通过核移植技术克隆的哺乳动物。1987 年，Gordon 获得分泌组织纤溶酶激活因子 tPA 的转基因小鼠，之后，转基因羊、牛、猪的乳腺生物反应器相继获得成功。目前，已经利用动物乳腺生物反应器生产出凝血因子 IX 与 XII、抗胰蛋白酶、红细胞生成素等；利用动物细胞大规模培养已经制备出干扰素、疫苗、单克隆抗体等药物。1981 年，Zimmerman 利用可变电场诱导原生质体融合，建立了细胞融合物理方法，进一步完善了细胞融合技术。1987 年，美国科学基金会提出"组织工程"概念。1997 年，英国利用成年动物体细胞克隆出绵羊"多莉"，证明了高等动物体细胞核的全能性，这是细胞工程历史上的一个里程碑式的成果。之后，小鼠、牛、猪等均成功获得了体细胞克隆后代。1998 年，美国科学家成功分离建立了人的胚胎干细胞系，极大促进了干细胞研究热点的形成。

植物方面，1972年，美国科学家Carlson等人用NaNO₃作为融合诱导剂进行烟草原生质体融合，获得了世界上第一个体细胞杂种植株。1973年，Nitsh采用花药培养获得了烟草植株。1973年，Furuya等通过培养人参细胞生产人参皂苷，开创了植物活性物质生产的新途径。1973年，农杆菌Ti质粒的发现极大地促进了植物转基因的研究，许多抗虫、抗除草剂的转基因植物相继问世，利用转基因植物生物反应器生产药物、色素、食品添加剂、酶、农药等产品的努力也取得了较大进展。

近年来，组织工程、干细胞、体细胞克隆、转基因动物等获得了巨大突破，使细胞工程成为现代生物技术与生命科学的前沿和热点领域之一。

3.1.2 细胞工程主要应用

细胞工程的应用领域非常广泛，涉及农业、食品、医药、化工与能源等许多方面。

3.1.2.1 动植物快速繁殖

通过细胞工程技术繁殖自然界现有的优良动植物是细胞工程的一个重要研究内容。主要是指采用细胞工程技术实现优良动植物的快速繁殖以及濒危物种的保护。主要技术包括试管植物、人工种子、试管动物、克隆动物等。如通过植物组织培养技术实现了一些有价值的苗木、花卉、药材和濒危植物的快速、大量繁殖。采用胚胎工程技术进行优良动物品种的快速繁殖已经产生了可观的经济效益。利用体外受精、胚胎移植、克隆等细胞工程技术进行大熊猫、东北虎等濒危灭绝动物的繁殖与保护具有重要意义。"试管婴儿"人工助孕技术已经为一些家庭的幸福做出了贡献。

3.1.2.2 新品种培育

通过细胞工程技术对现有生物的遗传性状进行改良和培育新型物种一直是细胞工程的一个重要研究内容和发展动力。主要是指在细胞、细胞器、染色体、细胞核或组织水平上进行遗传性状改良或培育出生物新品种。具体的细胞工程育种技术包括细胞水平上的原生质体诱变、细胞融合技术，细胞器水平上的细胞重组，染色体水平上的多倍体、单倍体育种，以及雌(雄)核发育、胚胎嵌合等。利用细胞融合技术可以对不同种、属间的细胞或原生质体进行融合以获得杂种细胞，使不同种、属的优良性状组合在一起。此外，通过染色体人工诱变、胚胎嵌合等技术也能创造具有新遗传性状的生物个体。

3.1.2.3 细胞工程生物制品

利用动植物细胞、组织培养或者转基因动植物生物反应器生产生物制品是现代细胞工程的一个代表性领域，主要包括食品、药物、生物能源等。

动植物来源的生物制品一般采用收集原料、化学提取的方法，受资源、土地、气候、环境等条件限制，因此很难保证充足的产量和上乘的质量。基于细胞培养的生物制品生产不受气候、季节等限制，同时可采用代谢工程方法改善、调控积累产物，大量获得药物原料和其他有用物质。同时，以植物或动物细胞作为表达载体制备相关药用产品也已成为生物制药的热点方向。近年来，以杂交瘤细胞培养大量制备单克隆抗体，以动物细胞培养技术生产疫苗、生长因子等已经产生了可观的经济与社会效益。

3.2 植物细胞培养技术

20世纪80年代以来植物细胞培养引起了人们的极大兴趣，成为生物技术领域的研究热点。在工农业上已有重要应用，如在工业方面通过植物细胞培养进行次生代谢产物的生产，尤其是药物的生产格外受到人们的重视，据不完全统计，通过植物细胞培养获得人们所需的有用物质达 600 多种，其中所能鉴别的药用成分超过 300 种。在农业方面植物细胞培养用于遗传育种、人工种子制备、遗传转化、种质资源的保存和植物的快速繁殖等诸多方面。

3.2.1　植物细胞的培养条件

植物细胞培养比植物器官培养、愈伤组织培养、花药培养所要求的条件更加复杂，更加严密，更加精细。必须根据不同的培养目的，不同的培养要求控制好各种培养条件。

3.2.1.1　培养基

植物细胞的生长和代谢需要大量的无机盐，除了 N、P、K、Ca、Mg、S 等大量元素以外，还需要 Mn、Zn、Co、Mo、Cu、B、I 等微量元素。氮源主要为硝酸盐和铵盐。细胞培养液中大量元素的浓度一般为 $10^2 \sim 3 \times 10^3$ mg/L，而微量元素的浓度一般为 $10^{-2} \sim 30$ mg/L。植物细胞还需要多种维生素和植物生长激素，如硫胺素、吡哆醇、烟酸、肌醇、生长素、分裂素等。培养液中维生素的浓度一般为 0.1~100mg/L，而植物生长激素的浓度一般为 0.1~10mg/L。植物细胞培养要求的碳源一般以蔗糖为主，蔗糖含量一般为 2%~5%。此外，大多数情况下还要添加某些特殊成分，如椰子乳、酪蛋白、植物细胞培养上清液等，才能使单细胞分裂、生长和繁殖。

3.2.1.2　细胞密度

单细胞培养要求接种的细胞具有一定的密度，一般平板培养要求达到临界细胞密度（10^3/mL）以上。当植板密度较高时（$10^3 \sim 10^4$/mL），用于培养愈伤组织的培养基培养细胞就可使细胞分裂分化获得成功，但细胞密度过高则形成的细胞团混杂在一起，难于获得单细胞系。当植板密度下降时，对培养基的要求就变得更高。

3.2.1.3　环境因素

（1）温度。单细胞培养的适宜温度一般为 23~28℃，与愈伤组织培养的温度相似。实验证明，在适宜的温度范围内适当提高培养温度可以加快单细胞的生长分裂速度。

（2）pH。单细胞培养对 pH 的要求比较严格，适宜范围比较窄，必要时需在培养基中添加酸碱缓冲剂以稳定 pH。对于单细胞培养来说，一般 pH 为 5.2~6.0。在 pH 允许的范围内，适当提高 pH 有利于植板率的提高。在含有 NH_4^+ 和 NO_3^- 系统的培养基中，氮的吸收与培养基 pH 有关，如矮牵牛花悬浮细胞在 pH 为 4.8~5.6 下培养，起始时吸收的 NO_3^- 比 NH_4^+ 多，但是在大多数情况下，NH_4^+ 只能在低 pH 的培养基中被吸收。

（3）CO_2 含量。植物细胞培养系统中 CO_2 的含量对细胞生长繁殖有一定的影响。一般来说，细胞生长所需的 CO_2 的含量为 0.03%~1%。也就是说，植物细胞可在通常空气中生长繁殖。若低于 0.03%细胞分裂就会减慢或停止；若 CO_2 含量在允许范围内适当增加，则有利于细胞的生长繁殖；若 CO_2 含量超出允许范围，则对细胞生长有明显抑制作用。

3.2.2　植物细胞的悬浮培养

从外植体或经过细胞改良后获得的优良细胞，采用单细胞培养方法进行植物细胞培养，进一步获得细胞系，然后通过规模化植物细胞悬浮培养可进行原生质体的分离、培养等方面的研究；可进行细胞诱变筛选，获得优良种系；可用于人工种子的制备和植物的大规模快速繁殖；可获得各种次生代谢产物等。

3.2.2.1 植物细胞悬浮培养的概念和类型

（1）植物细胞悬浮培养的概念。植物细胞悬浮培养，是指将游离植物单细胞或小的细胞团按照一定密度在液体培养基中进行培养增殖的技术，它是一种液体培养方式，与传统固体培养方式相比有以下几大优点：一是可增加培养材料与培养液的接触面，改善营养供应；二是在振荡条件下可避免细胞代谢产生的有害物质在局部积累而对培养材料自身产生毒害；三是通过振荡培养以适当改善气体的交换。

植物细胞悬浮培养除具有上述优点之外，还有以下特点：

① 能在较短时间内大量提供均匀的植物细胞，即同步分裂的细胞。

② 细胞增殖速度快，特别适合于大规模工业化生产。

③ 需要特殊的设备，如大型摇床、转床、连续培养装置等，成本较高。所以要想实现植物细胞的大规模培养必须解决以下问题：一是从工程角度而言必须要进一步研究和开发适宜于植物细胞生长和生产的生物反应器，建立最佳的控制和调节系统；二是从培养技术方面讲必须满足以下三个条件：ⓐ培养的细胞在遗传上应是稳定的，以得到产量恒定的产物；ⓑ细胞生长及生物合成的速度快，在较短的时间内能得到较高产量的终产物；ⓒ代谢产物要在细胞中积累而不被迅速分解，最好能将其释放到培养基中，便于提取分离。

（2）植物细胞悬浮培养的类型。就细胞大规模培养来说，根据一个培养周期中是否添加培养基，细胞悬浮培养可分为分批培养、连续培养和半连续培养方式等。此外还有两相培养。

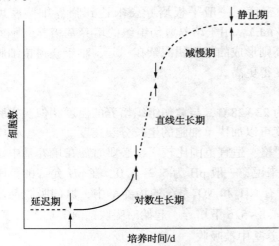

图 3-1 在分批培养中每单位体积悬浮培养液内的细胞数目与培养时间的关系图

① 分批培养。是指在一个培养体积中接种细胞和添加培养基后，中途不再添加培养基也不更换培养基的方式。特别适合于突变体筛选和遗传转化等研究。其特点是培养装置和操作简单，但在培养过程中细胞生长、产物积累，以及培养基的物理状态处于不断的变化之中，培养检测十分困难，培养周期较短，培养成本较高。分批培养过程中，除气体和挥发性代谢产物可以同外界气体交换外，一切都是密闭的。当培养基中主要营养物质耗尽时，细胞的生长和分裂即停止，细胞数目的增长变化情况呈典型的 S 形生长曲线（见图 3-1）。

由图 3-1 可见，典型 S 形由 5 个时期组成，这 5 个时期构成了一个培养周期，培养周期中各个时期的特点为：

（a）延迟期。细胞刚刚开始分裂或很少分裂；

（b）对数生长期。细胞分裂活跃，细胞数目呈几何级数增加；

（c）直线生长期。细胞数目迅速增长，生长速率保持不变，即单位时间内细胞数目增长致恒定，这一时期的细胞数目达到最高值；

（d）减慢期。由于培养基中营养物质的消耗及有毒物质的不断积累，细胞数目的增长速率减缓；

（e）静止期。由于培养基中营养物质已经耗尽，细胞分裂停止，细胞数目恒定。为使细胞数目能不断增长，必须及时进行继代培养，即取出一小部分细胞悬浮液，转移到成分相同的新鲜培养基中（大约稀释5倍）。

② 连续培养。在培养过程中，不断向反应器中以一定的流量添加新鲜培养基，同时以相同的流量从反应器中取出培养液，从而维持反应器内细胞密度、产物浓度以及物理状态上的相对平衡，这种方式即为连续培养。其特点是培养周期较长，产物积累量较多，便于对系统的检测，装置相对要求复杂，对反应器的设计要求较高。连续培养是植物细胞培养技术上的一项重要进展，对于植物细胞生理代谢调节以及研究各个生长因子对细胞生长的影响，特别是对于次生代谢产物的生产具有重要意义。但是至今为止，连续培养装置还没有普遍应用，可能原因就是所需设备过于复杂，技术要求过高。

③ 半连续培养。是在完成上述分批培养的一个周期后，只从反应器中取出大部分细胞悬液，保留小部分细胞悬液作为下一培养周期的种子细胞，然后加入新鲜培养基进行培养的方式。其特点是可减少种子细胞培养成本，细胞可快速进入直线生长期，但细胞生长一致性差。

④ 两相培养。是指在生物反应器中，除了所培养植物材料以外，培养体系中还存在两种互不相溶的两相介质。两相介质系统可以是液-液两相，也可以是固-液两相。

（a）液-液两相培养。液-液两相培养的培养液由互不相溶的两种液体组成，如水溶液和有机溶剂组成的两相体系。细胞在水相中生长、繁殖，通过细胞的生命活动合成的次生代谢产物分泌到细胞外后，亲水性的代谢产物溶解在水相中，疏水性产物转移到有机相并溶解其中。可削弱某些代谢产物的反馈抑制作用，使细胞内不断合成产物，并可增加产物的分泌速度，从而提高代谢产物的产量；还可直接从有机相中分离得到所需的疏水性产物。例如，在紫草细胞悬浮培养中，加入一定量的十六烷，可以使紫草宁的产量提高，并可直接从有机相提取得到紫草宁。

（b）固-液两相培养。固-液两相培养是由水溶液和一些对次生代谢产物具有吸附作用的不溶于水的高分子聚合物组成。细胞合成的某些次生代谢产物分泌到培养液以后，被高分子聚合物吸附，使培养液中该次生代谢产物的含量降低，这样可降低甚至解除由产物引起的反馈抑制作用，并增加产物的分泌速度，使次生代谢产物的产量得以提高。例如，在长春花细胞培养液中加入一定量的大孔吸附树脂，可以显著提高吲哚生物碱的产量。培养完成后，取出高分子聚合物，从中分离得到所需的产物。

3.2.2.2 植物细胞规模化培养体系的建立

植物细胞规模化培养的主要目的是生产次生代谢产物。下面就以次生代谢产物生产来具体介绍一下细胞规模化培养体系的建立。本体系的核心就是优化培养技术设计与提高次生代谢产物产量。要达到此目的，必须从培养起始细胞开始即选择具有较高生产潜力的细胞系，然后通过一系列技术控制，最终达到尽可能高的次生代谢产物产量。以下是植物细胞规模化培养体系建立的主要技术环节。

（1）外植体的选择与处理。植物细胞的遗传基础是次生代谢产物生产的基本影响因素，不同植物产生的产物种类之所以不同，从根本上说是因为它们具有不同的遗传基础。因此，在确定生产某一种化合物以后，首先必须准确选择那些能够产生目的化合物的植物种类及其品种或单株。植物次生代谢产物的积累具有组织器官特异性，因此，在起始细胞培养时应尽量选择自然状态下产生天然产物的器官、组织为外植体。在建立细胞悬浮培养体系时，一般采用愈伤组织作为起始细胞来源。用于建立悬浮系的愈伤组织必须有较好的松散性，使细胞容易分散，同时还必须具备较强的增殖和再生能力。

要达到这些要求，外植体首先要选择无病虫害、生长旺盛、生长有规则的植株，如果植物细胞是用于次生代谢产物生产的，则需从产生该次生代激产物的组织部位中切取一部分组织。研究表明，胚、胚轴、子叶是最常使用的外植体，特别是幼胚，因为以胚为外植体建立的愈伤组织，细胞活力强，增殖速度快，且组织分化与器官再生能力强。选择好外植体后经过清洗，除去表面的灰尘污物，然后将其切成 0.5~1cm 的片断或小块，再用 70%~75% 的乙醇溶液或者 10% 的次氯酸钠、0.1% 的氯化汞（俗称升汞）、漂白粉的饱和上清液溶液等进行消毒处理，之后用无菌水充分漂洗除去残留的消毒剂，最后接种到适宜的培养基上进行愈伤组织的诱导。

（2）种子细胞的选择。取一定量的愈伤组织放入盛有液体培养基的三角瓶中，接种后的三角瓶置于 120r/min 的摇床上，或将培养好的愈伤组织转入液体培养基中，加入灭菌的玻璃珠，不断搅拌，使愈伤组织分散成小细胞团或单细胞，制成细胞悬浮液，然后采用单细胞培养法结合分析测定，筛选出优良的种子细胞，进一步建立细胞系。

（3）种子细胞系的增殖与放大培养。种子细胞增殖初期一般采用液体振荡培养，即摇瓶培养。具体过程：将种子细胞按每克鲜重 10mL 培养基的比例接种到 150mL 或 250mL 的三角瓶，每瓶装 30mL 或 70mL 培养基。接种后的三角瓶置于 120r/min 的摇床，在 25℃ 下黑暗培养。在培养初期，悬浮细胞培养物可能呈现黏稠状，影响细胞生长，因此每隔 3d 要更换 1 次新鲜培养基。为了保持悬浮细胞一直处于一个相对稳定的良好状态下，一般每隔 1~2 周甚至更短的时间就要继代 1 次。其摇瓶体积一般从几百毫升到几升逐级放大。在逐级放大（继代）过程中要进行选择，筛选活力好的细胞继代，淘汰过大和生理状态不好的细胞和细胞团。筛选方法一般采用蔗糖梯度离心法，有时为了简便也可采用过滤法。悬浮细胞系稳定以后，继代培养中的振荡频率可适当降低，一般为 80r/min。

（4）大规模培养体系的建立。通过上述过程，获得足够量植物细胞以后，就可以进行规模化细胞悬浮培养。也就是将获得的悬浮细胞转移到大型的生物反应器内进一步进行培养增殖。所谓规模化细胞悬浮培养是指植物细胞（主要是小细胞团）悬浮于液体培养基中，在人工控制条件的生物反应器中生长、繁殖和新陈代谢的过程。通过植物细胞悬浮培养，可获得人们所需的大量细胞或者植物细胞的次生代谢产物。

3.2.2.3 规模化细胞培养的技术关键

（1）悬浮培养细胞的同步化。细胞同步化是指同一悬浮培养体系的所有细胞都同时通过细胞周期的某一特定时期。在植物细胞规模化细胞悬浮培养的过程中，细胞数量成千上万，细胞的分裂增长并不是完全步调一致。它们所处的生长期有所不同，即一个培养体系中的细胞将会是由处于不同分裂时期的细胞组成。不同步的细胞生长繁殖的能力和新陈代谢的水平有很大差别，这对于细胞分裂和代谢机制研究、大规模培养细胞生产次生代谢产物不利，这些研究和生产都要细胞分裂同步或基本同步。

为了使培养细胞同步化，广大学者总结出一些比较有效的方法，可使细胞同步化状态获得一定程度的改善，实现部分同步化。

① 分选法。分选法是根据细胞体积或质量的不同，采用机械过滤或离心法将其分级，使培养体系中的细胞保持较好的一致性的技术过程。常规的细胞分选法采用梯度离心的方

法。操作时，将细胞置于较高渗透压浓度的蔗糖或多聚糖溶液中进行离心，由于细胞体积和质量的不同，在离心过程中会在溶液中形成不同的细胞层，处于同一层细胞在生理状态和细胞周期上相对一致。将不同层的细胞分别收集在一起，即可获得较好的同步化细胞。也常用机械过滤法，即将培养一段时间的细胞悬浮液，在无菌条件下，用一定孔径的不锈钢筛网过滤，除去大细胞团，然后滤液再用较小孔径的筛网过滤，除去滤液中的小颗粒、细胞碎片和可溶性物质，获得颗粒大小较均匀的细胞，再悬浮于新鲜的液体培养基中进行培养。此法操作简单，维持了分选细胞的自然生长状态，因而不会带来对细胞活力的影响。但植物细胞的团聚性，使得细胞分选的精确度较差。近年来流式细胞仪的使用，可以大大提高分选效率和分选精度，但由于价格昂贵，操作复杂，短期内很难推广应用。

② 低温休克法。低温休克法就是将收集得到的细胞或小细胞团，在 4℃ 左右的低温条件下处理 1~3d，植物细胞在低温下几乎全部停止分裂生长，然后再将其悬浮于新鲜的液体培养基中置于 25℃ 左右的温度条件下培养，此时细胞几乎同时开始生长繁殖，从而使其处于同步状态。

③ 饥饿法。饥饿法就是将细胞或小细胞团悬浮在基本营养物质缺少的培养液培养，由于营养缺乏而导致细胞饥饿分裂受阻，从而使细胞停留在某一分裂时期，然后转移到新鲜的培养液中，在一定的条件下进行悬浮培养，细胞几乎同步开始生长繁殖的方法。细胞饥饿生长繁殖受到限制常常是由于细胞不能合成 DNA，即不能进入 S 期，或者是细胞不能进行分裂，即不能进入 M 期。因此通过此法可获得 G_1 期和 G_2 期的同步化细胞。

④ 抑制剂法。抑制剂法是指通过一些 DNA 合成抑制剂处理细胞，使细胞停留在 DNA 合成前期，当解除抑制后，即可获得同步化分裂的细胞的方法。常使用的 DNA 合成抑制剂有如 5-氨基尿嘧啶、5-氟脱氧尿苷、羟基脲、胸腺嘧啶脱氧核苷。在抑制剂作用下，使细胞内 DNA 合成受到抑制，细胞分裂只能进行到 G_1 期，因此只能获得 G_1 期的同步化细胞。不过用这种方法取得的同步性只保持一个细胞周期。如用秋水仙素处理指数生长的悬浮培养物，浓度一般控制在 0.2%，处理时间以 4~6h 为宜，则几乎所有的细胞处于同步状态。

无论何种细胞同步化处理，对细胞本身或多或少都有一定的伤害。一般用于处理的细胞系最好处于对数生长期。如果处理的细胞没有足够的活力，不仅不能获得理想的同步化效果，还可能造成细胞的大量死亡，因此在进行同步化处理之前，细胞必须进行充分的活化培养。

（2）细胞增殖的测定。

① 细胞鲜重。将细胞悬浮液倒在装有已知重量的湿尼龙丝网的漏斗上，然后用水洗去培养基，之后用抽气泵抽滤除去细胞上的多余水分，将湿尼龙丝网连同内容物取出称量并记数，最后用称重值减去湿尼龙丝网的重量即求得细胞鲜重。

② 细胞干重。一般是将离心收集的细胞转移到预先称重的滤纸片上，或用已知重量的干尼龙丝网依上述的方法收集细胞，然后在 60℃ 下干燥 48h 或 80℃ 下干燥 36h，在干燥器中冷却待细胞干重恒定后，再称重计算。细胞干重和鲜重常以每毫升悬浮培养物或每 10^6 个细胞的重量表示。

③ 细胞密实体积。将一已知体积的均匀分散的悬浮液（10~20mL）放入一个刻度离心管（15~50mL）中，在 2000~4000r/min 下离心 5min。细胞密实体积以每毫升培养液中细胞总体积的毫升数表示。操作时应注意的是，当悬浮液的黏度较高时，常出现一些细胞不沉淀的情

况，这种情况下可用水稀释至2倍。但是，用水稀释后渗透压过于下降时，会出现细胞变形，将得不到真正的细胞密实体积，所以用水稀释时尽可能最低限度进行，并且动作要迅速。另外，离心机转头应用水平转头，这样沉淀物表面不会出现斜面，确保测量尽可能准确。

④ 细胞计数。悬浮细胞的计数通常用血球计数器。以测定每毫升细胞悬浮液中的细胞数。如计算较大的细胞数量时，可以使用特制的计数盘。

由于在悬浮培养中总存在着大小不同的细胞团，因而通过由培养瓶中直接取样很难进行可靠的细胞计数。如先用铬酸（5%～8%）或果胶酶（0.25%）对细胞和细胞团进行分散处理，则可提高细胞计数的准确性。

（3）细胞活力的测定。除测定细胞数量外，尚需要测定细胞活力。

① 醋酸酯荧光素（FDA）染色法。FDA本身无荧光，无极性，可自由通过原生质体膜进入细胞内部，进入后由于受到活细胞内脂酶分解，从而产生有荧光的极性物质荧光素，不能自由出入原生质体膜，在荧光显微镜下观察到荧光是有活力的，反之无活力。具体操作：取0.5mL细胞悬浮液放入到小试管中，加入用丙酮配制0.5%的FDA储备溶液，使最后浓度达到0.01%，混匀，室温下作用5min，荧光显微镜观察。这种方法虽很直接，但设备较贵。

② 酚藏红花或依凡蓝染色法。用酚藏红花或依凡蓝对细胞进行染色，只有受损伤细胞和死细胞才能被染色，而完整的活细胞不染色，因而可区分活细胞和死细胞。具体操作：先配制0.1%酚藏红花溶液或0.025%的依凡蓝溶液，溶剂为培养液。检查时将悬浮细胞取一滴放在载玻片上，滴一滴0.1%酚藏红花或0.025%的依凡蓝溶液，盖上盖玻片，染成红色的是死细胞，无色的是活细胞。这种方法与FDA法得到的结果刚好可以互补。

③ 相差显微镜法。显微镜下，根据细胞质环流和正常细胞核是否存在来判断细胞的死活。

（4）培养条件。

① 温度。培养温度对植物细胞生长及二次代谢产物生成有重要影响。通常，植物细胞培养采用25℃。

② pH。通过细胞膜进行的H^+传递对细胞的生育环境、生理活性来说无疑是重要的。在培养过程中，通常pH作为一个重要参数被控制在一定范围内。植物细胞培养的适宜pH一般为5～6。

③ 通气。通气是细胞液体深层培养重要的物理化学因子。好气培养系统的通气与混合及搅拌是相互关联的。对摇瓶试验，通常500mL的三角瓶内装80～200mL的植物细胞培养液较适宜，通常摇床的转速取90～120r/min。当然，气液传质还与瓶塞的材料有关。试验表明，从溶氧速率考虑，以棉花塞最好，微孔硅橡胶塞次之，铝箔塞最差。

④ 光照。光对植物有着特殊的作用。光照射条件不仅通过光照周期、光的质量（即种类、波长）而且通过光照量（光强度）的调节来影响植物细胞的生理特性和培养特性。研究表明，光调节着细胞中的关键酶的活性，有时光能大大促进代谢产物的生成，有时却起着阻害作用。

⑤ 细胞龄。在培养过程的不同时期，细胞的生理状况、生长与物质生产能力差异显著，而且，使用不同细胞龄的种子细胞，其后代的生长与物质生产状况也会大不一样。通常，使用处于对数生长期后期或稳定期前期的细胞作为接种细胞较合适。

⑥ 接种量。在植物细胞培养中，接种量也是一个影响因素。在继代培养中，往往取前

次培养液的 5%~20%作为种液，也可以接种细胞湿重为基准，其接种浓度为 15~50g/L（湿细胞）。由于接种量对细胞产率及次生代谢物质的生产有一定影响，故应根据不同的培养对象通过试验，确定其最大接种量。

3.2.3 植物细胞或原生质体的固定化培养

3.2.3.1 植物原生质体培养的概念

植物原生质体培养是指从植物组织中分离获得有活力的原生质体后，将其接种到适宜的培养基在人工控制条件下进行培养，使原生质体重新长出细胞壁，形成单细胞，进而生长繁殖，获得由原生质体形成的细胞系或完整植株的技术过程。

植物原生质体培养的成功为植物遗传育种开辟了一条全新途径。没有细胞壁的原生质体比较容易从外界摄入病毒、细菌、细胞器、细胞核、核酸等，因此可作为植物遗传转化的良好受体，使植物细胞在分子水平上发生修饰。利用原生质体培养技术使其得以再生，就可获得具有新性状的植株。可见原生质体培养在植物遗传转化中具有举足轻重的地位。另外，通过原生质体培养，可从遗传学、分子生物学、细胞生物学、植物生理学角度对细胞的起源、细胞壁的再生过程、原生质膜的结构与功能、细胞间的互相作用、植物激素的作用机理等问题进行研究。

3.2.3.2 固定化培养的特点

固定化培养是指将游离的细胞或原生质体包埋在支持物内部或表面进行培养的一门技术，是在 20 世纪 70 年代的酶固定化催化技术基础上发展起来的。1979 年，Brodelius 首次成功利用固定化的毛地黄、长春花细胞制备次级代谢产物。与细胞悬浮培养相比，植物细胞固定化培养具有以下优势：

（1）细胞或原生质体经包埋后使所受的剪切力损伤减小，维持了细胞或原生质体的稳定性，适合脆弱的植物细胞的培养，同时也利于采用传统生物反应器大规模培养。

（2）悬浮细胞培养体系中细胞密度比较高时会因黏度增加引起传质困难。固定化细胞培养系统中细胞密度远高于悬浮培养，但并不会改变培养液流体性质，利于传质。

（3）大多数植物次级代谢产物在细胞生长停止后才大量合成。采用固定化培养可以将细胞生长与产物合成两个阶段分开。

（4）细胞生长较为缓慢，利于次级代谢产物的积累。

（5）固定化增加了细胞与细胞间的接触，促进了细胞间信息传递，利于代谢产物的合成。

（6）固定化细胞可以反复使用，可方便进行产物的连续性收获，降低了成本。

3.2.3.3 固定化培养方法

植物细胞经常采用的固定化培养方法包括吸附、交联、共价结合、包埋等。

（1）吸附固定法。通过物理吸附、离子吸附等方法使细胞固定在载体上。物理吸附载体可反复使用，但是结合不牢固，细胞容易脱落。离子吸附依靠静电引力将细胞固着在带有异电荷的载体上。供植物细胞吸附的载体多为多孔性惰性材料，如聚氨酯泡沫、尼龙、中空纤维、生物膜等。该方法操作简便，对细胞影响小，但是固定的细胞数量有限。

（2）离子/共价交联法。利用双功能或多功能试剂（如戊二醛、偶联苯胺）与细胞表面的基团（如氨基、咪唑基、酚羟基等）发生反应，使细胞彼此交联形成网状结构。缺点是反应条件较激烈，对细胞损伤大。

（3）共价结合法。细胞表面的基团(如氨基、咪唑基、酚羟基等)和固相支持物表面的基团之间形成化学共价键连接，从而成为固定化细胞。该方法结合牢固，细胞不容易脱落，稳定性好。但需引入化学试剂，对细胞活性有影响，细胞容易死亡。

（4）包埋法。将细胞包埋在多孔载体内部制成固定化细胞。优点是：操作简便，条件温和，负荷量大，细胞泄漏少，抗机械力损伤，是目前采用较多的细胞固定化方法。缺点是：扩散限制，并非所有细胞都能处于最佳基质浓度，且大分子基质不能渗透到内部。植物细胞包埋可分为微囊化和凝胶包埋两大类，天然包埋剂有海藻酸盐、β-角叉胶、琼脂糖等，合成包埋剂有聚丙烯酰胺等。

（5）微囊化。利用天然或合成的高分子材料作为囊壁材料将细胞包裹成微米级的微小球囊，形成的微囊膜是亲水半透膜，培养基的营养成分以及代谢产物可以通过微囊膜进行交换。植物细胞微囊化经常采用的原料是海藻酸，它是一种由L-古洛糖醛酸和D-甘露糖醛酸组成的多糖，常用稀碱从褐藻中提取制备。海藻酸钠可溶于水中，不溶于乙醇、乙醚及其他有机溶剂，可与多聚赖氨酸或甲壳素一起作为复合材料进行细胞微囊化。常用的微囊化方法为海藻酸盐-多聚赖氨酸微囊化。

3.2.4　植物细胞培养与次级代谢产物制备

细胞代谢产物分为初级代谢产物、次级代谢产物。初级代谢产物是通过初级代谢产生的维持细胞生命活动必需的物质，如氨基酸、核苷酸、多糖、脂质、维生素等，在不同种类的细胞中，初级代谢产物的种类基本相同。初级代谢产物的合成无时无刻不在进行着，任何一种产物的合成发生障碍都会影响细胞正常的生命活动，甚至导致死亡。次级代谢产物是通过次级代谢合成的产物，大多是分子结构比较复杂的小分子化合物，例如抗生素、激素、生物碱、毒素等。由于次级代谢产物大多具有生物活性，因此是植物代谢产物研究的重点。

3.2.4.1　细胞株筛选

细胞株筛选是植物细胞培养制备次级代谢产物的关键。为了获得适合大规模悬浮培养和生长快速的细胞系，首先要对细胞进行驯化和筛选。适合于工业化生产的细胞株必须满足以下条件：分散性好，适合大规模悬浮培养；均一性好，细胞大小、生理状态一致；生长速度快，培养周期短，不易染菌；目标产物含量高，容易分离提取；细胞遗传稳定。

（1）一般步骤。一般先通过初筛去除不符合要求的细胞，再通过复筛确认初步符合要求的细胞。最后通过培养分析，考察是否满足大规模培养要求。一般步骤如下：

① 愈伤组织的诱导与培养。选用植物的目标化合物高产部位作为外植体诱导愈伤组织。愈伤组织形成后，进行继代培养。

② 单细胞分离。选取生长快速而疏松的愈伤组织，通过固体培养基继代培养，挑选生长快速的细胞。

③ 细胞无性系的分离。转移到液体培养基中进行悬浮培养，从中选择分散性好、生长速度快的细胞。

④ 细胞株筛选。检测目标产物含量，从③中选择目标产物含量高的细胞株。

⑤ 性能评价。进行较大规模培养，考察细胞生长与目标产物合成的稳定性。

⑥ 细胞株获得。得到适合工业化生产的细胞株，保种。

（2）定向富集驯化。细胞株定向富集驯化是一种有效的筛选技术，主要包括：

① 激素自养型细胞株的筛选驯化。将愈伤组织或分离的细胞接种在不含生长素、细胞

分裂素的继代培养基中进行传代培养，挑选生长好的细胞进行反复继代培养驯化，可获得激素自养型细胞。

② 耐受高剂量有毒物质的细胞株驯化。将愈伤组织或分离到的细胞接种在含高浓度的乙酸盐、苯甲酸钠等可能对细胞产生毒害的化合物的培养基中反复继代培养驯化，不断提高这些成分含量，可以获得耐受高剂量有毒物质的细胞株。

（3）人工诱变筛选。对于筛选得到的细胞株如果还满足不了需要，可进一步进行人工诱变筛选，采用细胞融合、细胞重组、基因工程等方法也可对现有细胞株进行改良。人工诱变筛选系统包括：

① 悬浮培养系统。由于悬浮培养系统中细胞生长速度快、细胞群体比较均匀，因而被广泛用于细胞突变体的筛选。

② 愈伤组织系统。当愈伤组织培养到一定阶段后，将愈伤组织进行诱变处理，通过继代培养结合选择压力进行筛选。

③ 原生质体系统。裸露的原生质体容易进行诱变及化学筛选。

（4）细胞株保存。筛选得到的细胞株需要很好地保存。一般方法如下：

继代培养保存法，悬浮培养的细胞通过每隔 1~2 周换液进行一次继代培养。此法适合于短期保种。

低温保存法，一般选择 5~10℃温度下培养，每隔 10 天左右更换一次培养液。

3.2.4.2 植物次级代谢产物的生物合成

植物次级代谢产物的主要合成途径包括聚酮途径、莽草酸途径和甲瓦龙酸途径等，如图 3-2 所示。

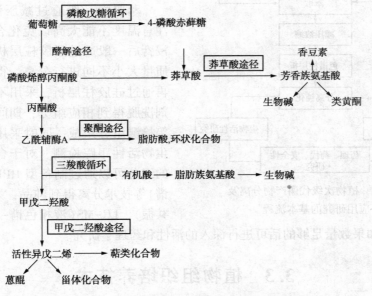

图 3-2 植物次级代谢产物的主要合成途径

聚酮途径，又称乙酸丙二酸途径，乙酰辅酶 A 通过直线式聚合生成脂肪酸和环状次级代谢产物。一般由 4~10 个乙酰基直线式聚合，然后环化。聚酮类化合物是一类重要的天然产物。

莽草酸途径，磷酸烯醇丙酮酸与 4-磷酸赤藓糖缩合，经过莽草酸生成芳香族氨基酸，

47

进一步生成生物碱、类黄酮、香豆素等产物。生物碱是天然产物中种类丰富的一类次级代谢产物，具有多种生物活性。根据结构可以分为喹啉类、异喹啉类、吡咯啶类、乌头类、吲哚类、大环类生物碱等。

甲瓦龙酸途径，又称甲戊二羟酸途径，是乙酰辅酶A经过甲戊二羟酸生成异戊二烯，再合成萜类、甾体、蒽醌等。萜类、甾体是植物主要的次级代谢产物。

3.2.4.3 植物次级代谢产物的分离提取

植物次级代谢产物分离及应用研究的基本流程如图3-3所示。细胞培养结束后采用过滤或离心将细胞与培养液分离，若目标次级代谢产物存在胞内，要经过细胞破碎后再分离提取。若分泌到培养液中，则直接可通过浓缩培养液进行分离提取。常用的分离提取方法包括经典方法和色谱分离方法，前者包括溶剂法、分馏法、沉淀法、升华法、膜分离法和结晶法等。色谱分离方法是目前使用最广泛的方法，包括薄层色谱和柱色谱两大类，后者适合分离大量的样品。用于色谱分离的固定相包括硅胶、氧化铝、聚酰胺、葡聚糖凝胶等。

植物次级代谢产物的萃取分离包括有机溶剂提取、水溶液提取。应该根据水溶性或脂溶性极性大小选择合适的萃取剂。常用的有机溶剂的极性强弱顺序如下：石油醚<二硫化碳<二氯甲烷<氯仿<乙醚<乙酸乙酯<丙酮<乙醇<甲醇<乙腈<吡啶，其中使用最普遍的是石油醚、氯仿、乙醇、甲醇等。

萃取物一般通过减压浓缩获得浸膏，注意温度不能太高以免化合物失活。得到浸膏后一般通过凝胶柱层析根据相对分子质量大小不同进行分离，得到的混合组分再通过硅胶柱层析，采用不同极性的洗脱剂洗脱得到相应组分，期间通过薄层层析等检测组分组成，同时采用筛选模型进行生物活性跟踪检测。对于含有目标化合物的组分可以通过制备型HPLC（高效液相色谱）等技术分离得到纯品，采用NMR（核磁共振）、LC-MS（液相色谱-质谱联用）等方法鉴定结构。如果数量足够的话可进行深入的活性和药理学研究。

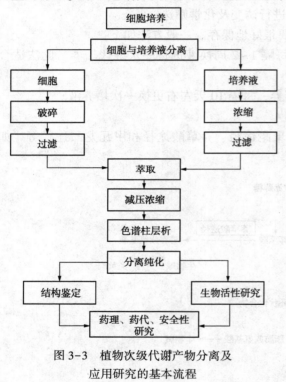

图3-3 植物次级代谢产物分离及应用研究的基本流程

3.3 植物组织培养技术

植物组织培养技术的研究始于20世纪初期，最近二十几年来取得了引人瞩目的发展。一方面，组织培养的技术与方法已成为现代生物科学技术研究的一种有力工具，且由于近代细胞培养技术的不断完善，以及分子生物学、分子遗传学的发展，植物组织培养各方面的技术创新，突变体的选择和利用，原生质体杂交、基因转移，代谢物质生产以及植物基因库等研究不断广泛深入；另一方面，植物组织培养快速繁殖和培育无病毒苗木也正应用于商品性生产，逐步成为当今世界各国工农业生产的一种新的重要技术手段。

3.3.1 植物组织的培养方式

植物组织培养是指在离体无菌条件和人工控制的环境条件下，将植物的离体器官、组织、细胞以及去掉细胞壁的原生质体，培养在人工配制的培养基上，使其生长、分化并成长为完整植株的过程。

3.3.1.1 初代培养

初代培养旨在获得无菌材料和无性繁殖系，即接种某些外植体后，最初的几代培养。初代培养时，常用诱导或分化培养基，即培养基中含有较多的细胞分裂素和少量的生长素。初代培养建立的无性繁殖系包括茎梢、芽丛、胚状体和原球茎等。根据初代培养时发育的方向可分为：

（1）顶芽和腋芽的发育。采用外源的细胞分裂素，可促使具有顶芽或没有腋芽的休眠侧芽启动生长，从而形成一个微型的多枝多芽的小灌木丛状的结构。在几个月内可将这种丛生苗的一个枝条转接继代，重复芽苗增殖的培养，并且迅速获得多数的嫩茎。然后将一部分嫩茎转移到生根培养基上，就能得到可种植到土壤中的完整小植株。一些木本植物和少数草本植物也可以通过这种方式来进行再生繁殖，如月季、茶花、菊花、香石竹等。这种繁殖方式也称作微型繁殖，它不经过发生愈伤组织而再生，所以是最能使无性系后代保持原品种的一种繁殖方式。

（2）不定芽的发育。在培养中外植体产生不定芽，通常首先要经脱分化过程，形成愈伤组织的细胞，然后经再分化，即由这些分生组织形成器官原基，先在构成器官的纵轴上表现出单向的极性（这与胚状体不同）。多数情况下先形成芽，后形成根。

另一种方式是从器官中直接产生不定芽，有些植物具有从各个器官上长出不定芽的能力，如非洲紫罗兰、矮牵牛、福禄考、悬钩子等。在试管培养的条件下，培养基中提供了营养，特别是提供了连续不断植物激素的供应，使植物形成不定芽的能力被大大激发起来，许多种类的外植体表面几乎全部为不定芽所覆盖。在许多常规方法中不能无性繁殖的种类在试管条件下却能较容易地产生不定芽而再生，如柏科、松科、银杏等一些植物。许多单子叶植物储藏器官能强烈地发生不定芽，用百合鳞片的切块就可大量形成不定鳞茎。

（3）体细胞胚状体的发生与发育。体细胞胚状体类似于合子胚但又有所不同，它也经过球形、心形、鱼雷形和子叶形的胚胎发育时期，最终发育成小苗，但它是由体细胞发生的。胚状体可从愈伤组织表面产生，也可从外植体表面已分化的细胞中产生，或从悬浮培养的细胞中产生。

3.3.1.2 继代培养

增殖培养就是将初代培养得到的不定芽、再生芽、胚状体等以最快的繁殖速度进行扩繁，以达到在最短时间内生产最多的优质苗木的目的。这一过程是植物组织培养能否成功并实际应用的关键。一般来说，不定芽继代培养的周期长则 5 周，短则 3 周，平均 4 周，这主要取决于植物本身的遗传特性和生长速度。扩大增殖系数一般通过调节外源激素的绝对浓度及不同种类激素的相对配比来实现。诱导不定芽增殖时，一般使细胞分裂素的浓度与生长素浓度的比值增高，但也经常采用细胞分裂素和生长素浓度的比值接近于 1 的配比。常用的细胞分裂素是 6-苄基氨基嘌呤、激动素和玉米素，浓度在 0.1～10.0mg/kg。具体应用时应通过大量筛选来寻找最适当的细胞分裂素和生长素种类以及浓度的配比。总的原则是不能片面追求增殖率，既要求一定的增殖率，又要保证小苗的质量。

3.3.1.3 生根培养

离体繁殖产生大量的不定芽、嫩梢，需进一步诱导生根，才能得到完整的植株。试管苗的生根可分为试管内生根和试管外生根两种方式，生根培养基中的外源激素主要是生长素。

（1）试管内生根。根的形成从形态上可分为两个阶段，即形成根原基和根原基的伸长及生长。据测定，根原基的启动和形成约历时48h。后一阶段为细胞快速伸长阶段，需24~48h。根原基的形成和生长素有关，而根原基的伸长和生长则可以在没有外源生长素下实现。一般从诱导至开始出现不定根的时间，快的只需3~4d，慢的则要3~4周。影响试管内生根的因素很多，有离体材料自身的生理生化状态，也有外部的多种因素。不同植物、不同基因型、同一植株不同部位和不同年龄对分化根都有决定性的影响。

培养基也是影响试管苗生根的重要因素。通常认为矿质元素浓度较低时有利于生根，故在生根培养时，多采用White培养基或1/2~1/4（指大量元素和微量元素浓度）的MS培养基，不加激素或者加入适量的生长素。生长素的使用多数都以吲哚丁酸、吲哚乙酸、萘乙酸单独或配合使用，或与低浓度的激动素配合使用。这几种生长素的生根效果的顺序为：萘乙酸>吲哚丁酸>吲哚乙酸。生长素的使用方法通常是将其预先加入到培养基中，然后再接种材料使其诱导生根。近年来为促进试管苗的生根，改变了这种做法，而是将需生根材料先在一定浓度生长素的溶液中浸泡一段时间，然后转入无激素培养基中培养，能显著提高生根率。

（2）试管外生根。有些植物种类在试管内生根困难，或能生根但根与茎的维管束不相通，或有根而无根毛，移栽后不易成活，解决这些问题的最有效办法就是瓶外生根。另外，瓶外生根也是一种降低生产成本的有效措施，不仅可以减少无菌操作的工时消耗，还减少了培养基制作的材料与能源。一般做法是将已经完成壮苗培养的小苗，用生长素或生根粉浸蘸处理后扦插到基质中，通过这种方法绝大多数植物的生根率会达到90%以上。

3.3.1.4 移栽

在试管内生根壮苗的阶段，为了成功地将试管苗移植到试管外的环境中，以使其适应外界的环境条件，在移栽前需要对试管苗进行炼苗。通常不同植物的适宜驯化温度不同，如菊花以18~20℃为宜。实践证明，植物生长的温度过高不但会牵涉到蒸腾加强，还牵涉到菌类易滋生的问题；温度过低使幼苗生长迟缓或不易成活。春季低温时苗床可加设电热线，使基质温度略高于气温2~3℃，这不但有利于生根和促进根系发达，而且有利于提前成活。

适宜试管苗移栽的基质有壤土、沙土、泥炭、腐叶土、蛭石、珍珠岩等。一般都是几种基质按比例混合，以发挥各自优点。配制好的基质要进行消毒，方法是喷入杀菌剂拌匀后密闭几天即可。将准备好的基质装入穴盘，在移栽前一天浇透水备用。将锻炼好的试管苗用镊子轻轻夹出，用清水洗掉根部的培养基后栽植到育苗盘中，立即用清水浇透并用塑料膜保湿，同时外加遮阳网。

在试管苗移栽后的头几天，应经常向环境中喷水以保持较高的湿度，每天揭开塑料膜通气0.5h左右，10d后即可逐渐去掉塑料膜及遮阳网。

浇水及施肥在试管苗的管理中很重要，它关系到所栽种的小苗能否很好地生长。施肥原则是勤施薄施，一般都使用自己配制的营养液，市售叶面肥也行。随着小苗逐渐长大，光照及湿度的管理也要向自然环境过渡，一般经过2个多月的温室驯化即可出圃定植。

3.3.2　植物组织培养的问题分析

目前，绝大部分植物的组培技术已成熟完善，并且开始应用于工厂化生产，但在组培快繁过程中还会出现一些问题，最常见的有培养材料的污染、接种材料的褐变、试管苗玻璃化和遗传稳定性等。

3.3.2.1　污染

污染是指在组培过程中，由于真菌、细菌等微生物的侵染，导致培养失败的现象。污染不仅影响繁殖速度，而且增加生产成本，一般来说，除了培养材料本身带菌外，真菌污染主要是由于环境不清洁和空气污染造成的，而工作人员操作不慎则是细菌污染的主要原因，因此在组织培养过程中一定要严格按照无菌操作程序来进行操作，同时注意定期进行环境的消毒灭菌。若培养材料被污染，应及时淘汰，因无论使用哪种方法都很难将它去除，对使用过的器皿和用具应进行严格高温灭菌处理。

3.3.2.2　褐变

褐变是指在组培过程中，培养材料向培养基中释放褐色物质，致使培养基逐渐变成褐色，培养材料也随之慢慢变褐而死亡的现象。褐变多发生在材料的初代培养阶段。研究表明，褐变是由于植物离体组织或细胞中的多酚氧化酶被激活，使酚类物质氧化产生棕黄色的醌类物质，并抑制其他酶的活性。这些醌类物质慢慢扩散到培养基中，毒害外植体，影响离体培养物的生长、分化和再生，甚至会导致死亡。造成褐变的主要因素有植物材料的基因型和年龄，取材时期、部位和大小等。此外，培养基种类、激素浓度、附加成分、外植体的放置方式、继代次数等对组培材料的褐变也有影响。克服褐变的方法如下：

（1）接种之前将取回的材料用自来水反复冲洗浸泡，尽量洗尽切口处渗出的酚类物质，并对外植体进行冷藏处理，可起到减轻褐变的现象。

（2）在培养基中加入抗氧化剂或吸附剂。常用的抗氧化剂有抗坏血酸、柠檬酸、硫代硫酸钠、聚乙烯吡咯烷酮等。利用这些物质具有的还原性可有效防止酚类物质的氧化。在培养基中加入 0.2%~0.5% 的活性炭，用以吸附褐变产生的有害物质，从而减轻褐变的危害。

（3）初代培养在黑暗或弱光下进行。因为光能提高多酚氧化酶的活性，促进酚类物质的氧化，而在黑暗中培养可以防治褐变的发生。

（4）将外植体不断转接到新鲜的培养基上，以消除有毒物质的危害，经多次转接后，可基本防治褐变的发生。

3.3.2.3　玻璃化

植物试管苗玻璃化是指试管苗呈半透明状，且外观形态异常的现象。具体表现为试管苗叶、嫩梢呈水晶透明或半透明、水浸状；植株矮小失绿；叶片皱缩成纵向卷曲；叶片缺少角质层蜡质，没有功能性气孔，不具有栅栏组织。玻璃苗中固体内含水量高，干物质、蛋白质、纤维素等组织发育不全，因此，光合能力和酶活性降低，器官功能不全，分化能力降低，很难继续用作继代培养和扩大繁殖的材料，而且生根困难，移栽后也很难成活。植物快繁过程中玻璃苗的出现已成为一种普遍现象，严重影响繁殖率的提高，已成为快繁工厂化育苗和材料保存等方面的严重障碍，造成人、财、物的极大浪费。克服试管苗玻璃化应从以下方面采取措施：

（1）使用固体培养基，且尽可能地提高其浓度，以降低培养基的渗透压，造成细胞吸水阻遏，可减少玻璃化的发生。

（2）适当降低细胞分裂素和赤霉素的含量。

（3）增加培养基中 Ca、Mg、Mn、K、P、Fe、Cu 元素含量，降低 N、Cl 元素比例，特别是降低铵态氮浓度，提高硝态氮浓度。

（4）培养基中加入聚乙烯醇、活性炭及青霉素 G 钾等。

（5）增加自然光照，降低温度与湿度。

3.3.2.4 遗传稳定性

植物组织培养之所以能快速发展，最主要的原因之一就是通过此项技术可以获得大量遗传性稳定的后代。然而通过愈伤组织或细胞悬浮培养诱导的苗木，经常会出现一些体细胞变异个体，这些变异，有有益的变异，也有不利的变异。主要通过以下方面来提高遗传稳定性，减少变异。首先，在进行植物快速繁殖时，尽量采用生长点、腋芽生枝、胚状体繁殖等不易发生体细胞变异的增殖途径，可有效减少变异；其次，缩短继代时间及次数，每隔一定继代次数后，重新开始接种外植体进行新的继代培养；另外，取幼年外植体材料，采用适当的生长调节剂种类和较低的浓度等均对减少试管苗变异有较好的效果。

3.3.3 植物组织培养与次级代谢产物制备

大多数植物次级代谢产物与细胞分化有关。离体培养的植物细胞存在不稳定、目标产物含量低、需要激素等不足。因此，分化程度较高、遗传更稳定的植物组织培养在有价值次级代谢产物生产上展现了应用潜力。

3.3.3.1 细胞分化与次生代谢产物

（1）细胞水平上的分化。许多植物次生代谢产物的合成与叶绿体的分化有关。例如：比较野决明和苦参的白色愈伤组织、不定根与绿色愈伤组织、芽合成羽扇豆生物碱的差异，发现白色愈伤组织和不定根中没有生物碱的积累，而绿色愈伤组织和芽中含有生物碱，其含量与组织或器官中叶绿素的含量成正比，反映了细胞分化程度的提高与次生代谢产物含量有一定的相关性。

某些植物次生代谢产物的合成与细胞的超微结构的变化有关。对芹叶黄连培养细胞的电镜研究发现，无合成小檗碱能力的细胞中液泡小而分散，几乎观察不到粗面内质网，细胞内有淀粉粒积累；高合成能力的细胞液泡分化程度高，细胞腔几乎被一个中央大液泡所充满，粗面内质网发达，淀粉粒减少或消失。

（2）细胞聚集和组织水平上的分化。在悬浮培养时植物细胞很容易聚集在一起。在聚集的细胞团块中，位于表面和中央的细胞处于不同的分化状态，从而常表现出与游离细胞不同的次生代谢能力。例如：小果咖啡培养物中嘌呤环生物碱的合成取决于细胞团块的大小。因此，固定化培养利于提高次生代谢产物的产量。

通常情况下，刚诱导形成的愈伤组织在一定时期内可维持原植物的次生代谢能力，随着继代培养次数的增加和培养时间的延长，次生代谢能力可能逐渐下降以至丧失。当脱分化的愈伤组织再分化形成相应的组织器官时，合成能力可恢复。

（3）器官水平上的分化。植物的根、芽、茎、叶、胚状体和子房等的培养已经在大规模细胞培养生产次生代谢产物中得到重视。有些植物的某种次生代谢产物在某个器官中含量较高，在悬浮培养细胞中含量较低或没有。例如：柴胡根中含有效成分柴胡皂苷，其愈伤组织一般不能合成这类化合物。天仙子属植物根中含有莨菪烷生物碱，在愈伤组织中含量极低，当有茎叶再生时其含量仍然很低，只有形成根后生物碱的积累量才迅速提高。有些植物的培养物在合成次级代谢产物时要求有芽的形成。例如：长春花的脱分化培养细胞中很难获得具有抗癌活性的长春花碱，而在培养的长春花簇芽中能测定出长春花碱。

3.3.3.2 毛状根培养生产次级代谢产物

一些植物的次级代谢产物在根里大量合成，但是正常根的培养非常困难，生长缓慢，收获困难。利用毛状根培养可以克服天然根培养存在的问题与不足。

农杆菌是普通存在于土壤中的一种革兰阴性细菌，它能在自然条件下感染大多数双子叶植物的受伤部位，并诱导产生发状根或冠瘿瘤。毛状根又名发状根，是植株或组织、器官受到发根农杆菌感染后而形成的类似头发一样的根组织。

（1）毛状根诱导。毛状根是由发根农杆菌含有的 Ri(root inducing) 质粒引起的。Ri 质粒介导的毛状根培养技术是 20 世纪 80 年代后期发展起来的。它是将发根农杆菌含有的 Ri 质粒中的 T-DNA 片段整合到植物细胞的 DNA 上诱导出毛状根，从而建立起毛状根培养系统生产次级代谢产物。1987 年，日本科学家通过诱导人参的原生质体获得转化的毛状根，并首次证明人参毛状根有可能代替天然人参作药用。

Ri 质粒是位于发根农杆菌染色体之外的独立的双链环状 DNA，一般在 180~250kb，具有 2 个主要的功能区：T-DNA 区(transferred DN Aregion) 和 vir 区(virulence region)。

T-DNA 上有生长素合成基因 tms1 和 tms2，指导 IAA(吲哚乙酸) 的合成，因此转化产生的毛状根在培养时不需要添加外源生长激素，为激素自养型。

Ri 质粒上 vir 区具有很高的保守性。vir 区基因在转化过程中虽然不发生转移，但是它对 T-DNA 的转移起着非常重要的作用。在通常状态下，vir 区的基因处于抑制状态，当发根农杆菌感染寄主植物时，受损伤的植物细胞合成的低分子苯酚化合物乙酰丁香酮使 vir 区处于抑制状态的基因被激活，产生一系列限制性核酸内切酶，在酶的切割作用下产生 T-DNA 链，T-DNA 进入植物细胞核内，整合进植物细胞的基因组。T-DNA 在植物细胞中得到转录和翻译，刺激植物细胞形成毛状根。

毛状根诱导可以采用以下方法：

① 外植体接种法。取植物的叶片、茎段、叶柄等无菌外植体，与发根农杆菌共同培养 2~3d，将植物的外植体移到含有抗生素的选择培养基上进行培养，经过多次继代培养，转化的植物细胞产生愈伤组织，并可产生毛状根。

② 茎秆接种法。将植物种子消毒后，在合适的培养基上萌发，长出无菌苗。取茎尖继续培养，等无菌植株生长到一定时候，将植株的茎尖、叶片切去，剩下茎秆和根部，在茎秆上划出伤口，将发根农杆菌接种在伤口处和茎的顶部切口处，经过一段时间培养，在接种部位产生毛状根。这种方法最为简便，但它仅适合于可以用茎尖继代培养的植物。

③ 原生质体-农杆菌共培养法。将原生质体培养 3~5d 后，加入发根农杆菌进行共培养，然后借助于转化后的细胞激素自养型特性或 T-DNA 上的抗生素标记筛选出转化成功的细胞。分裂形成愈伤组织，在无激素培养基上可产生毛状根。

（2）优点。毛状根生产药用植物有效成分已经显示出极大的应用潜力。目前已有数百种植物感染 Ri 质粒后产生毛状根。一些成功的例子有：培养长春花毛状根生产长春花碱，紫草毛状根生产紫草宁，人参毛状根生产人参皂苷等。毛状根培养具有以下优点：

① 由 Ri 质粒转化的毛状根生长快，为激素自养型，在培养时不需要添加外源激素，易于培养。

② 毛状根分化程度高，产生次级代谢产物能力强。例如：长春碱和长春新碱是存在于

长春花中的具有抗癌作用的双吲哚生物碱，在长春花细胞培养中，一直未能检测到这两种生物碱。通过诱导长春花形成毛状根，从毛状根中检测到了长春碱。这说明毛状根能大量合成某些悬浮培养的细胞不能或者很少合成的次级代谢产物。

③ 通过 T-DNA 改造，易于采用基因工程途径提高次级代谢产物产量。

3.3.3.3 冠瘿组织培养生产次级代谢产物

冠瘿组织是由根癌农杆菌感染引起的植物肿瘤组织，它能在无外加植物激素的培养基上生长。

冠瘿组织形成与根癌农杆菌 Ti 质粒有关。Ti 质粒上也有一段特殊 T-DNA，编码细胞分裂素合成酶基因 ipt 及生长素合成酶基因如 iaaM、iaaH。根癌农杆菌诱导植物形成冠瘿组织的过程与发根农杆菌诱导植物形成毛状根的过程相似。T-DNA 整合进植物细胞基因组后，生长素合成酶基因 iaaM、iaaH 分别表达色氨酸单加氧酶、吲哚乙酰胺水解酶，两者共同作用合成生长素吲哚乙酸(IAA)。细胞分裂素合成酶基因 ipt 表达异戊烯基转移酶，催化合成分裂素 2-异戊烯基腺嘌呤。T-DNA 指导生长素与分裂素的合成导致转化植物形成冠瘿组织。

与毛状根培养一样，冠瘿组织培养生产次级代谢产物也是植物组织培养生物制药的一个重要内容。冠瘿组织培养不仅可以生产植物根中产生的次级代谢产物，而且可以制备植物叶中的代谢产物，国外利用冠瘿组织培养制备了喹啉生物碱，我国也已经开展西洋参冠瘿组织培养制备人参皂苷的研究。

3.4 动物细胞培养技术

动物细胞培养是模拟体内生理环境使分离的动物细胞在体外生存、增殖的一门技术。动物细胞培养是在动物组织培养基础上发展而来，起源于 19 世纪的某些胚胎学技术，伴随培养工具与培养基的不断完善，动物细胞体外培养技术日益成熟。动物细胞培养是现代生物制药的重要技术之一，不仅可以通过直接培养动物细胞制备相关药用产品，而且还可以将动物细胞作为宿主细胞表达生产原核细胞所不能生产的药用物质。对于许多人用和兽用的重要蛋白质药物和疫苗，尤其是那些相对分子质量较大、结构较复杂或糖基化的蛋白质来说，动物细胞培养是首选的生产方式。动物细胞培养还是许多细胞工程技术及产品生产的支撑技术。

3.4.1 动物细胞的培养条件

动物细胞对营养要求高，在保证细胞渗透压的情况下，培养液里的成分要满足细胞进行糖代谢、脂代谢、蛋白质代谢及核酸代谢等所需要的各种成分，包括十几种必需氨基酸及其他多种非必需氨基酸、维生素、糖类及无机盐类等。

3.4.1.1 培养基

培养基往往需要添加辅酶、激素、生长因子等。很多成分由血清、胚胎浸出液提供。动物细胞培养基可分为天然、合成、无血清培养基 3 种。培养基的主要成分如下：

糖类，糖类是构成细胞物质碳骨架的成分并提供代谢需要的能量。多数动物细胞以葡萄糖作为主要碳源，通过三羧酸循环提供能量，其中一些中间产物又是某些氨基酸合成的前体，形成的乙酰辅酶 A 可用于合成脂肪，通过磷酸戊糖途径合成核酸中的核糖。

氨基酸，所有动物细胞培养需要氨基酸用于合成蛋白质，例如：精氨酸、胱氨酸、异亮氨酸、亮氨酸、赖氨酸、甲硫氨酸、苯丙氨酸、甘氨酸、组氨醛、丙氨酸、谷氨酸、缬氨酸、天冬氨酸等。同时这些氨基酸作为碳源参与能量代谢。

维生素，生物素、叶酸、烟酰胺、泛酸、吡哆醇、核黄素、硫胺素、维生素 B_{12}、肌醇等是许多培养基的必需成分。维生素 B 族大多是细胞内各种酶的辅酶或辅基的重要组成成分，维生素 C 不可缺少。脂溶性维生素对细胞生长有促进作用，一般可以从血清中获得。

大量元素和微量元素，除了 K、Na、Ca、Mg、N、P 等大量元素外，Fe、Zn、Se 等微量元素也是细胞生长不可缺少的。一些细胞还需要 Cu、Mn、Mo、V 等元素。大量元素功能是构成细胞的组成成分，调节培养液渗透压、氢离子浓度和氧化还原电位等。微量元素大部分作为酶的辅基成分，维持酶的活性，或者作为其他活性蛋白的活性中心组成成分，维持蛋白活性。

（1）天然培养基。天然培养基主要有血清、组织提取液、鸡胚汁等。天然培养基营养价值高，但成分复杂来源有限。

① 血清。血清是天然培养基中最有效和最常用的组分。常用的动物血清主要有牛血清和马血清，牛血清分为胎牛血清和小牛血清。血清使用前必须经过分析检测，只有无菌、无内毒素、无溶血或低溶血、蛋白质等营养素达一定标准以上的血清才能使用。血清含有许多维持细胞生长和保持细胞生物性状不可缺少的成分，已知成分主要有蛋白质、氨基酸、葡萄糖、激素等。蛋白质主要是白蛋白和球蛋白。氨基酸是细胞合成蛋白质的基本成分，许多氨基酸是细胞本身不能合成的，必须由培养液提供。激素有胰岛素、生长激素。血清含有多种生长因子，如表皮生长因子、成纤维细胞生长因子、增殖刺激因子、类胰岛素生长因子等。

血清的功能包括：提供细胞生存、生长和增殖所必需的生长因子；补充基础培养基中没有的或量不足的营养成分；提供载体蛋白、维生素、脂质和金属离子等；提供细胞贴附因子；提供良好的缓冲系统；提供蛋白酶抑制剂，保护细胞免受死亡细胞所释放的蛋白酶损伤。

② 水解乳蛋白。水解乳蛋白是乳白蛋白的水解产物，淡黄色粉末状，富含氨基酸。一般配制成 0.5%溶液，微酸性。

③ 胶原。具有改善细胞表面特性、促使细胞附着生长的作用。

④ 鸡胚汁。鸡胚汁是最早使用的组织浸出液，含有生长因子、蛋白质、氨基酸等，具有刺激细胞生长的作用。目前已经基本被合成培养基替代。

（2）合成培养基。目前常用的合成培养基包括：MEM、DMEM、RPMI1640、F12、M199 等。

① MEM 培养基。Earle 于 1951 年开发成功。含有少量氨基酸、维生素、谷氨酰胺以及必需的无机盐，组成简单。

② DMEM 培养基。由 Dulbecco 等在 MEM 培养基基础上研制而成，增加了已有成分的含量，同时又根据葡萄糖含量高低分为高糖型(4500mg/L)和低糖型(1000mg/L)，高糖型适合生长较快、贴附性差的细胞培养。

③ RPMI1640 培养基。由 Moor 等为小鼠白血病细胞培养而设计，经过 RPMI1630、1634 改良而成。组分简单，适合许多种类细胞的生长，使用广泛。

④ F12 培养基。Ham 等针对小鼠体细胞培养设计而成 F7 培养基，经过 F10 培养基于 1963 年改良而成 F12 培养基。特点是适合单细胞分离培养，需要的血清量少，因此是无血清培养基的常用基础培养基。

⑤ M199、109 培养基。由 Morgan 于 1950 年研制成功，最初为鸡胚组织培养设计，是最早的合成培养基之一。含有几乎所有的氨基酸以及维生素、生长激素、核酸衍生物等。109 培养基是 M199 的改良型。

合成培养基成分已知，便于对实验条件进行控制。与天然培养基相比，一些天然的未知成分无法用已知的化学成分所替代，因此细胞培养中使用的合成培养基必须加入一定量的天然培养基成分，最常见的是加入 10% 的小牛血清。

（3）无血清培养基。尽管绝大多数细胞在含有胎牛或小牛血清的培养基中生长良好，但是血清培养基具有一些缺点，如动物血清来源有限，价格高，不宜大量使用；动物血清成分复杂且成分不稳定，使生长过程不易检测控制；虽然血清对细胞生长有效，但会对后期培养产物的分离、提纯以及检测造成一定困难。因此，开发无血清培养基非常重要。有的细胞能在无血清培养基中生长，一些需要血清的细胞经过逐渐降低血清浓度也可使其适应在无血清培养基中生长。

无血清培养基是不含血清的动物细胞培养的培养基，由基础培养基和添加组分组成。许多合成培养基都可以作为无血清培养基的基础培养基，较常用的是 DMEM、F12 培养基。两者以 1∶1 混合，再补加 HEPES(4-羟乙基哌嗪乙磺酸)、碳酸氢钠就可作为基础培养基。一些商品化的无血清基础培养基包括：角质细胞限制性无血清基础培养基、淋巴细胞无血清基础培养基、巨噬细胞无血清基础培养基、肝细胞无血清基础培养基、杂交瘤细胞无血清基础培养基等。

添加组分主要包括细胞外基质、生长因子、结合蛋白与转运蛋白、酶抑制剂等。

① 细胞外基质能帮助细胞黏附。常用的有胶原蛋白，以及纤连蛋白、层黏连蛋白、多聚赖氨酸，一般采用磷酸盐缓冲液配制(质量浓度为 1mg/mL)。细胞外基质不仅可促进细胞贴壁和扩展，还利于细胞的分化。

② 生长因子。许多激素具有促进细胞生长的作用。如胰岛素是常见的生长因子类无血清添加剂，能促进细胞利用葡萄糖和尿嘧啶，促进 RNA、蛋白质和脂质的合成；血小板生长因子能够刺激细胞分裂；生长调节素具有促进胸腺嘧啶核苷酸渗入 DNA、传递生长激素促进骨细胞生长和刺激软骨细胞摄取硫酸盐等作用。

③ 其他成分，转铁蛋白是一种结合铁离子的糖蛋白，也是最常见的无血清添加剂。转铁蛋白与细胞表面特定受体结合可以帮助铁离子穿过质膜，另外还有整合有害金属离子的作用。在无蛋白培养基中，转铁蛋白可以被整合铁离子代替。白蛋白是细胞增殖、分化和产物表达需要的外源脂质或脂质前体的载体，还具有运载微量元素、激素和多肽生长因子的作用，帮助细胞抵抗过氧化氢的氧化损伤、螯合过量微量元素起解毒作用等。

在动物细胞传代时大多需要使用胰蛋白酶消化，无血清培养基中必须添加强抑制剂终止消化。最常用的有大豆胰蛋白酶抑制剂。结合蛋白与转运蛋白常用的有转铁蛋白、牛血清蛋白。

（4）其他溶液。

① 平衡盐溶液(BSS)。主要由无机盐组成，具有维持细胞渗透压、调控培养液酸、碱度平衡的功能。BSS 中加入少量酚酞指示剂以直观显示培养液 pH 的改变。Hanks 液和 Earle 液是两种常用的 BSS 溶液。前者缓冲能力较弱，后者缓冲能力较强。

② 培养基 pH 调整液。细胞对培养环境的酸碱度要求十分严格。大部分合成培养基都呈微酸性，培养前一定要用 pH 调整液将培养基的 pH 调到所需范围。pH 调整液应单独配制，

单独灭菌，待灭菌后的培养基使用前再加入。常用的 pH 调整液有 3.7%、5.6%、7.4% 的 $NaHCO_3$ 溶液、HEPES 液等。

③ 细胞消化液。细胞培养前要用消化液把组织块解离分散成单细胞，传代培养时使用消化液使细胞脱离贴壁器皿表面并分散解离。

④ 抗生素溶液。细胞培养过程中，常在培养液中加入适量的抗生素以防止微生物污染，常用抗生素有青霉素、链霉素、卡那霉素、制霉菌素等。

（5）培养基配制。目前普遍使用商品化的干粉型培养基，配制时需要注意以下方面：首先，要了解必须添加以及根据情况添加的成分；其次，采用双蒸或三蒸水充分溶解，注意添加顺序，例如 $NaHCO_3$、谷氨酰胺等物质都要在基本培养基完全溶解后才能添加；最后，配制好后应该立即过滤，无菌保存于 4℃ 冰箱中。

3.4.1.2　生长条件

影响动物细胞体外生长的因素包括生物因素、化学因素和物理因素。生长条件的控制主要包括控制温度、pH、渗透压、气体等。

（1）温度。人类和哺乳类动物细胞培养适宜温度为 36.5℃±0.5℃，鸟类细胞为 38.5℃，昆虫细胞为 26.5℃±0.5℃，冷水、温水鱼细胞分别为 20℃ 和 26℃。偏离适宜温度，细胞的正常生长及代谢将会受到影响。细胞在 39～40℃ 会受到伤害但仍可以恢复，在 43℃ 以上细胞便会死亡。温度对细胞的影响主要通过酶的失活产生。动物细胞对低温的耐受性要比对高温的耐受性强些，低温下会使细胞生长代谢速率降低，恢复温度后细胞能继续生长，因此细胞常采用冷冻保存。

（2）pH。合适的 pH 是细胞生存的必要条件之一，不同细胞对 pH 要求不同，哺乳动物细胞为 7.1～7.3，昆虫细胞为 6.1～6.3。当 pH 低于 6.8 或高于 7.6 时哺乳动物细胞生长会受到影响，甚至导致死亡。原代细胞对 pH 变化耐受能力较差。多数类型的细胞对偏酸性环境的耐受性较强，而在偏碱性的情况下会很快死亡。动物细胞生长过程中不断消耗葡萄糖，生成乳酸和 CO_2，培养液 pH 会下降，多采用添加含 $NaHCO_3$ 的 PBS、Hanks 液以及 HEPES 等维持培养液 pH 的稳定。

（3）渗透压。动物细胞没有细胞壁，对溶液的渗透压非常敏感。细胞在高渗透压或低渗透压溶液中会发生皱缩或肿胀，甚至破裂。因此，保持培养液具有与细胞体内环境相似的渗透压是非常重要的。人血浆的渗透压为 290mOsm/kg，因此体外培养人类细胞要维持在该渗透压范围。鼠细胞渗透压为 320mOsm/kg 左右。一般而言，260～320mOsm/kg 的渗透压范围适合于大多数动物细胞的体外生长。培养液的渗透压调节可以通过调节培养液中的无机盐离子种类和浓度进行。

（4）气体。细胞的生长代谢离不开气体，主要包括 O_2 和 CO_2。O_2 参与细胞三羧酸循环，产生能量。有些细胞在低氧情况下可以借助糖酵解获得能量，但是大多数细胞在低氧时不能很好存活。但是，氧浓度过高也会对细胞产生毒性，抑制生长。动物细胞培养过程中溶解氧一般控制在 5%～80%（空气饱和度）。CO_2 既是细胞代谢产物，也是细胞生长所必需的，还可起调节 pH 的作用。当细胞生长旺盛时，CO_2 过多释放会使培养液 pH 下降。CO_2 培养箱可根据需要持续地提供一定比例的 CO_2 和 O_2 气体，一般控制在 95% 的 O_2 和 5% 的 CO_2。

3.4.2　动物细胞的原代与传代培养

动物细胞虽无细胞壁，但是细胞间的连接方式多样而复杂。同植物细胞一样，目前也主

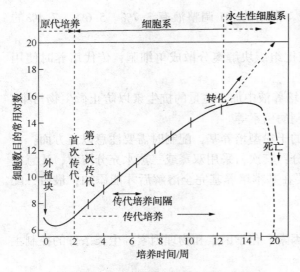

图 3-4 动物细胞培养过程生长曲线

要采用酶消化的方法制备单个动物细胞。动物细胞体外培养一般经过组织获得与消化、接种、原代培养、传代培养几个环节。细胞体外生长过程周期大致如图 3-4 所示。

3.4.2.1 动物细胞原代培养

接种组织块直接长出单层细胞或将组织分散成单个细胞再进行培养,在首次传代前的培养称为原代培养。一般持续 1~4 周。在这个阶段,细胞有分裂但不旺盛,细胞多呈二倍体核型,此细胞称为原代细胞。

原代培养的优点如下:组织和细胞刚刚离体,生物性状尚未发生很大变化,在一定程度上能反映体内的形态学特征。在供体来源充分、生物学条件稳定的情况下,原代细胞是很好的实验材料,例如药物测试、研究细胞分化等。原代培养也是建立各种细胞系(株)必经的阶段。

原代培养的取材非常重要。一般需要注意以下几个问题:选择性取材,尽量选取分化程度低、容易培养的组织,例如胚胎、新生组织等;取材要注意使用新鲜材料和保鲜,取材后一般 6h 内分离细胞,这样比较容易培养成功;取材应该严格无菌,一般采用高浓度的抗生素溶液处理;防止细胞机械损伤,使用锋利的器械时要注意减少对细胞的机械损伤;避免组织干燥,操作在含有少量培养液的器皿中进行。

(1) 组织块原代培养。组织块原代培养是比较常用的原代培养方法,也是早期动物细胞培养方法。

① 组织块获得。处死动物,取出组织块放入容器中,用剪刀将组织块剪碎成 1mm³ 大小,用吸管吸取 Hanks 溶液冲下剪刀上的碎块,补加 3~5mL 的 Hanks 溶液,用吸管轻轻吸打,低速离心,弃去上清液,收集组织块。对某些软组织如肿瘤、胚胎、脑等可将碎组织块放入注射器玻璃管中挤压获得小组织块,也可用不同规格的筛网挤压获得小组织块。加入少量培养液使组织湿润。

② 组织块原代培养过程。准备好培养瓶,用吸管吸出组织块逐一放入培养瓶内,一般每小块间隔为 0.2~0.5cm,使其均匀贴在瓶壁。然后将贴有组织块的瓶壁朝上,加入培养液,塞上瓶塞,倾斜置于 37℃ 的 CO_2 培养箱内培养。2~4h 后,将培养瓶缓慢翻转平放,静置培养。如果组织块不易贴壁,可先在瓶内壁涂一层血清、胎汁或鼠尾胶原。开始培养时,培养液不宜太多,保持组织块湿润即可。24h 后再补充培养液,一般 3~5d 更换一次培养液。一般情况下,组织块贴壁后 24h 细胞就从组织块四周长出,5~7d 组织块中央的组织细胞逐渐坏死脱落,组织块四周的贴壁细胞也逐渐形成片层。

(2) 细胞原代培养。

① 酶解制备单细胞。根据不同的组织对象采用适当的酶消化液获得动物细胞进行培养。胚胎等组织细胞潜伏期短,第 2d 即可见生长,1 周便可连接成片;成体组织来源的细胞潜伏期长,一般要 1 周左右。最常用的有胰蛋白酶和胶原酶。EDTA 适合消化传代细胞,常与胰蛋白酶一起使用。

胰蛋白酶，胰蛋白酶分离自牛、猪等动物的胰脏，呈黄色粉末状，极易潮解，要注意冷藏干燥保存。胰蛋白酶作用于与赖氨酸或精氨酸相连接的肽键，除去细胞间黏蛋白及糖蛋白，从而使细胞分离。胰蛋白酶溶液一般为 $0.01\% \sim 0.5\%$，在 pH8.0、37℃ 时胰蛋白酶效果最好。消化时间一般为 $0.5 \sim 2h$，处理时间过长对细胞有影响。血清、Ca^{2+} 和 Mg^{2+} 对消化效果有影响。胰蛋白酶适于细胞间质较少的软组织的消化，如胚胎、羊膜、上皮、肝、肾以及传代细胞等。用含血清培养液可终止其对细胞的消化作用。

胶原酶，其对胶原和细胞间质有较强的消化作用，适用于消化纤维组织、上皮组织等。一般用 BBS 和含血清培养基配制成 200U/mL 或 $0.1 \sim 0.3mg/mL$ 浓度。pH6.5 $\sim$ 7.0，处理时间一般为 $1 \sim 12h$，作用温和，对细胞无大影响，无需机械振荡。血清、Ca^{2+} 和 Mg^{2+} 对其没有影响。

其他生物酶，链霉蛋白酶、骨胶原酶、透明质酸酶等也可用于消化细胞，但价格昂贵，保存困难，只用于特殊种类的细胞消化。

乙二胺四乙酸二钠（EDTA）溶液，EDTA 为一种化学螯合剂，其溶液又称 versen 液。对细胞具有一定的非酶性解离作用。因经济方便、毒性小、易配制而成为常用的消化液。常用质量浓度为 0.02%（个别细胞系要求浓度较高）。在消化新鲜组织或消化传代细胞时，将 EDTA 与胰蛋白酶按不同体积比例混合（1：1 或 2：1）使用可以获得较好的效果。

② 培养方法。以骨骼肌细胞为例，成肌细胞进行有丝分裂增殖，成肌细胞相互融合在一起，形成一长条管状细胞，有数个乃至十多个细胞核，呈现串珠样排列在肌管中间，此时被称为肌管细胞。随着肌管细胞内肌原纤维的数量增加，细胞核逐渐向边缘移动，这样肌管细胞就成为一般所说的骨骼肌细胞。成熟的骨骼肌细胞是有丝分裂后的细胞，不能再进行有丝分裂。在骨骼肌细胞的表面，紧贴有一种扁平的有突起的细胞，能进行有丝分裂并具有移动性，称为肌卫星细胞。肌卫星细胞是骨骼肌细胞的干细胞，也可被看作储备的成体细胞。当肌肉受伤后，该部位的肌卫星细胞能够转化为肌细胞进行分裂，并进一步分化为肌纤维，填补受损部位。

实验材料多采用胚胎或新生动物，主要是因为这些来源的肌肉组织里含有大量的可以进行有丝分裂的细胞。一般从胚胎或新生大、小鼠的大腿肌肉制备骨骼肌细胞，以出生 $1 \sim 2d$ 的大鼠最佳。

处死动物，分离大腿肌肉，切成 $0.3 \sim 0.5cm$ 小块。用不含钙、镁离子的 Hanks 溶液配制的胰蛋白酶消化液消化，无菌纱网过滤收集细胞。按照约 2×10^6 个细胞的浓度接种于明胶覆盖的培养皿上培养。明胶常用 Hanks 溶液配制成 0.01% 使用。

接种数小时后，多数细胞就可贴壁，主要为单核的肌细胞，梭形外观相当明显。前 2d 是细胞增殖的主要时期，无明显细胞融合。$50 \sim 52h$ 后，细胞进入快速融合期，多核细胞的快速生长导致纤维网的形成。数天后细胞融合结束。之后 1d 可观察到纤维的自发收缩现象。再过 $1 \sim 2d$，骨骼肌细胞的特征横纹开始变得明显。有时可用肉眼看到细胞收缩现象。在适当条件下，细胞增殖一代的时间为 $11 \sim 13h$。由于肌细胞比非成肌细胞贴壁慢，可利用此差别去除混杂的非成肌细胞。

3.4.2.2 动物细胞传代培养

传代培养是指将原代培养的细胞继续转接培养的过程。细胞的体外大量增殖以及细胞系的建立是通过传代培养实现的。图 3-4 的传代间隔时间因不同的培养对象有所不同。通常情况下，传至 5 $\sim$ 10 代以内的细胞称为次代培养细胞，传至 10 $\sim$ 20 代以上的细胞称为传代细胞系。一般情况下，当传代 10~50 次后，细胞增殖逐渐缓慢，最终完全停止，之后进入衰退期。

（1）传代培养方法。悬浮生长的细胞可以采用加入新鲜培养基后直接吹打分散传代，或者采用自然沉降法加入新鲜培养基后再吹打分散进行传代。

对于贴壁生长的动物细胞，原代培养细胞分裂增殖扩展成片后需要进行细胞分离重新接种培养。一般采用酶消化法进行传代培养。部分贴壁的细胞可以采用直接吹打或用硅胶软刮刮除法传代。由于不同细胞对酶的消化作用敏感度不一样，因此根据细胞特点，适度掌握细胞消化时间和选择适宜的方法非常重要。酶消化法进行贴壁细胞传代培养的大致步骤如图 3-5 所示，具体如下：吸出或倒掉培养瓶内的旧培养液；加入胰蛋白酶和 EDTA 混合液盖满瓶底，轻轻摇动培养瓶；2~5min 后检查，有细胞间隙变大、细胞质回缩现象时添加培养液终止消化；吸出消化液，加入 Hanks 液轻轻转动，洗去残留消化液；加入培养液，用吸管轻轻吹打瓶壁，使细胞脱落制成悬液；计数，接种进行传代培养。原代细胞的首次传代对于细胞传代培养非常重要。由于原代培养的细胞多为混杂细胞，形态、性质各异，因此在消化法传代时要特别注意选择适当的配比与消化时间。吹打细胞动作要轻柔，首次传代时接种细胞数量也要多些，pH 可偏低些，血清浓度也可适当高些，如 15%~20%。

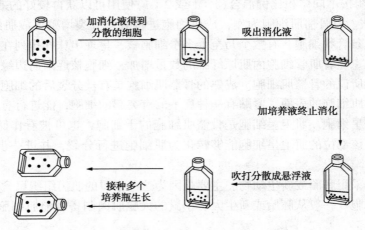

图 3-5　酶消化法进行贴壁细胞传代培养

（2）传代培养过程分析。每代细胞的生长过程经历类似分批式培养的几个阶段，即潜伏期（也叫延迟期或适应期）、指数生长期、减速期、平台期、衰退期。

动物细胞培养期间，每 1~2d 需要对细胞做常规检查。检查内容主要包括是否污染、细胞生长状况、培养液 pH 等，并根据情况及时处理。

① 细胞形态检查及活力分析。将培养瓶放在倒置显微镜下观察，状态良好的细胞应是轮廓形态不十分清晰，较透明。生长不良的细胞轮廓变清晰，细胞间隙增大，胞内有空泡、脂滴、颗粒等出现，细胞形态不规则。

采用四唑盐（MTT）法可以对细胞活力进行分析。活细胞的线粒体脱氢酶能将四唑盐还原成不溶于水的蓝紫色产物甲䐶（formazan）并沉淀在细胞中，而死细胞没有这种功能。二甲亚砜（DMSO）能溶解蓝紫色结晶物，溶液颜色深浅与所含甲䐶的量成正比。用酶标仪测定 OD_{570nm} 值就可以分析活细胞的数量。MTT 法简单、快速、准确，广泛应用于新药筛选、细胞毒性试验、肿瘤放射敏感性实验等方面。细胞活力以活细胞占计数细胞总数百分比来计算。

② 营养液 pH 及污染检查。含血清的新鲜培养液呈桃红色，pH 在 7.2~7.4。经过一段时间 CO_2 的积累使培养液 pH 下降。当超出缓冲范围时，培养液变黄，需要 3~4d 更换一次培养液。CO_2 培养箱能自动控制 5% 的 CO_2 含量，可避免此种现象的发生。培养瓶口盖需拧松或用无菌纱布棉塞以保证透气。因纱布棉塞易污染，每次换液后须更换新棉塞。

在长时间培养过程中容易出现微生物污染。细菌污染时培养液变浑浊，镜检可见有细菌，PPLO(支原体类胸膜炎生物体)因个体小(0.25~1μm)，能透过滤器，污染时培养物无明显变化而不易发现。特别是越来越多的抗药性支原体株的出现，更加大了防治的难度。务必要严格遵守无菌操作，避免该类污染的发生。

3.4.3 动物细胞的培养方式

动物细胞培养可分为贴壁培养、固定化培养、悬浮培养 3 大类。

3.4.3.1 贴壁培养

贴壁培养是指细胞贴附在一定的固相表面进行培养。贴壁培养的优点是：容易更换培养液；容易采用灌流式培养，不需过滤系统；同一设备可采用不同的培养液/细胞的比例，适用于所有类型细胞。贴壁培养的缺点是扩大培养比较困难，投资大；占地面积大；不能有效监测细胞的生长。

(1) 生长阶段。贴壁生长的细胞一般经历以下几个生长阶段：

① 游离期。接种的细胞在培养液中呈悬浮态，由于细胞质的回缩，各种形状的细胞开始变圆。

② 吸附期。不同类型细胞的贴壁时间有所差异，多数细胞都可在 24h 内贴壁。血清中有促使细胞贴壁的冷析球蛋白(coldinsolubleglobulin)、纤维连蛋白(febronectin)、胶原(collagen)等糖蛋白，这些带正电荷糖蛋白的促贴壁因子先吸附于载体表面，悬浮的细胞再在吸附有促贴壁因子的载体上附着。细胞状态不好、培养基偏酸或偏碱、培养瓶不洁等都不利于细胞贴壁。

③ 繁殖期。悬浮的细胞贴壁后经过一段停滞后开始分裂。随着细胞数量的增多，细胞间开始接触并连接成片，出现接触性抑制。

④ 退化期。细胞长满培养瓶壁，随着营养物的消耗和代谢物的积累，密度抑制现象出现，细胞开始退化。细胞轮廓开始清晰，细胞内有膨胀的线粒体颗粒堆积。如不及时传代培养，细胞会从瓶壁上脱落死亡。

(2) 贴壁材料。贴壁依赖型细胞生长需要可供贴附的载体材料、促进细胞贴附的物质或者促贴壁因子。细胞贴壁材料要求具有净正电荷和高度表面活性。对微载体而言还要求具有一定三维结构；若为有机物表面，必须具有亲水性，并带正电荷。主要贴壁材料有：

① 玻璃。玻璃是最常用的贴壁载体材料，具有透明便于观察、易洗涤、反复使用等优点，主要用明矾-硅硼酸钠玻璃。大规模培养用的方瓶、转瓶(管)、滚瓶等多是玻璃制品。反复使用后会降低细胞的贴壁效应，可以用稀醋酸镁溶液浸泡数小时，双蒸水冲洗，高压灭菌，即可重复使用。

② 塑料。最常用的是聚苯乙烯，表面处理后具有亲水性。由于容易被加工成各类多孔板、方瓶、培养皿而被广泛使用。多为一次性使用，耗量大，成本高。

③ 金属。不锈钢和钛是适合细胞贴壁生长的金属材料。不锈钢器皿使用前应该先用酸液洗涤除去金属表面的杂质。

3.4.3.2 固定化培养

为了克服动物细胞脆弱、易受培养环境影响的问题，可采用类似植物细胞固定化培养的方法对动物细胞进行固定化培养。固定化培养具有细胞生长密度高，抗剪切力和抗污染能力强等优点，细胞易与产物分开，有利于产物分离纯化。固定化方法包括吸附法、共价结合法、离子/共价交联法、包埋法和微囊法等。

动物细胞微囊培养是一种新型培养技术，为单克隆抗体、干扰素等产品的大规模生产提供了一种有效途径。20世纪80年代初，Lim和Sum制成了动物细胞能在其中生长繁殖的微囊。制备动物细胞微囊所用的材料与植物类似，主要是海藻酸盐和多聚赖氨酸，两者比例及海藻酸盐本身的纯度、黏度都是影响微囊形成的重要条件。赖氨酸相对分子质量的大小、其溶液浓度及与海藻酸钙球的混合时间、溶液 pH 和温度等都会影响微囊膜孔径的大小，甚至影响它的半渗透作用。

3.4.3.3 悬浮培养

悬浮培养是指细胞在反应器中自由悬浮生长，主要用于非贴壁依赖型细胞培养，杂交瘤细胞、白细胞、淋巴细胞、某些肿瘤细胞等属于此类细胞。贴壁型细胞贴附在微载体或者包裹于微囊后可接种在适当生物反应器中实现悬浮培养。

3.4.3.4 动物细胞小规模培养

（1）悬滴培养法。悬滴培养也称为植块悬滴培养法，最早由 Harrison 于 1907 年创立，是最早建立的动物细胞体外培养技术。具体步骤为：在盖玻片上滴加胚胎提取液、血浆和植块，混匀。培养基凝固后将植块包埋；在凹载玻片周围涂凡士林。将凹载玻片向下压向盖玻片；将凹载玻片反转，盖玻片周围涂熔蜡，放入培养箱培养。1925 年建立了改良的双盖玻片悬滴培养方法，如图 3-6 所示。

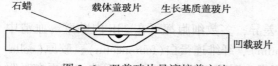

图 3-6 双盖玻片悬滴培养方法

（2）灌注小室培养法。1912 年，Burrows 尝试设计了一种简单的灌注小室培养模型。将动物细胞接种于一个由上下两个盖玻片（分别构成上壁与下壁）与一金属圈（构成侧壁）密封围成的小室内培养。在小室的侧面分别有新鲜培养液流入小室和旧培养液排出口，可根据不同细胞生长的需要调节培养液的组成和流速。这种方法的显著特点是营养液可以循环供应并减少代谢产物积累对细胞的影响。

（3）培养板培养法。培养板培养法也称为微量培养法，是目前常规方法之一。具体做法是将细胞接种在培养板的孔内，然后在 CO_2 培养箱内培养。最常用的培养板有 6 孔、24 孔和 96 孔，一般都是一次性使用。

（4）转管培养法。1933~1934 年，Gey 和 Lewis 建立了转管培养方法，将培养物接种于一管状培养器皿中，再将其固定在一可以旋转的装置上旋转培养。转管培养方法克服了静置培养的不足，如细胞生长环境不均匀、不利于营养的吸收等，培养物可以交替地接触培养液和气体环境，利于细胞或组织生长。

（5）培养瓶培养法。1923 年，Carrel 成功设计卡氏瓶，可以保证动物细胞培养的无菌环境和生长空间。培养瓶的形状主要是适合细胞贴壁生长和显微镜观察的扁平形状。培养瓶主要有高硼硅玻璃培养瓶与聚苯乙烯塑料培养瓶。培养瓶培养法是目前动物细胞小规模培养的主要方法之一。

3.4.4 动物细胞的冻存和复苏

3.4.4.1 细胞保存方法

传代培养保存法，悬浮培养的细胞通过每隔1~2周换液进行一次传代培养。高等植物、微藻等的细胞培养一般都采用这种方法。一般选择较低的培养温度。

低温冷冻保存法是在低温下冻存细胞进行保存的方法。包括：

低温保存：−20℃左右保存细胞。

超低温保存：在液氮（−196℃）中保存。细胞代谢和生长几乎完全停止。超低温保存时细胞和组织不会丧失形态和潜能，也不会发生遗传性状改变，理论上可以无限期贮藏。超低温冷冻保存法是目前主要的细胞保存方法，已广泛应用于医学和畜牧业，例如液氮中储藏精子进行人工授精已成为一种常规方法。

液体的固化有两种方式，一种是形成冰晶，另一种是形成无定形的玻璃化状态。根据冻存液在冻结后是否形成冰晶，低温冷冻保存细胞可分为非玻璃化冻存和玻璃化冻存两种。

细胞内含有大量的水分，低温冻存细胞时，当湿度降到冰点以下时细胞内外的水分就会形成冰晶。冰晶的形成使细胞脱水，导致细胞内局部电解质浓度增高，pH改变，使蛋白质和酶活性改变，从而引起细胞内结构的破坏，最终使细胞死亡。植物细胞含水量比动物细胞高，冷冻保存难度大。

玻璃化是指液体转变为非晶态（玻璃态）的固化过程，与平常所见到的冻结过程不同。在玻璃态时，水分子没有发生重排，不产生结构和体积的变化，因而不会由于机械或溶液效应造成组织和细胞伤害，化冻后的细胞仍有活力。

细胞冷冻技术的关键是尽可能减少细胞内水分，减少细胞内冰晶的形成。为了降低冷冻对细胞产生的损伤，需重点考虑保护剂使用和冷冻方法等重要因素。

（1）冷冻保护剂。冷冻保护剂是指可以保护细胞免受冷冻损伤的对细胞无明显毒性的物质，可分为渗透性和非渗透性两类。

渗透性冷冻保护剂，主要包括甘油、二甲亚砜、乙二醇、乙酰胺和甲醇等。其中，甘油和二甲亚砜是细胞冻存中最常用的两类冷冻保护剂。渗透性保护剂易与水分子结合，易穿透细胞膜进入细胞内部，从而降低细胞的冰点，提高细胞质膜对水的通透性。冻存时，保护剂可促进细胞内水分渗出细胞外，从而减少胞内冰晶的形成；复苏时，促进胞外水分进入细胞，缓解渗透性肿胀引起的损伤。

非渗透性冷冻保护剂，一般是一些大分子物质，不能渗透到细胞内部，主要包括聚乙烯吡咯烷酮、蔗糖、聚乙二醇、葡聚糖、白蛋白及羟乙基淀粉等。这类物质不能进入细胞内部，但能溶于水，可稀释细胞外电解质的浓度，从而减少溶质损伤。另外，这些大分子物质可结合水分子，降低细胞外自由水的含量，减少胞外冰晶的形成。

（2）冷冻方法。冷冻过程中，若冷却速度过慢，胞外溶液中水分大量结冰，溶液浓度提高，胞内水分大量渗出，导致细胞强烈收缩并造成化学损伤。如果冷却速度过快，胞内水分来不及通过细胞膜向外渗出，胞内溶液结冰从而造成物理损伤。因此，细胞的冻存要选择合适的降温速度。超低温保存的具体方法包括缓慢冷冻、快速冷冻、预冷冻等。

① 缓慢冷冻法。将处于0℃或其他预处理温度的材料以1~2℃/min的降温速度从起始温度降到−100℃，稳定1h后投入液氮中保存或以此降温速度连续降温至−196℃。按1mL每

安瓿的量分装细胞悬液，在火焰下将安瓿封口。将封口的安瓿放入慢冻机内，添加保护剂的细胞悬液按照一定梯度降低温度进行缓慢冷冻。当温度在$-25℃$以上时，可以按照$1～2℃/min$的梯度降温；当温度达$-25℃$以下时，可以按照$5～10℃/min$的梯度降温。当温度达$-100℃$时，可迅速放入液氮罐中（温度可达$-196℃$），此时细胞的全部生理生化活动几乎处在停止状态。细胞内水分有充分的时间不断渗到细胞外结冰，使细胞内水分减少到最低限度，实现保护性脱水来避免细胞内结冰。此法适用于成熟的、含有大液泡和含水量高的细胞，对于悬浮细胞的保存特别有效。缓慢冷冻法降温时需程序降温仪或计算机来控制降温器。可采用具有梯度降温功能的冷冻仪实现程序性逐级冷冻。缓慢冷冻过程中，细胞外水分先结冰，胞外电解质浓度升高，使细胞内的水分渗出，在细胞外形成冰晶，减少胞内冰晶的形成，从而减少胞内冰晶对细胞的损伤。一般来说，缓慢冷冻比快速冷冻对细胞结构影响小，复苏率高。当然，降温速度也不能太慢，否则细胞会因失水过多而死亡。

② 预冷冻法。预冷冻法包括两步冷冻、逐级冷冻，前者是将预处理后的材料先通过缓慢冷冻法降温至$-40℃$，保存一段时间（约30min）后，再投入液氮中保存。后者将经过预处理的材料先制备成不同温度等级的溶液，如$-10℃$、$-15℃$、$-23℃$、$-35℃$及$-40℃$并在每级温度中停留一定时间（$4～6min$），然后将材料投入液氮保存。

③ 快速冷冻法。将材料从$0℃$或者其他预处理温度直接投入液氮中保存。此方法关键是利用高速降温越过冰晶增长的危险温度区，使细胞内来不及形成大小可以致死细胞的冰晶。快速降温越过危险温度区后，细胞内水分会固化，形成"玻璃化"状态。实验表明，融冻速度越快，细胞存活率越高。理论上，只要获得足够快的降温速度，任何液体都可进入玻璃化状态。要使纯水玻璃化，降温速度需高达$101℃/s$，实际上难以达到。通过添加高浓度的冷冻保存剂，可以显著降低形成玻璃化所要求的降温速度。玻璃化固体可以避免冷冻时在细胞内形成冰晶对细胞产生的伤害。大部分低温保护剂都可以用于制备玻璃化冷冻保护液。现有的降温速度条件下，要使溶液玻璃化，保护剂需要达到$40\%～60\%$（质量/体积）的高浓度。但是，高浓度的保护剂会对细胞产生溶质损伤。因而根据不同冷冻保护剂的玻璃化形成能力、毒性以及对细胞的渗透能力，把各种保护剂混合使用，可降低每种保护剂的使用浓度并减少对细胞的毒性。一种常用的动物细胞冻存液是在Hanks平衡盐溶液中加入20.5%二甲亚砜（质量/体积）、15.5%乙酰胺（质量/体积）、10%丙二醇和10%聚乙二醇（相对分子质量为8000D），并用NaOH调pH至7.4。使用之前置冰浴中预冷。对于不同的动物细胞，冻存液中各冷冻保存剂的最适浓度会有很大不同。

3.4.4.2 细胞复苏

细胞的复苏是按一定复温速度将细胞悬液由冻存状态恢复到常温的过程。在$-70℃$以下时细胞内的生化反应极其缓慢，甚至停止。当恢复到常温状态下，细胞的生化反应即可恢复。

在细胞复苏过程中，如果复温速度不当也可能引起细胞内结冰（重结冰）而造成细胞损失。细胞冻存及复苏的一般原则是慢冻快融，细胞复苏一般采用快速融化法，以保证细胞外冰晶快速融化，避免慢速融化时水分渗入细胞内再次形成胞内结晶造成细胞损伤。在复苏时，从液氮中取出冻存管，一般以很快的速度升温，$1～2min$内恢复到常温，使细胞迅速通过最易受损的$-5～0℃$，细胞内外不会重新形成较大的冰晶，也不会暴露在高浓度溶质的溶液中过长时间，最大限度地减少冰晶和溶质对细胞的损伤，使复苏后的细胞保持其正常的结构和功能。

3.4.5 动物细胞生物制药

高等哺乳动物细胞可以很好表达修饰大分子的具有生物活性的蛋白产品。目前，哺乳动物细胞表达系统生产药用蛋白的发展速度远超过酵母、大肠杆菌表达系统。动物细胞生物制药已经成为疫苗、基因工程药物、抗体药物、蛋白药物等生物制品生产的重要技术。

3.4.5.1 病毒疫苗

病毒疫苗主要包括以下几种类型：

（1）灭活疫苗。常用甲醛为灭活剂，灭活病毒核酸而不影响其抗原性。如流行性乙型脑炎疫苗、狂犬病疫苗、流感灭活疫苗。

（2）减毒活疫苗。采用自然法或人工法通过动物传代或细胞传代筛选对人毒性低的变异株病毒。常见的有脊髓灰质炎疫苗、麻疹疫苗、流感温度敏感突变株疫苗、流行性腮腺炎疫苗、风疹疫苗、黄热病疫苗以及一些联合疫苗（如麻疹、腮腺炎、风疹联合疫苗）。

（3）亚单位疫苗。用化学试剂裂解病毒，提取包膜或衣壳上的亚单位，除去其核酸，以此制成的疫苗称亚单位疫苗。例如：流感病毒的包膜提取后制成的血凝素和神经氨酸酶亚单位疫苗。

（4）基因缺失的病毒活疫苗。使病毒基因组中与毒力相关的基因发生缺失而制成的减毒活疫苗，如狂犬病毒的脑苷激酶（TK）缺失株（第一代）和 gp3 区缺失株（第二代）。

（5）基因工程亚单位疫苗。将病毒表面抗原基因通过基因重组在酵母或 CHO 细胞中表达亚单位多肽抗原成分而制成的疫苗。如乙型肝炎病毒的表面抗原 HBsAg 的基因在酵母和 CHO 细胞中表达而提取获得的纯品 HBsAg 多肽。

病毒需在活的敏感细胞中才能增殖。在细胞培养技术建立之前，采用鸡胚接种或动物接种的方法来分离、鉴定病毒或制备病毒液（第一代病毒疫苗），具有材料来源困难、成本高、产量低、安全性差等不足。采用原代细胞培养制作的疫苗称为第二代病毒疫苗，例如：麻疹疫苗、乙脑疫苗等。随后建立了适合工业化生产的细胞株（例如 WI-38、Vero 等）为大规模生产病毒疫苗提供了可能。采用细胞培养法生产的病毒疫苗有脊髓灰质炎疫苗（猴肾细胞、Vero 细胞）、狂犬病毒疫苗（人二倍体细胞）、流行性乙型脑炎疫苗（人二倍体细胞）、巨细胞病毒疫苗（WI-38 人胚肺细胞）等。采取的培养方式有转瓶培养、微载体培养等。

3.4.5.2 干扰素

1957 年，Lsaacs 和 Linderan 在利用鸡胚绒毛尿囊膜研究流感干扰现象时发现病毒感染的细胞能产生一种因子，可干扰病毒的复制，将其命名为干扰素。

干扰素是一种细胞因子，是真核细胞对各种刺激反应后形成的一组复杂的蛋白质。1966~1971 年 Friedman 发现了干扰素的抗病毒机制。20 世纪 70 年代，干扰素的免疫调控及抗病毒作用、抗肿瘤作用逐渐被人们认识。干扰素的生理作用主要有：广谱的抗病毒作用；抑制某些细胞的生长，如抑制成纤维细胞、上皮细胞、内皮细胞和造血细胞的增殖；免疫调节作用：抑制和杀伤肿瘤细胞。干扰素作为抗病毒与抗肿瘤制剂，目前已较广泛地应用于临床。

干扰素的研究、生产和应用经历了从天然到基因重组和蛋白质工程三个阶段。基因工程和蛋白质工程干扰素属于非天然干扰素。天然干扰素主要是用人白细胞、类淋巴细胞、成纤维细胞或 T 淋巴细胞诱生，提取和纯化后获得。由于天然干扰素难以制备，成本高，纯度不够，限制了其临床应用，目前已逐渐被基因重组技术生产的干扰素代替。蛋白质工程干扰素是通过基因突变，改变天然干扰素的结构，使其具有特殊的功能。

3.4.5.3　克隆抗体

（1）多克隆抗体与单克隆抗体。抗原是进入动物体内对机体免疫系统产生刺激作用的外源物质，包括蛋白质、多糖、核酸、病毒、细菌、各种细胞等。抗体是动物免疫系统分泌的中和或消除抗原物质影响的糖蛋白，存在于血清中，本质是免疫球蛋白。

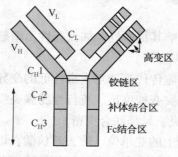

图 3-7　抗体结构示意图

1963 年，Porter 对免疫球蛋白的化学结构提出了一个由 4 条肽链组成的模式图。所有 IgG 的基本结构单位都是由 4 条多肽链组成的（见图 3-7），两条相同的长链称为重链（H 链），通过二硫键连接起来，呈 Y 字型。两条相同的短链称轻链（L 链），通过二硫键连接在 Y 字的两侧，使整个 IgG 分子呈对称结构。位于氨基端（N 端）轻链的 1/2 与重链的 1/4 区段，氨基酸的排列顺序可因抗体种类不同而有所变化，称为可变区。抗体的可变区由高变区和骨架区组成。在多肽链的羟基端，占轻链的 1/2 与重链的 3/4 区段，氨基酸的数量、种类、排列顺序及含糖量都比较稳定，称为不变区或稳定区。轻链不变区称作 C_L，可变区则称为 V_L；重链不变区称作 C_M，可变区则称为 V_H。两个重链的下端为 Fc 片段，该片段不与抗原结合，而与补体结合并与凝集反应、组织致敏和穿过胎盘等活性有关。

互补性决定区 V_H 和 V_L 的 3 个高变区共同组成 Ig 的抗原结合部位，该部位形成一个与抗原决定簇互补的表面，决定抗体的多样性与特异性。高变区之外区域的氨基酸组成和排列顺序相对不易变化，称为骨架区。

高等动物的脾能产生多种淋巴细胞，其中 B 淋巴细胞是能形成抗体的细胞。一种抗原通常具有多个不同的抗原决定簇，能刺激多个 B 淋巴细胞产生相应的单克隆抗体，因此血清中的抗体是针对不同抗原决定族的单克隆抗体混合物，称为多克隆抗体。采用常规免疫方法制备的免疫血清抗体是多克隆抗体，存在特异性差，效价低，数量有限，动物间个体差异大，难以重复制备等缺陷。经过免疫哺乳类动物单一的 B 淋巴细胞，可分泌单一性抗体，这种具有特异性的、同质性的抗体为单克隆抗体。与多克隆抗体相比，单克隆抗体只识别并结合特定的抗原决定簇，因此它对抗原的反应具有高度特异性。

由于很难从多克隆抗体中分离纯化得到单克隆抗体，也很难将体内已受抗原刺激的各种不同的 B 淋巴细胞分开，即使在体外将它们纯化成单细胞，也很难继续维持其生长增殖并分泌抗体，因此很难通过体外培养单一 B 淋巴细胞获得单克隆抗体。由于以上原因，大规模制备单克隆抗体一直未能实现。

如果单一 B 淋巴细胞既能分泌所需要的特异性抗体，又能在体外不断增殖，就可进行规模化的单克隆抗体生产。所以如何改变 B 淋巴细胞的遗传特性建立一个能永久生长并能分泌单克隆抗体的细胞系成为关键。这一目标可以通过下面两条途径达到。

首先是通过细胞融合，将免疫动物 B 细胞和一永久细胞系融合，得到的融合细胞称之为杂交瘤。杂交瘤细胞具有分泌特异性抗体 B 淋巴细胞特性以及骨髓瘤细胞体外无限增殖的特性。其次是病毒转化，通过对 B 淋巴细胞进行某一特异性免疫，继而进行诱变或通过病毒转化形成永久生长的细胞系。这种方法在制备人源单克隆抗体时比较有用。

（2）杂交瘤技术。1975 年，英国剑桥大学的 Kohler 和 Milstein 合作将已适应于体外培养的小鼠骨髓瘤细胞与绵羊红细胞免疫小鼠脾细胞进行融合，发现融合形成的杂交瘤细胞具有双亲细胞的特征：既能像骨髓瘤细胞一样在体外无限增殖，又能持续分泌特异性抗体，通过克隆化培养获得纯的细胞就可以生产高纯度的单克隆抗体，建立了杂交瘤技术。

（3）单克隆抗体制备。制备单克隆抗体包括动物免疫、细胞融合、选择杂交细胞、检测抗体、杂交瘤细胞的克隆化、单克隆抗体的大量生产几个步骤，如图3-8所示。

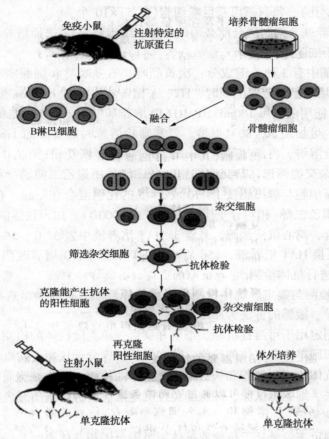

图3-8　利用细胞杂交瘤技术的单克隆抗体生产流程图

① 动物免疫与免疫脾细胞制备。抗原是制备单克隆抗体的第一要素，它的纯度和免疫原性是决定免疫反应的关键。抗原可分为颗粒性抗原和可溶性抗原两类。

免疫的目的是产生足够多的能识别目的抗原的B淋巴细胞。免疫可以采用体内法或体外法。体外法是直接分离动物淋巴细胞，加适当浓度抗原，3~4d后，收集淋巴细胞。体内法是将抗原直接注入动物体内，3~4d后在无菌条件下取出脾或淋巴结制成悬液。

② 骨髓瘤突变缺陷细胞株的培养和选择。骨髓瘤细胞应和免疫动物属于同一品系，这样杂交融合率高，也便于接种杂交瘤细胞在同一品系小鼠腹腔内大量产生单克隆抗体。多用小鼠的骨髓瘤细胞，通常采用次黄嘌呤鸟嘌呤磷酸核糖转移酶或胸腺嘧啶核苷激酶缺陷型的骨髓瘤细胞。一般在准备融合前2周就应开始复苏骨髓瘤细胞，保证骨髓瘤细胞处于对数生长期。

骨髓瘤细胞的培养可采用一般动物细胞培养液，小牛血清浓度一般为10%~20%。细胞倍增时间为16~20h。细胞的最大密度不得超过10^6/mL。骨髓瘤细胞可以悬浮或半贴壁形式生长繁殖，对于半贴壁细胞无需用胰蛋白酶消化，直接用吸管吹打即可使细胞分散，每3~5d传代一次。一般扩大培养以1:10稀释传代。

③ 饲养层细胞培养。为促进杂交瘤细胞生长，有时需要采用饲养层培养法。可用肉汤刺激小鼠腹腔并收获腹腔中的巨噬细胞作为饲养细胞。用吸管在打开的腹腔中吸取细胞悬液，并用培养液冲洗收获，离心洗一次，再用培养基(含HAT)调整细胞浓度至 $2×10^5/mL$，96孔板培养(0.1mL/孔)，每只鼠可获巨噬细胞 $(2~5)×10^6$ 个。

④ HAT选择培养基。细胞融合前必须做骨髓瘤细胞对HAT选择培养基敏感性试验，不敏感的细胞不能用于细胞融合。

HAT选择培养基中有3种关键成分：次黄嘌呤、氨基喋呤和胸腺嘧啶核苷，取三者第一个字母称为HAT培养基。分离配制时，HT、A储备液均采用 $0.22\mu m$ 微孔滤膜过滤除菌，分装，-20℃冻存。使用前，每100mL RPMI1640培养基中加1mL HT储备液和1mL A储备液。次黄嘌呤难溶，可加温 $50~80$℃促溶。氨基喋呤溶解时需要滴加 1mol/L NaOH溶液并不断摇动，直至完全溶解，再滴加等量 1mol/L HCl溶液，恢复pH至7.0左右。

⑤ 细胞融合与杂交瘤筛选。杂交瘤细胞制备一般采用聚乙二醇诱导细胞融合法，大致流程如下：将骨髓瘤细胞与脾细胞按1:10或1:5的比例混合在一起，在37℃水浴中边摇边滴加预热的50%聚乙二醇(相对分子质量1000D或4000D)，加入预热的无血清RPMI1640培养液终止细胞融合，离心沉淀细胞，悬浮于HAT培养液中置37℃、5%CO_2的培育箱中培养，每3~4d半量更换HAT培养液，15d后改用HT培养基，3周后改用完全RPMI1640培养液。培养8~12d进行抗体检测。

⑥ 单克隆抗体检测与鉴定。抗体检测应根据抗原性质、抗体类型选择检测方法。一般以快速、简便、特异、敏感的方法为原则。

酶联免疫吸附测定用于可溶性抗原、细胞和病毒等单克隆抗体的检测，放射免疫法测定用于可溶性抗原、细胞单克隆抗体的检测，荧光激活细胞分选仪用于检查细胞表面抗原单克隆抗体，间接荧光抗体法用于细胞和病毒单克隆抗体的检测。若为细胞质膜表面抗原，可采用膜荧光免疫测定法、细胞毒试验、细胞酶免疫测定法。若为细胞质膜表面可溶性抗原，可用 Western Blotting 法测定。

酶联免疫吸附测定主要是基于抗原或抗体能吸附至固相载体表面并保持其免疫活性，抗原或抗体与酶形成的酶结合物仍保持其免疫活性和酶催化活性的原理。在测定时，使样本和酶标抗原或抗体按不同的步骤与固相载体表面的抗原或抗体起反应，用洗涤的方法使固相载体上形成的抗原抗体复合物与其他物质分开，最后结合在固相载体上的酶量与标本中受检物质的量有一定的比例，加入酶反应的底物后，底物被酶催化变为有色产物。

在建立稳定分泌单克隆抗体杂交瘤细胞株的基础上，应对制备的单克隆抗体进行系统鉴定，一般可进行以下几个方面的鉴定：抗体的特异性和交叉情况、抗体的类型和亚类、抗体的中和活性、抗体的亲和力、抗体对应抗原的相对分子质量、抗体识别的抗原表位。

⑦ 杂交瘤细胞克隆化培养。一旦检测到分泌目标抗体的克隆，应及时将阳性克隆转入培养瓶扩大培养并尽快进行克隆化培养。目的是利用单个细胞克隆化培养从细胞群体中选育出遗传稳定而同源的能分泌特异性抗体的杂交瘤细胞，淘汰非特异性的或遗传不稳定的杂交瘤细胞。克隆化培养有软琼脂培养法和有限稀释法，此外，还有单细胞显微操作法、流式细胞仪分离法，其中有限稀释法最常用，得到单个细胞后采用96孔培养板置入 CO_2 培养箱中培养，隔日观察孔中单个细胞生长情况。通过特异性抗体检测选择抗体效价高、呈单个克隆

生长、形态良好的细胞。

⑧ 单克隆抗体的制备。大量生产单克隆抗体的方法主要有杂交瘤细胞体内接种法和体外培养法。

体内接种法：体内接种杂交瘤细胞，收集血清或腹水提取单克隆抗体。

（a）血清法。对数生长期的杂交瘤细胞按 $(1\sim3)\times10^7/mL$ 接种于小鼠背部皮下，每处注射 0.2mL。待肿瘤达到一定大小后（一般 10~20d）采血，从血清中获得的单克隆抗体含量可达到 1~10mg/mL。但缺点是采血量有限。

（b）腹水法。先向小鼠腹腔内注射 0.5mL 的降植烷或液体石蜡，1~2 周后腹腔注射 10^6 个杂交瘤细胞，接种细胞 7~10d 后可产生腹水，处死小鼠，用滴管将腹水吸入试管中，一般一只小鼠可获 1~10mL 腹水。也可用注射器抽取腹水，可反复收集数次。腹水中单克隆抗体含量可达 5~20mg/mL，这是比较常用的传统方法。

体外培养法：分为传统培养法和生物反应器培养法。前者使用旋转瓶（管）大量培养杂交瘤细胞，从上清中获取单克隆抗体。但此法产量低，一般培养液含量为 $10\sim60\mu g/mL$，如果大量生产，费用较高。

临床上对治疗用单抗的质量要求高、需求量大，因此建立生物反应器大规模培养杂交瘤细胞生产单抗非常必要。利用生物反应器分批培养杂交瘤细胞，在收获时细胞凋亡的比例很高，这主要是由于反应器内葡萄糖、谷氨酰胺等营养缺乏、有毒代谢产物积累所致。若采用半连续培养方式，及时补充葡萄糖、谷氨酰胺等营养，同时及时排出代谢产生的有毒物质（尤其是氨），可有效抑制细胞凋亡，促进细胞生长，有效维持抗体的合成与分泌，并且连续收获单抗产品。

3.5　细胞工程操作技术

动物细胞和组织培养是从动物体内取出细胞或者组织，体外模拟体内的生理环境，在无菌、适温和丰富的营养条件下，使离体细胞或者组织生存、生长并维持结构和功能的一门技术。细胞或组织培养是细胞生物学研究方法中具有价值的技术，是细胞工程的基础。在此基础上，各种细胞工程操作技术应运而生。

3.5.1　细胞融合

细胞融合也称细胞杂交，是指使用人工方法使 2 个或 2 个以上的细胞合并形成 1 个细胞的技术，诞生于 20 世纪 60 年代。由于它不仅能产生同种细胞融合，也能产生种间细胞的融合，因此在创造新细胞、培育新品种方面意义重大，也被广泛应用于细胞生物学和医学研究的相关领域。

细胞融合包括以下几个主要步骤：两原生质体或细胞互相靠近；质膜融合形成细胞桥；胞质渗透；细胞核融合。细胞桥的形成是细胞融合关键的一步，两个细胞膜从彼此接触到破裂形成细胞桥的具体变化过程如图 3-9 所示。

细胞膜有内外两层，细胞融合首先发生在外层，然后再到内层，由此就出现了融合通道，细胞体内物质通过这种通道转移。以人、鼠细胞融合为例，首先用荧光染料标记抗体将小鼠的抗体与发绿色荧光的荧光素结合，人的抗体与发红色荧光的荧光素结合；第二步是将小鼠细胞和人细胞在灭活的仙台病毒的诱导下进行融合；最后一步将标记的抗体加入到融合

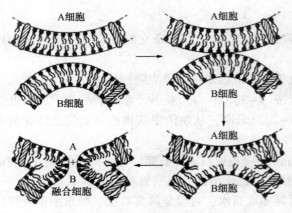

图 3-9　细胞融合过程中细胞桥的形成图

的人、鼠细胞中，让这些标记抗体同融合细胞膜上相应的抗原结合。开始时，融合的细胞一半是红色，一半是绿色。在 37℃ 下 40min 后，两种颜色的荧光在融合细胞表面呈均匀分布，这说明抗原蛋白在膜平面内经扩散运动而重新分布。

细胞质膜和细胞质融合后是细胞核的融合，只有细胞核发生融合，多核细胞才能存活。含有多个核的异核细胞合并后形成的单核细胞称为合核细胞。细胞核的合并发生在有丝分裂过程中。但有丝分裂只有当 2 个核的 DNA 合成基本同步时才能发生。2 个核同时进行有丝分裂，形成一个纺锤体，全部染色体都排列在赤道板上，结果伴随着细胞分裂就形成了单核的子细胞，其细胞核中含有双亲细胞的染色体。不能形成单核细胞的融合细胞在培养中会逐渐死亡。

融合细胞若没发生细胞核的融合，仅发生了细胞质的融合，则可能成为嵌合细胞。嵌合细胞具有向两个母本细胞方向发育的能力，最终形成嵌合植株。嵌合细胞极易发生分离，失去原来的杂合性状。

3.5.1.1　融合材料

对于植物和微生物细胞的融合必须先制备原生质体。动物单细胞可直接用于细胞融合。

原生质体是去除细胞壁后裸露的球形细胞。原生质体虽然没有细胞壁，但是仍能进行基本的生命活动，同时在离体培养条件下可以再生细胞壁。在再生过程中可以通过原生质体自发或人工诱变、基因操作等改变原生质的遗传信息，从而获得性状改良的生物个体。因此，原生质体是细胞工程育种的重要原料。

（1）原生质体制备。植物细胞壁主要成分为纤维素、半纤维素、果胶质和少量蛋白质。原生质体制备必须采用适当方法去除细胞壁。最原始采用机械去除法，只适用于从高度液泡化的细胞中分离原生质体，效率低，易对细胞造成伤害，现在几乎不再使用。

1960 年，英国诺丁汉大学 Cocking 第一次采用酶解的方法从番茄幼苗根尖中成功地大量制备出原生质体，建立了酶法大量获得原生质体的方法。该方法具有条件温和、原生质体完整性好、活力高、收率高等优点。生物酶解制备原生质体要注意以下几个问题：

首先是材料选择，选择原生质体制备的材料非常重要。理论上，植物的各个器官及其愈伤组织和悬浮细胞都可作为制备原生质体的材料。但是，材料来源部位、季节、植物年龄、生理与营养状况等都会影响制备原生质体的效率。一般选用生长旺盛、生命力强的组织作为原材料。例如：对于茄科植物，一般选用幼苗的幼嫩叶片；对于十字花科植物，一般选用幼苗下胚轴作为材料；对于豆科植物，一般采用未成熟种子胚的子叶为原料；禾本科植物原生质体制备比较困难，一般采用胚性愈伤组织或胚性悬浮细胞系进行原生质体制备。利用愈伤组织制备原生质体一般选择结构疏松、生长快速的细胞。取材水洗，用 70% 的乙醇浸泡 1min，再放入 8% 次氯酸钠浸泡 1min，无菌蒸馏水洗 3~4 次。

其次是酶解处理，剪成 1mm² 大小，然后在 25~28℃ 恒温水浴内酶解 60~90min。应根据不同的细胞来源选择合适的酶，常用的酶有纤维素酶、果胶酶等。同时还应考虑原材料、酶的浓度或酶的组合、酶解时间、温度、酸碱度等因素。

（2）原生质体纯化。酶解结束后要将原生质体与未消化的碎片及酶液分离，多采用40~100μm的网筛过滤除去未消化的细胞、细胞团、碎片，收集原生质体。原生质体纯化方法如下：ⓐ离心法，在适当溶剂内低速离心，原生质体沉于离心管底部；细胞碎片留在上层溶液中，反复3~4次收集原生质体；ⓑ漂浮法，原生质体密度较小，能在具有一定渗透压的溶液中漂浮，用吸管收集。优点是制备的原生质体比较纯净，但缺点是原生质体丢失较多；ⓒ离心和漂浮结合法，将酶解液低速离心，倾去上清液，将沉降得到的原生质体重新悬浮于纯化液中离心，从表面得到漂浮的原生质体，再将漂浮得到的原生质体重新悬浮于洗涤液中，离心，收集沉于底部的原生质体，根据需要重复2次以上操作，这样获得的原生质体纯度较高。

3.5.1.2　细胞融合方法

细胞融合方法按照建立先后可分为生物法、化学法及物理法。目前，最常用的细胞融合技术有高国楠建立的使用化学融合剂聚乙二醇(PEG)的融合技术、Zimmerman等创立和发展的电融合技术。

细胞融合效率以细胞融合指数(FI)表示，一般有两种计算方法：一种是多核细胞出现的频率，即：FI=(对照组细胞数−实验组细胞数)/实验组细胞数；另外一种是多核细胞中的细胞核数占所有细胞中细胞核数的比值，即：FI=多核细胞中的细胞核数/所有细胞中细胞核数。

（1）生物法。病毒诱导细胞融合主要是由于病毒会与宿主细胞膜直接融合，同时进入两个细胞就会打破两个细胞膜的隔阂，引发细胞质的交流，进而达到细胞融合的目的。原因可能是病毒的磷脂外衣与动物细胞膜相似，病毒外壳上的某些糖蛋白有促进细胞融合的功能。

病毒诱导细胞融合的基本步骤如下：使足够量的病毒颗粒附着在细胞膜上起搭桥作用，使细胞聚集在一起；通过病毒与原生质体或细胞膜的作用使2个细胞膜间互相融合，胞质互相渗透；黏结部位质膜被破坏，不同细胞间形成通道，细胞质流通并融合，病毒也随之进入细胞质；两个细胞合并形成融合细胞，再生细胞壁；筛选融合细胞。

病毒诱导细胞融合需要在适当pH下，有足够量的Ca^{2+}存在。可将两亲本细胞或原生质体制备成细胞悬浮液，再将病毒加入；也可将一亲本细胞贴壁培养或两亲本细胞混合贴壁培养，再将病毒加入。多余的病毒要在融合后洗掉。由于病毒诱导法要提前大量培养病毒，并且灭活后才能作为融合剂使用，操作繁琐，而且一旦灭活不充分的话，病毒还可能感染操作者与亲本细胞。因此，目前已经很少使用病毒诱导法进行细胞融合。

（2）化学法。化学法是指采用化学诱导剂促使细胞融合的方法。可采用的化学诱导剂包括：$NaNO_3$、高pH的高浓度Ca^{2+}、PEG、溶菌酶、明胶、抗体、植物凝集素伴刀豆球蛋白A、聚乙烯醇等。

$NaNO_3$诱导融合，1909年，Kuster发现机械分离的洋葱表皮细胞原生质体在$NaNO_3$溶液中可恢复并伴随细胞融合。1972年，Carlson利用$NaNO_3$诱导融合了粉兰烟草和郎氏烟草原生质体，培育出世界第一株体细胞杂种。$NaNO_3$的钠离子可中和原生质体表面负电荷，引起原生质体聚集，促进细胞融合。$NaNO_3$对原生质体无损害，但融合效率低，一般小于4%。

高pH的高浓度Ca^{2+}诱导融合，1973年，Keller和Melchers发现采用强碱性的高浓度钙离子溶液在37℃下处理两个品系的烟草叶肉原生质体，很容易促使融合，融合率可达到10%。钙离子中和原生质体膜或细胞膜表面电荷，使彼此紧密接触，决定质膜的稳定性和可塑性；高 pH 能改变质膜的表面电荷，利于细胞融合。

PEG 诱导融合，PEG 是一种多聚化合物。常用的 PEG 平均相对分子质量在 200～20000，1000 以下者为液体，1000 以上者为固体。学者 1974 年首次采用 PEG 对大麦与大豆、大豆与豌豆、大豆与烟草等的原生质体进行诱导融合，使异种细胞融合率达到了 10%～35%。

后来发现在高 Ca^{2+} 和 pH 溶液的作用下，将与质膜结合的 PEG 分子洗脱，将进一步加剧电荷平衡失调，从而提高融合的概率。因此，PEG 结合高 pH 和高浓度 Ca^{2+} 诱导融合方法成为一种较常用的细胞融合方法。基于 PEG 的诱导融合优点是融合成本低，勿需特殊设备；融合子产生的异核率较高；融合过程不受物种限制。缺点是融合过程繁琐，PEG 可能对细胞有毒害。

（3）物理法。最常用的物理诱导细胞融合方法是电融合法，是利用电场来诱导细胞彼此连接成串，再施加瞬间强脉冲促使质膜发生可逆性电击穿，促进细胞融合的技术。与 PEG 融合相比，电融合法具有效率高、操作简便、易于控制、重复性强、对细胞伤害小等优点。现在已经开发出商业化的电融合仪装置，得到广泛应用。

电融合原理是在直流电脉冲的刺激下，细胞膜或原生质体质膜表面的电荷和氧化还原电位发生改变，使异种细胞或原生质体黏合并发生质膜瞬间破裂，进而连接，直到闭合成完整的膜，形成融合体。

电融合共经过聚集、细胞膜融合、异核体、融合细胞 4 个阶段。将制备好的亲本细胞或原生质体均匀混合放入融合小室中，当使用电导率很低的溶液时，电场通电后电流即通过细胞或原生质体而不是通过溶液，其结果是细胞或原生质体在电场作用下极化而产生偶极子，聚集并紧密排开成串珠状。

成串排列后立即给予高频直流脉冲就可以使细胞膜或原生质体膜被击穿，从而导致两个紧密接触的细胞或原生质体融合在一起。微电极所产生的脉冲电流间断刺激 1～5ms，细胞或原生质体在累计几秒到几十秒钟的时间内会发生暂时性的收缩，两膜之间形成小孔，连接成桥，形成泡囊，经点黏连到面黏连，细胞膜、细胞质先后融合，最后形成融合体。电融合的主要技术参数包括交流电压、交变电场的振幅频率、交变电场的处理时间，直流高频电压、脉冲宽度、脉冲次数等。

3.5.2 细胞核移植

克隆本意指遗传性状完全相同的分子、细胞或来自同一生物个体的无性繁殖群体。广义的克隆包含基因水平、细胞水平、胚胎水平、个体水平上的复制。细胞工程的克隆是指通过无性生殖手段获得遗传背景相同的细胞群或个体的技术。

生物的主要遗传物质存在于细胞核中，因此克隆动物可通过细胞核移植实现。主要包括胚胎细胞核移植、体细胞核移植。利用胚胎分割得到的动物属于广义上的克隆动物。

细胞核移植是一种利用显微操作技术将一种动物的细胞核移入同种或异种动物的去核成熟卵细胞内的技术，是用特定发育阶段的核供体及相应的核受体体外构建重组胚，通过胚胎移植达到扩增种群的目的。细胞核移植所得到的动物为核质杂种。

3.5.2.1 细胞核移植克隆动物的技术路线

细胞核移植克隆动物技术环节主要包括核供体细胞的获得与取核、受体细胞的准备与去核、细胞核移植、重组胚的激活与培养、胚胎移植、核移植后代鉴定。

（1）按供体细胞获得与取核。供核细胞可以是原代细胞或传代细胞，从来源上包括胚胎细胞、胚胎干细胞、体细胞。分离制备单个动物细胞，体外培养得到正常二倍体细胞系，通常采用处于 G_0 期细胞作为核移植的供体细胞。G_0 期细胞处于静止状态，在适宜的刺激下，细胞能被触发，从静止状态进入到增殖状态。在进行体细胞克隆时，分离、纯化胎儿成纤维细胞、乳腺上皮细胞、皮肤成纤维细胞等体细胞，在 5~10d 内将培养液中的血清浓度从 10% 逐渐减少到 0.5%，造成营养缺乏，诱导细胞脱离正常周期而进入 G_0 期，即可给去核卵细胞进行移植。采用细胞松弛素 B（cytochalasinB）诱发细胞排核或显微操作取核等方法可得到细胞核。处于 G_0/G_1 的细胞为二倍体，会凝集成单个染色单体，也为核移植效率提供保证。

（2）受体细胞去核。细胞核移植所用受体细胞一般采用减数分裂 II 期成熟卵母细胞，可从动物体内直接获得，但尽管体内成熟卵母细胞质量好，但数量有限，极大限制了核移植的研究。目前，高质量的体外成熟培养的卵母细胞可替代体内成熟卵母细胞进行核移植。可用荧光染料 Hoechst33342 对卵细胞 DNA 进行染色，在紫外观察下去核可提高去核成功率。

（3）细胞核移植。目前，按照供体核移植入受体卵的部位不同，细胞核移植分为胞质内直接注射法和透明带下注射法两种。

① 直接注射法。利用较细（10μm）的注核针抽吸核供体细胞使核膜破裂，吸入供体核后，直接刺破受体卵质膜，将核直接注入卵周隙，完成细胞核移植。然后，逐渐减小固定吸管的负压放开重组胚，如图 3-10 所示。直接注射法对卵膜及卵细胞质损伤大，容易造成卵母细胞死亡。如果在显微操作仪上安装电压陶瓷脉冲装置，通过轻微的电压脉冲带动去核、注核针在透明带和卵质膜上快速打洞，可提高注核效率，降低卵母细胞损伤，提高重组胚的存活率。

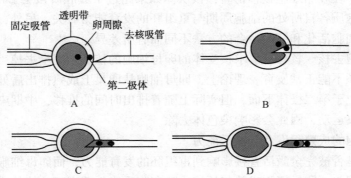

图 3-10 卵母细胞去核示意图

A—接近透明带；B—插入透明带；C—吸取极体、中期染色体及周围胞质；D—退出

② 透明带下注射法。用注核针将核供体卵裂球或细胞直接移至去核卵母细胞的卵周隙，使供体细胞与卵质膜接触，然后进行融合处理，使供体核进入受体卵胞质内，形成重组胚。这种方法可避开对卵膜及卵细胞质的损伤，目前细胞核移植研究中多采用这种操作程序进行注核。

（4）重组胚激活。正常受精卵的发育启动和早期卵裂主要由卵母细胞胞质中母源信息所控制，成熟的卵母细胞质能使移入的细胞核在形态上和功能上发生变化。重组胚的发育需要进一步激活，可以采用电激活和化学激活方法。

电激活是对已融合的重组胚或胞质内注射的重组胚再次给予电刺激,使重组胚充分激活。可把重组胚放在电融合槽两极之间,用几次瞬时直流脉冲刺激使其激活。如果在电激活的同时,采用一些化学物质或蛋白类物质对电激后的重组胚做进一步处理,可更好地激活,提高其发育能力,如三磷酸肌醇、Ca^{2+}载体和蛋白质合成抑制剂(放线菌酮)、细胞松弛素B等。

单独使用化学激活剂也可对重组胚进行激活。化学激活常用的激活剂包括7%乙醇(处理5~7min)、离子霉素(ionomycin)、钙离子载体A23187(5μmol/L)处理5min。

(5)重组胚培养和移植。激活后的重组胚可采用体内和体外两种培养方式。体外培养是将重组胚在特定培养基中培养至囊胚,选择优质胚胎移入同种的同期发情的受体中继续发育。培养48h时检查重组胚的卵裂率,并检查、记录桑椹胚及囊胚发育率。培养期间每48h半量换液一次。体内培养是将重组胚植入同种或异种动物的输卵管中发育至囊胚或桑椹胚,然后进行胚胎移植。

供体核在受体胞质中的重塑是重建胚胎进一步发育的先决条件。核供体细胞和核受体细胞之间所处细胞周期的一致性是核移植成功的关键。在哺乳动物的卵母细胞内,植入的供体核会发生膨大、核仁消失、染色体凝集、核膜破裂等变化。在核移植重组胚中,供体核发生早熟染色体凝集,这种染色质结构改变有利于受体细胞胞质因子充分接近供体核并对其产生作用。核仁形态变化是核执行功能的标志,细胞核的形态变化反映了细胞活动和分化的状态。

(6)体细胞核移植后代的鉴定。对于体细胞核移植培育的动物可以从形态、性别上鉴定,还可以采用分子生物学技术鉴定。

3.5.2.2 影响核移植动物成功率的因素

(1)核供体。在胚胎细胞核移植时,核供体如果超过了囊胚阶段会影响重组胚的发育。供体细胞与受体胞质各自所处的细胞周期与重组胚的发育能力有关。另外,供体细胞周期的选择因诱导卵母细胞活化和胚胎融合的方法不同而有所差异。

(2)卵母细胞去核。核移植要求核受体的卵母细胞的核必须完全去掉,否则会形成多倍体或多体,重组胚不能正常发育。理论上,卵母细胞从卵巢上成熟排出后处于第二次减数分裂中期,染色体位于第二极体下面,但实际上随着排出时间的推移,中期染色体会逐渐远离第二极体,向中央运动,因此会影响染色体去除。

(3)卵母细胞的成熟程度及其激活能力

核受体胞质是否被完全激活直接影响到重组胚的发育能力,而卵母细胞的成熟程度又与其激活能力密切相关。卵母细胞成熟包括核成熟和胞质成熟两方面。体外成熟培养的卵母细胞的核、质成熟并不同步化,其中胞质成熟较慢,因而体外成熟培养的卵母细胞作为核受体时,培养时间要适当延长。通过外部刺激观察核受体胞质是否被激活可判断卵母细胞质是否成熟。

重组胚的正常发育依赖于卵母细胞的充分激活。电刺激的一个重要功能是激活卵母细胞质,使重组胚进入发育程序。一般认为老龄卵母细胞容易被激活,但核移植后的发育能力不如新鲜卵母细胞。

(4)核质相互作用与细胞周期同步化。将卵裂期胚胎细胞核移入卵母细胞时,供体核很可能处于与移入前不同的细胞周期。通常采用处于G_0期细胞作为核移植的供体细胞。细胞核移植所用受体细胞一般采用MII期的成熟卵母细胞。

如果将 S 期核与减数分裂中期细胞质融合，会导致供体核发生早熟染色体凝集，这对胚胎往往是致死性的。S 晚期核由于不完全的染色体浓缩也会导致染色体构建不正常。如果将 G_1 期核或 G_2 期核移植于去核的成熟卵母细胞，其命运取决于两个因素：首先，第二极体排出；其次，供体核的重新编序。

（5）重组胚的培养及发育。目前，重组胚的体外培养系统还不完善，重组胚经体外培养后会降低其发育能力和活力，体外培养得到的桑椹胚或囊胚移植后的妊娠及产仔率也低。改善体外培养条件，提高重组胚活力和桑椹胚体外发育率是动物克隆的重要环节之一。

3.5.3　染色体工程

生物的遗传信息主要集中在染色体上。一般来说，每种生物所含染色体的形态、结构和数目是稳定的。但这种稳定是相对的，在某些情况下，生物体的染色体会发生变异，而这种变异是绝对的。基因存在于染色体，因此染色体的任何改变都可能引起基因的改变，从而导致生物性状的改变。这些变异可能产生一些对人类有利的性状，也可以产生新的物种类型，因此在物种进化和新品种培育方面具有重要价值。

3.5.3.1　染色体工程简介

染色体变异主要体现在染色体结构和数目两个方面。

染色体结构的变化包括基因的删除、扩增、重排和异染色质化等。

（1）基因删除。发生染色体的某一区段及其带有的基因丢失，染色体结构上表现为染色体缺失。

（2）基因扩增。基因扩增是指细胞内某些特定基因的拷贝数专一性地大量增加的现象。染色体结构上表现为染色体重复，一个染色体上增加了相同的某个区段。

（3）基因重排。基因重排是基因差别表达的一种调控方式。染色体结构上表现为染色体易位或者染色体倒位。

（4）DNA 甲基化。甲基化使基因失活，相应地非甲基化和低甲基化能活化基因的表达。细胞内的基因可分为"持家基因"和"奢侈基因"，前者是维持细胞生存不可缺少的，后者和细胞分化有关，在特定组织中保持非甲基化或低甲基化状态，而在其他组织中呈甲基化状态。几乎所有的甲基化均发生在二核苷序列 5′-CG-3′ 中的 C 上，使胞嘧啶变为 5′-甲基胞嘧啶。

生物体配子的全部染色体称为一个染色体组。同一物种的染色体数目是相对稳定的。配子染色体为单倍体，用 n 表示。体细胞为二倍体，以 $2n$ 表示。

染色体数目能以整套染色体组或单个染色体为单位进行增加或减少，从而产生整倍体和非整倍体生物。体细胞内含有完整的染色体组的类型为整倍体，体细胞内的染色体数目不是染色体组的完整倍数的称为非整倍体。

染色体变异在自然界里会自发出现，但是频率较低。利用物理、化学、生物方法可以人工诱发染色体变异。

染色体工程是按照一定设计，有计划地消减、添加或替换同种或异种染色体从而达到定向改变遗传特性和选育新品种的一种技术。"染色体工程"这一术语最早是由 Rick 和 Khush 在 1966 年提出。染色体工程不仅在培育新品种上有重要意义，而且也是基因定位和染色体转移等基础研究的有效手段。

3.5.3.2 多倍体育种

多倍体是指体细胞中含有超过正常染色体组数的个体。如果多倍体的染色体来自于同一物种或是在原有染色体组的基础上加倍而成，这样的个体称为同源多倍体。与此相对应的异源多倍体的染色体组来源于不同物种。自然界中存在的多倍体大多是异源多倍体。

多倍体动植物通常表现为形态上的巨大性，此外，糖类、蛋白质等物质含量、生长速度、抗病能力等都不同于二倍体。因此，通过人工诱导多倍体可改善动植物性状。

在自然界，为适应环境变化而选择有利的变异是植物多倍体形成的原因之一，植物多倍体现象比较普遍的另一个原因是因为植物可以选择无性繁殖方式将多倍体性状保存下去。此外，植物普遍为异花传粉，远源杂交能力很强。高等植物中几乎所有自然生成的多倍体都是异源多倍体，存在明显的杂种优势。普通小麦、棉花、马铃薯、香蕉、甘蔗、烟草、苹果、梨、菊、水仙等都是多倍体。在被子植物中，至少有 1/3 的物种是多倍体。

与植物不同，动物的多倍性现象比较少见。原因是：高等动物的远源杂交能力很弱，这样难以形成杂种个体；多倍体动物高度不育，染色体异常通常会造成胚胎死亡，因此很难得到多倍体的子代个体。尽管如此，在低等脊椎动物中也有多倍体动物存在，包括鱼类、两栖类和爬行类。多倍体动物一般都是同源多倍体，大多以雌核发育的方式繁衍后代。

（1）多倍体育种方法。人工诱导多倍体方法有化学方法、物理方法和生物方法三类。

① 化学方法。一些化学物质可以阻止卵母细胞第二极体的释放或细胞分裂（有丝分裂或减数分裂）而产生多倍体。常用的化学物质主要有细胞松弛素 B、秋水仙素、N_2O、$CHClF_2$ 和聚乙二醇等。

细胞松弛素 B 能抑制肌动蛋白聚合成微丝，从而抑制细胞分裂。秋水仙素能特异性地与细胞中的微管蛋白质分子结合，从而使正在分裂的细胞中的纺锤丝合成受阻，导致复制后的染色体无法向细胞两极移动，最终形成染色体加倍的核。

秋水仙素又名秋水仙碱，是从一种百合科秋水仙属植物器官中提取的生物碱，一般为淡黄色粉末，针状无色晶体，分子式为 $C_{22}H_{25}NO_6 \cdot 12H_2O$，熔点为 155℃。性极毒，具有麻痹作用。在一定浓度范围内，秋水仙素不会对染色体结构有破坏作用，在遗传上也很少引起不利变异。秋水仙素处理一定时间的细胞可在药剂去除后恢复正常分裂，形成染色体加倍的多倍体细胞。

② 物理方法。物理方法主要包括温度激变（温度休克法）、机械创伤、辐射、水静压法和高盐高碱法等。

温度休克法包括冷休克法（0~5℃）和热休克法（30℃）两种。温度休克法廉价、处理量大、易操作，但诱导率较低。使用温度休克法诱导多倍体的关键是能否成功地阻止细胞分裂或卵子第二极体的释放。需综合考虑开始处理的时间、处理持续的时间、处理温度三个因素。由于动物的遗传背景及卵子的成熟度不同，因此，不同动物甚至同一动物在不同情况下的最佳诱导条件有所不同。目前，鱼类使用温度休克法诱导三倍体的报道较多。一般来说，冷水性鱼类应用热休克法好，温水性鱼类用冷休克法效果较好。但这不绝对，如鲤鱼用热休克法同样也可获得较高比例的三倍体，香鱼三倍体的诱导用冷、热休克法均可获得较好的结果。

水静压法，采用较高的水静压 6.37MPa（如 65kgf/cm²）可抑制卵子第二极体的释放或细胞分裂，产生多倍体。该法多用于鱼类三倍体培育。具有诱导率高、处理时间短（3~5min）、对卵子损伤小、成活率高等优点。在动物多倍体培育中广泛应用。

③ 生物方法。生物方法主要指体细胞杂交，利用染色体加倍个体与未加倍个体杂交繁殖多倍体后代，经常与化学和物理方法结合使用。Rasch 等在 1965 年首先证明了三倍体脊椎动物可通过四倍体个体与二倍体个体杂交产生。

（2）多倍体倍性鉴定。由于人工诱导不能百分之百地成功诱导出多倍体，处理过的群体可能是由多倍体、二倍体甚至是多倍体与二倍体构成的嵌合体等组成的混合群体，所以需要鉴定染色体的倍性，从中筛选出需要的多倍体。常用的多倍体倍性鉴定方法有间接法（如核体积测量、形态学检查等）和直接法（如染色体计数以及 DNA 含量测定等）两类。

① 核体积测量法。一般而言，细胞核大小与染色体数目成比例，为了维持恒定的核质比例，随着细胞核的增大，细胞大小也按比例增加。因此多倍体细胞及细胞核通常要比二倍体大一些。因此，通过体细胞核体积的测定可鉴定染色体的倍性。缺点是比较费时、准确性不高。

② 染色体计数法。将细胞固定制片、染色后观察染色体个数。由于染色体制片技术比较成熟，因此该方法仍是目前鉴定多倍体倍性的一种直观、准确的方法，缺点是比较费时。

③ DNA 含量测定。细胞 DNA 含量测定是倍性鉴定的另一种比较有效的直接鉴定方法。可以测定单个细胞的 DNA 含量，再根据细胞 DNA 比较来推断出细胞的倍性。如果发现杂种的 DNA 含量是其亲本的一倍半，就可以确定这些杂种是三倍体。DNA 含量测定法快速准确，缺点是需要专门仪器。

3.5.3.3 单倍体育种

单倍体是细胞中含有正常体细胞一半染色体数的个体，即具有配子染色体组的个体。与多倍体一样，由于在减数分裂时同源染色体联会时发生紊乱，很难形成具有完整一套染色体组的配子，因此单倍体也具有高度不育性。

单倍体只有一套染色体组，染色体上的每个基因都能表现相应的性状，极易发现所产生的突变，尤其是隐性突变，所以单倍体是进行染色体遗传分析的理想材料。通过人工方法使单倍体的染色体加倍就可以获得纯合二倍体，可缩短育种年限，大大提高选育效率，在育种上具有极高的利用价值。

（1）单倍体产生途径。单倍体的产生有体内发生和离体诱导两条途径。

体内发生是从胚囊内产生单倍体，包括：

① 自发产生。与多胚现象常有联系，例如：油菜和亚麻的双胚苗中经常出现单倍体是由温度骤变或异种、异属花粉的刺激引起。

② 假受精。雌配子经花粉或雄核刺激后未受精而产生单倍体植株。

③ 雄核发育或孤雄生殖。卵细胞不受精，卵核消失，或卵细胞受精前失活，由精核在卵细胞内单独发育成单倍体，因此只含有一套雄配子染色体。这类单倍体的发生频率很低。

④ 雌核发育或孤雌生殖。精核进入卵细胞后未与卵核融合而退化，卵核未经受精而单独发育成单倍体。远缘杂交中有时会出现此种现象。

植物细胞具有全能性，能发育为完整植株，植物组织培养是培育单倍体的支持技术。将一定发育阶段的花药、子房或幼胚通过无菌操作接种在培养基上，使单倍体细胞分裂形成胚状体或愈伤组织，然后由胚状体发育成小苗或诱导愈伤组织发育为植株。花粉的人工培养所育成的单倍体也可以看作是一种人工的雄核发育。对大麦、小麦还可利用染色体消失法获得单倍体。即将球茎大麦花粉授予普通大麦或小麦，授粉两周后将幼胚置于培养基上进行离体培养。在胚胎发育的早期，球茎大麦的染色体消失，从而获得大麦或小麦单倍体植株。

（2）花药和花粉培养获得单倍体。花药和花粉培养指离体培养花药和花粉，使小孢子改变原有的配子体发育途径，转向孢子体发育途径，形成花粉胚或花粉愈伤组织，最后形成花粉植株，从中鉴定出单倍体植株并使之二倍化的细胞工程技术。花药和花粉培养培育单倍体属于植物雄核发育。花粉培养需要从花药中提取花粉进行培养。

① 培养材料。在花药和花粉培养中，选择发育到特定时期的花粉进行培养是成功的关键。一般情况下，单核期（包括单核早期、中期、晚期）的花粉比较容易培养成功。确定花粉发育时期的方法可用涂片法，找出小孢子发育的细胞学指标与花蕾发育的形态指标的相关性，取材时便可根据花蕾的形态指标来进行。

花药和花粉供体植株的生理状态对花药愈伤组织的诱导率也有直接影响。在很多情况下，低温处理可明显提高花药和花粉培养的效果。离体花药与花粉的培养还受外植体制备及接种这一环节的影响。花药和花粉组织脆嫩，在外植体制备和接种时要防止损伤，否则在培养过程中不易成活。

一般情况下，花药和花粉培养所取材料是未开放的花蕾，其内部的花药和花粉实际上处于无菌状态。花蕾经表面灭菌后，在无菌条件下剥取花药，接种在培养基上；对于花粉培养来说，可采用漂浮培养自然释放法和机械分离法制备花粉。

自然释放法是把花药接种在加有聚蔗糖的液体培养基上，花药漂浮于液体表面，培养1~7d，花药开裂，花粉散落，过滤收集后接种培养。

② 植株再生。花药和花粉接种到培养基后，在适宜条件下，经过一段时间培养，小孢子发生脱分化，改变原来发育途径，通过器官发生型或胚状体发生型再生成单倍体植株。

脱分化培养是诱导花药和花粉改变原来的配子体发育途径转向孢子体形成的重要环节。植物脱分化培养所用的基本培养基通常用的是 MS 培养基。无机盐离子浓度、氮源总浓度、铵态氮和硝态氮的浓度和比值等的差异是重要因素。离体花药和花粉能否改变原来的配子体发育方向而转向孢子体发育主要取决于生长调节物质，因此，生长调节物质的选择是非常重要的环节。

与正常植物组织培养一样，花药和花粉培养再分化形成植株的途径也可经胚状体途径和器官发生途径实现。通过胚状体途径产生植株可分为两种情况：一是从离体培养的花药和花粉直接产生胚状体，即直接胚状体发生；二是离体培养的花药和花粉先形成胚性愈伤组织，然后再由胚性愈伤组织分化出胚状体，即间接胚状体发生。多数情况下，需要降低脱分化培养阶段培养基中的生长调节物质含量。在使用了二氯苯氧乙酸（2,4-D）的情况下，应大幅度降低 2,4-D 的用量甚至完全去掉 2,4-D，或改用适量的其他生长素类物质；在脱分化培养阶段采用液体培养基时，再分化培养阶段通常改用固体培养基培养。此外，有时还应降低无机盐和蔗糖浓度，调整铵态氮和硝态氮的比例。

对于器官发生途径，在花药和花粉诱导培养获得具有形态发生能力的愈伤组织后，应转向含较少（甚至不含）生长素和较多细胞分裂素的分化培养基上诱导芽的形成。之后，应将无根苗转入诱导不定根形成的根分化培养基上培养。这种根分化培养基与芽分化培养基的不同之处在于含有较多的生长素和较少的（或不含）细胞分裂素，无机盐浓度较低。在诱导芽和根的培养基中，不同种类的植物要求的生长素和细胞分裂素的种类、浓度和配比是不同的。应采用尽可能低浓度的生长调节物质，否则会使诱导出的花粉植株过于纤弱，甚至形成白化苗。

③ 单倍体筛选。由花药和花粉培养获得的植株并不都是期望的单倍体，包括单倍体、

二倍体、多倍体和非整倍体，单倍体所占比例不高。因此，必须对获得的花药和花粉植株进行倍性鉴定筛选出需要的单倍体植株。

体细胞组织的干扰和生殖细胞的自发加倍导致花药植株倍性混杂；花药构造包括药壁、药隔、药囊、花粉，花药又与花丝相连。在离体培养条件下也能再生出植株，而且在很多情况下比花粉更易诱导生成再生二倍体植株；生殖细胞核内有丝分裂不正常，形成不完全的细胞壁，造成核分裂与细胞壁形成不同步而发生核融合现象，再生出的植株是二倍体或多倍体。

（3）纯合二倍体植物。由于单倍体植株只由配子染色体组成，活力很弱，如果不进行二倍化处理，则较难存活，因此，对鉴定的单倍体植株应尽早进行染色体加倍处理。通过染色体加倍就可以获得可育的纯合二倍体植物。

最常用的方法是秋水仙素方法，与染色体加倍技术类似。方法如下：

① 用0.02%～0.04%秋水仙素处理花药和花粉单倍体植株，禾本科植物的处理应在分蘖期进行，将分蘖节以下部分浸泡在0.1%左右秋水仙素溶液中2～3d。处理后用流水冲洗0.5h，然后栽入土中，鉴定出加倍植株。木本植物的处理则是将浸透0.1%～0.4%的秋水仙素的棉球放置在植株顶芽和腋芽生长点处，一般处理2～3d，从处理过的顶芽和腋芽萌发出的枝条中鉴定染色体是否加倍。

② 在组织培养过程中在培养基中加入秋水仙素进行培养，也可在培养过程中单独用秋水仙素溶液浸泡培养材料，然后置于不含秋水仙素的培养基中培养。

此外，也可采用愈伤组织加倍法，将单倍体植物外植体诱导产生愈伤组织，经过继代培养，转移到分化培养基再生植株，经过筛选可获得染色体加倍的植物。另外，花药（花粉）愈伤组织增殖过程中往往也会使染色体加倍产生二倍体植物。

3.5.4 胚胎工程

胚胎工程主要是对哺乳动物的受精卵和早期胚胎进行某种人为改造，改变动物胚胎品质和发育进程，然后让它继续发育，获得人们所需要的成体动物的新技术。胚胎工程主要包括胚胎移植、胚胎分割、性别鉴定、胚胎细胞嵌合、基因导入等，所有的这些技术都是在胚胎早期移植前进行的。胚胎工程是为了加速繁育经济动物，培育动物的优良品种，或挽救濒危动物使用的一种胚胎移植的方法。

3.5.4.1 胚胎移植

胚胎移植又称受精卵移植，俗称人工授胎或借腹怀胎。它是将家畜的受精卵或发育数日的胚胎，从某一个体（供体）移植到同种动物的另一个体（受体），使之继续发育的技术。经胚胎移植产生的后代从受体得到营养发育成新个体，但其遗传物质则来自它的真正亲代，即供体动物和与之交配的公畜。胚胎移植是胚胎工程其他技术的基础。

（1）胚胎移植的意义。胚胎移植可充分发挥优良母牛的繁殖潜力，一般情况下，一头优良成年母牛，一年只能繁殖一头良种犊牛，应用胚胎移植，一年内可得到几头甚至几十头良种犊牛。胚胎移植提高了母牛的繁殖力，便于良种牛群的建立和扩大，有利于选种工作的进行和品种改良规划的实施，是育种工作的有力手段。应用胚胎移植还可以减少肉用繁殖母牛的饲养头数，可代替种畜的引进、保存品种资源等。

（2）胚胎移植的技术程序。胚胎移植的技术程序包括超数排卵、供体母畜的配种、受体同期发情、胚胎的收集、胚胎的活力鉴定、胚胎的保存和胚胎的移植等技术程序。现将其主要的几个技术环节介绍如下：

① 超数排卵。超数排卵简称超排，指在母畜发情周期中的适当时间为其注射促性腺激素，使其卵巢上有比自然状态下更多的卵泡发育并排卵的技术。用激素处理动物进行超数排卵是进行胚胎移植、转基因、克隆等研究的基础之一，通过超数排卵可获得大量整齐、优质的卵子或受精卵。超数排卵处理的时机应选择在母畜的发情末期，即发情将要出现的前几天，或者使用药物，先促使卵巢上的黄体消退，再用药物使卵泡发育。

② 受体同期发情处理。同期发情处理是指利用某些激素控制并调整一群母畜同步发情的过程，使之在预定的时间内集中发情，以便进行规模化人工授精胚胎移植。受体母畜与供体母畜发情是否同期，是胚胎移植、核移植、转基因动物培育、克隆技术等应用于畜牧业生产或研究的基础环节。同期化程度或同步程度越高，胚胎移植成功率越高（一般差异不超过24h）。因为子宫只允许同步胚胎发育而对非同步胚胎有毒害因素；另外，不同步胚胎被移植前后所处的生理环境不同，不能存活也不能向子宫发出它们存活的信息。两者之间不能建立妊娠联系，不能着床。应用药物对受体母畜进行同期发情处理有两种类型的方法，一类是延长黄体期的孕酮法；另一类是缩短黄体期的前列腺素法。

③ 胚胎的收集。胚胎的采集是指借助工具利用冲洗液将胚胎内生殖道（输卵管或子宫角）中冲出，并收集在器皿中。胚胎采集有手术法和非手术法两种方法，手术法适用于各种动物，非手术法仅适用于牛、马等大型家畜，且只能在胚胎进入子宫后进行。

④ 胚胎活力的鉴定。胚胎鉴定的目的就是选育出发育正常的胚胎进行移植，这样可以提高胚胎的成活率。鉴定胚胎可从如下几个方面着手：形态；匀称性；胚内细胞大小；胞内胞质结构及颜色；胞内是否有空泡；细胞有无脱出；透明带的完整性；胚内有无细胞碎片。

正常的胚胎，发育阶段与回收时应达到的胚龄一致，胚内细胞结构紧凑，胚胎呈球形。胚内细胞的界限清晰可见，细胞大小均匀，排列规则，颜色一致，既不太亮也不太暗。细胞质中含有些均匀分布的小泡，没有细颗粒。有较小的卵黄间隙，直径规则。透明带无皱纹和萎缩，泡内没有碎片。

⑤ 胚胎移植。经检查后完整的胚胎即可移植到受体子宫内。移植必须在同一部位或相似部位，整个过程必须迅速准确，保持无菌操作。以牛的胚胎移植为例，可分为手术法和非手术法。

（a）手术法。采用腹部手术法，将受体母畜作好术前准备，剖腹，拉出子宫角，把吸有胚胎的注射器或移卵管刺入子宫角前端，将胚胎注入相应发育部位。

（b）非手术法。子宫颈移入法是以导管通过子宫颈移入子宫角顶端。子宫颈迂回法是通过阴道穿刺，借助插入直肠的手，用月针形导管将胚胎移入子宫角。非手术法不损害受体的健康，操作简便，但还需要克服所注入胚胎易被排出的问题。非手术法移植时要严格遵守无菌操作规程，以防止生殖道感染。

3.5.4.2 胚胎融合

胚胎融合又称胚胎嵌合，是将两枚或两枚以上的胚胎（同种和异种动物）的部分或全部细胞融合在一起，使之发育成一个胚胎，然后移植到受体母畜体内让其继续发育形成一种嵌合体后代的技术。如将同一种类的黑鼠和白鼠胚胎融合，可获得多个黑白相间的花鼠。不同种的绵羊和山羊胚胎细胞嵌合。可生下绵山羊，既有绵羊的特征，又有山羊的特征。

胚胎融合技术不仅为动物胚胎发育及遗传控制等研究提供了有效手段，现已证实，嵌合体后代可集不同品种或不同种动物的不同基因于一体，完全有可能把母代动物的优良遗传性能集中表现出来，从而形成具有高度杂种优势的杂合体。另外，嵌合体母畜与公畜交配后，能产生具有正常繁殖力的后代。所以胚胎融合不仅可成倍缩短家畜改良时间，而且也为创造新型家畜品种提供新的技术手段。

胚胎融合的主要方法有以下两种：

（1）聚合法。

① 胚胎与胚胎聚合。一般用发生致密化后的胚胎，用酸性台氏液（pH2.5）或 0.5% 链霉蛋白酶除去透明带，充分洗涤后，放入含有 5μg/mL 植物凝集素 A（PHA）的聚合液滴中。在显微镜下用细玻璃棒轻轻拨在一起使之联结，室温下放置 15min，借助于机械压力和 PHA 的作用，在 37℃下，使胚胎聚合。聚合完毕后，洗除 PHA，继续培养，或进行胚胎移植。

② 卵裂球或细胞与胚胎聚合。将胚胎卵裂球解离或用其他游离的细胞，与胚胎聚合。当用一个已经除去透明带的胚胎时，将卵裂球或细胞在胚胎的正上方慢慢释放，使两者直接接触，借助 PHA 的作用使之聚合。当用两个无透明带胚胎时，以类似"三明治"的方式，把细胞放到两个胚胎之间，使之聚合。

③ 两种细胞间聚合。聚合时，各取数个细胞或卵裂球，放入空透明带内，用 PHA 使之聚合在一起，并用琼脂包埋。通过中间受体培养一段时间后，观察其发育的情况。

（2）囊胚注射法。囊胚注射法就是利用显微操作技术将某些种类细胞注射入囊胚的囊胚腔中，注射的细胞可以是卵裂球、内细胞团细胞、胚胎干细胞，甚至是已经分化的细胞。若注入的细胞参与胚体的形成，就形成了嵌合体。注射时，选取健康、生长良好的细胞，如果是培养细胞，应该保证其整二倍体性。将 10~12 个细胞收入到注射吸管的顶端，用固定吸管吸住内细胞团与滋养层交界处，让内细胞团位于囊胚的底部位置，调整注射吸管与固定吸管使处于同一焦点平面，选择滋养层细胞间的"间隙处"，将注射吸管插入囊胚腔，将细胞推入囊胚腔，使之落到内细胞团之上。操作后的囊胚形态不规则，经短期培养后，可以恢复正常状态。

3.5.4.3　胚胎分割

胚胎分割是运用显微操作系统将哺乳动物附植前胚胎分成若干个具有继续发育潜力的部分，从而获得同卵孪生后代的生物技术。在胚胎数一定的情况下，通过胚胎分割可获得较多的后代，有助于提高动物的繁殖力，增加牛、羊等单胎动物的双胎率；同时也是细胞核移植、胚胎嵌合、胚胎性别鉴定、基因导入等研究工作的基本操作技术，在畜牧生产、实验生物学或医学上均具有重要意义。

胚胎分割的方法有多种，不同阶段的胚胎，切割方法略有差异。桑椹胚之前的胚胎这一阶段由于胚胎卵裂球较大，直接切割对卵裂球的损伤较大。常用的方法是用微针切开透明带，用微管吸取单个或部分卵裂球，放入另一空透明带中，空透明带通常来自未受精卵或退化的胚胎。

用于致密桑椹胚之后的胚胎分割方法可归纳为 5 类：显微玻璃针去带分割法、显微手术刀直接分割法、酶消化透明带显微玻璃针分割法、酶-机械去带分割法和徒手刀片分割法。虽然这 5 种方法均可用于每一种哺乳动物的胚胎分割，但还未有对这 5 种分割方法的分割效果做过系统比较，以从中选择出更简便更有效的分割方法。

① 显微玻璃针去带分割。在显微操作仪下，一臂固定吸住胚胎，另一臂用显微玻璃针摘除透明带并将裸胚对半分割。

② 显微手术刀分割。在显微操作仪下，一臂固定吸住胚胎，另一臂用特制显微手术刀

直接将胚胎分割为二分胚。

③酶消化透明带的分割。先用含0.5%链霉蛋白酶的Hanks液孵育胚胎，得到裸胚，然后用显微手术刀将其一分为二。

④酶-机械法去带分割。在用酶软化透明带的基础上，用一支玻璃管除去透明带，然后用显微手术刀将裸胚分割为二。

⑤徒手分割。一般在胚胎分割前，先用0.25%的链霉蛋白酶软化1min，用2%FCS和PBS洗2次，作成0.2mL小滴，使用专用小刀片或自制刀片徒手将胚胎一分为二，或直接切割胚胎为二分胚。

参 考 文 献

［1］李志勇等. 细胞工程（第二版）［M］. 北京：科学出版社，2015

［2］马贵民等. 细胞工程［M］. 北京：中国农业出版社，2007

［3］安立国等. 细胞工程（第二版）［M］. 北京：科学出版社，2010

［4］李志勇. 细胞工程学［M］. 北京：高等教育出版社，2008

［5］周欢敏等. 动物细胞工程学［M］. 北京：中国农业出版社，2009

［6］王蒂等. 细胞工程学［M］. 北京：中国农业出版社，2003

［7］邓宁等. 动物细胞工程［M］. 北京：科学出版社，2014

［8］朱至清. 植物细胞工程［M］. 北京：化学工业出版社，2005

［9］周岩等. 细胞工程［M］. 北京：科学出版社，2012

4　基　因　工　程

基因工程是指按照人们的意愿，依据严密的设计，通过体外 DNA 重组和转基因等技术，有目的地改造生物物种特性，创造出更符合人们需求的新的生物类型的过程。

基因工程最突出的优点是打破了常规育种难以突破的物种之间的界限，可以使原核生物与真核生物之间、动物与植物之间，甚至人与其他生物之间的遗传信息进行重组和转移。人的基因可以转移到大肠杆菌中表达，细菌的基因可以转移到植物中表达。

4.1　基因工程概述

4.1.1　基因工程的概念

基因工程是 20 世纪 70 年代在微生物遗传学和分子生物学发展的基础上形成的学科。所谓基因工程，就是在分子水平上，提取（或合成）不同生物的遗传物质，在体外切割，再和一定的载体拼接重组，然后把重组的 DNA 分子引入细胞或生物体内，使这种外源 DNA（基因）在受体细胞中进行复制与表达，按人们的需要繁殖扩增基因或生产不同的产物或定向地创造生物的新性状，并能稳定地遗传给下代。基因工程又名遗传工程（genetic engineering）、DNA 重组技术（recombinant DNA technique）、分子克隆（molecular cloning）或基因克隆（genetic cloning）。基因工程的核心内容包括基因克隆和基因表达。

基因工程是现代生物技术的基石，几乎渗透和影响到生物技术的每一个环节。基因工程的核心技术是 DNA 的重组技术，即利用供体生物的遗传物质或人工合成的基因，在体内或体外与适当的载体连接起来形成重组 DNA 分子，然后再将重组 DNA 分子导入到受体细胞或受体生物构建转基因生物，该种生物就可以表现出预期的生物性状。从概念上不难看出，基因工程涉及 4 个方面的内容：

（1）取得符合人们要求的"目的基因"DNA 片段。

（2）将目的基因与质粒或病毒 DNA 连接成重组 DNA。

（3）把重组 DNA 引入某种细胞。

（4）筛选目的基因表达的受体细胞（见图 4-1）。

4.1.2　基因工程的发展简史

基因工程诞生的标志是 1973 年美国斯坦福大学的 Cohen 和 Boyer 等在体外构建了含有四环素抗性基因和链霉素抗性基因的重组质粒分子，将其转入大肠杆菌后获得了既含有稳定复制的质粒又具有上述两种抗性的受体细胞。当时 Cohen 就推断"将其他生物中与光合作用或抗生素合成等细胞代谢和合成功能有关的基因引入大肠杆菌是完全有可能的"。

在经过几年对 DNA 重组技术安全性的讨论和改良之后，基因工程在世界各国得到迅速应用。例如，1977 年日本的 Tfahura 等首先在大肠杆菌中克隆和表达了人的生长激素释放抑

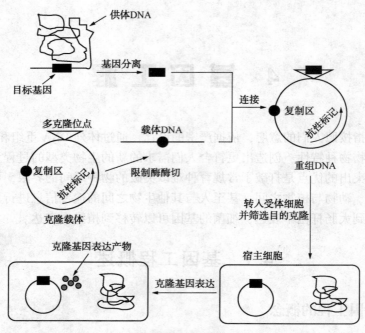

图 4-1　基因工程技术的主要环节

制素基因；次年 Genentech 公司开发出利用重组大肠杆菌合成人胰岛素的工艺；1982 年通过重组 DNA 技术产生的动物疫苗在欧洲获得许可；1996 年第一个重组蛋白的年销售额超过 10 亿美元。

随着聚合酶链式反应 (RCR) 等分子生物学技术的发明和日新月异，基因工程的发展也产生了质的飞跃，并渗透到医学、农业、工业和环境保护等各个领域。1985 年，在美国有 400 多个生物技术公司，而今天美国的生物公司约有 1500 家，全世界范围则有 3000 多家。尤其是主要的跨国化学和医药公司都有从事基因工程的专门研究机构，如孟山都公司、杜邦公司、辉瑞公司和默克公司等。基因工程产生的年收入则从 1986 年的 600 万美元激增到 1996 年的 300 亿美元。

1865 年，奥地利神父 Mendel 根据他多年的豌豆试验结果，提出了遗传因子的分离和自由组合规律。历经一百多年，凝聚了无数科学工作者的集体智慧和结晶的基因工程才宣告诞生，而其中理论上的三大发现和技术上的三大发明为基因工程的诞生起到了决定性的作用（见表 4-1）。

表 4-1　基因工程发展史上的重大事件

年　份	重大事件
1869	F. Miescher 首次从莱茵河鲑鱼精子中分离到 DNA
1909	W. Johannson 创造了"基因"一词
1928	A. Fleming 发现青霉素及其抑菌现象
1944	O. T. Avery 等证明 DNA 是遗传物质
1952	A. D. Hershey 和 M. chase 证明 T₂ 噬菌体的遗传物质是 DNA
1953	J. Watson 和 F. Crick 发现 DNA 双螺旋结构
1957	A. Korberg 在 *E. coli* 中发现 DNA 聚合酶 I

年 份	重大事件
1958	M. Meselson 和 F. W. Stahl 提出 DNA 的半保留复制模型；F. H. Crick 提出中心法则
1961~1966	破译遗传密码
1967	发现了可将 DNA 连接起来的 DNA 连接酶
1970	分离出第一个 Ⅱ 类限制性内切酶
1972	以 H. Boyer 等人为代表的一些科学家发展了 DNA 体外重组技术
1974	F. Sanger、A. Maxam 以及 W. Gilbert 各自发明了快速的 DNA 测序技术
1975~1977	A. Kornberg 在 E. coli 中发现 DNA 聚合酶 Ⅰ
1978	第一次生产出基因工程胰岛素；首次实现了通过 E. coli 生产由人工合成基因表达的人脑激素和人胰岛素
1980	美国最高法院裁定基因工程产品可获专利；第一家生物技术类公司在 NASDAQ 上市
1981	第一只转基因动物(老鼠)诞生
1982	DNA 重组技术生产的家畜疫苗首次在欧洲上市；Sanger 及其合作者完成了 λ-噬菌体 98 502bp 的基因组全序列的测定
1983	人工染色体首次成功合成
1984	美国斯坦福大学被授予关于重组 DNA 基本使用的专利(Cohen-Boyer 专利)
1985	基因指纹技术作为证据亮相法庭；第一批转基因的家畜(兔、猪和羊)诞生
1986	第一个转基因作物获批准田间试验，基因工程生物首次在控制的情况下释放到环境中去；Powell-Abel 首次获得了抗 TMV 的植株；第一个 DNA 重组人体疫苗(乙肝疫苗)研制成功
1988	PCR 技术问世；Watson 出任 HGP 首席科学家，协调人类基因组计划的实施
1989	转基因抗虫棉花获批准田间试验
1990	美国批准第一个体细胞基因治疗试验；人类基因组计划正式启动；第一个获批养殖的转基因动物(鲑鱼)
1992	欧洲共同体各国 35 个实验室首次发表第一个真核生物染色体(酵母染色体Ⅲ)的 DNA 全序列
1993	生物工程产业组织(BIO)成立
1994	转基因保鲜番茄在美国上市；中国科学家在世界上首次构建了高分辨率的水稻基因组物理图谱
1997	英国培育出第一只克隆羊"多莉"
1998	人体胚胎干细胞系建立
2000	人类基因组工作框架图完成
2001	重要粮食作物——水稻基因图在中国完成
2003	人类基因组测序工作完成
2005	科学家公布人类基因组"差异图"

4.1.2.1 理论上的三大发现

（1）发现了生物的遗传物质是 DNA 而不是蛋白质。早在 1869 年，人们就从莱茵河鲑鱼的精子中首次发现 DNA。但直到 1934 年 Avery 等人才首次在美国的一次学术会议上报道了肺炎链球菌(*Streptococcus pneumonias*)的转化。超越时代的科学成就常常不容易很快被人们接受，当时 Avery 的成果没有得到公认。事隔 10 年，1944 年这一论文才得以公开发表。事实上，Avery 的工作不仅证明了 DNA 是生物的遗传物质，而且还证明了 DNA 可以转移，能把一个细菌的性状传给另一个细菌，理论意义非常重大。正如诺贝尔奖金获得者 Lederberg 指出的，Avery 的工作是现代生物科学的革命开端，也可以说是基因工程的先导。Avery 的开创性工作揭开了基因工程的序幕。

（2）明确了 DNA 的双螺旋结构和半保留复制机制。1953 年，Watson 和 Crick 提出了 DNA 结构的双螺旋模型，这对生命科学的意义来说足以和达尔文学说、孟德尔定律相提并论。DNA 半保留复制和蛋白质合成的中心法则提出了遗传信息流是 DNA→mRNA→蛋白质，阐明了核酸的复制、转录和翻译的三大遗传学核心问题，从分子水平上揭示了神秘的遗传现象，为遗传和变异提供了理论依据。

（3）遗传密码子的破译。1961 年 Monod 和 Jacob 提出了操纵子学说，为基因表达调控提出了新理论。以 Nirenberg 等为代表的一批科学家，经过艰苦的努力确定遗传信息是以密码方式传递的，每三个核苷酸组成一个密码子，代表一个氨基酸。1966 年全部破译了 64 个密码，编排了一本密码字典，除线粒体、叶绿体存在个别特例外，遗传密码在所有生物中具有通用性，为基因的可操作性奠定理论基础。

4.1.2.2　技术上的三大发明

20 世纪 40～60 年代，虽然从理论上已经确立了基因工程的可能性，科学家们也为基因工程设计了一幅美好的蓝图，但科学家们面对庞大的双链 DNA（dsDNA），尤其是真核生物 DNA 分子是相当巨大的，仍然是束手无策、难以操作。尽管那时酶学知识已得到相当的发展，但没有任何一种酶能对 DNA 进行有效的切割。在细胞外发现和使用工具酶和载体为基因工程的实际操作奠定了基础。

（1）利用限制酶和连接酶体外切割和连接 DNA 片段。1970 年 Smith 和 Wilcox 在流感嗜血杆菌（*Haemophilus influenzae*）中分离并纯化了限制性核酸内切酶 *Hind* Ⅱ，使 DNA 分子的切割成为可能。1972 年 Boyer 实验室又发现了一种叫 *Eco*R Ⅰ 的核酸内切酶，这种酶每当遇到 GAATTC 序列，就会将双链 DNA 分子在该序列中切开形成 DNA 片段。以后，又相继发现了大量类似于 *Eco*R Ⅰ 这样的能够识别特异核苷酸序列的限制性核酸内切酶，使研究者可以获得所需的 DNA 特殊片段。对基因工程技术突破的另一发现是 DNA 连接酶。1967 年世界上有五个实验室几乎同时发现了 DNA 连接酶，这种酶能够参与 DNA 缺刻的修复。1970 年美国的 Khorana 实验室发现了 T4 DNA 连接酶，具有更高的连接活性，为 DNA 片段的重组连接提供了技术基础。

（2）质粒改造成载体以携带 DNA 片段克隆。科学家有了对 DNA 切割与连接的工具（酶），但还不能完成 DNA 体外重组的工作，因为大多数 DNA 片段不具备自我复制的能力。为了使 DNA 片段能够在受体细胞中进行繁殖，必须将获得的 DNA 片段连接到一种能自我复制的特定 DNA 分子上。这种 DNA 分子就是基因工程的载体（vector）。基因工程的载体研究先于限制性核酸内切酶。从 1946 年起，Lederberg 开始研究细菌的性因子——F 质粒。20 世纪 50～60 年代，相继发现其他质粒，如抗药性因子（R 质粒）、大肠杆菌素因子（Col 质粒）。1973 年 Cohen 将质粒作为基因工程的载体使用，获得基因克隆的成功。

（3）逆转录酶的使用打开了真核生物基因工程的一条通路。1970 年 Baltimore 等人和 Temin 等人同时各自发现了逆转录酶，逆转录酶的功能不但打破了早期的中心法则，也使真核基因的制备成为可能。

自此，在基因工程三大理论发现的基础上结合基因工程所必需的内切酶、连接酶、逆转录酶等工具酶和系列载体的分离与应用，通过 Boyer 和 Cohen 的共同努力，体外重组 DNA

于 1973 年首次获得成功。具备了以上的理论与技术基础，基因工程诞生的条件已经成熟。两位科学的"助产士"——Berg 和 Cohen 把基因工程接到了人间。从此，基因工程经历了艰难的阶段才逐渐在生物技术、生物产业和生物经济领域中显示出其重要的地位，成为 21 世纪生物经济上的一颗璀璨的明星。

4.1.3　基因工程的研究内容

目前，基因工程研究内容已涉及基础研究、克隆载体研究、受体系统研究、目的基因研究、生物基因组学研究、生物信息学研究和应用研究等诸多方面。

4.1.3.1　基因工程工具

基因工程之所以能够将不同的 DNA 重新组合构建成新的 DNA 分子，并进入宿主细胞表达和扩增，一方面取决于基因自身的同一性、可切割性、可转移性、遗传性、密码子通用性和简并性，以及基因蛋白的对应性等基因工程的理论依据；另一方面也依赖于一系列重要的克隆工具，如基因工程载体、基因工程工具酶和基因工程的受体系统。载体是目的基因的运载工具，是基因工程操作中不可缺少的重要因素。对载体的研究与应用，极大地推动了基因工程研究的进程，简化了基因操作的程序，提高了克隆的效率。工具酶的研究、发现和应用，解决了基因操作的"手术刀"和"缝线针"，是基因克隆成功的保证。一些重要工具酶的发掘，使基因操作中遇到的一些难题迎刃而解。基因工程受体对重组 DNA 分子的表达、实现基因工程产物的产出而言具有重要的意义。随着基因工程研究的深入，寻找更好的基因工程工具将成为科学工作者共同关注的热点，也是推动基因工程朝着纵深的方向发展的一项重要任务。

4.1.3.2　基因克隆技术

随着新的技术和新的克隆方法不断涌现，如以 PCR 为基础的差异筛选技术、基因敲除技术、高通量的基因芯片技术、长片段的 DNA 序列测定技术将大大拓宽基因工程的规模并提高基因操作的速度，基因克隆技术成为基因工程研究中的重要内容。

4.1.3.3　目的基因

人们把感兴趣的、需要研究的基因称为目的基因。基因是一种重要的生物资源，也是国家的重要财富，对基因资源的考察收集、鉴定与保藏，应是 21 世纪前景广阔的生物产业的研究基础。不仅许多研究机构重视对其研究和开发，而且各国政府也非常关注，给以倾力资助。对基因的研究已从零星的单基因发展到大规模的基因组，涉猎品种无处不在，从人类基因组到其他生物基因组。所有这些工作将使人们对自然界各种生命现象的本质有更深刻的认识。

4.1.3.4　基因工程产品

研究基因除了分析基因的结构和功能以外，更重要的是研究基因的表达产物及其在工业、农业、医药等领域的应用，为人类健康、粮食短缺、环境生态恶化和能源匮乏等众多难题的解决提出新的思路和决策。所以基因工程的诞生不仅在理论上而且在应用上对整个生命世界产生了深刻的影响，也对基因工程产品的研究和开发，形成一个巨大的高新技术产业，并且把生物技术与生物经济融为一体，从而产生了重要的经济和社会效益。

4.1.4　基因工程的研究意义

随着时间的推移，基因工程技术在农业、林业、医药、食品、环保等领域的研究和应用都取得很大的进展，既为工农业生产和医药卫生等开拓了新途径，又给高等生物的细胞分化、生长发育、肿瘤发生等基础研究提供了有效的实验手段。在传统工业中，基因工程技术的运用可降低损耗、提高产量，同时还能减少污染，如今生物工业成为现代产业革命的重要组成部分。在农业生产中，转基因植物在抗病毒、抗虫、抗除草剂和品种改良等方面都取得了引人注目的成果，有的已被广泛应用于生产实践，使得相关农作物的产量得以显著提高。在生命科学领域，人们可以利用基因工程技术探明致病基因的结构和功能，了解其致病机制；建立基因诊断、治疗技术，并已开发出基因工程药物和疫苗，广泛应用于临床，为疾病的预防、治疗提供了新方法，给患者带来了福音。

4.2 基因工程的工具酶

基因工程又称 DNA 重组技术，这种分子水平的操作，是依赖于一些重要的酶，如限制性核酸内切酶、连接酶等，作为工具对 DNA 进行切割和拼接，一般把这些有关的酶统称为基因工程工具酶。

在自然界的许多生物体内，都天然存在着一些具有特殊功能的核酸酶类。这些酶类在生物的 DNA 代谢、复制和修复等过程中发挥重要的作用，有些酶还可以作为微生物区别异己 DNA 进而降解外来 DNA 的防御工具。在发现和分离酶类后，人们能够在体外进行 DNA 的切割、拼接，形成新的重组 DNA 分子。现在已经有许多公司生产和销售各种基因工程工具酶，为基因工程的研究和应用提供了便利。

在基因工程的实际操作中，工具酶的使用是一项基本技术，在体外无论对 DNA 进行分离纯化、连接重组或者修饰合成等都会涉及一系列酶促反应。工具酶的功能把握与灵活运用直接影响到基因工程实验的成败与设计水平的高低。用于基因工程的工具酶种类繁多、功能各异。表 4-2 列举数种常用工具酶，展示其在基因操作中的独特用途。正是这些工具酶的发现与应用，才使得人们能够对"庞大"的基因组与微小的 DNA 实现了分子水平的操作，促进基因克隆技术的不断发展。

表 4-2 基因工程实验中常用的若干种工具酶

工具酶类	主要用途
限制性核酸内切酶	切割 DNA 分子形成片段
DNA 连接酶	DNA 片段的连接重组
大肠杆菌 DNA 聚合酶 I	切口平移法标记 DNA 探针
T7 DNA 聚合酶	DNA 序列测定分析
Taq DNA 聚合酶	PCR 体外扩增技术
多核苷酸激酶	末端标记法制备探针
S1 核酸酶	去除双链 DNA 的局部单链结构

基因工程涉及众多的工具酶，可粗略分为限制酶、连接酶、聚合酶和修饰酶四类。其中，以限制性核酸内切酶(restriction endonucleases)和 DNA 连接酶(ligase)在分子克隆中的作用最为突出，也是本章讨论的重点。其他常用工具酶在此仅作一般介绍。

4.2.1 限制性核酸内切酶

生物体内作用于核酸的酶包括核酸水解酶、核酸修饰酶、核酸聚合酶等。在基因工程实验中，用得相对较多的是核酸水解酶，简称核酸酶。核酸酶是通过切割相邻的两个核苷酸残基之间的磷酸二酯键，导致多核苷酸链发生水解断裂的蛋白酶的统称。其中专门水解断裂RNA分子的叫核糖核酸酶（RNase），而水解断裂DNA分子的叫脱氧核糖核酸酶（DNase）。按照断裂方式的不同，核酸酶又可分为两类：一类是从核酸分子末端开始一个核苷酸接着一个核苷酸消化降解核酸分子，称核酸外切酶（exonuclease）；另一类是从核酸分子内部切割使核酸分子断裂形成小片段，称核酸内切酶（endonuclease）。在基因克隆实验中限制性核酸内切酶具有特别重要的意义。

4.2.1.1 细菌的限制和修饰作用

细菌的限制-修饰（restriction-modification）体系，简称R-M体系。在自然状态下，同免疫体系有些类似，细菌能够辨别细菌自身DNA和外源的DNA（如噬菌体的DNA），并能迅速降解该未经任何处理的外源DNA。这个体系的存在使大多数的细菌对噬菌体和其他病毒的感染都具有一定程度的抵抗力。

细菌容易被噬菌体感染，许多细菌用切割外源DNA的方法进行自我保护，如切割感染性噬菌体的DNA。细菌一旦发现外源DNA便将其切割成大小不等的片段，但并不切割自身的DNA，所以它们有效地限制了噬菌体对细菌的感染。这主要依赖于R-M体系，早在20世纪50年代初期就已经有人开始进行广泛而深入的研究。

Arber等最早提出了限制-修饰酶假说来解释这种寄主控制的限制与修饰现象。假说认为该现象是由寄主细胞中的两种酶配合完成的，一种叫修饰酶（甲基化酶），另一种叫限制酶，即限制性核酸内切酶。后经证实该假说是正确的，修饰酶能从SAM（S-腺苷甲硫氨酸）上转移甲基到限制酶所识别的特殊序列的特定碱基上，使自身DNA甲基化，甲基化的DNA链不能被限制酶识别，因而可以避免被限制酶降解（见图4-2）。

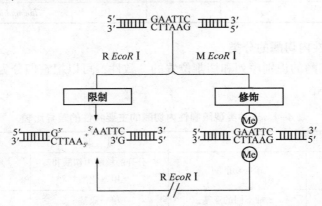

图4-2　外来的噬菌体DNA被切割（左）而细菌本身DNA不被切割（右）

寄主控制的限制与修饰是一种广泛的过程，具有重要的生物学意义。一方面，保护自身DNA不受限制（被降解）；另一方面，破坏外源DNA使之迅速被降解。限制酶和修饰酶既为细菌提供了特殊的重组机会，又保持了细菌在漫长的进化过程中种属的遗传稳定性。研究限制-修饰现象时所发现的限制性核酸内切酶（简称限制性内切酶）已成为基因工程的最重要的工具酶之一。

4.2.1.2 限制性内切酶的命名

限制性内切酶的命名首先是由Smith和Nathams于1973年提出的，随后Roberts对其系统化，在实际应用中又进一步简化形成了目前的命名方法，归纳如下：

（1）以限制性内切酶来源的微生物的学名来命名；多采用三个字母。微生物属名的首字母大写，种名的前两个字母小写。

（2）若该微生物有不同的变种或品系，则再加上该变种或品系的第一个字母，但需大写；若从同一种微生物中发现的多种限制性内切酶，则依据发现和分离的前后顺序用罗马数字表示。

（3）限制性内切酶名称的前三个字母用斜体表示，后面的字母、罗马数字等均为正体。同时，字母之间、罗马数字与前面的字母之间不应有空格（由于在现有的大多数软件排版时，当输入罗马数字时其会自动与前面的字母之间拉开半个汉字的空格，故在印刷体的书刊中就会看到罗马数字与前面的字母之间有空格）。

例如，从 E. coli R 株分离的第一种限制性内切酶命名为 EcoR I，其中 E 代表属名 Escherichia，co 代表 coli，R 代表株系 RY13，I 代表该菌株中首次分离到的限制性核酸内切酶。从流感嗜血菌（Haemophilus influenzae）d 株分离的第三种限制性内切酶，表示为 HindⅢ；从大肠杆菌（Escherichia）RT 株分离的第五种限制性内切酶，表示为 EcoRV。表 4-3 示例限制性内切酶的命名。

表 4-3　限制酶的命名

名称	属名(大写、斜体)	种名(小写、斜体)	株名(正体)	序数(正体)	来源菌株
EcoR I	E	co	R	I	Escherichia coli R 株
HindⅢ	H	in	d	Ⅲ	Haemophilus influenzae d 株
HindⅡ	H	in	d	Ⅱ	Haemophilus influenzae d 株
Hpa I	H	pa	—	I	Haemophilus parain influenzae

4.2.1.3　限制性内切酶的分类

根据限制性内切酶的识别序列和切割位置的一致性，可以把它们分为三类，其主要特性的比较如表 4-4 所示。

表 4-4　三种类型限制性内切酶的主要特性的差异比较

特　性	Ⅰ　型	Ⅱ　型	Ⅲ　型
限制和修饰活性	单一功能酶	分开的核酸内切酶和甲基化酶	具有一种共同亚基的双功能的酶
酶蛋白分子组成	3 种不同的亚基	单一亚基	2 种不同的亚基
限制作用所需的辅助因子	ATP、Mg^{2+}、SAM	Mg^{2+}	ATP、Mg^{2+}、SAM
寄主特异性位点序列	非对称序列 EcoB：$TGAN_8TGCT$ EcoK：$AACN_6GTGC$	大多为旋转对称	非对称序列 EcoP1：AGACC EcoP15：CAGCAG
切割位点	在距寄主特异性识别位点至少数百 bp 处随机切割	位于寄主特异性识别位点或其附近	距寄主特异性识别位点 3′端 24～26bp 处
序列特异的切割	不是	是	是
在基因工程中的应用	无用	广泛使用	用处不大

注：N=任何一种核酸。

90

（1）Ⅰ型限制性核酸内切酶。Ⅰ型酶属复合功能酶，酶分子兼具限制、修饰两种功能。它需要 Mg^{2+}、ATP 和 S-腺苷甲硫氨酸作为催化反应的辅助因子，在降解 DNA 时伴有 ATP 的水解，故具有核酸内切酶、甲基化酶、ATP 酶和 DNA 解旋酶 4 种活性。其显著特点是酶的识别位点与切割位点不一致，即没有固定的切割位点，切割位点一般位于识别位点 400bp 以上（最多可达 7000bp），并随机切割 DNA，不产生特异性 DNA 片段。

Ⅰ型酶的两个典型代表是 *EcoK* 和 *EcoB*，分别来自 *E. coli* 菌 K 株和 B 株，二者的相对分子质量相似，均为 300kD。*EcoK* 和 *EcoB* 均由三种亚基组成，其中特异性亚基（即 γ 多肽链）具有特异性识别 DNA 序列的活性，修饰亚基（即 β 多肽链）具有甲基化酶的活性，限制亚基（即 α 多肽链）具有核酸内切酶活性。不同的是 *EcoB* 的修饰酶可与其限制酶分开，即 α 亚基与 β、γ 亚基分开。

（2）Ⅱ型限制性核酸内切酶。Ⅱ型酶就是通常所指的 DNA 限制性核酸内切酶。Ⅱ型酶限制-修饰系统分别由限制酶与修饰酶两种不同的酶分子组成。Ⅱ型限制酶相对分子质量小，仅需 Mg^{2+} 作为催化反应的辅助因子。它们能识别双链 DNA 的特殊序列，并在这个序列内进行切割，产生特异的 DNA 片段。Ⅱ型限制性核酸内切酶种类多，并且可以特异地切割 DNA 而产生特异性片段，非常适宜对 DNA 的操作。

（3）Ⅲ型限制性核酸内切酶。Ⅲ型酶也有核酸内切酶和甲基化酶作用。酶分子由两个亚基组成，其中 M 亚基（修饰亚基）负责位点识别与修饰，R 亚基（限制亚基）则具有核酸酶活性。Ⅲ型酶在 DNA 链上有特异的切割位点，其切割位点距识别位点 3′端 24~26bp 处，切割反应需要 ATP、Mg^{2+} 和 S-腺苷甲硫氨酸的激活。目前知道的Ⅲ型酶数量很少，在分子克隆中的实际作用不大。

分析三种类型的限制酶在基因工程技术中的作用，可归纳为Ⅰ型酶不能用、Ⅱ型酶最有用、Ⅲ型酶基本不用。

4.2.1.4 限制性核酸内切酶的特征

限制性核酸内切酶具有 4 个基本持征，介绍如下：

（1）每一种酶都有各自特异的识别序列。限制性核酸内切酶的最大优点就是它们能够在 DNA 上的相同位置切割。这个特性是用于基因分析及其表达的众多技术的基础。不同的限制性核酸内切酶，不仅识别序列不一样，而且识别的碱基数目也不同，识别序列为 4 个、5 个或 6 个碱基对。一般来说，识别序列的碱基对越多，则这种酶在 DNA 上出现的频率越低。不同生物其碱基含量不同，酶识别位点的分布及频率也不同。有一些限制性核酸内切酶识别切割序列是 4 个碱基而不是通常的 6 个碱基序列，这样就可以在更多的位点切割了。因为 4 个碱基序列的出现频率更高，每 $4^4 = 256$ 个碱基出现一次，而 6 个碱基长度的序列则是 $4^6 = 4096$ 个碱基出现一次。有一些限制性核酸内切酶，如 *Not*Ⅰ，识别 8 个碱基长度的序列，所以，它们的切割频率更小，故称为稀有切割者。事实上，*Not*Ⅰ在哺乳动物 DNA 的切割位点比人们想像中的要少得多，因为它的识别序列中包括两个拷贝的稀有双核苷酸 CG。

（2）同位酶，即识别相同的序列但切割位点不一样。如 *Sma*Ⅰ和 *Xma*Ⅰ，识别的序列相同为 CCCGGG，而切割位置不同，*Sma*Ⅰ为CCCGGG，*Xma*Ⅰ为CCCGGG。

同尾酶，即识别位点不同但切出的 DNA 片段具有相同的末端序列。如 *Mbo*Ⅰ/*Bgl*Ⅱ/*Bcl*Ⅰ/*Bam*HⅠ，它们的识别位点分别为 GATC/AGATCT/TGATCA/GGATCC，但切出相同的 DNA 末端 5′…GATC…3′和 5′…CTAG…3′。

同裂酶，即识别位点和切割位点均相同的酶。如 $Hpa\,\text{I}\,/Hinc\,\text{II}$。

（3）限制性核酸内切酶识别序列具有 180° 旋转对称的回文结构。在一般的语言中，回文结构是指顺看反看都一样的句子。DNA 的回文结构也是顺看反看都一样，但是应该注意要从两个方向来读（5′→3′），这意味着上面的链必须从左往右读，下面的链从右往左读。切开的 DNA 末端有平头末端和黏性末端（双链 DNA 的一条链突出，如 5′或 3′突出末端），在适当温度下，两个互补黏性末端能退火形成双链分子，这使两个不同的 DNA 分子之间的缝合更加快速简便。例如，$Eco\text{R}\,\text{I}$ 切割可在 5′端产生 4 个碱基的单链末端：

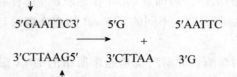

$$5'GAATTC3' \quad\quad 5'G \quad\quad\quad 5'AATTC$$
$$\xrightarrow{\hspace{2cm}} \quad\quad\quad +$$
$$3'CTTAAG5' \quad\quad 3'CTTAA \quad\quad 3'G$$

$Pst\,\text{I}$ 在它识别序列的 3′端进行切割，所以在 3′端产生单链。$Sam\,\text{I}$ 在识别序列的中间进行切割，产生平末端。

对于 $Pst\,\text{I}$： $5'CTGCAG3'$ $5'CTGCA$ $G3'$
      $3'GACGTC5'$ $3'G$ $ACGTC5'$

对于 $Sma\,\text{I}$： $5'CCCGGG3'$ $5'CCC$ $GGG3'$
      $3'GGGCCC5'$ $3'GGG$ $CCC5'$

（4）限制性核酸内切酶 $Hpa\,\text{II}$ 和 $Msp\,\text{I}$ 是同位酶，切割同样的 DNA 靶子序列 CCGG，但对这个序列的甲基化状况有不同的限制性反应。$Msp\,\text{I}$ 切割所有状态下的 CCGG 序列，不论它是甲基化还是非甲基化，而 $Hpa\,\text{II}$ 仅仅切割非甲基化的 CCGG 四聚体。这样 $Msp\,\text{I}$ 被用来识别所有的 CCGG 序列，而 $Hpa\,\text{II}$ 能被用来确定它们是否甲基化。

4.2.1.5 影响限制性核酸内切酶酶切的反应条件

与其他酶反应一样，应用各种限制性核酸内切酶酶切 DNA 时需要适宜的反应条件。

（1）温度。大部分限制性核酸内切酶最适反应温度为 37℃，但也有例外，如 $Sma\,\text{I}$ 的反应温度为 25℃。降低最适反应温度，会导致只产生切口，而不是切断双链 DNA。

（2）盐离子浓度。不同的限制性核酸内切酶对盐离子强度（Na⁺）有不同的要求，一般按离子强度不同分为低（0mmol/L）、中（50mmol/L）、高盐（100mmol/L）三类。Mg^{2+} 也是限制性核酸内切酶酶切反应所需。

（3）缓冲体系。限制性核酸内切酶要求有稳定的 pH 环境，这通常由 Tris·HCl 缓冲体系来完成。另外保持限制性核酸内切酶稳定和活性一般使用 DTT。

（4）反应体积和甘油浓度。商品化的限制性核酸内切酶均加 50% 甘油作为保护剂，一般在 −20℃ 下储藏。在进行酶切反应时，加酶的体积一般不超过总反应的 10%，若加酶的体积太大，甘油浓度过高，则会影响酶切反应。

（5）限制性核酸内切酶反应的时间通常为 1h，但大多数酶活性可维持很长时间，进行大量 DNA 酶解反应时，一般让酶解过夜。

（6）DNA 的纯度和结构。一个酶单位定义为在 1h 内完全酶解 1μg λ 噬菌体 DNA 所需的酶量。DNA 样品中所含蛋白质、有机溶剂及 RNA 等杂质均会影响酶切反应的速度和酶切的完全程度，酶切的底物一般是双链 DNA，DNA 的甲基化位置会影响酶切反应。

4.2.2 DNA 连接酶

同限制性核酸内切酶一样，DNA 连接酶的发现与应用对于基因工程的创建和发展具有极其重要的意义。在体外构建重组 DNA 分子类似剪裁缝制精美服装，必须经过具有“剪裁”功能的限制酶和“缝制”功能的连接酶两道工序配合完成。可以看出，连接酶也是基因工程技术必不可少的基本工具酶。

4.2.2.1 DNA 连接酶

1967 年世界上有几个实验室几乎同时发现了一种能够在 2 条 DNA 链之间催化形成磷酸二酯键的酶，即 DNA 连接酶。形成共价键的连接反应需要提供能量。大肠杆菌和其他细菌的 DNA 连接酶以烟酰胺腺嘌呤二核苷酸（NAD^+）作为能量来源，动物细胞和噬菌体的连接酶则以腺苷三磷酸（ATP）作为能量来源。基因工程技术常用两种连接酶：一个是大肠杆菌 DNA 连接酶，相对分子质量为 7500D，由 NAD^+ 供能；另一个是 T4 噬菌体基因编码，称为 T4 DNA 连接酶，相对分子质量为 6000D，由 ATP 供能。

两种来源的连接酶催化 DNA 切口的连接过程基本相同。首先由 NAD^+ 或 ATP 与连接酶反应，形成腺苷酸化的酶（酶-AMP 复合物），其中 AMP 的磷酸与酶蛋白中的赖氨酸 ε-氨基以酰胺键结合。然后酶将 AMP 转移给 DNA 切口处的 5′-磷酸，以焦磷酸键的形式活化，形成 AP-P-DNA。随后通过相邻的 3′-OH 对活化的磷原子发生亲核攻击，生成 3′，5′-磷酸二酯键，同时释放出 AMP（见图 4-3）。

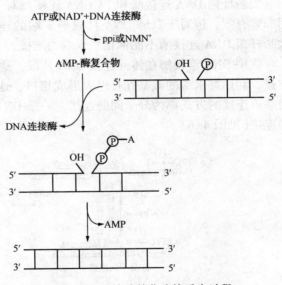

ATP或NAD⁺+DNA连接酶
ppi或NMN⁺
AMP-酶复合物
OH
P
5′
3′
3′
5′
DNA连接酶
P
A
OH
P
5′
3′
3′
5′
AMP
5′
3′
3′
5′
图 4-3 连接酶催化连接反应过程

4.2.2.2 DNA 连接酶的分类

常用的 DNA 连接酶有 T4 DNA 连接酶和大肠杆菌 DNA 连接酶两种（见图 4-4）。在这两种连接酶中，最常使用的是 T4 DNA 连接酶，它的连接效率高，既可用于黏性末端的连接，也可用于平齐末端的连接。一般来说，片段越小，末端黏性越强，连接反应则可使用较高的温度。DNA 平齐末端的连接比黏性末端连接效率低得多。平齐末端的连接一般需要在 10~20℃ 进行，且需要较高的 DNA 浓度和 T4 DNA 连接酶的浓度。而黏性末端的连接一般在 16~26℃ 进行。

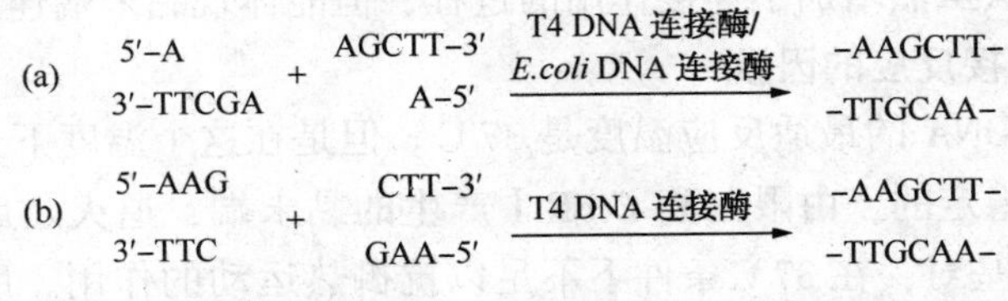

(a)
5′-A
3′-TTCGA
+
AGCTT-3′
A-5′
T4 DNA 连接酶/
E.coli DNA 连接酶
-AAGCTT-
-TTGCAA-
(b)
5′-AAG
3′-TTC
+
CTT-3′
GAA-5′
T4 DNA 连接酶
-AAGCTT-
-TTGCAA-
图 4-4 DNA 连接酶参与的 DNA 片段的连接过程示意图

4.2.2.3 连接酶对 DNA 分子的连接作用

对于双链 DNA 分子，在一条链上失去了一个磷酸二酯键称为切口（nick），失去一段单链称为缺口（gap）。连接酶的连接作用发生在双链 DNA 的切口处，而不能连接两条单链 DNA 或双链 DNA 中缺失了核苷酸的缺口。连接作用要求双链 DNA 切口处的 3′-端有羟基、5′-端有磷酸基，也就是说双螺旋 DNA 骨架中的连接部位，只有当 3′-OH、5′-P 彼此相邻时，连接酶才能在二者之间形成磷酸二酯键，以共价键相连（见图 4-5）。T4 RNA 连接酶可催化单链 DNA 或 RNA 的 5′-磷酸与另一单链 DNA 或 RNA 的 3′-羟基之间形成共价连接。

图 4-5　连接酶催化 DNA 切口的连接

大肠杆菌 DNA 连接酶和 T4 DNA 连接酶对于限制酶切割后产生的互补黏末端的连接作用非常有效，但对于双链 DNA 片段平末端的连接效率很低，而且只能用 T4 DNA 连接酶，大肠杆菌 DNA 连接酶不能催化平末端的连接。

应用 DNA 连接酶在体外连接 DNA 片段，通常有三类方法。最常用的是以黏末端的方式连接，利用黏末端的碱基互补退火形成切口，连接比较容易，效率也高。两条 DNA 片段之间共价连接的方式称为分子间的连接，一条 DNA 片段自身环化共价连接的方式称为分子内的连接（见图 4-6）。

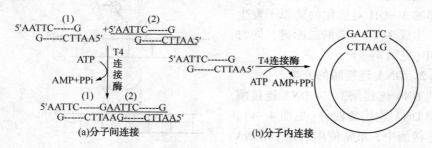

图 4-6　DNA 片段的分子间连接与分子内连接

第二种方法是利用 T4 DNA 连接酶以平末端的方式进行连接。平末端连接反应要求高（酶量、ATP、温度等）、效率低，连接后其位点一般丢失，经常在无奈情况下使用。

第三种方法是利用同聚物加尾、衔接物或人工接头等对平末端进行修饰，最终以黏末端的方式连接。这类方法虽然增加了连接作用的过程，但能体现黏末端连接方式的长处。

4.2.2.4 影响连接反应的因素

连接酶连接切口 DNA 的最适反应温度是 37℃。但是在这个温度下，黏末端之间退火形成的氢键结合是不够稳定的。由限制酶 EcoR I 产生的黏末端，退火之后所形成的结合部位总共只有 4 个 A-T 碱基对，在 37℃ 条件下不足以抗御热运动的作用。所以，黏末端连接反应的最适温度应该是界于连接酶作用速率和末端退火速率之间，一般认为 4～15℃ 比较合适。

以往是用凝胶电泳法检测连接反应的效率，而后发现这种测定并不十分可靠。1986年King和Blakeskey根据连接反应物转化感受态细胞的能力来判断连接效率，经过五种主要参数的研究，包括ATP浓度、连接酶浓度、反应时间、反应温度及插入片段与载体分子的摩尔比值对于连接产物转化效率的影响，结果表明连接反应的温度是影响转化效率的最重要参数之一。事实上，在26℃下连接4h的产物所得到的转化子数量大约是在4℃下连接23h的90%，而且几乎比在4℃下连接4h的多25倍以上。所以，一般都在16~26℃条件下进行连接反应。

T4 DNA连接酶的用量也会影响转化子的数目。在平末端DNA分子的连接反应中，最适的反应酶量大约1~2个单位；而对于其黏性末端（如 *Eco*R I 末端）DNA片段间的连接，在同样的条件下，酶浓度仅为0.1个单位时，便能得到最佳的转化效率。ATP的反应浓度变动范围保持为10μmol/L~1mmol/L时，无论对平末端片段还是对黏性末端片段的连接效率都没有什么影响，浓度接近0.1mmol/L时环化作用达到最高值。

4.2.3　DNA 聚合酶

DNA聚合酶（DNA polymerase）是催化以DNA或RNA为模板合成DNA的一类酶的总称。经常使用的DNA聚合酶有大肠杆菌DNA聚合酶I（全酶）、Klenow酶、T4 DNA聚合酶、T7 DNA聚合酶、耐高温的 *Taq* DNA聚合酶以及反转录酶等。它们都能够把脱氧核糖核苷酸（dNTP，包括dATP、dTTP、dCTP和dGTP）连续地加到双链DNA引物链的3′-羟基末端上，催化核苷酸的聚合，形成新的DNA链，如图4-7所示。这些DNA聚合酶反应的共同特点是：ⓐ以四种脱氧核糖核苷酸作为底物；ⓑ聚合反应需要模板的指导；ⓒ要有引物3′-羟基的存在；ⓓ新链的合成方向为5′→3′。可以看出，DNA聚合酶合成的产物是与模板性质相同的复制品。

4.2.3.1　DNA 聚合酶 I

从大肠杆菌中分离纯化的三种DNA聚合酶中，DNA聚合酶I、II参与复制DNA的校对与修复，而DNA聚合酶III是主要的复制酶，三种DNA聚合酶特性的比较如表4-5所示。在基因工程操作中主要使用的是DNA聚合酶I。

$$(dNMP)_n + dNTP \xrightarrow{\text{DNA聚合酶}} (dNMP)_{n+1} \cdot SPPi$$

图4-7　DNA聚合酶催化的DNA的合成反应

表4-5　大肠杆菌三种DNA聚合酶特性比较

功　能	DNA pol I	DNA pol II	DNA pol III
聚合作用 5′→3′	+	+	+
外切酶活性 3′→5′	+	+	+
外切酶活性 5′→3′	+	−	+
焦磷酸解和焦磷酸交换作用	+	−	−
完整的 DNA 双链	−	−	−
带引物的长单链 DNA	+	+	−
带缺口的双链 DNA	+	−	−
双链而有间隔的 DNA	+	+	+
相对分子质量/kD	109	120	>140
细胞中的分子数	400	17~100	10~20
结构基因	*pol A*	*pol B*	*pol C*

DNA聚合酶I具有三种活性，即5′→3′聚合活性、5′→3′外切活性和3′→5′外切活性。DNA聚合酶I要发挥作用需满足以下三个条件。

① 底物和激活剂。DNA 聚合酶 I 催化聚合反应需要四种 dNTP（dATP、dTTP、dCTP 和 dGTP）作为底物，同时 Mg^{2+} 是不可缺少的激活剂。

② 有 3′-端羟基末端的引物。DNA 聚合酶 I 所催化的聚合反应总是在引物的 3′-OH 末端基团和掺入的 dNTP 之间发生的，且只能沿引物末端 5′→3′ 方向延伸。

③ DNA 模板。可以是 ssDNA 或 dsDNA，后者只有在其主链上有一至数个断裂的情况下才能成为有效的模板。

实验室中，利用 DNA 聚合酶 I，通过 DNA 缺口平移的方法制备 DNA 探针，可以用于核酸杂交分析。双链 DNA 的单链缺口在 DNA 聚合酶 I 的 5′→3′ 外切作用下，从缺口的 5′ 端逐步水解核苷酸时，酶的聚合活性则利用缺口的 3′ 端游离羟基逐个加上相应的单核苷酸，使得缺口向下游移动，这种缺口移动的现象就称为缺口平移。如果反应中使用的是用同位素标记过的单核苷酸底物，则合成产生的 DNA 分子即可作为带放射性标记的 DNA 分子杂交探针。

4.2.3.2 Klenow 片段

大肠杆菌 DNA 聚合酶 I 全酶经过枯草杆菌蛋白酶的处理得到大小不同的两个片段（相对分子质量分别为 76kD 和 34kD）。其中大片段称为 Klenow 片段（由 Klenow 等人于 1970 年报道）。Klenow 片段又被称为 Klenow 酶，它具有两种活性：一是 5′→3′ 聚合酶活性，可以合成 DNA；二是 3′→5′ 外切酶活性。Klenow 酶没有 5′→3′ 外切酶活性，在基因工程中主要用于切口平移法标记 DNA，同时也可用于 DNA 的缺口补平和延伸。

4.2.3.3 T4 DNA 聚合酶

由 T4 噬菌体感染后的大肠杆菌培养物分离而来的 T4 DNA 聚合酶，由噬菌体基因 43 编码，相对分子质量 114kD，具有 5′→3′ 聚合酶活性和 3′→5′ 外切酶活性。尤其是 3′→5′ 外切酶活性对单链 DNA 的作用比对双链 DNA 作用更强。

T4 DNA 聚合酶的主要用途是标记 DNA 的平齐末端或隐蔽的 3′ 末端。

4.2.3.4 T7 DNA 聚合酶

T7 DNA 聚合酶是从受 T7 噬菌体感染的大肠杆菌寄主细胞中纯化出来的一种复合形式的核酸酶。它由两种亚基组成：一种是 T7 噬菌体基因 5 编码的蛋白质，其相对分子质量为 84kD；另一种是大肠杆菌编码的硫氧还蛋白（thioredoxin），其相对分子质量为 12kD。T7 DNA 聚合酶是目前已知的持续合成能力最强的 DNA 聚合酶，能连续合成数千个核苷酸。除聚合活性以外，T7 DNA 聚合酶还具有单链和双链的 3′→5′ 外切酶活性，它的活性也很强，约为 Klenow 酶的 1000 倍。T7 DNA 聚合酶不具有 5′→3′ 外切酶活性。

由于 T7 DNA 聚合酶的高度续进性和不受 DNA 二级结构的影响，在分子生物学中常被用于长模板 DNA 的引物延伸反应。同时，经修饰的 T7 DNA 聚合酶还是双脱氧终止法对长段 DNA 进行测定的理想工具酶。

4.2.3.5 反转录酶

商品化的反转录酶有两种，一种来自禽成髓细胞瘤病毒（AMV），另一种来自大肠杆菌中表达的 Moloney 鼠白血病病毒（Mo-MLV）。它们均具有：

（1）依赖于 RNA 的 DNA 聚合酶活性。

（2）RNase H 活性（即持续地、特异地降解 DNA-RNA 杂交链中的 RNA 链的活性）。

（3）依赖于 DNA 的 DNA 聚合酶活性。

AMV 及 Mo-MLV 反转录酶在许多方面有差别，如 RNase H 活性强弱，最适反应温度及

pH 等。反转录酶的主要作用是将 mRNA 转录成双链 cDNA，并可用反转录的 cDNA 进行序列分析，再推导出 RNA 序列。

4.2.3.6 *Taq* DNA 聚合酶

*Taq*DNA 聚合酶是一种热稳定 DNA 聚合酶，因从生存在热泉水中的耐热的水生嗜热菌（*Thermus aquaticus*）体内分离得到而命名。*Taq* DNA 聚合酶最适反应温度是 72℃，但能够耐受 96℃，即使在 100℃ 处理 5min 也能具有一半活性。这种热稳定 DNA 聚合酶的发现解决了早期 PCR 反应（聚合酶链式反应）中所存在的 DNA 聚合酶在 DNA 变性温度下也会变性的问题，使 PCR 反应实现了自动化循环反应。这也是 PCR 技术能被广泛应用的重要原因。

现在市场销售的 *Taq* DNA 聚合酶是将这种酶的基因转入 *E. coli* 细胞中表达的产物。*Taq* DNA 聚合酶的相对分子质量为 95kD，有强的 5′→3′DNA 聚合酶活性，缺 3′→5′ 和 5′→3′ 外切酶活性，能扩增长达几千个碱基对的 DNA 片段。

4.2.4 修饰酶类

在基因克隆技术中，除了限制酶、连接酶、聚合酶这些主要的工具酶外，还经常使用某些酶相关功能对 DNA 或 RNA 进行分子修饰，以使操作更加巧妙、简便和高效。例如，以末端转移酶的功能为基础建立了同聚物加尾法连接 DNA 片段，使用碱性磷酸酶切除 DNA 片段 5′端的磷酸基团，以有效地防止载体 DNA 的自身环化等。下面简要介绍几种常用的修饰酶及其在基因工程中的应用。

4.2.4.1 S1 核酸酶

S1 核酸酶来源于稻谷曲霉（*Aspergillus oryzae*），是一种单链特异的核酸内切酶，在最适的酶促反应条件下，能降解单链 DNA 或 RNA，产生带 5′-磷酸的单核苷酸或寡核苷酸。它对双链 DNA、双链 RNA 和 DNA-RNA 杂交体相对不敏感，一般水解单链 DNA 的速率要比水解双链 DNA 快 75000 倍。这种酶需要低水平的 Zn^{2+} 激活，最适 pH 为 4.0~4.3。一些螯合剂（如 EDTA 和柠檬酸等）能强烈地抑制 S1 核酸酶活性。此外，磷酸缓冲液和 0.6% 左右的 SDS 溶液也可以抑制其活性。它对尿素以及甲酰胺等试剂则是稳定的。S1 核酸酶的活性作用如图 4-8 所示。

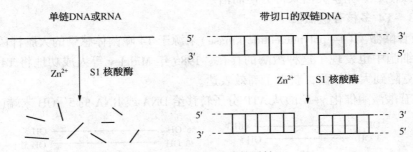

图 4-8 S1 核酸酶的活性

S1 核酸酶的单链水解功能可以作用于双链核酸分子的单链区，并从单链部位切断核酸分子，而且这种切割可以对双链 DNA 中的一个切口发生作用。应用 S1 核酸酶能够分析核酸杂交分子（RNA-DNA）的结构，测定真核基因中内含子序列的位置，去除 DNA 片段中突出的单链末端以及打开在双链 cDNA 合成中形成的发夹环结构等。

4.2.4.2 碱性磷酸酶

在基因工程中常用的碱性磷酸酶有两种：来源于大肠杆菌的叫做细菌碱性磷酸酶（bacterial alkaline Phosphatase，BAP）；来源于小牛肠道的叫做小牛肠碱性磷酸酶（calf intestinal alkaline Phosphatase，CIP）。它们的共同特性是能够催化核酸脱掉 5′-磷酸基团，从而使 DNA（或 RNA）片段的 5′-P 末端转换成 5′-OH 末端，即核酸分子的脱磷酸作用（见图 4-9）。

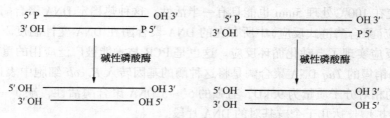

图 4-9　碱性磷酸酶的脱磷酸作用

碱性磷酸酶的这种功能对于 DNA 分子克隆是很有用的。例如，在 Maxam-Gilbert 序列分析法中，需要 5′-末端标记的 DNA 片段，为此必须在标记之前先从 DNA 分子上除去 5′-P 基团。再如，在 DNA 体外重组中，为了防止线性化的载体分子发生自我连接降低重组效率，也需要从这些片段上除去 5′-P 基团。应用碱性磷酸酶处理载体分子就可以满足这种要求。失去 5′-P 基团的线性载体 DNA 片段尽管可以正常退火，但却不能共价连接，因而对热的稳定性差，易在退火接合点发生重新解链。而插入片段（目的 DNA 片段）未经碱性磷酸酶处理，仍保留游离的 5′-P，可以与载体分子的 3′-OH 形成共价连接（在 DNA 连接酶作用下）。这样封闭的结果足以阻止重新发生解链作用。如果在连接反应之后导入宿主细胞前，对连接反应混合物作适当热处理，则没有插入外源片段的载体分子便会解链成线性分子，而不能形成转化子克隆，只有携带插入片段的重组体分子才能形成转化子克隆。

在基团操作中 CIP 更具有实用优越性，这是因为 CIP 的活性要比 BAP 高出 10～20 倍，同时 CIP 在 SDS 存在下加热到 65℃ 10min 就可以完全失活，而 BAP 却是热抗性的酶，要终止它的作用就很困难。为了去除极微量的 BAP 活性，需要用酚-氯仿反复多次抽提，远不如用热法就可以使 CIP 完全失活来得方便简洁。

4.2.4.3 T4 多核苷酸激酶

T4 多核苷酸激酶（T4 polynucleotide kinase）来源于 T4 噬菌体感染的大肠杆菌细胞。在多种哺乳动物细胞中也发现了这种激酶的存在。1985 年 Midgley 等人成功地将 T4 噬菌体编码的激酶基因克隆到大肠杆菌，获得了高效表达。

T4 多核苷酸激酶催化 γ-磷酸从 ATP 分子转移给 DNA 或 RNA 的 5′-OH 末端（见图 4-10）。

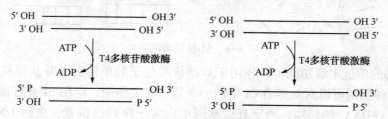

图 4-10　T4 多核苷酸激酶的活性

这种作用不受底物分子链的长短限制，甚至单核苷酸也同样适用。将 ATP 的 γ-磷酸直接转移到去磷酸化的 DNA 片段的 5′-OH 末端的反应称为正向反应。另外一种磷酸转移的方式称为交换反应，即在交换过程中，过量的 ADP 条件下 T4 多核苷酸激酶可将正常 DNA 片段的 5′-末端磷酸基团转移给 ADP，同时 DNA 片段又从 γ-^{32}P-ATP 获得放射性同位素标记的 γ-磷酸而重新磷酸化（见图 4-11）。正向反应一般比交换反应常用、有效。

T4 多核苷酸激酶在 DNA 分子克隆中的用途不仅可标记 DNA 片段 5′-末端制备杂交探针，而且还常用于人工合成的缺失 5′-P 末端寡核苷酸片段发生磷酸化，如衔接物、接头等克隆元件的 5′-磷酸化以及测序引物的 5′-磷酸标记。

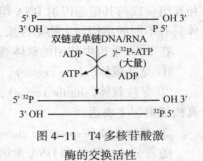

图 4-11 T4 多核苷酸激酶的交换活性

4.2.4.4 末端脱氧核苷酸转移酶

末端脱氧核苷酸转移酶（terminal deoxynucleotidyl transferase）简称末端转移酶（terminal transferase），是从小牛胸腺或髓细胞分离得到的。末端转移酶催化 DNA 片段在其 3′-OH 末端加接脱氧核糖核苷酸，合成的方向是底物的 5′→3′端。合成时不需 DNA 模板，但是底物要有一定长度，至少是 3 个碱基以上的寡核苷酸片段。反应底物可以是带有 3′-OH 的单链 DNA，也可以是 3′-末端延伸的双链 DNA，反应时需 Mg^{2+} 存在。如果在反应液中 Co^{2+} 代替 Mg^{2+}，平末端 DNA 片段也可以作为底物，而且 4 种 dNTP 中任何一种都可以作为合成反应的前体。

在基因工程中，利用末端转移酶不需模板，dNTP 中任何一个都可以作为反应前体物的特性，可以给平末端 DNA 片段 3′-OH 加上同聚物 poly（C）或 poly（G），也可以加上 poly（T）或 poly（A），形成同聚物加尾（homopolymer tailing）构建重组体的技术。例如，在合成 cDNA 反应中为了将 cDNA 与质粒载体连接，须用末端脱氧核苷酸转移酶催化，在质粒载体的 3′-末端加接寡聚鸟嘌呤脱氧核苷酸（GGGG）$_n$，而在 cDNA 的平末端上加接胞嘧啶脱氧核苷酸（CCCC）$_n$，混合后经碱基互补退火二者进行连接反应，合成带有 cDNA 片段的质粒重组体。此外，还可用同位素标记 DNA 片段的 3′-末端，在末端转移酶的作用下，与 α-^{32}P-dNTP 反应，将 α-^{32}P-dNMP 加接到 3′-末端，使 DNA 片段带有放射性同位素成为标记物。

4.3 基因工程的载体

要实现基因重组，必须将外源目的基因导入到受体细胞中，外源基因必须先与某种传递者结合后才能进入宿主细胞。这种能承载外源 DNA 片段（基因）并带入受体细胞的传递者称为基因工程载体（vector）。有用的基因亦称为目的基因或插入物，用于扩增载体及其插入物的受体细胞称为宿主，插入物的扩增过程称为分子克隆（molecular clone）。携带重组 DNA 分子的宿主称为基因工程细胞。

（1）基因工程的载体决定了外源基因的复制、扩增、传代乃至表达。基因工程载体必备一定的条件：

① 具有有效的运载能力，能够进入宿主细胞。

② 对多种限制酶有单一或较少的切点，最好是单一切点。

③ 本身是一个复制子，携带外源目的基因前后均能在宿主内自主复制，或者能够整合到宿主细胞中。

④ 在宿主内能控制外源基因的表达活动。

⑤ 要有筛选标记，鉴定方便，装卸手续简单。

⑥ 容易控制，安全可靠。

（2）目前已构建应用的基因工程载体有：质粒载体、病毒载体及噬菌体载体以及由它们相互组合或与其他基因组 DNA 组合成的载体。目前应用最多的是细菌质粒载体，但不同载体具有不同的结构与生物学性质，适用于不同目的。

在 DNA 重组中使用的载体有：

① 克隆载体（clone vector），即以繁殖 DNA 片段为目的的载体。

② 穿梭载体（shuttle vector），用于真核生物 DNA 片段在原核生物中增殖，然后再转入真核细胞宿主表达。

③ 表达载体（expression clone），用于目的基因的表达。

随着分子生物学和 DNA 重组技术的发展，载体不仅要具有上述那些最基本的要求，而且还需要符合特定的要求，如高拷贝数、具有强启动子和稳定的 mRNA、具有高的分离稳定性和结构稳定性、转化频率高、宿主范围广、插入外源基因容量大，而且可以重新完整地复制与转录、应与宿主相匹配等。另外，载体在宿主不生长或低生长速率时应仍能高水平地表达目的基因。但完全达到这些要求的载体很少，特别是当动物细胞作为宿主细胞时，目前能用的主要是病毒，进入宿主的目的基因一般只能是一个基因，而以基因组或多个基因同时进行重组还有一定困难，需要进一步的研究和开发。

4.3.1 质粒克隆载体

用于实现基因工程操作的质粒称为质粒克隆载体。质粒（plasmid）是细胞内一类独立于染色体之外而能自我复制的遗传物质。除酵母杀伤质粒（killer plasmid）为 RNA 外，其余质粒大多为环状双螺旋小分子 DNA，相对分子质量相差甚大，小者不到 1kD，大者超过 500kD，每个质粒都有一段 DNA 复制起始点的序列，它帮助质粒 DNA 在宿主细胞中复制。在宿主内它可伴随宿主染色体复制而复制，是宿主内共生物，而质粒在宿主中是否存在与宿主生死存亡无关。质粒相对分子质量较小，故易于在宿主间转移和迁移。但可编码宿主染色体所不具有的基因，表现出非染色体控制的遗传性状，赋予宿主细胞额外的遗传特性，如抗生素抗性，此外尚可编码产生抗生素酶系、糖酵解酶系、降解芳香化合物酶系、肠毒素及限制-修饰酶系等。

4.3.1.1 质粒类型

质粒类型较多，根据其赋予宿主的遗传性状，*E. coli* 质粒分为 F 因子（或性因子）、R 质粒（抗药性因子）及 Col 质粒（产生大肠杆菌素因子）。根据转移性质，又分为接合型质粒及非接合型质粒。前者除可自我复制外，亦编码细菌配对和质粒结合转移基因；而后者为不能自我转移的质粒，其中编码大肠杆菌素基因的称为 *E. coli* Col 质粒，编码抗生素抗性基因的称为 *E. coli* R 质粒。有些质粒在每个宿主细胞中可以有 10~100 个拷贝，称为高拷贝质粒，还有一些质粒在每个细胞中只有 1~10 个拷贝，称为低拷贝质粒。质粒拷贝数的常用定义是指生长在标准的培养基条件下，每个细胞中所含有的质粒 DNA 分子的数目。当两种或两种以上不同类型的质粒不能够在一个宿主中共存时，它们就属于一个单一的不相容组（single incompatibility），而来源不同的不相容组的质粒则可以在同一细胞中共存。

根据复制控制类型，又可将质粒分为严紧型复制控制质粒（stringent plasmid）及松弛型复制控制质粒(relaxed plasmid)。前者复制与宿主染色体同步，并与宿主蛋白质合成有关，而与 DNA 聚合酶Ⅰ活性无关，蛋白质合成终止，质粒与宿主染色体复制亦停止，故每个宿主中质粒拷贝数只能达到 1 至数个；松弛型复制控制质粒的复制与宿主染色体复制不同步，并与 DNA 聚合酶Ⅰ活性有关，与蛋白质合成功能无关，蛋白质合成终止，质粒仍可复制，因此每个宿主中质粒拷贝数可达 10~200 个，故若需提取质粒，通常用氯霉素处理宿主，以阻止蛋白质合成及染色体复制，从而可使宿主中质粒拷贝数增至数千个。在基因工程中为提高工程菌表达效率，一般选用松弛型复制控制质粒作为载体。

4.3.1.2 质粒克隆载体必备条件

质粒克隆载体必备条件是：

(1) 其分子结构中必须具有多个单一限制酶切割位点，且切点最好均位于选择性标记上。

(2) 构建重组质粒后必须具有转化功能。

(3) 最好带有两个以上强选择性标记。

(4) 分子质量较小，为松弛型复制控制，易于操作。

(5) 宿主范围小，无感染性，不受其他质粒诱动。

4.3.1.3 质粒载体选择

基因工程中需根据上述原则及具体情况选择适当的质粒载体。目前通过 DNA 重组技术已构建了许多人工质粒供基因重组应用，如 pBR322、pBH10、pBH20、pTR262、pAT153、pMK16、pKC7 等。因篇幅所限本书仅介绍 pBB322、pUC19。

(1) 质粒载体 pBR322。pBR322 是一个人工构建的重要质粒，有万能质粒之称，是目前应用最广泛的载体之一(见图 4-12)。通常人们用小写 p 来代表质粒，而用一个英文缩写或数字来对这个质粒进行描述。以 pBR322 为例，BR 代表研究出这个质粒的研究者 Bolivar 和 Rogigerus，而 322 是与这两个科学家有关的数字编号。pBR322 大小为 4363bp，含有 2 个抗生素抗性基因(抗氨苄青霉素和抗四环素)；还有单一的 *Bam*HⅠ、*Hind*Ⅲ、*Sal*Ⅰ的识别位点，这 3 个位点都在四环素抗性基因内；另一个单一的 *Pst*Ⅰ识别位点在氨苄青霉素抗性基因内。pBR322 带有一个复制起始位点，保证这个质粒只在大肠杆菌里行使复制功能，但在大肠杆菌里，pBR322 以高拷贝数存在。pBR322 为人工构建的松弛型复制控制质粒，带有抗药性基因，但已不能在自然界的宿主细胞间转移，同时应用安全菌株，亦不会引起抗生素抗性基因传播。由于带有双重抗生素抗性基因，因此在基因工程操作中非常有用。

(2) 质粒载体 pUC19。pBR322 是一个使用非常广泛的质粒载体，但是它带的单一克隆位点比较少，筛选程序比较费时，所以人们使用了多克隆位点(multiple cloning site，MCS)技术对 pBR322 进行改造，常用的 pUC 载体就是一个有代表性的例子。在 pBR322 质粒载体的基础上，组入了一个在其 5′-末端带有一段多克隆位点的 *lacZ*′ 基因，而发展成为具有双功能检测特性的新型质粒载体系列。

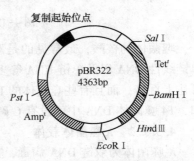

图 4-12 质粒 pBR322 的结构

质粒 pUC19，它的大小为 2686 bp，带有 pBR322 的复制起始位点，一个氨苄青霉素的抗性基因和一个大肠杆菌乳糖操纵子 β-半乳糖苷酶基因(*lacZ*′)的调节片段，一个对 *lacZ*′ 基因表达有调节作用的阻抑蛋白(repressor)基因 *lacI*。质粒 pUC 19 有多克隆位点，含有氨苄青霉素抗性(Amp^r)基因，可以通过颜色反应和 Amp^r 抗性对转化体进行双重筛选。

筛选含有 pUC 19 质粒细胞的过程比较简单：如果细胞含有未插入目的 DNA 的 pUC 19 质粒，在同时含有 IPTG(*lac* 操纵子的诱导物)和 X-gal 的培养基上培养时将会形成蓝色菌落；如果含有已经插入目的 DNA 的 pUC19 质粒，在同样的培养基上培养将会形成白色菌落。故可以根据培养基的颜色反应非常方便地筛选出重组子。

另外还有一种穿梭质粒载体(shuttle plasmid vector)，它是一类由人工构建、具有 2 种不同复制起点和选择标记，可在 2 种不同的寄主细胞中存活和复制的质粒载体。由于这类质粒载体可以携带着外源 DNA 序列在不同物种的细胞之间(特别是在原核和真核细胞之间)往返穿梭，故在基因工程研究工作中非常有用。

4.3.2 噬菌体载体

质粒载体可以携带的最大 DNA 片段一般在 10kb 左右，但要构建一个基因文库(gene library)，往往需要克隆更大一些的 DNA 片段，以减少文库中克隆的数量。所以噬菌体载体就成为一种克隆载体。

4.3.2.1 噬菌体结构与核酸类型

不同种类的噬菌体颗粒，在结构上有很大的差别。一般包括无尾部结构的二十面体型、具尾结构的二十面体型和线状体型。如图 4-13 所示。

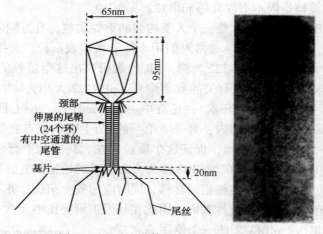

图 4-13 T4 噬菌体的电镜照片及结构模型

噬菌体的核酸，最常见的是双链线性 DNA，另外也有双链环形 DNA、单链环形 DNA、单链线性 DNA 以及单链 RNA 等多种形式。不同种噬菌体之间，其核酸的相对分子质量相差可达上百倍，而且有些噬菌体的 DNA 碱基并不是由标准的 A、T、G、C 四种碱基组成。例如，T4 噬菌体 DNA 中就没有 C 碱基，取代的是 5-羟甲基胞嘧啶(HMC)。

4.3.2.2 λ噬菌体载体

λ噬菌体为双链 DNA 病毒，其宿主为 *E.coli*，在宿主内具有溶菌及溶源两种生活方式。在溶源方式中，噬菌体感染后其 DNA 将整合到宿主染色体 DNA 中，伴随宿主染色体复制而复制。在溶菌方式中，噬菌体感染宿主后，λDNA 控制着宿主生物合成机构，终止宿主染色体 DNA 控制的信息表达并分解宿主 DNA，大量合成噬菌体 DNA 和外壳蛋白，并包装成完整的噬菌体颗粒，最后宿主溶解释放出大量有活力的完整噬菌体。

λ 噬菌体 DNA 是由 48502bp 组成的线形双螺旋分子，相对分子质量为 $3.1×10^7$D，迄今已发现其编码 61 个基因，其中有一半基因控制着生命活动周期，其余部分可被外源性目的基因所取代而不影响噬菌体的生命活动，并可控制外源基因表达。野生型 λ 噬菌体 DNA 两端均具有 12 个核苷酸组成的黏性末端，两末端碱基完全互补，在宿主内可形成环状结构。

4.3.2.3 λ 噬菌体 DNA 克隆载体

野生型 λ 噬菌体 DNA 对目前在基因克隆中常用的大多数限制性核酸内切酶都具有多个限制位点，例如，有 5 个 *EcoR* I 的限制位点和 7 个 *Hind* III 限制位点，它显然不适合于用作基因克隆的载体，必须使用遗传学方法加以改造，消除一些多余的限制位点和切除非必需的区段。目前已构建的 λDNA 载体有两大类型：一为插入型载体，即外源的 DNA 克隆到插入型 λ 载体分子上，会使噬菌体的某种生物功能丧失效力，即所谓的插入失活效应。根据插入失活效应的特异性，插入型 λ 载体又可以进一步区分为免疫功能失活（inactivation of immunity function）和大肠杆菌 β-半乳糖苷酶失活（inactivation of *E. coli* β-galactosidase）两种亚型。即可在单一限制酶位点插入外源性目的基因的载体。二为取代型载体（substitution vector），是一类在 λ 噬菌体基础上改建的，在其中央部分有一个可以被外源插入的 DNA 分子所取代的 DNA 片段的克隆载体。λ 噬菌体载体容纳外源性目的基因的大小一般为 15kb 左右。

4.3.2.4 λ 重组分子的体外包装

以 λ 噬菌体 DNA 为载体构建的重组 DNA 分子必须包装成完整病毒颗粒后才具有感染宿主的能力。其过程是将 λ 噬菌体头部蛋白、尾部蛋白及重组 DNA 分子在适当条件下混合，即可自动包装成完整噬菌体颗粒。为提供噬菌体包装蛋白、头部前体及尾部蛋白，需制备两个琥珀突变种噬菌体，一个是 Damλ 噬菌体，在其感染宿主后的溶菌物中产生大量 λ 噬菌体头部蛋白；其二为 λ 噬菌体 Earn 突变体，在感染宿主后的溶菌物中可产生高浓度噬菌体尾部蛋白。上述溶菌物与重组 DNA 混合后，基因 E 产物（主要为外壳蛋白）在基因 A 产物的作用下，与基因 D 产物一起将重组 DNA 包装成噬菌体头部，在基因 W 及基因 F 产物作用下，将头部与尾部连接成完整噬菌体颗粒。每微克重组 DNA 包装为完整噬菌体颗粒后对宿主感染作用可达 10^6 个噬菌斑，较不包装的重组 DNA 分子转化率高 100~10000 倍。

4.3.3 柯斯质粒载体

柯斯质粒（cosmid）载体，是一类由人工构建的含有 λDNA 的 cos 序列和质粒复制子的特殊类型的质粒载体。"cosmid"一词是由英文"cos site-carrying plasmid"缩写而成的，其原意是指带有黏性末端位点（cos）的质粒。其结构中有 λDNA 的黏性 cos 末端序列、质粒复制起始区及质粒的一个抗药性标记、一个或多个限制酶切位点，所以柯斯质粒是具有质粒与 cos 噬菌体 DNA 载体双重性质的特殊载体。柯斯质粒可克隆携带 40kb 大小的 DNA 片段，并在大肠杆菌中复制保存，所以柯斯质粒综合了质粒载体和噬菌体载体二者的优点，常用于构建真核生物基因组文库。

4.3.4 YAC 载体

YAC 载体是酵母人工染色体（yeast artificial chromosome）的缩写，在酵母细胞中克隆大片段外源 DNA 的克隆体系，是由酵母染色体中分离出来的 DNA 复制起始序列、着丝点（centromere，CEN）、端粒（telomere，TEL）以及酵母选择性标记组成的能自我复制的线性克隆载体。简单地说，酵母人工染色体载体有两个臂，每个臂的末端有一个端粒，而臂上有人工染色体所需的一切元件。除此之外，还有选择标记，人们可以从酵母宿主细胞中筛选出重组的人工染色体。实际上 YAC 载体是以质粒的形式出现的，该质粒的长度为 11.4kb。当用 YAC 载体进行克隆时，先用酶对其进行水解，回收两个臂，然后外源大片段 DNA 就可以同两个臂连接，形成真正意义上的人工染色体。实验结果证明，每个 YAC 都可以装进有 100 万碱基以上的大片段 DNA，比柯斯质粒装载能力要高数倍。YAC 既可以保证基因结构的完整性，又可以大大减少核基因库所需的克隆数目，从而使文库的操作难度减少。这种能组装大片段 DNA 的质粒对当前生物基因组计划的开展具有重要意义。YAC 载体克隆如图 4-14 所示。

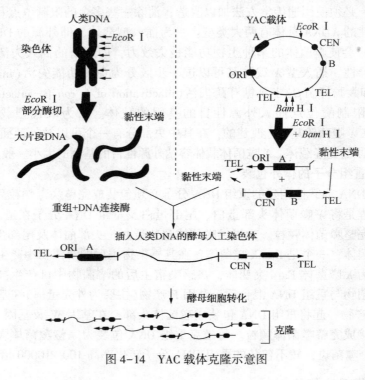

图 4-14　YAC 载体克隆示意图

4.4　DNA 重组技术的基本过程

　　基因工程的核心是 DNA 重组技术，因此有人将基因工程称作重组 DNA 技术。其利用类似工程技术的方法，在离体条件下，将特定基因或 DNA 序列插入到载体 DNA 中构成重组 DNA，再将它导入特定生物细胞中，使外源基因在其中进行复制、表达，从而制造出大量基因和基因产物，并改变受体生物性状。利用基因工程这一高新技术，可以生产出采用传统技术难以获得或不可能获得的许多产品，如珍贵的药物、酶类、肽类激素等；可以打破生物种属界限，定向改造生物基因组结构，按照人类需要培育和创造新物种；可以用于治疗分子病等。因此，基因工程对医学、工农业生产等人类社会经济发展都有着重要意义。正是因为基因工程的出现，才使得人类开始进入一个可以按照自己需要来改造和创造新的蛋白质分子和新的物种的时代。DNA 重组技术的基本过程包括四个方面，即：目的基因的制取、目的基因与载体 DNA 的连接、DNA 的体外重组和转化、DNA 重组体导入受体细胞。

4.4.1 目的基因的制取

基因工程操作过程必须有相应的目的基因，目的基因一般均是结构基因。基因工程的目的是通过优良性状相关基因的重组而获得具有高度应用价值的新物种。所以需从现有生物群体中分离出特定目的基因。

4.4.1.1 物理法获得目的基因

由于不同基因的结构与物理特性存在一定差异，故染色体 DNA 等生物大分子经限制酶切割或机械破碎后，可产生编码不同基因的 DNA 片段，若不同基因中的 G-C 碱基对与 A-T 对含量有差异，则含 G-C 对高者，其密度高于总体 DNA 及其他 DNA 片段；否则相反。故可用极精密的密度离心法或凝胶电泳分离，溴化乙锭染色，通过荧光显微镜观察各 DNA 片段区带位置，取出相应区带进行基因鉴定，或者采用核酸杂交法及瑟萨恩（Southern）印迹转移技术进行鉴定与分离。到目前为止，应用物理分离技术已成功地获得了海胆组蛋白基因、苏云金杆菌晶体蛋白基因、多角病毒的多角体蛋白基因及 β-半乳糖苷酶基因等。

4.4.1.2 化学合成目的基因

通过化学法合成 DNA 分子，对分子克隆和 DNA 鉴定方法的发展起到了重要作用。合成的 DNA 片段可用于连接成一个长的完整基因，用于 PCR 扩增目的基因、引入突变、作为测序引物等，还可用于杂交。单链 DNA 短片段的合成已成为分子生物学和生物技术实验室的常规技术，现在已能利用 DNA 合成仪全自动快速合成 DNA 片段。出于每种细胞都有其偏爱的密码子，故可在化学合成 DNA 片段时对密码子进行重新设计，使其更适合于特定的宿主细胞。目前化学合成法有磷酸二酯法、磷酸三酯法及固相亚磷酸三酯法等。

4.4.1.3 从基因文库中提取目的基因

建立基因文库是从大分子 DNA 上获取目的基因——编码某一蛋白质的基因的有效方法之一。在原核生物中，结构基因通常会在基因组 DNA 上形成一个连续的编码区域，但在真核细胞中，外显子往往会被内含子分开。所以对于原核基因和真核基因的分离，要分别采用不同的克隆步骤。

（1）原核生物目的基因的获得。在原核细胞中，目的 DNA 通常占总染色体 DNA 的 0.02%。要克隆原核基因，首先要用限制性核酸内切酶对总 DNA 酶解，然后把这些不同大小的 DNA 片段与载体连接形成重组 DNA 分子，再对带有外源 DNA 片段的重组克隆进行鉴定、分离、再培养和进一步鉴定。整个过程称为基因文库的构建，从定义上讲，一个完整的基因文库应该包括目的生物体所有的基因组 DNA。

构建基因文库大多采用一种识别四个碱基序列的限制性核酸内切酶（如 Sau3A1）进行酶解，通过调整酶解反应的条件可以使它部分酶解基因组 DNA，产生出所有的可能大小的片段。由于限制性核酸内切酶的位点在基因组 DNA 上并不是随机排列的，导致有些片段可能会太大而无法克隆，这时文库就不完整，因此要找到某一个特异的目的 DNA 片段也许就要难一些。

构建了文库以后，就需要鉴定出文库中带有目的序列的克隆。对此有三种通用的鉴定方法：一是用标记的 DNA 探针作 DNA 杂交；二是用抗体对蛋白产物进行免疫杂交；三是对蛋白的活性进行鉴定。

在一个文库里人们有可能得不到某个基因的完整序列，这就需要用另一个不同的限制酶去构建另一个文库，再用原先的探针进行筛选。还可以构建一种插入片段比原来核基因的平均长度大的基因文库，以增加获得完整目的基因的可能性。

（2）真核生物目的基因的获得。真核生物目的基因同样可以从基因文库中获得。但是真核生物基因组比原核生物基因组要大得多，基因组文库的复杂性比互补 DNA 文库高。在建立的基因文库中，尚含有非转录和非翻译序列，真核基因中含有能转录但不能翻译的内含子序列，翻译 RNA 在细胞核中除去内含子后转移到细胞质中合成蛋白质，而且包含目的基因的一个基因组的克隆尚可能含有任意插入物或在其附近含有非转录序列，故从基因组文库中获得的重组基因在宿主中的表达尚有许多问题需要解决。但是，互补 DNA(cDNA) 文库仅含有转录与翻译序列，由于互补 DNA 文库是以细胞浆中 mRNA 群体为模板，利用反转录酶的作用而合成的基因群体。所以对于真核生物，常常先构建 cDNA 库，然后再从 cDNA 文库中获取目的基因。在建立 cDNA 文库时，若选择的细胞或组织类型合适，就容易从 cDNA 文库中筛选出所需的基因序列。

一个 cDNA 文库的组建包括如下步骤：

① 分离表达目的基因的组织或细胞。

② 从组织或细胞中制备总 RNA 和 mRNA。

③ 预先设计 cDNA 合成引物、反转录酶及 4 种脱氧核苷三磷酸和相应的缓冲液（ Mg^{2+} ）等，以 mRNA 作为模板，合成第一条 cDNA 链。

④ 第二条 cDNA 链合成。

⑤ cDNA 的甲基化和接头的加入。

⑥ 双链 cDNA 与载体的连接。

在生物细胞中，特定蛋白质与其 mRNA 模板在细胞质中形成复合物，若用该蛋白的相应抗体与合成该蛋白的细胞浆混合，则可产生沉淀，沉淀中即含该蛋白的模板 mRNA，将其纯化后，利用互补 DNA 文库的原理即可合成相应蛋白质基因。另外，在互补 DNA 文库中，如果目的基因获得表达，那么其产生的相应蛋白可用免疫法鉴定，或通过对表达的蛋白质的活性加以检测。所以互补 DNA 文库培养板可通过移植或将噬菌斑从主板转移至复制板上，然后对复制板进行筛选，找出主板中相应菌落，再进行扩增，亦可制备出相应基因。迄今利用互补 DNA 文库技术已合成了人生长激素、人干扰素、人尿激酶等基因。

4.4.1.4　利用 PCR 法扩增目的基因

1985 年，美国 Cetus 公司的 Mullis 等建立起了一套大量快速地扩增特异 DNA 片段的系统，即聚合酶链式反应(polymerase chain reaction，PCR) 系统(见图 4-15)，这一实用性的发明在分子生物学领域带来了一场重大的变革。1993 年，Mullis 获得诺贝尔奖，同样 PCR 技术成了体外通过酶促反应快速扩增特异 DNA 片段的基本技术。

（1）PCR 技术要求反应体系具有以下条件：

① 要有与被分离的目的基因中两条链各一端序列互补的 DNA 引物(约 20bp)。

② 具有热稳定性的酶，如 *Taq* DNA 聚合酶。

③ dNTP。

④ 作为模板的目的 DNA 序列。一般 PCR 反应可扩增出 100~5000bp 的目的基因。

（2）PCR 反应过程包括以下几个步骤：

① 变性，将模板 DNA 置于 95℃ 的高温下，使双链 DNA 的双链解开变成单链 DNA。

② 退火，将反应体系的温度降低到 55℃ 左右，使得一对引物能分别与变性后的两条模板链相配对。

③ 延伸，将反应体系温度调整到 *Taq* DNA 聚合酶作用的最适温度 72℃，以目的基因为

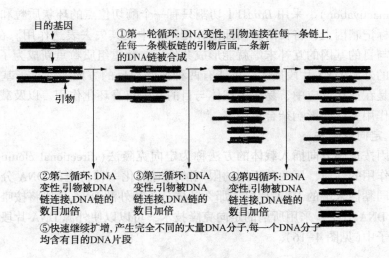

图 4-15 PCR 扩增原理示意图

模板，合成新的 DNA 链。

（3）PCR 技术具有以下两个特点：

① 能够指导特定 DNA 序列的合成，因为新合成的 DNA 链的起点是由加入在反应混合物中的一对寡核苷酸引物在模板 DNA 链两端的退火位点决定的。

② 能够使特定的 DNA 区段得到迅速大量的扩增。由于 PCR 所选用的一对引物，是按照与扩增区段两端序列彼此互补的原则设计的，所以每一条新合成的 DNA 链上都具有新的引物结合位点，并加入下一反应的循环，最后经过 2 次循环后，反应混合物中所含有的双链 DNA 分子数，即两条引物结合位点之间的 DNA 区段的拷贝数，理论上最高可达到 2^2。正因为 PCR 技术可在短时间内大量扩增目的 DNA 片段，从而使得 PCR 技术在生物学、医学、人类学、法医学等许多领域内获得了广泛的应用，可以说 PCR 技术给整个分子生物学领域带来了一场变革。

在获得目的基因时，除了用到普通的 PCR 方法外，还可用到一些改进的 PCR 方法，如反转录 PCR（retrotranscription PCR，RT PCR）、锚定 PCR（anchord PCR）和反向 PCR（reverse PCR）等。

4.4.2 目的基因与载体 DNA 的连接

含有目的基因的 DNA 片段，必须同适当的能够自我复制的 DNA 分子，如质粒、病毒分子等结合后，构成重组分子，才能够通过转化或者其他途径导入宿主细胞，并能进行正常的增殖，从而使目的基因获得表达。

DNA 分子的体外重组技术，主要是依赖于限制性核酸内切酶和 DNA 连接酶的作用。用限制性核酸内切酶切割 DNA 分子后，能形成具有 1~4 个单链核苷酸的黏性末端。使用同样的限制酶切割载体和外源 DNA 分子，或者使用能够产生相同就性末端的限制酶切割时，具有互补黏性末端的目的基因与载体 DNA 在 DNA 连接酶的作用下形成共价键，就能够形成重组 DNA 分子。

4.4.2.1 插入灭活法
将外源性基因插入选择性标记中使其失活的连接方法称为插入失活法，也叫插入失活效应(insertional inactivation)。采用 *BamH* I 切割只有一个酶切位点的环状质粒和外源目的基团时，且切点在标记基因上，将目的基因插入标记基因中使其失去表达作用。在 T4 连接酶的催化下，质粒与目的基因的互补末端就能形成共价键，使重组质粒重新成为了环状质粒。但这种方法得到的外源 DNA 片段插入，可能有两种彼此相反的方向，这对于基因克隆是很不方便的。另外是在连接反应中，易产生载体与目的基因自身环化作用，以及载体和目的基因自身线性聚合作用，从而影响杂合重组率。

4.4.2.2　定向克隆法

将目的基因按正确方向插入载体的方法称为定向克隆法(directional cloning)。根据限制性核酸内切酶作用的性质，用两种不同的限制酶同时消化一种特定的 DNA 分子，将会产生出具有两种不同黏性末端的 DNA 片段，那么载体分子和外源 DNA 片段将按唯一的一种取向退火形成重组 DNA 分子。采用所谓的定向克隆技术，可以以使外源 DNA 片段按一定的方向插入到载体分子中(见图 4-16)。

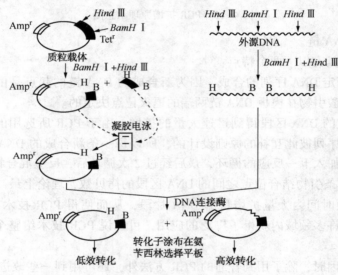

图 4-16　外源 DNA 片段的定向克隆

载体分子和目的 DNA 片段经不同的限制酶切割后，并不一定总能产生互补的黏性末端，有时产生的是非互补的黏性末端和平末端。在一定的条件下，平末端的 DNA 片段，可以用 T4DNA 连接酶进行连接；而具有非互补黏性末端的 DNA 片段，需要经单链 DNA 特异性的 S1 核酸酶处理变成平末端后，再使用 T4DNA 连接酶进行有效连接。平末端 DNA 片段之间的连接效率一般明显地低于黏性末端间的连接作用，而且重组后就不能在原位切除。

常用的平末端 DNA 片段连接法，主要有同聚物加尾法、衔接物连接法及接头连接法。

为了在连接反应中让尽可能多的外源 DNA 片段能插入到载体分子中形成重组 DNA，就必须提高连接反应的效率。为了提高效率，一般从以下几个方面考虑：①采用碱性磷酸酶处理、同聚物加尾连接技术或采用柯斯质粒等手段防止未重组载体的再环化，减少非重组体"克隆"的出现；②合理正确地调节 DNA 的总浓度以及载体 DNA 和外源 DNA 之间的比例，提高连接反应的效率；③根据不同的反应类型控制合理的反应温度和时间，可以大幅度提高转化子的效率。

4.4.3　DNA 重组体导入受体细胞

带有外源 DNA 片段的重组子在体外构建后，需要导入到适当的宿主细胞中进行繁殖，才能获得大量而且一致的重组体 DNA 分子，这一过程叫做基因的扩增（gene amplification）。所以选定的宿主细胞必须具备使外源 DNA 进行复制的能力，而且还应能表达重组体分子所提供的某些表型特征，以利于转化细胞的选择和鉴定。

体外重组 DNA 分子若不导入适当宿主细胞则不能显示其生命活力，且会随时间推移而逐渐降解，故需采用适当技术将其导入宿主细胞内，才能使目的基因得到大量扩增和表达。

随着基因工程的发展，从低等的原核细胞到简单的真核细胞，进一步到结构复杂的高等动植物都可以作为基因工程的受体细胞。但外源重组 DNA 分子能否有效地导入受体细胞，并实现高效表达则取决于各种因素，如受体细胞、克隆载体、基因转移的方法等诸多因素。根据自然界中遗传物质在生物细胞间传递的原理和方式，已研究出多种转移技术，如转化（transformation）、转导（transduction）、转染（transfection）、细胞融合（cell fussion）及脂质体介导（liposome）等。

4.4.3.1　受体细胞

DNA 重组使用的受体细胞，也称宿主细胞或基因表达系统。受体细胞为基因的复制、转录、翻译、后加工及分泌等提供了条件。受体细胞的选择是根据所用的载体体系及各种受体细胞的基因型确定的，要求达到重组体的转化或转染效率高、能稳定传代、受体细胞基因型与载体所含的选择标记匹配、易于筛选重组体及外源基因、可以高效表达和稳定积累等条件。

（1）微生物作为受体细胞。大肠杆菌、枯草芽孢杆菌、酵母和霉菌等已经广泛用作基因工程的宿主细胞。但大肠杆菌表达产物常常在细胞内形成不溶性包含体，以不正常的蛋白折叠形式存在，需要将包含体溶解和使蛋白质复性后才能得到具有生物活性的目标蛋白质。表达产物分离提纯的流程长、工艺复杂、具有生物活性蛋白质的收率低。通过遗传改造后的大肠杆菌宿主细胞可以使分泌表达目标产物的能力增加。

枯草芽孢杆菌主要用于分泌型表达，其缺点是表达产物容易被枯草芽孢杆菌分泌的蛋白酶水解，而且重组质粒在枯草芽孢杆菌中的稳定性较差；链霉菌培养方便、产物分泌能力强，常用于抗生素抗性基因和生物合成基因表达；啤酒酵母安全、不致病、不产生内毒素，而且是真核生物，对其肽链糖基化系统改造后，已广泛用于真核生物基因的表达。

（2）动、植物细胞作为受体细胞。在植物细胞中使用的载体很有限，一般都用于转基因植物，很少用于植物细胞培养工程。目前主要是利用农杆菌转染法将目的基因导入植物，因此较多使用双子叶植物表达系统。

昆虫细胞既能表达原核基因，又可表达哺乳动物基因，且有较强的分泌能力和修饰能力，但糖基化的寡糖链与人类糖蛋白相差较大，目前多用于抗体的生产。哺乳动物细胞具有很强的蛋白质合成后的修饰能力并能将表达产物分泌到胞外，可用于表达人类各种糖蛋白，但培养条件苛刻，成本较高，且易污染。目前，常用的动物受体细胞有 L 细胞、Hela 细胞、猴肾细胞和中国仓鼠细胞（CHO）等。

4.4.3.2　重组 DNA 分子导入受体细胞

将外源重组子导入受体细胞的方法有很多，其中转化（转染）和转导主要适用于原核的生物细胞和低等的真核细胞（酵母），而显微注射和电穿孔主要应用于高等动植物的真核细胞。

（1）转化作用。对于原核细胞，常采用转化的方法将目的基因导入受体细胞。原核细胞的转化过程就是一个携带目的基因的重组 DNA 分子通过与膜结合而进入受体细胞，并在细胞内复制和表达的过程。转化过程包括制备感受态细胞和转化程序。

感受态细胞（competent cell）是指处于能摄取和容纳外界 DNA 分子的生理状态的细胞。

将携带某种遗传信息的外源性 DNA 分子引入宿主细胞，通过 DNA 之间的同源重组作用，获得具有新遗传性状生物细胞的过程称为转化作用。若直接吸收以温和噬菌体或病毒 DNA 为载体所构成的重组 DNA 分子的过程称为转染作用。所以转染是转化的一种特殊形式。

转化作用是使外源性 DNA 进入宿主细胞，但宿主必须转变为感受态细胞。感受态细胞的制备应注意：

① 在最适培养条件下培养受体细胞至对数生长期，使受体细胞密度 OD_{600} 在 0.4 左右。

② 选用 $CaCl_2$ 溶液，制备的整个过程温度控制在 0~4℃。

大肠杆菌是使用最广泛的基因克隆受体，需经诱导才能变成感受态细胞；而有些细胞则需要改变培养条件和培养基就可变成感受态细胞。

（2）转导作用。基因工程中借温和噬菌体或病毒的感染作用而将外源 DNA 分子转移到宿主细胞内的过程称为转导作用。要以噬菌体颗粒感染受体细胞，首先必须将重组噬菌体 DNA 分子进行体外包装。具有感染能力的噬菌体颗粒除含有噬菌体 DNA 分子外，还包括外被蛋白。所以需建立噬菌体体外包装技术，即在体外模拟噬菌体 DNA 分子在受体细胞内发生的一系列特殊的包装反应过程，将重组噬菌体 DNA 分子包装成成熟的具有感染能力的噬菌体颗粒的技术。

转导作用分为限制型转导和广义转导。以温和噬菌体和病毒 DNA 为载体构成的重组 DNA 分子，经体外包装成完整噬菌体或病毒颗粒的转导作用称为限制型转导作用；而任意 DNA 片段或重组 DNA 分子经体外包装成完整噬菌体颗粒的转导作用称为广义转导作用。

（3）脂质体介导的融合作用。将重组 DNA 分子包埋于脂质体微囊内，通过脂质体微囊与宿主细胞的融合作用，从而将外源性目的基因转移至宿主细胞内的过程。脂质体是人工构建的由磷脂双分子层组成的膜状结构。在形成脂质体时，可把目的 DNA 分子包在其中，在 PEG 或其他促溶剂存在下，将该种脂质体与受体细胞混合后，在一定条件下即产生融合作用，从而将重组 DNA 分子导入受体细胞。脂质体介导法的原理是受体细胞的细胞膜表面带负电荷，脂质体颗粒带正电荷，利用不同电荷间引力，就可将 DNA、mRNA 及单链 RNA 等导入细胞内。

（4）高压电穿孔。外源 DNA 分子还可以通过电穿孔法转入受体细胞。所谓电穿孔法（electroporation），就是把宿主细胞置于一个外加电场中，通过电场脉冲在细胞壁上打孔，DNA 分子就能够穿过孔进入细胞。通过调节电场强度、电脉冲频率和用于转化的 DNA 浓度，可将外源 DNA 导入真核细胞中。电穿孔法的基本原理是在适当的外加脉冲电场作用下，细胞膜（其基本组成为磷脂）由于电位差太大而呈现不稳定状态，从而产生孔隙使高分子（如 DNA 片段）和低分子物质得以进入细胞质内，但还不致于使细胞受到致命伤害。切断外加电场后，被击穿的膜孔可自行复原。电压太低时 DNA 不能进入细胞膜，电压太高时细胞将产生不可逆损伤，故电压应控制在 300~600V 范围内，温度以 0℃为宜。较低的温度可使穿孔修复迟缓，以增加 DNA 进入细胞的机会。用电穿孔法实现基因导入比 $CaCl_2$ 转化法方便、转化率高，但该法需要专门的电穿孔仪。

110

(5) 其他转移技术。基因枪法，又称粒子轰击法，基因枪技术轰击等，它是指金属微粒在外力作用下达到一定速度后，可以进入植物细胞，但又不引起细胞致命伤害，仍能维持细胞正常的生命活动。利用这一特性，先将含目的基因的外源 DNA 同钨、金等金属微粒混合，使 DNA 吸附在金属微粒表面，随后用基因枪轰击，通过氦气冲击波使 DNA 随高速金属微粒进入植物细胞。该法普遍应用于转基因植物，无论是植物器官还是组织都能应用。

　　利用显微操作系统和显微注射技术将外源基因直接注入实验动物的受精卵原核，使外源基因整合到动物基因组，再通过胚胎移植技术将整合有外源基因的受精卵移植到受体的子宫内继续发育，进而得到转基因动物，如图 4-17 所示。

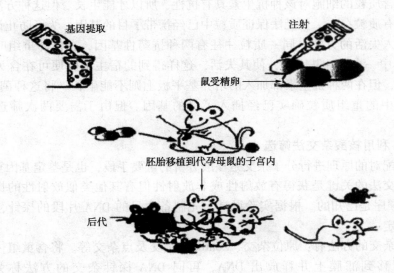

图 4-17　转基因鼠

　　磷酸钙或 DEAE 葡聚糖介导的转染法也可用于动物细胞。这是外源基因导入哺乳动物细胞进行瞬时表达的常规方法。哺乳动物细胞能捕获黏附在细胞表面的 DNA 磷酸钙沉淀物，并能将 DNA 转入细胞中，从而实现外源基因的导入。

　　DEAE(二乙胺乙基葡聚糖)是一种高分子多聚阳离子材料，能促进哺乳动物细胞捕获外源 DNA 分子。其作用机制可能是 DEAE 与 DNA 结合后抑制了核酸酶的活性，或 DEAE 与细胞结合后促进了 DNA 的内吞作用。

4.4.4　重组体的筛选

　　目的基因和载体连接组成重组 DNA 分子并导入宿主细胞后，由于操作失误及不可预测因素的干扰等，并非能全部按照预先设计的方式进行重组和表达，真正获得目的基因并能有效表达的克隆子只是其中的一小部分，绝大部分仍是原来的受体细胞，或者是不含目的基因的克隆子。所以为了从众多的转化子克隆中分离出真正的目的基因的重组体克隆子，就必须对重组体 DNA 进行筛选(screening)。

　　重组体筛选的方法归纳起来可分为两种：在核酸水平或蛋白质水平上筛选。在核酸水平上筛选克隆子可以通过核酸杂交的方法。这类方法根据 DNA-DNA、DNA-RNA 碱基配对的原理，以使用基因探针技术为核心，发展了原位杂交、Southern 杂交、Northern 杂交等方法。从蛋白质水平上筛选克隆子的方法主要有：检测抗生素抗性及营养缺陷型、观测噬菌斑的形成、检测目标酶的活性、目标蛋白的免疫特性和生物活性等。无论采用哪种筛选方法，最终目的都是要证实基因是否按照人们所设计的顺序和方式正常存在于宿主细胞中并能表达。

4.4.4.1 利用抗生素抗性基因筛选

抗生素抗性基因是一种出现最早而且使用最广泛的方法。在 DNA 重组载体设计时已经在质粒中装配了抗生素抗性基因标记，如四环素抗性基因（Tet^r）、氨苄青霉素抗性基因（Amp^r）、卡那霉素抗性基因（Kan^r）等。当编码有这些耐药性基因的质粒携带目的基因进入宿主细胞后，细胞就具有了相应的抗生素抗性，如果在筛选培养基平板中加入相关的抗生素，那么只有含质粒的细胞对该种抗生素具有抗性，所以才能生长。但这种方法只能证明细胞中确实已经有质粒存在，但无法保证质粒中已经携带了目的基因。为了防止误检，人们进一步发展了插入失活的方法，同一质粒往往有两种抗药性基因，在体外重组时故意将目的 DNA 插入到其中一个抗性基因中，使其失活，这样得到的宿主细胞便可在含另一抗生素的培养基中存活，但在两种抗生素都加入的培养基平板上则不能生长。将这种菌株筛选出来，就能保证细胞中的重组质粒确实已经插入了目的基因。但由于需要两次筛选，操作比较麻烦。

4.4.4.2 利用核酸杂交法筛选

利用碱基配对的原理进行分子杂交是核酸分析的重要手段，也是鉴定基因重组体的常用方法。核酸杂交法的关键是获得有放射性或非放射性但有其他类似放射性的探针，探针的 DNA 或 RNA 顺序是已知的。根据实验设计，先制备含目的 DNA 片段的探针，随后采用杂交方法进行鉴定。

核酸分子杂交的方法有：原位杂交、Southern 杂交及点杂交等。将含重组体的菌落或噬菌斑由平板转移到滤膜上并释放出 DNA，再同 DNA 探针杂交的方法称为原位杂交。Southern 杂交是一种典型的异位杂交，1975 年由 Southern 设计创建并以他的名字命名。该方法将重组体 DNA 用限制酶切割，分离出目的 DNA 后进行电泳分离，再将其原位转至薄膜上，固定后用探针杂交，如图 4-18 和图 4-19 所示。

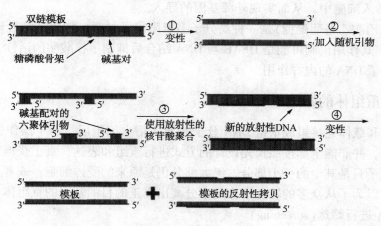

图 4-18　探针标记

4.4.4.3 利用 β-半乳糖苷酶显色反应筛选

β-半乳糖苷酶显色反应就是一种利用宿主细胞和重组细胞中 β-半乳糖苷酶活性的有无，表现出营养缺陷互补，从而能以直观的显色反应进行重组子的筛选。

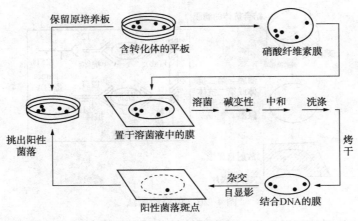

图 4-19　原位杂交技术

营养缺陷型(auxotroph)是指丧失合成一种或一些生长因子能力的微生物。若宿主细胞属于某一营养缺陷型，则在培养这种细胞时的培养基中必须加入该营养物质后，细胞才能生长；如果重组后进入这种细胞的外源 DNA 中除了含有目的基因外再插入一个能表达该营养物质的基因，就实现了营养缺陷互补，使得重组细胞具有完整的系列代谢能力，培养基中即使不加该营养物质也能生长。如有的宿主细胞缺少亮氨酸合成酶基因，有的缺少色氨酸合成酶基因，通过选择性培养基．就能将重组子从宿主细胞中筛选出来。这种筛选方法就称为营养缺陷互补法。

例如，pUC 质粒载体含有产 β-半乳糖苷酶基因($lacZ'$)的调节片段，具有完整乳糖操纵子的菌体能生成 β-半乳糖苷酶，如果这个细胞带有未插入目的 DNA 的 pUC19 质粒，当培养基中含有 IPTG 时，$lacI$ 的产物就不能与 $lacZ'$的启动子区域结合，所以质粒的 $lacZ'$就可以转录和翻译，产生的 $lacZ'$蛋白会与染色体 DNA 编码的一个蛋白形成具有活性的杂合 β-半乳糖苷酶，当有底物 X-gal 存在时，X-gal 会被杂合的 β-半乳糖苷酶水解成形成蓝色的底物，即那些带有未插入外源 DNA 片段的 pUC19 质粒的菌落呈蓝色。如果 pUC19 质粒中插入了目的 DNA 片段，那么就会破坏 $lacZ'$的结构，导致细胞无法产生功能性的 $lacZ'$蛋白，也就无法形成杂合 β-半乳糖苷酶，故菌落是白色的。据此可以根据菌落的颜色，筛选出含目的基因的重组体。这一方法使得在这种质粒载体中鉴定重组体的工作大大简化了。

4.4.4.4　利用免疫检测法筛选

免疫检测法是一个专一性很强、灵敏度很高的检测方法(见图 4-20)。其基本原理是以目的基因在宿主细胞中的表达产物(蛋白质或多肽)作抗原，以该基因表达产物的免疫血清作抗体，通过抗原抗体反应检测所表达的蛋白并进一步推断目的基因是否存在。如果重组子中的目的基因可以转录和翻译，那么根据发生免疫反应颜色变化的克隆所在的位置，找出原始培养板上与之相对应的克隆，就能筛选到重组子。

免疫化学检测法可分为放射性抗体测定法(RIA)、免疫沉淀测定法(immuno-precipitation test)、酶联免疫吸附法(ELISA)。这些方法最突出的优点是它们能够检测到不为寄主提供任何选择表型特征的克隆基因。不过，这些方法需要使用特异性的抗体。

4.4.4.5　其他筛选方法

还可以通过酶活性和蛋白质凝胶电泳法筛选。如果目的基因编码的是一种酶，而这种酶又是宿主细胞所不能编码的，那么就可以根据这种酶活性存在与否来筛选重组子。如果能检

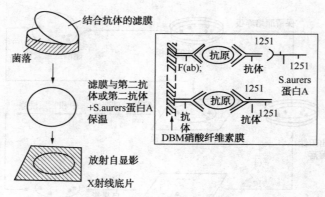

图 4-20　免疫检测法

测到转化子中目的基因的翻译产物，就表明该转化子是含有目的基因的重组子。另外，如果重组子中表达的目的酶的存在对细胞生长极为重要，通过设计选择性培养基，在该选择性培养基上生长的菌落也可鉴定为重组子。

重组子含有外源基因，如果能够正确表达，在总的表达产物中就会增加外源基因表达的多肽(蛋白质)。对重组子进行筛选也可以通过蛋白质凝胶电泳(protein electrophoresis)筛选。将从重组子中提取的总蛋白质进行凝胶电泳时，电泳图谱上会出现新的蛋白带，根据这一现象就可以初步鉴定为重组子。

另外，还有 Westhern 印迹法，它是将蛋白质电泳、印迹和免疫结合在一起的检测方法。从转化子菌落中提取总蛋白，通过 SDS 聚丙烯酰胺凝胶电泳分带，再将印迹转移到固相膜上，然后用针对目的蛋白的抗体(一抗)和能与一抗结合的带有特定标记的二抗进行反应和显色检测，若呈现阳性反应，则表明被检测的转化子是重组子。

4.5　基因工程的技术及应用

4.5.1　外源基因在大肠杆菌中的表达

大肠杆菌表达系统是基因表达技术中发展最早、目前应用最广泛的经典表达系统，其基本表达过程见图 4-21。Guarante 等(1980 年)在 Science 上发表了以质粒、乳糖操纵子为基础建立的大肠杆菌表达系统，成为大肠杆菌表达系统的雏形。随着分子生物学技术的不断发展，大肠杆菌表达系统也不断得到完善。

4.5.1.1　大肠杆菌表达系统优点
与其他表达系统相比，大肠杆菌表达系统具有以下优点：
① 遗传背景清楚。
② 目标基因表达水平高。
③ 培养周期短。
④ 抗污染能力强。
⑤ 代谢途径和基因表达调控机制比较清楚。

4.5.1.2　大肠杆菌表达系统缺点
但是，同时也存在一些缺点：

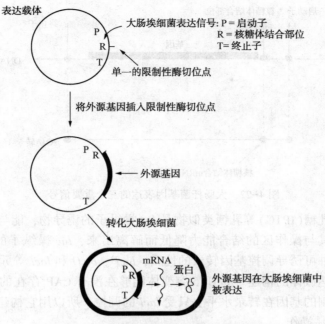

图 4-21 外源基因在大肠杆菌中的表达

① 缺少真核基因产物的加工系统，目标蛋白无特定空间构象。

② 内源蛋白酶会降解表达产生的外源蛋白，造成产物不稳定。

4.5.1.3 表达载体的结构及特点

大肠杆菌非接合转移型质粒具有遗传学上的稳定性和安全性，表达载体可以通过对这些天然质粒改造获得。理想的大肠杆菌表达载体要求具备以下特征：

① 稳定的遗传复制、传代能力。

② 具有显性的转化筛选标记。

③ 启动子的转录是可以调控的，抑制时本底转录水平低。

④ 转录能够在适当位置终止，转录过程不影响表达载体的复制。

⑤ 具备运用于外源基因插入的酶切位点。

大肠杆菌基因表达的三个重要信号是启动子、终止子和核糖体结合位点（见图 4-22）。在克隆载体的基础上，表达载体的构成特别强调启动子、终止子、核糖体结合位点等与表达强弱相关的结构元件。在表达载体中插入适当的调控序列，有利于提高克隆基因表达效率。

4.5.1.4 大肠杆菌表达系统的构成及特点

一个完整的大肠杆菌表达系统至少要由表达载体和宿主菌两部分构成。为了改善表达系统的性能和对各类外源基因的适应能力，表达系统有时还需要带有特定功能基因的质粒或溶原化噬菌体参与。目前人们已经成功发展了许多表达载体和相应的大肠杆菌宿主菌。以下重点介绍 Lac 和 Tac 大肠杆菌表达系统。

最早建立并得到广泛应用的表达系统是以大肠杆菌 *lac* 操纵子调控机理为基础设计构建的表达系统，称为 Lac 表达系统。*lac* 操纵子是研究最为详尽的大肠杆菌基因操纵子，具有多顺反子结构，基因排列次序为：启动子（*lacP*）-操作区（*lacO*）-结构基因（*lacZ*-*lacY*-*lacA*）。该操纵子的转录受正调节因子 CAP 和负调节因子 *lacI* 的调控。在无诱导物情形下，*lacI* 基因产物形成四聚体阻遏蛋白，与启动子下游的操作区紧密结合，阻止转录的起始。异

115

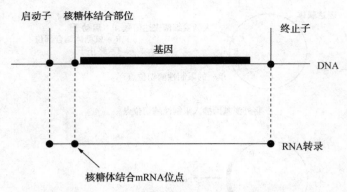

图 4-22　大肠杆菌基因表达的三个重要信号

丙基-β-D-硫代半乳糖(IPTG)等乳糖类似物是 *lac* 操纵子的诱导物，能与阻遏蛋白结合，使其改变构象，导致其与操作区的结合能力降低而解离出来，*lac* 操纵子的转录因此被激活。由于操纵子具有这种可诱导调控基因转录的性质，*lacP*、*lacO* 和 *lacI* 等元件和它们的一些突变体经常被用于表达载体的构建。*lac*UV5 突变体能够在没有 CAP 存在的情形下非常有效地起始转录，受它控制的基因在转录水平上只受 *lacI* 的调控，所以用它构建的表达载体在使用时比野生型 *lacP* 更易操作。

tac 启动子是由比 trp 启动子的-35 序列和 *lac*UV5 的 Pribow 序列拼接而成的杂合启动子，调控模式与 *lac*UV5 相似，但 mRNA 转录水平更高于 *lac*UV5 和 trp 启动子。所以在要求有较高基因表达水平的情况下，选用 tac 启动子更优越。用 tac 启动子代替 *lac*UV5 启动子构建的表达系统称为 Tac 表达系统。

为了使 Lac 和 Tac 表达系统具有严紧调控外源基因转录的能力，一种能产生过量的 *lacI* 阻遏蛋白的 *lacI* 基因的突变体 *lacI*^q 被应用于表达系统。大肠杆菌 JM109 等菌株的基因型均为 *lacI*^q，常被选用为 Lac 和 Tac 表达系统的宿主菌。但是这些菌株也只能对低拷贝的表达载体实现严紧调控。在使用高拷贝复制子构建表达载体时，仍能观察到较高水平的本底转录，故还需在表达载体中插入 *lacI*^q 基因，以保证有较多的 *lacI* 遏蛋白产生。目前不少商品化的表达载体和表达系统都是在 Lac 和 Tac 表达系统基础上加以改进和发展的。

4.5.2　外源基因在酵母中的表达

酵母是一类单细胞的真核生物，既有完整的亚细胞结构和严密的基因表达调控机制，又具有生长迅速、营养要求简单和便于工业化大规模发酵培养的特点。所以，酵母表达系统具有巨大的经济价值，特别是在人类新基因功能的研究和新药研制方面表现出巨大的生命力。

4.5.2.1　酵母表达载体的组成

酵母基因表达系统的载体通常既能在酵母菌中复制也能在大肠杆菌中进行复制，形成所谓酵母菌-大肠杆菌穿梭载体(shuttle vector)。大肠杆菌的遗传背景清楚、转化方法简单、转化效率高，从大肠杆菌制备质粒 DNA 比较方便。因此，利用大肠杆菌系统构建酵母穿梭载体可以在检测重组体等方面大大简化手续、缩短时间。穿梭载体 pYE13(酵母附加体型质粒)含有整个 pBR322 质粒序列(见图 4-23)。使用 pYE13 构建重组体时，首先转化大肠杆菌受体细胞，经筛选、鉴定和分析，再将正确的重组体分子转入酵母细胞。一般酵母载体都以大肠杆菌质粒为基本骨架，同时还具有以下一些结构组成。

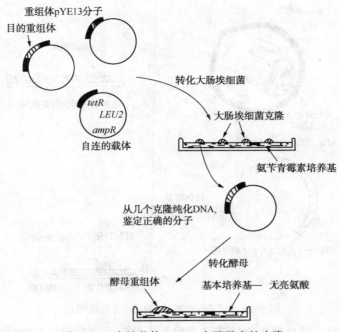

图 4-23　穿梭载体 pYE13 在酵母中的克隆

（1）DNA 复制起始区。这是一小段具有复制起始功能的 DNA 序列，通常来自酵母菌的天然 2μ 质粒的复制起始区及酵母基因组中的自主复制序列（autonomously replicating sequence，ARS）。DNA 复制起始区是酵母细胞核内 DNA 复制起始复合物的结合位点，使酵母载体在细胞每个分裂周期的 S 期自主复制一次。

（2）选择标记。选择标记是筛选酵母转化子时必需的构件，与宿主的基因型相互配合。酵母表达系统中所用的选择标记有两类。一类是酵母宿主为营养缺陷型，如 leu2、ura3、his3、trp1 和 lys2 等，其选择标记就是营养合成代谢途径中相应的 LEU2、URA3、HIS3、TRP1 和 LYS2 等。图 4-24 中以 LEU2 基因为标记构建的载体，利用 LEU2 基因缺陷型酵母细胞进行克隆筛选。由图中可以看出，只有获得载体或重组体的缺陷型细胞才能在不含亮氨酸的培养基中生存。另一类是显性标记，如 G418 和 CYH，其优点是可以用于野生型酵母的转化。

（3）整合介导区。整合介导区是与受体菌株基因组有某种程度同源性的一段 DNA 序列，能有效地介导载体与寄主染色体之间发生同源重组，使载体整合到宿主染色体上。根据不同的目的和要求，可以人为地通过特定的整合介导区序列控制载体在宿主染色体上整合的位置和拷贝数。酵母染色体的任何片段都可作为整合介导区。最方便、最常用的单拷贝整合介导区是营养缺陷型选择标记基因序列，高拷贝重复序列则可作为多拷贝整合介导区。

（4）有丝分裂稳定区。游离载体在细胞有丝分裂时能否有效分配到子细胞中去是决定转化子稳定性的重要因素之一。有丝分裂稳定区的作用就是在细胞有丝分裂时能帮助载体在子细胞之间平均分配。常用的有丝分裂稳定区是来自于酵母染色体的着丝粒片段。来自酵母 2μ 质粒的 STB 片段也有利于提高游离载体的有丝分裂稳定性。

（5）表达盒。表达盒（expression cassette）是酵母基因表达载体最重要的构件，主要由启动子和终止子组成。如果需要外源基因表达产物分泌，在表达盒的启动子下游还应该包括分

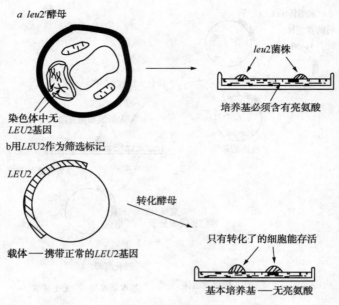

图 4-24　以 *LEU*2 基因为标记的克隆筛选

泌信号序列。由于酵母对异种生物的转录调控元件的识别和利用效率很低，表达盒中转录启动子、分泌信号序列及终止子都应该来自酵母本身。

4.5.2.2　酵母表达系统的宿主

（1）酵母种类繁多，有数千个分离株。作为基因表达系统的宿主应该具备一定的条件：

① 安全无毒，不致病。

② 有较清楚的遗传背景，容易进行遗传操作。

③ 容易进行载体 DNA 的导入。

④ 培养条件简单，容易进行高密度发酵培养。

⑤ 有良好的蛋白质分泌能力。

⑥ 有类似于高等真核生物的蛋白质翻译后修饰能力。

（2）酿酒酵母（*Saccharomyces cerevisiae*）是最符合上述条件的酵母，所以被最早发展成为基因表达系统的宿主，已被广泛用于表达各类外源基因（如乙肝疫苗、人胰岛素、人粒细胞集落刺激因子等）。但是，酿酒酵母也有不足之处：ⓐ 发酵时会产生乙醇，影响高密度发酵；ⓑ 蛋白质分泌能力较差；ⓒ 蛋白质糖基化时所形成的糖基侧链过长，可能引起副作用等。巴斯德毕赤氏酵母（*Pichia pastoris*）表达系统能弥补酿酒酵母的不足，可以使发酵密度达到很高水平，分泌外源基因产物的能力强，糖基化修饰功能接近高等真核生物。但是，该系统也有缺点：ⓐ分子生物学研究基础差，对其进行遗传改造的困难大；ⓑ不是食品微生物，又要添加甲醇，所以用它生产药物和食品还没有被广泛接受；ⓒ发酵虽然可以达到很高密度，但发酵周期一般较长。因此，构建新的酵母高效表达仍然是很有吸引力的工作。

4.5.2.3　酵母表达系统的应用前景

酵母是一种传统的食品和工业微生物，与人类生活密切相关。酵母表达系统主要用于表达外源基因，获得用作药物和食品添加剂的表达产物。人们在筛选强启动子、调控基因以及提高表达载体稳定性和拷贝数、翻译效率、表达产物的质量等方面做了大量工作，成功地利用酵母表达系统生产了多种药物（如乙肝疫苗、人胰岛素、人粒细胞集落刺激因子等）。随着研究的深入，酵母表达系统将会在人类基因的功能分析、人类蛋白质相互作用网络图谱分析、人类分泌蛋白质和受体基因的快速筛选、药物研究等领域发挥重要作用。

4.5.3　转基因动物

转基因动物(transgenic animal)是指用 DNA 重组技术将人们所需要的目的基因导入动物的受精卵或早期胚胎内，使外源目的基因随细胞的分裂而增殖并在体内表达，且能稳定地遗传给后代的动物。1982 年美国华盛顿大学 Palmiter 等将大鼠的生长激素基因(hGH)导入小白鼠的受精卵里，再将这一受精卵植入借腹怀孕的母鼠体内，生下一个比正常体格大一倍的"超级小鼠"(supermouse)。"超级小鼠"的出现轰动了整个生命科学界，标志着哺乳动物基因工程的成熟。

转基因动物的成功，使人们看到了利用此技术在建立人类疾病模型、加速动物育种、提供人体移植器官、研究外源基因在整体动物中的表达调控规律，以及利用转基因动物作为生物反应器生产人类所需的生物活性物质等方面的崭新的、令人振奋的前景。在随后的几十年里，转基因动物飞速发展。按照研究转基因小鼠的思路，人们已经成功获得了转基因大鼠、鸡、山羊、绵羊、猪、兔、牛、蛙及多种转基因鱼。由于转基因动物是一种能按照人的意愿定向对基因的操作，在 RNA、蛋白质、形态学或生理学等水平直接观察基因在活体内的活动情况，并观察其表达产物所引起的表型效应的四维实验体系，可以从不同时间、不同水平、多阶段、整体研究生命现象。其应用已广泛渗透于分子生物学、发育生物学、免疫学、制药及畜牧育种等各个研究领域中。这一系列的研究成果证实了中心法则的概念在哺乳动物体内仍然适用；物种间的生殖隔离可被打破；融合基因可以在宿主体内得到有效正确表达；表达产物可以在宿主动物内行使功能。对该体系的深入研究现主要集中在两个方面：一是基因导入动物体内的有效方法；二是如何有效地提高转基因的效率。所以利用转基因动物理所当然地成为当今生物技术研究开发领域最具生命力的热点之一。

4.5.3.1　动物转基因技术

转基因动物的关键技术包括：

(1) 外源目的基因的分离(基因的克隆及重组 DNA 的制备等)。

(2) 外源目的基因与专性基因表达启动子、增强子、报告基因等构件的拼接重组。

(3) 外源目的基因重组 DNA 导入生殖细胞或胚胎干细胞。

(4) 胚胎移植技术(embryo transfer，ET)。

(5) 转基因胚胎发育生长鉴定及筛选转基因动物品系。

(6) 目的基因整合率及表达效率的检测。在这些程序中最重要的方法是成功地把外源目的基因转入动物早期胚胎细胞中。目前，转基因方法有十几种，包括 DNA 显微注射法、磷酸钙共沉淀法、逆转录病毒感染法、腺病毒载体法、电脉冲法、胚胎干细胞介导法、体细胞移植法、精子介导法、受体介导法等。其中胚胎干细胞介导法是目前较为热门及处于前沿的方法。

4.5.3.2　转基因动物的应用

(1) 转基因动物在基因功能等生命科学基础研究中的应用。转基因是研究控制特异性基因表达机制和基因的生物学功能的有效工具。欲了解某一基因的生物学功能，一是可以将这一基因在动物体内过度表达，或在特定的组织细胞内和特定的发育阶段定点定时地表达。二是可以将这一基因从动物基因组中剔除，即基因剔除技术。只有转基因动物出现之后，人们能比较方便地证实高等动物基因表达的时间空间顺序的调控机制。

（2）转基因技术在动物育种中的应用。经过改良的转基因动物可表现出体重增长快、饲料转化率高等优点。转基因育种（transgenic animal breeding）具有常规育种技术不可比拟的优越性：周期短、成本低、效果明显。动物转基因技术的出现彻底改变过去在家畜育种过程中只能在同种或亲缘关系很近的物种间进行杂交，或靠发生率极低的自然突变来进行选种，通过多代杂交才能产生出具某种优良性状的纯合体新品种的缓慢、落后的育种途径。

① 提高动物的抗病能力。转基因技术可用于动物抗病育种，通过克隆特定病毒基因组中的某些编码片段，对其加以一定的修饰后转入畜禽基因组，如果转基因在宿主基因组中能得以表达，那么畜禽对该种病毒的感染应具有一定的抵抗能力，或者应能够减轻该种病毒浸染时为机体带来的危害。用干扰素基因、反义核酸基因、核酶基因、病毒中和性单克隆抗体基因等建立转基因动物，使其获得特异性或非特异性抗病毒能力，已经在国内外取得一定进展。Bern（1988）将抗流感基因 *Mx* 转入猪，Clements 等将 Visna 病毒（绵羊髓鞘脱落病毒）的衣壳蛋白基因（Eve）转入绵羊，获得的转基因动物抗病力明显提高。

② 提高动物生长速度。生长激素基因、生长激素释放因子基因、类胰岛素生长因子-1基因等转基因动物的建立已有较多研究，其中生长激素基因是转基因动物研究中运用最早也是迄今使用最为频繁的基因。牛、绵羊及人的 *GH* 基因先后导入小鼠基因组，得到的转基因小鼠在快速生长期生长速度达到对照组小鼠的 4 倍。但这些转基因动物在获得提高生产性状的同时，也留下了一些后遗症，即在 G_0 代转基因动物中、死胎和畸形率高，患关节病、胃溃疡、肾病和生殖力丧失症较为普遍，这可能与基因进入受体后同受体染色体组基因随机整合，*GH* 表达水平失控有关。

③ 提高动物产毛性能。羊毛是角蛋白通过二硫键紧密交连组成的，合成角蛋白对半胱氨酸的需求量很高，故半胱氨酸是制约羊毛产量的限制性氨基酸。但羊瘤胃的微生物能降解半胱氨酸，部分以二硫化物形式损失掉。研究发现来源于细菌的丝氨酸转移酶（*SAT*）、D-乙酰丝氨硫化氢解酶（*DAS*）可以将二硫化物更新转化为半胱氨酸。澳大利亚的研究者以 *SAT* 和 *DAS* 基因建立转基因羊，并将其定位表达于胃肠道上皮，从而提高胃肠道中的半胱氨酸量并加以利用，以提高羊毛产量。

④ 改善乳品品质。通过改变动物的遗传组成，可改善奶的营养成分或生理生化特征，即制造所谓的营养药品（nutraceutical）。牛奶中含有大量的乳糖，大约有 70% 的人不能很好地消化这部分物质。未被消化的乳糖最后在小肠内被细菌分解为易挥发性的短链脂肪酸、水和二氧化碳，从而导致肠乳糖酶缺乏症。其症状为腹痛、恶心、腹泻，严重的甚至会引起脱水。最近 Bernard 用乳腺特异性表达启动子（α-乳清蛋白基因启动子）与大鼠肠乳糖酶（根皮苷水解酶）基因 cDNA 构建了表达载体并通过显微注射的方法制作了转基因小鼠。肠乳糖酶基因在转基因母鼠乳腺泡状细胞的顶端得到表达且具有活性。乳糖酶使小鼠乳汁中乳糖的含量减少了 50%~85%，而脂肪和其他蛋白质的含量则没有明显变化，吃这种低乳糖奶的小鼠发育正常。这种情况一旦出现在奶牛上，必然会减轻或消除人服用后出现的乳糖酶缺乏症。

⑤ 提高动物生存能力。水中的溶氧是鱼类养殖生产的主要限制因子之一，提高不耐低溶氧的鱼类（草鱼、鲢鱼等）的耐低溶氧能力，可增加养殖密度，降低鱼类浮头、泛塘的可能性，变流水养鱼为池塘养鱼，可大幅度提高鱼产量。鱼类耐低溶氧能力主要是由红细胞内的血红蛋白决定的，而血红蛋白的合成是由珠蛋白基因编码并调控的。日本学者克隆了鲤鱼珠蛋白基因，并将该基因转入虹蹲鱼，以期使世界名鱼虹蹲鱼与鲤鱼一样，能耐低溶氧，不

仅能在山泉流水中养殖，而且也能在静水池塘中养殖。

（3）转基因动物在医药科学研究中的应用。转基因动物在医药科学研究中的应用主要有以下几个方面：

① 生产用于人体器官移植的动物器官。异种器官移植（xenotrasplantation）有可能成为解决器官移植短缺的最有效的途径。在人类之外的其他非灵长类动物中，猪的器官大小，解剖生理特点与人类相似，组织相容性抗原 SLA 与人 HLA 具有较高的同源性，而且携带的人兽共患疾病病原体相对较少，容易饲养，饲养费用低廉。所以研究者普遍认为猪是人类器官移植的最理想的供体。由于异种器官移植在目前最大的障碍是，受体对外源器官的超急性排斥反应，故克服这一障碍便成为异种器官移植成功的关键。通过免疫排斥相关基因转基因猪的建立，对猪的器官进行遗传改造，是降低其免疫排斥反应的重要途径。

② 在药理学中的应用。转基因动物疾病模型已经用于新药开发的研究，利用此项技术，遗传学家可以精确地失活某些基因或增强修复某些基因的表达，从而制作各种研究和治疗人类疾病的动物模型和新药的筛选模型。

正常机体受体的多样性和复杂性限制了针对某些特定靶点的新药研究和开发。人类和小鼠特异性药物靶相似，这表明药物的种属特异性结构不同存在于分子水平。向正常或基因剔除动物转入特异性人类基因，从而产生人类药物靶点。人类肾素和血管紧张素的相互作用具备种属特异性，它们不能影响小鼠特异性蛋白。在转基因动物中，宿主体内的肾素–血管紧张素系统可以用来研究人类转基因产品的特异性相互作用。

转基因动物也成为毒理学研究的热点之一，与经典的毒理学测试相比较，转基因动物的毒理学研究要求动物用量少、试验周期短。转基因小鼠已经发展到可以在体内和细胞培养物内检测天然和人工突变。目前国际上已有两种转基因小鼠致突变模型（big blue 和 mutamous）得到较广泛的应用。它们用于化学药物安全性评估，特别是毒基因致癌物的鉴定。转基团动物的开发将进一步提高实验药理学和毒理学的专一性和灵敏度，从而使新药更可靠地进入临床。

③ 作为人类疾病模型。据医学研究证明，几乎所有人类疾病（除外伤之外）都与一定的遗传因素有关，在某种程度上都可看作是遗传病。利用转基因制造出各种遗传病的动物模型，给研究人类遗传疾病带来了极大的方便。

目前，在培育人类遗传疾病模型动物方面已经培育出了动脉粥样硬化、镰刀形红细胞贫血症、阿尔茨海默病、自身免疫病、肿瘤发生转基因动物模型、关节炎转基因动物模型、淋巴组织生成、真皮炎及前列腺癌小鼠等多种疾病的模型动物。在创伤性脑损伤（TBI）、心血管疾病、乙型肝炎、肿瘤和各种遗传病研究中发挥着重要作用。

④ 作为生物反应器的应用。从转基因动物体液或血液中收获基因产物，即所谓的动物生物反应器。其原理是将编码活性蛋白的基因导入动物的受精卵或早期胚胎内以制备转基因动物，并使外源基因在动物体内（乳汁、血液等）高效表达，然后再分离提取目的基因编码产物。动物就像一个活的发酵罐，其温度、气体、水分和 pH 均由动物自身调节。因此有人把它喻为药物工厂、生物反应器、基因农场或分子农场。

（4）转基因动物研究存在的问题及展望。转基因动物的出现，给生命科学研究产生很大影响，为人类健康医疗带来了广阔的应用前景。但由于涉及的技术难点多，技术尚不够成熟，有许多问题需要解决。比如：ⓐ转基因动物成功率低；ⓑ造成宿主基因突变问题；ⓒ外源基因表达水平不高；④逆转病毒转染法研究中存在问题等。

转基因安全性是一个值得特别关注的问题，一是外源基因的插入可能会对宿主动物自身产生的影响及对其生活环境所造成的影响，即插入的外源基因是否会影响宿主动物自身的基因表达及表达水平；转基因动物是否可能会把外源基因传递给生活在其周围的其他种群及环境，造成基因污染；二是转基因动物制品的使用安全性，在病毒等致病基因的转基因研究中，不可避免地会产生一些有害的转基因动物。是否可能因为使用转基因动物制品而将一些动物性疾病传递给人类。

转基因动物对传统伦理是一种挑战，对人类的生存有一定的负面作用等。美国FDA已经制定有关规定，并在不断完善，其他各国也在积极制定有关法律及标准，对转基因动物生产的药物的上市提出了严格的技术指标。美国食品与药物管理局制定了《生产和检验来自转基因动物的人用药品参考条例》，联合国经济发展合作组织颁布了《生物技术管理条例》，在我国，科技部也颁布了《基因工程安全管理办法》，农业部还制定了《农业生物工程安全管理实施办法》，这些条文的出台无疑会加速和正确引导转基因动物的研究和开发。

转基因动物技术的诞生是科学发展史上的一大创举，它标志着人类对动物遗传物质的工程操作已进入一个崭新阶段。随着这个技术的深入发展，必将为基础生物学科的发展及解决世界人口、粮食、环境及健康等重大问题提供良好选径。

4.5.4 转基因植物

所谓转基因植物是指利用基因工程（DNA重组技术）技术，在离体条件下对不同生物的DNA进行加工，并按照人们的意愿和适当的载体重新组合，再将重组DNA转入生物体或细胞内，并使其在生物体内或细胞中表达的植物。自1983年首次获得转基因植物以来，转基因技术发展十分迅速，成功的转基因植物已达60多种，在世界上批准进入田间试验的转基因植物已超过500例。

由于转基因植物是按人类的要求培育的，通常具有高产优质、抗病虫、耐严寒、抗高温、耐盐碱、抗倒伏、抗除草剂、提高某些成分的含量等的优良性状，故所培育出的转基因植物，无论是粮食作物、经济作物，还是花卉、药材等，都能极大地满足人们的某些需要，丰富了生物多样性，从而创造出巨大的经济效益和社会效益。有学者预言，转基因植物作物的大面积种植，将会带来全球种植业的"第二次绿色革命"，其经济价值难以估量。

通过基因工程改良作物品种在未来的农业生产中日益显示出巨大潜力。尽管科学家们对转基因植物的争论仍在继续，但可以肯定的是，转基因植物作为一项新兴的生物技术的产物，在解决日益膨胀的地球人的吃饭问题和在解决长期困惑人类发展的资源短缺、环境恶化、经济衰退三大难题中起着越来越重要的作用。

4.5.4.1 植物转基因技术的基本路线

转基因研究的目的不同，具体的转基因方法也不完全相同。以目前常见的转基因植物为例，转基因技术主要包括以下几个主要步骤：

（1）分离能够编码所需产物的DNA片段（目的基团）。

（2）将目的基因克隆到适当的载体DNA中形成重组DNA，并且连接了一个控制目的基因转录表达的启动子和一个控制目的基因转录终止的终止子，还连接了一个编码特殊性质的蛋白质（如荧光蛋白）标记基因。

（3）利用细菌繁殖扩增重组DNA。

（4）利用基因枪、农杆菌等方法将连接了启动子和终止子的目的基因导入到目标植物的细胞中。

（5）筛选含有外源基因的转化细胞，并诱导产生转基因植株。

（6）转基因植株大规模种植。

4.5.4.2　转基因植物的应用范围

农作物基因工程主要包括：抗虫转基因作物、抗病毒作物、抗细菌和真菌作物、抗非生物胁迫作物等几个方面。

（1）抗虫转基因作物。虫害给农业生产带来巨大的损失，每年造成的直接经济损失达数千亿美元。目前人们将抗虫基因克隆并转入植物体内，从而获得抗虫转基因植物。与常规的生物杀虫剂相比，抗虫转基因植物的优点更为显见，例如，它对植物具有连续保护作用，只杀死摄食害虫，对非危害生物的昆虫无影响，而对非危害生物无影响，保护整体植株，包括农药难以作用的部位。而且所表达的抗虫物质仅存在于植物体内，不存在环境污染问题，同时它的成本低，有利于推广。

（2）抗病毒作物。植物病毒感染是一个严重的问题，它可以导致农作物生长缓慢、产量降低和质量减退。全世界每年农作物受病毒侵害损失达 200 亿美元，有效地防治植物病毒病，减少经济损失，满足日益增长的世界人口的食品需求，是科学家的重要目标之一。传统的防治方法仅在一定范围内有效，另外，农药的喷施不仅代价大，而且污染较严重，转基因植物的成功使作物抗病毒成为可能，并加速了作物抗病育种的研究进程。自 1986 年，Powel-Abel 首次将烟草花叶病毒（TMV）外壳蛋白（CP）基因导入烟草，培育出抗 TMV 植株以来，已经针对许多病毒成功地构建了各种抗病毒植株，如抗番茄花叶病毒（TOMV）、马铃薯 Y 病毒（PVY）、苜蓿花叶病毒（ALMV）、黄瓜花叶病毒（CMV）、水稻条纹病毒（RSV）等抗性植株。近几年的研究结果表明病毒外壳蛋白在系统杂交保护中起着很重要的作用，插入一段已克隆的 *CP* 基因可以延缓病毒病的发展和阻止病毒在转基因植株中进一步传播。TMV 接种试验表明能表达 *CP* 基因的幼苗明显延缓病症的发展，其延缓程度与 TMV CP 的 cDNA 的表达水平息息相关。这个结果有力地说明了植株可通过转化该基因来延缓病毒病进一步的发展。

（3）抗细菌和真菌作物。细菌和真菌病在全部植物病害中造成的损失最大，很多科学家都在尝试从非植物的生物体内寻找抗病原菌的蛋白及其基因，并将其用于植物基因工程。

改良植物抗真菌性主要利用植物抗毒素、抗真菌蛋白、植物抗体或人工造成编程性细胞死亡。自 1980 年，瑞典的科学家首次从美国惜古比天蚕中成功分离了三种诱导型的杀菌蛋白和多肽，即溶菌酶及蚕素（cecropin）A 和蚕素 B 后，很多科学家对蚕素这一类杀菌肽进行了深入的研究。它们对很多种植物病原菌有较强的杀伤作用。尽管人们还没有彻底弄清它们的杀菌机制，现有的实验结果表明，杀菌肽作用于细胞的细胞膜，破坏膜的完整性，造成离子通道，最终导致细胞内含物泄漏。由于杀菌肽相对分子质量小，杀菌谱广，人们自然想到将它运用到转基因抗菌作物的培育。目前，杀菌肽基因工程已经在烟草、马铃薯等植物上有了初步报道，其中包括中国的科学家成功地将人工合成的蚕素 B 基因转入了马铃薯，获得了抗马铃薯青枯病的转基因马铃薯。

（4）抗除草剂转基因作物。杂草一般指农田中非有意识栽培的植物。人类自有农业起就一直跟杂草作斗争，它是农业生产中的大敌，但由于它具有较强的生态适应性和抗逆性，所以给杂草的防治带来困难。在大量使用化学除草剂的同时往往会对作物造成一定的伤害。为此人们研究抗除草剂基因，将该基因转入植物，在喷施除草剂杀死杂草时，不伤害作物。20世纪 80 年代中期，抗除草剂基因被转入了作物体内，从而获得了抗除草剂的转基因大豆、棉花、玉米、油菜、小麦等。除草剂的作用机制是破坏氨基酸的合成途径和破坏植物光合电子传递链蛋白质的功能，通过改变除草剂靶酶的水平、修改靶酶的敏感性和解除除草剂毒性酶基因，将解除除草剂的编码蛋白基因导入宿主植物，使宿主植物免受伤害。根据除草剂对作物敏感性和对环境的影响，筛选许多有效的除草剂，如草甘膦、氯磺隆、普斯特、草丁膦、溴苯腈等。草甘膦是一种广谱性除草剂，它的靶酶是位于质体上 5-烯醇丙酮莽草酸-3-磷酸合成酶（EPSPS），能够阻断氨基酸的合成，分离纯化克隆 EPSPS cDNA，将该基因转化到番茄、油菜、大豆、玉米、棉花等作物，获得了抗除草剂植物。

（5）抗非生物胁迫作物。众所周知，干旱是困扰农业生产的重要因素之一，它会给农业生产带来巨大的损失，有时这种损失甚至是毁灭性的。20 世纪 80 年代初，非洲旱灾几乎把整个非洲大陆推进了饥饿的深渊。抗旱基因工程将为干旱节水农业的发展注入新的活力。

CMO 基因是合成乙酰-甜菜碱第一步反应关键酶的基因，具有很强的抗旱性。Rathina-sabathi 等将烟草中的 CMC 基因导入水稻中，获得抗旱性较强的转基因水稻。可以相信在未来培育出的耐旱的新作物品种应该是转入多种共同作用的外源基因。目前有三个与水稻抗涝能力有关的基因 pdcⅠ、pdcⅡ 和 pdcⅢ 被克隆，并被转入水稻获得部分转基因植株。

除此之外，人们也已经获得了许多其他抗逆转基因植物，如抗盐碱作物、抗寒抗冻作物、抗氧化转基因作物和抗早熟作物，并广泛应用于生产中。

4.5.4.3　转基因植物的安全性

转基因植物在农业生产中的应用会引起农业生产方式的巨大变革和经济效益的大幅度提高。与此同时，它可能造成的负面影响已引起世界各国科学家的关注，诸如转基因植物中的抗除草剂基因转移到其他亲缘野生种中可能会形成超级杂草，抗病毒基因逃逸到其他微生物中可能会产生超级细菌，目标生物体对药物产生抗性和转基因及其产物在环境中的残留等。再如，人们食用了某些带有抗菌素特性的转基因作物食品，会引起过敏反应或对抗生素治疗产生抗体，进而影响人类健康。转基因植物的安全性主要包括以下几个方面：一是标记基因的安全性；二是转基因植物的安全性评价和争论的问题，即：

① 环境安全性（包括：生存竞争性、生殖隔离距离、与近缘野生中的可交配性、对非靶生物的影响、病毒发生异源重组或异源包装的可能性）。

② 转基因植物食品安全性及对人动物健康的影响。

4.5.5　基因治疗

分子生物学的产生和发展使人们对自身疾病的认识进入到了微观世界。许多疾病最终是由于细胞染色体中某些基因的变异所致。现在已经知道的由单基因缺陷引起的人类疾病估计就有 4000 多种，而许多常见疾病，如恶性肿瘤、高血压、糖尿病等的发生，都是环境因子如化学物质、病毒或其他微生物、营养条件以及体内的各种因素如精神因素、激素、代谢产物或中间产物等这些内外因素作用于人体基因的最后结果。至于传染病也是由病原体引入外源基因到体内表达的结果。因此，人们很自然地想到如果能够修复这些变异的基因或者剔除或抑制外源基因表达，就有可能治愈疾病。长期以来人们设想是否可以通过生物体本身的或者是外源的遗传物质来治疗疾病，包括纠正生物体自身基因的结构或功能上的错误，阻止病变，杀灭病变的细胞，或抑制外源病原体物质的复制，从而达到治病目的。这就是基因治疗的基本含义。

基因疗法是治疗分子病的最先进手段，在很多情况下也是唯一有效的方法。如果说公共健康措施和卫生制度的建立、麻醉术在外科手术中的应用以及疫苗和抗生素的问世称得上是医学界的三次革命，那么分子水平上的基因治疗无疑是第四次白色大革命，给人类战胜各种疾病带来了无限的美好前景。

4.5.5.1 基因治疗的概念及内容

（1）基因治疗的定义。基因治疗产生于20世纪70年代初，其基本定义是用正常基因取代病人细胞中的缺陷基因，以达到治疗分子病的目的。从基因角度可以理解为对缺陷的基因进行修复或将正常有功能的基因置换或增补缺陷基因的方法。若从治疗角度可以广义地说是一种基于导入遗传物质以改变患者细胞的基因表达，从而达到治疗或预防疾病的目标的新措施。

根据病变基因所处的细胞类型，基因治疗可分为两种形式，一种是改变体细胞的基因表达，即体细胞基因治疗（somatic gene therapy）；另一种是改变生殖细胞的基因表达，即种系基因治疗（germline gene therapy）。从理论上讲，对缺陷的生殖细胞进行矫正，有可能彻底阻断缺陷基因的纵向遗传。但生殖的生物学极其复杂，且尚未清楚，一旦发生差错将给人类带来不可想象的后果，涉及一系列伦理学和法学的问题，目前还不能用于人类。在现有的条件下，基因治疗仅限于体细胞，基因型的改变只限于某一类体细胞，其影响只限于某个体的当代。

（2）基因治疗的基本内容。基因治疗包括基因诊断、基因分离、载体构建以及基因转移四项基本内容。产生基因缺陷的原因除了进化障碍因素外，主要包括点突变、缺失、插入、重排等DNA分子畸变事件的发生。随着分子生物学原理和技术的不断发展，目前已建立起多种病变基因的诊断和定位方法。

基因分离是指利用DNA重组技术克隆、鉴定、扩增、纯化用于治疗的基因，并根据病变基因的定位，与特异性整合序列（即同源序列）和基因表达调控元件进行体外重组操作。目前用于临床试验的治疗基因主要为该基因的cDNA。

载体构建是指将上述治疗用的基因安装在合适的载体上。目前用于基因治疗的载体主要有病毒载体（viral vector）和非病毒载体（non-viral vector）两大类，其中病毒载体一般都需要重新构建，除去其致病性的复制区和感染区，并以治疗基因取而代之。

基因转移是关系到基因治疗成败的关键操作单元。基因转移有两种方式，一种是体外导入（ex vivo），即在体外将基因导入细胞内，再将这种基因修饰过的细胞回输至病人体内，使这种带有外源基因的细胞在体内表达，从而达到治疗或预防的目的。被用于修饰的细胞可以是自体，同种异体或异种的体细胞。合适的细胞应易于从体内取出和回输，能在体外增殖，经得起体外实验操作，能够高效表达外源基因，且能在体内长期存活。目前常用的细胞有淋巴细胞、骨髓干细胞、内皮细胞、皮肤成纤维细胞、肝细胞、肌细胞、角阮细胞（keratino-cyte）、多种肿瘤细胞等。另一种是体内导入（in vivo），即将外源基因直接导入体内有关的组织器官，使其进入相应的细胞并进行表达。

4.5.5.2 载体系统

基因导入载体系统是基因治疗的关键技术，可分为病毒载体系统和非病毒载体系统。目前临床试验用的载体仍然以病毒载体居多，占70%以上，而逆转录病毒载体约占所用全部载体的1/3。非病毒载体以脂质体居多，而裸质粒DNA的应用有逐渐上升的趋势。这些载体尚不尽如人意，有些存在安全性问题，有些则效率不高。

4.5.5.3 基因治疗的策略

分子生物学的飞速发展和人类基因组计划的完成，使人们能够正确了解人类基因组的结构和功能，认识疾病发生的分子机制，这将为开展疾病的基因治疗奠定基础。基因治疗的基本策略有以下几种。

（1）基因置换。基因置换就是用正常基因通过体内基因同源重组，原位替换病变细胞内的致病基因，使细胞内的 DNA 完全恢复正常状态。如，将正常 β-珠蛋白基因片段利用电穿孔法导入细胞中替换有缺陷的珠蛋白进行修复。

（2）基因矫正。大多数情况下，单基因遗传病的分子机制是点突变，而其他编码基因的结构及相应的调控结构是正常的。因此，只需要将突变的单个碱基予以更正，就可以达到基因治疗的目的，但在人基因组的某个特异部位上进行重组是一个非常复杂而困难的过程。

（3）基因修饰。基因修饰就是将有功能的目的基因导入原发病灶的细胞或其他类型的相关细胞，目的基因的表达产物补偿致病基因的功能，但致病基因本身未得到改变。如，将 β-珠蛋白基因导入骨髓造血干细胞或红细胞中，使其表达和分泌正常的 β-珠蛋白链，替代 β-珠蛋白生成障碍性贫血丧失功能。与基因置换和基因矫正策略相比，基因修饰较易实现，但由于目的基因不是原位导入的，所以其表达水平和调控均难以取得理想的效果。

（4）基因抑制。基因抑制是指导入外源基因以抑制原有的基因，其目的在于阻断有害基因的表达。如，野生型 p53 基因是一种肿瘤抑制基因，p53 突变可导致在各种组织中发生癌变。研究发现将野生型 p53 基因导入肿瘤细胞后，野生型 p53 基因的表达可以对这些肿瘤细胞的形态变化、生长速度、DNA 合成、细胞克隆的形成等起抑制作用。

（5）基因封闭。利用反义 RNA 碱基互补原理，通过载体的介导性封闭或阻断有害基因的表达，从而达到基因治疗的目的。

4.5.5.4 基因治疗的应用范围

目前临床基因治疗试验的方案已达 900 多个，受治疗的患者已有数千例。基因治疗示例如下：

（1）遗传性单基因疾病的基因治疗。包括：对血友病、地中海贫血症的基因治疗。

（2）病毒性感染。目前主要的治疗对象为人免疫缺陷病毒（HIV）感染的艾滋病。

（3）恶性肿瘤。治疗策略有：免疫基因治疗、自杀基因系统、抑癌基因、裂解肿瘤病毒。

（4）心血管疾病。临床上主要针对外周血管疾病造成的下肢缺血，以及心脏冠状动脉阻塞造成的心肌缺血。

参 考 文 献

［1］李立家，肖庚富．基因工程［M］．北京：科学出版社，2004
［2］刘祥林，聂刘旺．基因工程［M］．北京：科学出版社，2011
［3］彭银祥．基因工程［M］．武汉：华中科技大学出版社，2007
［4］贺小贤．现代生物工程技术导论［M］．北京：科学出版社，2010
［5］龙敏南．基因工程（第二版）［M］．北京：科学出版社 2010
［6］刘志国．基因工程原理与技术［M］．北京：化学工业出版社，2011
［7］罗九甫，李志勇．生物工程原理与技术［M］．北京：科学出版社，2006

5   酶与酶工程

生命活动最重要的特征就是新陈代谢，一切生命活动都是由代谢的正常运转来维持的，而生物体代谢中的各种化学反应都是在酶的作用下进行的。没有酶，代谢就会停止，生命也即停止，失去了酶，也就失去了整个生物界。

酶工程的早期研究内容主要集中于酶的发酵生产和应用范围的扩充，后来固定化酶/细胞技术的建立、遗传工程和细胞工程等的发展促进了酶工程的进一步发展。特别是近年来，酶学理论的不断充实和以基因重组技术为主的现代分子生物学技术的飞速发展，更是为酶的生产和应用注入了无限活力。酶工程在理论研究和应用研究方面均取得了巨大成果，在轻工、食品、医药、环境污染治理、能源开发等领域得到了广泛应用。

5.1   酶工程概述

5.1.1   酶与酶工程的概念

酶是活细胞所产生的一种具有特殊催化功能的蛋白质，是生物体内进行自我复制、新陈代谢所不可缺少的。由于酶都来源于生物体，所以又称为生物催化剂（biocatalyst）。因为生物体内新陈代谢的化学变化都是在酶的参与下进行的，所以没有酶就没有新陈代谢，也就没有生命活动。有机物的发酵与腐烂均是微生物通过所生成的酶来进行的。由于酶在常温、常压、中性 pH 值等温和条件下能高度专一、有效地催化底物发生反应，所以酶的开发和利用是当代新技术革命中的一个重要课题。

酶工程（enzyme engineering）又称为酶技术，是随着酶学研究的迅速发展，特别是酶的应用推广而使酶学和工程学相互渗透结合、发展而成的一门新的技术科学，是酶学、微生物学的基本原理与化学工程有机结合而产生的边缘科学校术。酶工程是酶制剂的大批量生产和应用的技术。它从应用的目的出发来研究酶，是在一定生物反应装置中利用酶的催化性质、将相应原料转化成有用物质的技术，是生物工程的重要组成部分。

5.1.2   酶的分类、命名和结构特征

5.1.2.1   酶的分类

1961 年国际生物化学联合会酶学委员会（The Commission Enzyme of International Union of Biochemistry）根据酶所催化的反应类型，将酶分成六大类，其下再分成小类，并给每个酶以系统序号。这六大类酶分别为：

（1）氧化还原酶类（oxido-reductase）。氧化还原酶类催化氧化还原反应，涉及 H 或 e^- 的转移。可分为氧化酶类和脱氢酶类。该类酶在体内参与产能、解毒和某些生理活性物质的合成。此类酶包括琥珀酸脱氢酶、醇脱氢酶、多酚氧化酶等。

$$A \cdot 2H + O_2 \rightleftharpoons A + H_2O_2 \text{ 或 } 2A \cdot 2H + O_2 \rightleftharpoons 2A + 2H_2O$$

$$AH_2+B \Longleftrightarrow A+BH_2$$

式中，B 为辅酶，是电子或氢的受体，可以是 O_2、NAD^+、FAD、$NADP^+$ 和细胞色素等。

（2）转移酶类（transferase）。转移酶类催化分子间功能基团的转移。这类酶可将某些原子团由一种底物转移至另一种底物上，被转移的基团有氨基、羧基、甲基、酰基及磷酸基等，它们参与核酸、蛋白质、糖及脂肪的代谢与合成。此类酶包括谷丙转氨酶、己糖激酶、乙酰基转移酶等。

$$AR+B \Longleftrightarrow A+BR$$

（3）水解酶类（hydrolase）。水解酶类催化底物分子进行水解反应。水解的化学键有酯键、糖苷键、醚键及肽键等。在体内外均起降解作用，也是人类使用最广的酶类。此类酶包括蛋白酶、淀粉酶、脂肪酶、糖苷酶、肽酶等。

$$AB+H_2O \Longleftrightarrow AOH+BR$$

（4）裂合酶类（lyase）。裂合酶类催化底物中化学基团 C—C、C—O、C—N 及其他键的断裂并形成双键的非水解性反应，包括双键形成及其加成反应。此类酶包括醛缩酶、水化酶、脱氨酶、脱羧酶等。

$$A \cdot B \Longleftrightarrow A+B$$

（5）异构酶（isomerase）。异构酶类催化底物分子的空间异构化反应，分别进行外消旋、差向异构、顺反异构、分子内转移等，即催化同分异构体的相互转变。此类酶包括葡糖（果糖）异构酶、磷酸甘油酸磷酸变位酶等。

$$A \Longleftrightarrow B$$

（6）合成酶类（synthetase）。合成酶类又叫连接酶类（ligase），这类酶在催化 ATP 及其他高能磷酸键断裂的同时，并使两种物质分子产生缩合作用合成一种物质。这类酶与很多生命物质的合成有关，其特点是需要三磷酸腺苷等高能磷酸酯作为合成的能源，有的需要金属离子作为辅助因子。此类酶包括天冬酰胺合成酶、丙酮酸羧化酶等。

$$A+B+ATP \Longleftrightarrow AB+ADP+Pi$$

5.1.2.2 酶的命名

（1）习惯命名法。一般比较简短，使用方便。虽然也反映底物名称及作用方式，但不需要非常精确，通常依据酶所作用的底物及其所催化的反应类型来命名。如催化草酰乙酸脱去 CO_2 变为丙酮酸的酶叫草酰乙酸脱羧酶。

对于催化水解作用的酶，一般在酶的名字上省去反应类型，如水解蛋白的酶叫蛋白酶；水解淀粉的酶叫淀粉酶。此外还有酯酶、脲酶、酰胺酶和酸酐酶等。有时为了区别同一类酶，还可以在酶的名称前面标上来源。如胃蛋白酶、胰蛋白酶、木瓜蛋白酶等。

酶的英文名称后缀一般为"–ase"，如 urease、esterase、proteinase 等，但也有特例，如 trypsin（胰蛋白酶）。

习惯命名法比较简单，使用方便，但缺乏系统性和严格性，有时会出现一酶数名或一名数酶的情况。

（2）国际系统命名法。要求能确切地表明底物的化学本质及酶的催化性质，因此它包括两部分，底物名称及反应类型。若酶反应中有两种底物起反应，则这两种底物均需标明，当中用"："分开。如催化下述乳酸脱氢反应中的乳酸脱氢酶，其催化的反应为：

$$L-乳酸+NAD \Longleftrightarrow 丙酮酸+NADH_2$$

底物为 L-乳酸和 NAD，反应类型为氧化还原反应。故该酶系统命名为：L-乳酸：NAD

氧化还原酶。若底物之一为水时,"水"字从略,如乙酰辅酶 A 水解酶。

系统命名法很明确,通过其名即可了解底物及反应类型,每一种酶都有一个名称,不至于混淆不清,一般在国际杂志、文献及索引中采用,但名称繁琐,使用不便。故酶学委员会对每个酶推荐一个习惯名称,置于方括号[ ]内,如 NAD$^+$氧化还原酶[醇脱氢酶]。

(3)国际系统分类法及编号。根据系统命名法,每一种具体的酶,除了有一个系统名称以外,还有一个系统编号。系统编号采用四码编号方法,即每种酶有一个特定的由 4 个数字(数字间用"."隔开)组成的分类编号,其前冠以"EC"(Enzyme commission,酶学委员会)。如乳酸:NAD$^+$氧化还原酶的编号为 EC1.1.1.27。①第一个数字表示该酶属于六大类酶中的某一大类,即用 1、2、3、4、5、6 的编号来分别表示氧化还原酶类、转移酶类、水解酶类、裂合酶类、异构酶类和合成酶类(或连接酶类);②第二个数字表示在每个大类中,按照酶作用的底物、化学键或基团的不同,分为若干亚类;③第三个数字表示每一个亚类可再分为若干个亚亚类;④第四个数字表示该酶在一定的亚亚类中的排号。

其编号可如下解释:

EC 1.1.1.27

第 1 个"1"表示第 1 大类,即氧化还原酶类;

第 2 个"1"表示第 1 亚类,即被氧化基团为 CHO;

第 3 个"1"表示第 1 亚亚类,即氢受体为 NAD$^+$;

"27"表示乳酸脱氢酶在此亚亚类中的顺序号。

5.1.3 酶的活力和活力单位

5.1.3.1 酶活力

酶活力(enzyme activity)也称为酶活性,酶的活力测定实际上就是酶的定量测定,在研究酶的性质、酶的分离纯化及酶的应用工作中都需要测定酶的活力。检查酶的含量及存在不能直接用质量或体积来衡量,通常是用催化某一化学反应的能力来表示,即用酶活力大小来表示。

(1)酶活力与酶反应速率。酶活力是指酶催化某一化学反应的能力,酶活力的大小可以用在一定条件下酶催化的某一化学反应的反应速率表示。酶促反应速率越大,酶的活力就越强;反之速率越小,酶的活力就越弱。所以测定酶的活力(即含量),就是测定酶促反应的速率。

酶反应速率可用单位时间内、单位体积中底物的减少量或产物的增加量来表示,反应速率的单位是:浓度/时间。因此当酶与底物混合开始反应后,于不同时间从反应混合物中取出一定量样品,停止酶的作用,分析样品中底物或产物的量,即可计算反应速率或酶的活力。将产物浓度对反应时间作图,反应速率即曲线的斜率。反应速率只在最初一段时间内保持恒定,随着反应时间的延长,酶反应速率逐渐下降。因此,研究酶反应速率应以酶促反应的初速率为准。

(2)酶活力的测定方法。通过两种方式可进行酶活力的测定,其一是测定完成一定量反应所需的时间,其二是测定单位时间内酶催化的化学反应量。测定酶活力就是测定产物增加量或底物减少量,主要根据产物或底物的物理或化学特性来决定具体酶促反应的测定方法。常用的方法有化学滴定法、分光光度法、比旋光度法、紫外吸收法、荧光法、电化学法、气体测定法等。一般以测产物增加量为好,而且应测定反应初速率。

5.1.3.2 酶活力单位

(1) 酶的活力单位(U)。酶活力的大小即酶含量的多少，用酶活力单位表示，即酶单位(U)。酶单位的定义是：在一定条件下，一定时间内将一定量的底物转化为产物所需的酶量。

1961年国际生物化学协会酶学委员会及国际纯化学和应用化学协会采用统一的"国际单位"来表示酶活力，规定：1个酶活力单位，是指在最适反应条件下，每分钟内催化1μmol底物转化为产物所需的酶量定为一个酶活力单位，即 1U=1μmol/min。

酶的催化作用受测定环境的影响，因此测定酶活力要在最适条件下进行，即最适温度、最适pH值、最适底物浓度和最适缓冲液离子强度等，只有在最适条件下测定才能真实反映酶活力的大小。测定酶活力时，为了保证所测定的速率是初速率，通常以底物浓度的变化在起始浓度的5%以内的速率为初速率。

(2) 酶的比活力。酶的比活力(specific activity)代表酶的纯度，根据国际酶学委员会的规定，比活力用每mg蛋白质所含的酶活力单位(U)数表示。

$$比活力 = 活力 \ U/mg \ 蛋白 = 总活力 \ U/mg \ 总蛋白$$

对同一种酶来说，比活力越大，表示酶的纯度越高。有时用每克酶制剂或每毫升酶制剂含多少个活力单位来表示(U/g 或 U/mL)。比活力大小可用来比较每单位质量蛋白质的催化能力。比活力是酶学研究中经常使用的数据。

5.2 酶 的 生 产

5.2.1 动植物细胞培养产酶

人们可以通过两条途径获得酶制剂，一是从生物细胞内生物合成或直接提取分离获得；二是从微生物发酵生产制取特定的酶。其中以微生物发酵生产具有更多的优点。

动植物细胞培养是指通过特定技术获得优良的动植物细胞，然后在人工控制条件下像微生物发酵那样在生物反应器中进行细胞培养，以获得所需产物的过程。利用植物细胞和动物细胞发酵生产各种天然产物，是生物工程研究和开发的新领域。自20世纪80年代以来，世界上许多国家和地区的学者进行了大量研究，已经取得不少进展，展现出广阔的前景。

5.2.1.1 植物细胞培养产酶

植物中含有大量色素、药物和酶等天然产物。植物细胞发酵技术首先从植物组织中选育出植物细胞，再经过筛选、诱变、原生质体融合或DNA重组等技术而获得高产、稳定的植物细胞，然后用植物细胞在人工控制条件的植物细胞反应器中进行发酵而获得各种所需的产物。

与天然物提取法相比，植物细胞发酵生产天然产物具有如下优势：

(1) 产率高。使用高产、稳定的植物细胞进行发酵，可明显提高天然产物的产率。例如，日本三井石油化学工业公司于1983年在世界上首次成功地用紫草细胞发酵生产紫草宁。他们使用750L的反应器，发酵23d，发酵液中紫草宁的含量达到细胞干重的14%，比紫草根中紫草宁含量高10倍。

(2) 周期短。植物细胞生长的倍增时间一般为12~60h，发酵周期10~30d，与植物生长周期相比较，如木瓜需要8个月，大大地缩短生产周期。

(3) 易于管理，劳动强度低。植物细胞发酵在人工控制的条件下进行工业化生产，不受地理环境和气候条件等影响，易于操作管理，大大地减轻了劳动强度，改善了劳动条件。

（4）易于分离纯化。植物细胞发酵生产所得产物比较单一，目标产物浓度较高，同时在工厂中生产，可以减少环境中各种有害物质（如农药、化肥）的污染以及微生物、昆虫等的侵蚀，产品易于分离纯化，从而提高产品质量。目前通过植物细胞培养生产的酶如表5-1所示。

表5-1 植物细胞培养产酶

酶	植物细胞	年份	酶	植物细胞	年份
糖苷酶	胡萝卜细胞	1981	糖化酶	甜菜细胞	1988
β-半乳糖苷酶	紫苜蓿细胞	1982	苯丙氨酸裂合酶	大豆细胞	1986
漆酶	假挪威槭细胞	1983		花生细胞	1990
过氧化物酶	甜菜细胞	1983	木瓜蛋白酶	番木瓜细胞	1989
	大豆细胞	1989	超氧化物歧化酶	大蒜细胞	1993
β-葡萄糖苷酶	利马豆细胞	1987	菠萝蛋白酶	菠萝细胞	1995
酸性转移酶	甜菜细胞	1988	剑麻蛋白酶	剑麻细胞	1998
碱性转移酶	甜菜细胞	1988	木瓜凝乳蛋白酶	番木瓜细胞	2001

（1）植物细胞的特性。在动植物细胞培养中，存在与微生物发酵显著不同的地方，应予以重视。这是由于动植物细胞与微生物细胞的特性不同所造成的。它们的不同特性如表5-2所示。

表5-2 微生物、植物和动物细胞的特性比较

细胞种类	微生物细胞	植物细胞	动物细胞
细胞大小/μm	1～10	20～300	10～100
倍增时间/h	0.3～6	>12	>15
营养要求	简单	简单	复杂
光照要求	不要求	大多数要求光照	不要求
对剪切力	大多数不敏感	敏感	敏感
主要产物	酒精、酒类、有机酸、氨基酸、抗生素、核苷酸、酶等	色素、药物、香精、酶等次级代谢产物	疫苗、激素、单克隆抗体、酶等功能蛋白质

（2）植物细胞培养产酶的工艺流程。外植体→细胞获取→细胞培养→分离纯化→产物

外植体是指从植株取出，经过预处理后，用于植物组织和细胞培养的植物的组织（包括根、茎、叶、芽、花、果实、种子等）片段或小块。外植体首先要选择无病虫害、生产力旺盛、生产有规则的植株。另外，如果细胞培养是为了得到次级产物，那么应该从产该次级产物的组织切取一段。

从外植体获得细胞的方法主要有机械法或酶法直接分离、愈伤组织诱导法和原生质体再生法，从而得到一定体积的单细胞悬浮液。

把得到的植物细胞在无菌条件下，转入新的液体培养基，在人工控制条件的生物反应器中进行细胞悬浮培养。培养完成后，分离收集细胞或者培养液，再采用各种生化技术，从细胞或者培养液中得到所需的酶。

（3）植物细胞培养产酶的工艺条件控制。

① 培养基。由于植物细胞与微生物细胞的差异，故两者对培养基的要求也有较大区别。最主要的不同点在于：

（a）植物细胞生长和发酵需要大量的无机盐，除了 P、S、K、Ca、Mg 等大量元素外，还需要 B、Mn、Zn、Mo、Cu、Co、I 等微量元素；

（b）植物细胞需要多种维生素和植物激素，如硫胺素、吡哆素、烟酸、肌醇、激素、萘乙酸以及 2，4-D（2，4-二氯苯氧乙酸）等；

（c）植物细胞要求的氮源一般为无机氮源，如硝酸盐和铵盐；

（d）植物细胞一般以蔗糖为碳源。植物细胞常用培养基有：MS、B_5、White 和 KM-8P 培养基。

② 温度和 pH。植物细胞培养的温度一般控制在室温范围（25℃左右）。温度高对植物的生长有利，而温度低则对次级代谢物的积累有利，但一般范围为 20~30℃。另外，每种植物细胞的最适温度和最适产酶温度不同，要视具体情况而定，不同阶段控制的温度不同。植物细胞 pH 一般控制在微酸性范围，即 pH5~6，培养基配制时，pH 控制在 5.5 左右。

③ 溶氧量。植物细胞的生长和发酵需要吸收一定的溶解氧。溶解氧的供给一般要通过通风和搅拌。适当的通风搅拌还可以使细胞不至于凝聚成大的细胞团，以使细胞分散开来，分布较均匀。然而，由于植物细胞代谢较慢，需氧量不多，过量的氧气也会带来不良的影响，加上植物细胞体积大、较为脆弱，对剪切力敏感，所以通风和搅拌都不能太强烈。这在植物细胞反应器的设计中，要予以充分考虑。

④ 光照。光照对植物细胞的培养有重大影响。大多数植物细胞的生长和次级代谢物的产生要求有一定波长的光照，但是每种植物细胞对光照强度和光照时间有不同的要求，而有些植物次级代谢物的生物合成还要受到光的制约。例如，欧芹细胞在黑暗条件下生长，但要生成黄酮类物质却只能在光照条件下进行。因此，在植物培养中要根据具体情况考虑光照因素，特别是在大规模的培养过程中，必须在反应器设计和实际操作中对光照因素给予重视。

⑤ 前体和刺激剂的添加。前体是指处于目标代谢物代谢途径上游的物质。刺激剂是指可以促进植物细胞的物质代谢朝所需次级代谢物生成的方向发展的物质。在培养过程中添加目标代谢物的前体和刺激剂是一种提高产量的有效方法。常用的刺激剂有：微生物细胞壁碎片、果胶酶、纤维素酶等胞外酶。

5.2.1.2 动物细胞产酶

动物细胞培养是以 20 世纪 50 年代开始的病毒疫苗细胞培养为基础，20 世纪 60 年代迅速发展起来的技术。1967 年开发的适合动物细胞贴壁培养的微载体技术，1975 年发明的杂交瘤技术，有力地推动了动物细胞培养技术的发展。动物细胞能产生各种有较高价值的物质，特别是激素、疫苗、单克隆抗体和酶等各种动物功能蛋白质。虽然随着基因工程的发展，已经可将某些动物蛋白所对应的基因通过克隆技术转移到微生物细胞中进行表达，如生长激素、干扰素、胰岛素和某些疫苗等，并且取得了巨大成功。但是由于受到技术和产品价格等因素的制约，想要将所需的动物功能蛋白都通过基因工程菌来发酵生产，困难很多，并且在相当长的一段时间内都很难实现。目前，动物细胞培养主要用于生产的功能蛋白质有酶、疫苗、激素、单克隆抗体和非抗体免疫调节剂。其中用动物细胞培养生产的酶只有胶原酶、纤维酶原活化剂、尿素酶等。

（1）动物细胞的特性。

① 动物细胞与微生物细胞和植物细胞的最大区别就在于没有细胞壁，适应环境的能力差。对剪切力十分敏感，必须小心地对温度、pH、渗透压以及溶解氧等外界条件进行控制。例如，温度控制要严密，允许温度波动的范围在 ±0.25℃ 以内；调节 pH 要采用较温和的 $NaHCO_3$ 缓冲液；通过采用氧气、氮气、二氧化碳和空气四种气体的不同比例来控制培养液

中的溶解氧，通过非直接通气搅拌的方式进行供氧，并严格控制渗透压。

② 动物细胞的体积比微生物细胞大几千倍，比植物细胞稍小。

③ 动物细胞的营养要求比微生物细胞和植物细胞都要复杂得多。其培养基中除了要加入氨基酸、维生素、葡萄糖、激素、无机盐以外，还需加入血清或其代用品等，故动物细胞培养的成本较高，主要用于生产珍贵药物。同时为了防止微生物污染，在培养过程中，需要额外添加抗生素。

④ 大部分动物细胞在肌体内相互粘连以集群形式存在，在细胞培养中大部分细胞具有群体效应、锚地依赖性、接触抑制性以及功能全能性。

⑤ 动物细胞的生长较慢，细胞倍增时间为 15～100h，而且原代细胞继代培养 50 代后，即会退化死亡，需要重新分离细胞。

（2）动物细胞培养的方式。动物细胞培养方法可分成两大类，一类是来自血液、淋巴组织的细胞、肿瘤细胞和杂交瘤细胞等，可以采用悬浮培养；另一类来自于动物复杂器官中的细胞，则具有锚地依赖性，即与其周围的细胞互相依存，有所谓"定位依存"关系，这类细胞不宜采用悬浮培养，而必须依附于固体或半固体的表面才能生长和进行正常的新陈代谢，这种培养方法称为贴壁培养。而固定化细胞培养方式既适用于锚地依赖性细胞，又适用于非锚地依赖性细胞，固定化培养是指细胞与固定化载体结合，在一定的空间范围进行生长繁殖。

（3）动物细胞培养产酶的工艺条件的控制。

① 培养基。动物培养基的组分比较复杂，包括氨基酸、维生素、无机盐、葡萄糖、激素、生长因子等。

（a）氨基酸。必须加进各种必需氨基酸以及半胱氨酸、酪氨酸、谷氨酰胺等；

（b）在含有血清的培养基中维生素一般由血清提供，在血清量低的培养基或无血清的培养基中，必须补充 B 族维生素，有些还需要补充维生素 C；

（c）动物培养基中也需要添加大量的无机盐，如 Na^+、K^+、Ca^+、Mg^{2+}、PO_3^{3-}、SO_4^{2-}、Cl^-、HCO_3^- 等，主要用于调节培养基的渗透压。而微量元素一般由血清提供，在无血清培养基或血清低的培养基中，则需要添加铁、铜、锌、硒等；

（d）动物细胞一般以葡萄糖作为碳源和能源；

（e）在动物细胞培养过程中需要加入胰岛素、生长激素、氢化可的松等激素；

（f）生长因子对于动物细胞培养是十分重要的，一般使用血清来提供动物细胞所需的各种生长因子。

目前，常用的各种动物细胞培养基已经商品化生产，可根据需要选购。但由于谷氨酰胺不稳定，所以需要单独配制并冷冻保存，随配随用。

② 温度。不同种类的动物细胞对温度要求不同，如哺乳动物最适温度为 37℃，鸡细胞为 39～42℃，昆虫细胞为 25～28℃，鱼类细胞为 20～26℃。一般动物细胞更耐受低温些。

③ pH。动物细胞培养的 pH 一般控制在微碱性范围内，即 pH7.0～7.6。在培养过程中，随新陈代谢的进行，培养液中 pH 不断变化，所以需要对 pH 进行检测和调节。一般在培养基中加入一定浓度的缓冲液来防止 pH 的变化。

④ 渗透压。动物细胞培养液中的渗透压应当与细胞内的渗透压处于等渗状态，通常控制在 700～850kPa。

⑤ 溶氧量。溶氧量对动物细胞培养至关重要。当供氧不足时，细胞生长受到抑制；当氧气过量时，又会对细胞产生毒害作用。不同的动物细胞对溶氧量的要求不同，同一细胞在不同生长阶段对氧的要求不同，而细胞密度不同时，需氧量也是不一样的。因此在动物细

培养过程中，要根据具体情况而对其供氧量进行控制。

5.2.2 微生物发酵产酶

工业生产酶中最主要的方法是微生物发酵产酶，因为微生物发酵产酶具有其他方法无可替代的优点：ⓐ种类繁多，目前已鉴定的微生物有 20 万种，几乎自然界存在的所有的酶都能在微生物中找到；ⓑ微生物繁殖速度快、发酵周期短、产量高并且培养基价格低廉，通过控制培养条件可大幅度提高酶的产量，便于实现大规模的工业化生产；ⓒ微生物的适应性强，可通过诱导突变、基因工程、细胞融合等现代生物技术方法选育出新的、更为理想的微生物，从而得到人们需要的酶；ⓓ相同的反应可利用来源于不同微生物的性质相近的酶来催化，因此可灵活地选择生物反应器，以便与前后工序相配合。因此，目前工业化的酶绝大多数来源于微生物。

5.2.2.1 常用的产酶微生物

原始产酶微生物可以从菌种保藏中心和相关研究机构获得，但大多数的高产微生物是从自然界中经过分离筛选而获得的。通常细胞所表达的酶量受细胞的调节和控制，合成的酶主要是满足细胞自身生长和代谢的需要，是有限的。当酶成为发酵的目标产物时，野生型微生物就不能满足酶制剂生产的需要，所以，在工业酶制剂生产中，所有微生物菌种都是通过遗传改造的高产酶菌株。

常用的产酶微生物有细菌、放线菌、霉菌、酵母等，见表 5-3。从表 5-3 中可以看出，同一种微生物经育种后可用于不同酶的生产，不同微生物也可用于具有相同功能的酶的生产。

表 5-3 常用的产酶微生物及其所产的酶

微生物		所产的酶
细菌	大肠杆菌	谷氨酸脱羧酶、天冬氨酸酶、青霉素酰化酶、天冬酰胺酶、β-半乳糖苷酶、限制性核酸内切酶、DNA 聚合酶、DNA 连接酶、核酸外切酶等，后几种亦在基因工程等方面广泛应用
	谷草芽孢杆菌	α-淀粉酶、蛋白酶、β-葡聚糖酶、5′-核苷酸酶、碱性磷酸酶等
放线菌	链霉菌	葡萄糖异构酶、青霉素酰化酶、纤维素酶、碱性蛋白酶、中性蛋白酶、几丁质酶等多种酶
霉菌	黑曲霉	糖化酶、α-淀粉酶、酸性蛋白酶、果胶酶、葡萄糖氧化酶、过氧化氢酶、核糖核酸酶、脂肪酶、纤维素酶、橙皮苷酶、柚苷酶等多种酶
	米曲霉	糖化酶、蛋白酶、氨基酰化酶、磷酸二酯酶、果胶酶、核酸酶 P 等
	红曲霉	α-淀粉酶、糖化酶、麦芽糖酶、蛋白酶等
	产黄青霉	葡萄糖氧化酶、果胶酶、纤维素酶等
	橘青霉	5′-磷酸二酯酶、脂肪酶、葡萄糖氧化酶、凝乳蛋白酶、核酸酶S1、核酸酶P1 等
	根霉	糖化酶、α-淀粉酶、蔗糖酶、碱性蛋白酶、核糖核酸酶、脂肪酶、果胶酶、纤维素酶、半纤维素酶等
	毛霉	蛋白酶、糖化酶、α-淀粉酶、脂肪酶、果胶酶、凝乳酶等
	木霉	纤维素酶，包括 C1 酶、Cx 酶和纤维二糖酶等
酵母	啤酒酵母	转化酶、丙酮酸脱羧酶、醇脱氢酶等
	假丝酵母	脂肪酶、尿酸酶、尿囊素酶、转化酶、醇脱氢酶等

5.2.2.2 微生物的发酵及产酶

有了优良的产酶菌株后，如何通过发酵实现微生物的大规模培养及产酶就成了关键。

培养基一般选用那些价格便宜、来源丰富又能满足细胞生长和酶合成需要的农副产品，如淀粉、糊精、糖蜜、葡萄糖等碳源物质，以及鱼粉、豆饼粉、花生饼粉及尿素等氮源物质。

一般微生物发酵产酶的生产方式主要有两种：一种是固体发酵法，另一种是液体深层发酵法，而液体发酵法包括间歇发酵和连续发酵。固体发酵是以麸皮、米糠等为基本原料，加入适量的水和无机盐，形成潮湿不溶于水的固体培养基，微生物在其上进行发酵产酶的一种培养技术。固体发酵法具有设备简单、易于推广的优点，但也具有发酵条件不易控制、劳动强度大、物料利用不完全、酶不易被分离纯化等缺点，一般用于米曲（含大量糖化酶）、酱油曲（含大量蛋白酶）的生产及食品工业和饲料工业用酶的生产。

液体深层发酵法是利用液体培养基，在发酵罐内进行搅拌通气培养的一种发酵方式，发酵过程需要一定的设备和技术条件，但原料的利用率和酶的产量都较高，培养条件容易控制。目前，液体深层发酵法是工业上酶生产的主要方式。

20世纪70年代，固定化细胞技术迅速发展，呈现了良好的前景。将产酶细胞吸附在水不溶性载体（如活性炭、硅藻土等）上或包埋于多孔凝胶中，将其限制在一定的空间界限内，但细胞仍能保留其催化活性并具有能被反复或连续使用的活力。固定化细胞具有许多优点：

（1）固定化细胞的密度大、可增殖，因而可获得高度密集而体积缩小的工程菌集合体，不需要微生物菌体的多次培养、扩大，从而缩短了发酵生产周期，提高生产能力。

（2）发酵稳定性好，可以反复使用或连续使用较长时间。

（3）发酵液中含菌体较少，有利于产品分离纯化，提高产品质量等。

胞内酶等许多胞内产物不能分泌到细胞外有多方面的原因，其中主要原因之一是细胞壁作为扩散障碍阻止了胞内产物向外分泌。随后发展的固定化原生质体技术为胞内酶的连续生产开辟了崭新的途径。图5-1为固定化细胞的连续培养。

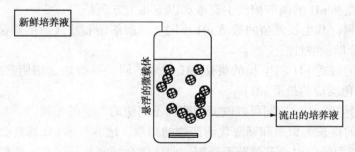

图5-1　固定化细胞的连续培养

5.2.2.3 发酵产酶工艺条件以及控制

在酶的发酵生产中，除了选择优良的产酶菌外，发酵生产工艺条件的控制也是关键工序。它不仅关系到菌株的生长、繁殖，也影响到酶的合成。所以在选择发酵工艺条件时既要考虑微生物的生长需要，又要兼顾酶的合成要求。根据酶生产不同阶段的要求选择最佳条件，通常是先确定菌体生长的最适条件，然后做出调整以满足酶合成的需要。例如，枯草杆菌 A.S 1398 发酵生产中性蛋白酶，其营养培养基中除含有合适的碳氮比以外，还需要添加 0.1%~0.3% 的无机磷酸盐和 0.03%~0.05% 的植酸钙镁或多聚磷酸盐或大豆提取物。

（1）培养基。

① 碳源。不同微生物对碳源的利用不同，故应根据细胞的营养需求来选择碳源。目前使用的碳源主要是淀粉或其水解物，如糊精、淀粉水解物、麦芽糖、葡萄糖等。但有些特殊的产酶菌需要特殊的碳源才能产生目的酶，如链霉菌生产葡萄糖异构酶(或称为木糖异构酶)需要 D-木糖或木聚糖作为碳源。除考虑细胞的营养需求以外，还要重视某些碳源对酶的生物合成具有的诱导作用和分解代谢物阻遏作用。例如，淀粉对 α-淀粉酶的生物合成有诱导作用，而果糖则有阻遏作用。在选择碳源时首先要考虑细胞的营养要求和代谢调节，另外，在工业生产上还需要考虑原料的价格和来源是否充裕等因素。

② 氮源。氮源可分为有机氮源和无机氮源两大类。不同微生物对氮源的利用情况有较大差异，应根据细胞的营养要求进行选择。在微生物细胞中，通常异养型细胞要求有机氮源，自养型细胞则要求无机氮源。在使用无机氮源时，铵盐和硝酸盐的比例对细胞的生长和新陈代谢有较明显的影响。

碳和氮两者的比例，即碳氮比(C/N)对酶的生物合成也是一个重要的影响因素。例如，一般较低的 C/N 常有利于蛋白酶的合成，但是在这种条件下，发酵后期培养基的 pH 往往会偏高，反过来抑制蛋白酶的积累。因此选择并控制适宜的 C/N 是提高酶产量的一个重要因素。

③ 无机盐。无机盐的主要作用是为细胞的生命活动提供不可缺少的无机元素，并对培养基的 pH、氧化还原电位和渗透压起到调节作用。不同的无机元素在细胞的生命活动中有所差异，它们有的直接参与细胞的构成，如磷、硫等；有的是酶分子的组成元素，如磷、硫、锌、钙等，还有的是酶的激活剂，如钾、镁、锌、铁等。

④ 生长因子。生长因子是指细胞生长繁殖所必需的微量有机化合物。主要包括各种氨基酸、嘌呤、嘧啶和维生素等。它们一方面调节微生物的代谢，提高酶产量，而另一方面则作为辅酶的构成成分。一般情况下，添加的生长因子是含有多种生长因子的天然原料的水解物，如酵母膏、玉米浆等。

（2）pH。培养基 pH 的调节控制主要考虑以下几个方面：

① 不同的细胞，其生长繁殖的最适 pH 不同。一般细菌和放线菌的最适 pH 在中性至碱性范围，霉菌和酵母偏酸性。

② 发酵产酶的最适 pH 和生长的最适 pH 常常不同。一般地，细胞产生某种酶的最适 pH 接近于该酶催化反应的最适 pH。

③ 通过对培养基 pH 的控制可以改变细胞产不同酶的产量的比例。

④ 随着细胞的生长、繁殖和新陈代谢产物的积累，培养基的 pH 通常会发生变化，特别是当微生物产酸能力较强时，若调节不适当，菌体就会抑制甚至死亡，所以在发酵过程中必须对培养基的 pH 进行适当的控制和调节。pH 调节方法可以采取改变培养基的组分或其比例，必要时可使用缓冲溶液，或添加适宜的酸、碱溶液，以调节控制培养基中 pH 的变化。

（3）温度。调节控制培养基的温度所要考虑的因素与调节 pH 有相似的地方：

① 不同的细胞，其生长繁殖的最适温度不同。如枯草杆菌最适生长温度为 34~37℃，黑曲霉为 28~32℃。

② 某些细胞发酵产酶的最适温度与生长的最适温度有所不同，前者往往低于后者。

③ 在细胞生长和发酵产酶过程中，培养基的温度是变化的，原因有两个，一是由于细胞的新陈代谢作用不断释放热量使温度升高，二是由于热量不断扩散，使温度不断下降。所

以必须及时地对温度进行调节控制，使培养基的温度维持在适宜的之内。

（4）溶氧量。在培养基中培养的细胞一般只能吸收和利用溶解氧，故对于好气菌来说，溶解氧对好气发酵控制是最重要参数之一，溶氧量对于提高酶的产量有重要作用。由于氧气在发酵液中溶解度很小，仅为 0.22mmol/L，故为了提高溶解氧的浓度，需要不断通风和搅拌。溶解氧的大小主要取决于通风量和搅拌转速。一般采用将无菌空气通入发酵容器来供给溶解氧。调节溶氧量的主要方法是调节通气量、调节氧分压、搅拌转速、调节气液接触时间、调节气液接触面积和改变培养液的性质等。

（5）发酵时间控制。在生产过程中掌握适宜的酶回收时间也是十分重要的。对于大多数胞外酶来说，酶的合成和菌体的生长是有关系的，即：生长停止时，酶产量往往达到最大；继续培养，酶产量往往会以不同的速率逐渐下降。

5.2.3 提高酶产量的方法

酶的发酵生产过程的主要目的是细胞大量产酶。除了选育优良的产酶细胞，保证适宜的发酵工艺条件并根据需要和变化情况及时加以调节控制外，还可采取多种措施，比如，添加诱导物、控制阻遏物浓度、添加表面活性剂或其他产酶促进剂等，促进细胞产酶，获得最大的产物得率。

5.2.3.1 添加诱导物

有些酶在通常情况下不合成或很少合成，加入诱导物后，就能大量合成，这种现象称为诱导作用。这种诱导作用合成的酶称为诱导酶。在酶的诱导中，调节蛋白就是阻遏物，诱导物就是效应物。在没有诱导物时，调节蛋白直接和操纵基因结合，阻遏酶的合成；当诱导物出现时，它们能和阻碍物结合，发生变构效应，失去和操纵基团结合的能力，酶得以合成。因此，故在发酵培养基中添加适当的诱导物，可以使产酶量显著提高。

例如，乳糖诱导 β-半乳糖苷酶，纤维二糖诱导纤维素酶，蔗糖甘油单棕榈酸酯诱导蔗糖酶等。

不同的酶有各自不同的诱导物。然而有时一种诱导物可诱导生成同一酶系的若干种酶，如 β-半乳糖苷可同时诱导 β-半乳糖苷酶、透过酶和 β-半乳糖乙酰化酶等三种酶。

同一种酶也常常有多种诱导物，实际应用时可依据酶的特性、诱导物的来源和诱导效果等方面进行选择。例如，纤维素、糊精、纤维二糖等都是纤维素酶的诱导物。

5.2.3.2 控制阻遏物浓度

有些酶在生物合成过程中会受到阻遏物的阻遏作用。为了提高酶产量，必现设法解除阻遏作用。阻遏作用分为末端代谢产物阻遏和分解代谢产物阻遏两种。末端代谢产物阻遏是指在生物的生长发育过程中，原以一定速率合成某些酶，当这些酶催化生成的产物过量累积时，这些酶的合成受到阻遏，也称反馈阻遏。分解代谢产物阻遏是指有些酶，特别是参与分解代谢的酶，当细胞在容易被利用的碳源（葡萄糖）上生长时，其合成受到阻遏，也称葡萄糖效应。阻遏物可以是酶催化反应产物、代谢途径的末端产物以及分解代谢物（葡萄糖等容易利用的碳源）。控制阻遏物浓度是解除阻遏、提高酶产量的有效措施。

例如，β-半乳糖苷酶受葡萄糖分解代谢物的阻遏作用。当培养基中有葡萄糖存在时，即使有诱导物存在，β-半乳糖苷酶也无法大量产生。只有在不含葡萄糖的培养基中，或在葡萄糖被细胞利用完全以后，诱导物的存在才能诱导该酶大量生成。类似的情况在不少酶的生产中均可发生。为了减少或消除分解代谢物的阻遏作用，应控制培养基中如葡萄糖等容易被利用的碳源的浓度，也可以采用其他较难利用的碳源（如淀粉等），或采用补料，分次流加碳源等方法，以利于提高产酶量。此外，在分解代谢物存在的情况下，添加一定量的环腺苷酸(cAMP)，可以消除分解代谢物阻遏作用，若有诱导物同时存在，则可迅速产酶。

对于受代谢途径末端产物阻遏的酶，可以通过控制末端产物的浓度而使阻遏消除以及通过添加末端产物类似物的方法，以消除末端产物的阻遏作用。

5.2.3.3　添加表面活性剂

表面活性剂可分为离子型和非离子型两大类。离子型表面活性剂又可分为阳离子型、阴离子型和两性离子型。由于离子型表活性剂对细胞具有毒害作用，尤其是季铵型离子表面活性剂是消毒剂，因此不能用于酶的发酵生产。通常采用非离子型表面活性剂来增加酶的产量。

非离子型表面活性剂，如吐温(Tween)、特里顿(Triton)等，可聚积在细胞膜上，增加细胞的通透性，故有利于酶的分泌，提高酶产量。例如，在霉菌发酵生产纤维素酶的培养基中，添加1%的吐温，可使产酶量提高1~20倍。在使用时，要注意表面活性剂的添加量，过多或过少效果都不好，应控制在最佳浓度范围之内。此外，添加表面活性剂有利于提高某些酶的稳定性和催化能力。

5.2.3.4　添加产酶促进剂

产酶促进剂是指可以促进产酶，但作用机理并未阐明清楚的物质。添加产酶促进剂往往对酶产量的提高有显著效果。例如，添加植酸盐可使霉菌蛋白酶和桔青霉磷酸二酯酶的产量提高20倍。添加聚乙烯醇可提高糖化酶的产量。添加聚乙烯醇、醋酸钠等可提高纤维素酶的产量。产酶促进剂对不同细胞、不同酶的作用效果各不相同，要通过试验选用适当的产酶促进剂并确定一个最适浓度。

5.3　酶的分离纯化

5.3.1　酶分离纯化的一般程序

（1）获得出发酶液。如果微生物发酵生产的是胞外酶，液体发酵的培养液或固体培养物的抽提液就是出发酶液；如果发酵生产的是胞内酶，则应当先分离收集菌体，将其破碎，再利用提取液将酶抽提至液相，即获得出发酶液。

（2）除去出发酶液中的悬浮固形物，获得澄清的酶液。

（3）利用各种技术将酶沉淀分离。

（4）将获得的沉淀干燥，研磨成粉，加入适当的稳定剂、填充剂等，做成粉末制剂。

（5）当对酶产品的纯度要求很高时，还需要进行精制。

酶的种类很多，性质各不相同，分离纯化方法也不尽相同。即使是同一种酶，因其来源不同、用途不同，分离纯化的步骤也不一样。工业用酶一般无需高度纯化，如用于洗涤剂的蛋白酶，实际上只需要经过简单的提取分离即可；食品工业用酶，需要经过适当的分离纯化，以确保酶的安全卫生；医药用酶，特别是注射用酶及分析测试用酶，则需要经过高度的纯化或制成晶体，而且绝对不能含有热源物质。

酶的分离纯化步骤越复杂，酶的收率越低，材料和动力消耗越大，成本也越高。因此在符合质量要求的前提下，应尽可能采用步骤简单、收率高、成本低的方法。

5.3.2　酶分离提取的条件

因为酶很不稳定，在提取时容易变性失活，降低分离纯化效率，所以应严格控制分离提取条件。提取酶时应注意以下几个方面：

（1）温度。整个提取纯化操作应尽可能在低温下（0~4℃）进行，以避免蛋白水解酶对目的酶的破坏作用（特别是在有机溶剂或无机盐存在的条件下更应注意）。

（2）pH 值。在提纯过程中一般采用缓冲液作为溶剂，以防止过酸或过碱。对一特定的酶，溶剂 pH 值的选择还应考虑酶的 pH 稳定性以及酶的溶解度。

（3）盐浓度。因为大多数蛋白质具有盐溶性质，所以在抽提过程中可选用合适浓度的盐溶液以促进蛋白质溶解，但要注意当盐浓度过高时，酶容易变性失活。

（4）搅拌。剧烈搅拌易引起蛋白质变性，故提纯中应避免剧烈搅拌和产生泡沫。

（5）酶液。酶液是微生物生长的良好培养基，在提纯过程中应尽可能防止微生物对酶的破坏作用。

5.3.3　酶溶液的制备

5.3.3.1　材料的预处理

提取材料通常应采用酶含量高，提取工艺简单，成本消耗低的动、植物组织或微生物。对于不同的材料，预处理的目的和方法各不相同，如对于某些含脂肪的动物材料，首先要将脂肪类物质剥离，再进行绞切、匀浆；含油脂多的植物材料，要进行脱脂处理；含果胶类的材料，要先除去果胶；微生物材料需要进行菌体分离等。只有将这些有碍分离纯化的因素预先处理掉，后面的步骤才可以顺利进行。根据不同的提取对象，材料的预处理要考虑以下几个问题：

（1）防止蛋白酶的水解作用。如果材料本身含有较多的蛋白酶，则必须采取措施以防止蛋白酶的水解作用。例如，酵母中含有多种蛋白酶，当破碎酵母细胞时，可采取加入蛋白酶抑制剂的措施，防止这些蛋白酶对目的酶的降解作用。常用的抑制剂有苯甲基磺酰氟、二异丙基氟磷酸、EDTA 和 EGTA（乙二醇四乙酸）等。在使用蛋白酶抑制剂时要十分小心，因为它们不仅能抑制蛋白酶，也可抑制一些其他的酶。

（2）细胞器中的酶。酶在细胞中是区域化分布的，如果待制备的酶是在某一细胞器内，最好的方法是先将该细胞器分离纯化，然后再从细胞器中提取此酶。这不仅使酶得到富集还使酶的分离纯化工作变得更简便。为防止细胞器的破裂必须采取非常温和的细胞破碎方法，细胞器的分离纯化常采用离心法。

（3）除核酸。核酸能与很多蛋白质结合成复合物，若核酸与酶蛋白结合必将会干扰分离纯化工作，故在纯化工作开始前要先除去核酸。

5.3.3.2　破碎细胞

细胞破碎的方法有很多，因为各种生物组织细胞的有不同的特点，故要根据细胞性质和处理量来选择合适的破碎方法。

（1）机械（匀浆）法。利用机械力的搅拌，剪切研碎细胞。常用的方法有高速组织捣碎机、高压匀浆泵、玻璃匀浆器、高速球磨机或直接用研钵研磨等。动物组织的细胞器不甚坚固，极易匀浆，一般可将组织剪切成小块，再用匀浆器或高速组织捣碎器将其匀质化。匀浆器一次处理容量约 50mL，高速组织捣碎器容量可达 500~1000mL。高压匀浆泵特别适合用于细菌、真菌(如酵母)的破碎,且处理容量大,一次可处理几升悬浮液,一般循环2~3次即可达到破碎的要求。

(2)超声波法。超声波法是破碎细胞或细胞器的一种有效方式。经过足够时间的超声波处理后,细菌和酵母细胞都能得到很好的破碎。如果在细胞悬浮液中加入玻璃珠,那么超声处理时间可更短些,一般线粒体经过125W超声处理5min即可全部崩解。超声波法一次处理的标本量较大,探头式超声器的超声效果比水浴式超声器更好。超声处理的主要问题是超声空穴易产生局部温度过高而引起酶丧失活性,所以超声破碎处理的时间应尽可能缩短,容器周围采取冰浴冷却处理,尽量减小热效应导致的酶的失活。

(3)冻融法。生物组织经冰冻后,其细胞胞液会结成冰晶而使细胞胀破。冻融法所需设备简单,普通家用冰箱的冷冻室即可进行冻融处理。该法简单易行,但效率不高,需要反复几次才能达到预期的破碎效果。如果冻融操作时间过长,要注意胞内蛋白酶对目的酶的水解作用。通常需要在冻融液中加入蛋白酶抑制剂,如PMSF(苯甲基磺酰氟)、络合剂EDTA、还原剂DDT(二硫苏糖醇)等以防目的酶的破坏。

(4)渗透压法。渗透压法是破碎细胞最温和的方法之一。细胞在低渗溶液中由于渗透压的作用膨胀破碎,如红细胞在纯水中会发生破壁溶血现象。但这种方法对于具有坚韧的多糖细胞壁的细胞,如植物、细菌和真菌都不太适用,除非先采用其他方法除去这些细胞外层的坚韧的细胞壁。

(5)酶水解法。利用溶菌酶、蛋白水解酶、糖苷酶对细胞膜或细胞壁的酶解作用,使细胞崩解破碎。例如,将枯草杆菌与溶菌酶一起温育,就能得到易破碎的原生质体,用EDTA与大肠杆菌一起温育,也可制得相应的原生质体。几丁质酶和3-葡聚糖酶则常用于水解曲霉、面包霉等的细胞壁。酶水解法常与其他破碎方法联合使用,例如,在大肠杆菌冻融液中加入溶菌酶可以大大提高破碎效果。

5.3.3.3 酶的抽提

抽提也称为提取、萃取,是在分离纯化前期,在一定条件下,用适当溶剂处理破碎后的细胞,将尽可能多的酶和尽可能少的杂质从材料中引入到提取液中的过程。从动、植物原料中抽提酶的方法主要有稀酸、稀碱、稀盐和有机溶剂抽提法。

有些酶在酸性或碱性条件下溶解度较大,可采用pH值远离待抽提酶蛋白等电点(pI)的方法抽提,离子强度一般控制在0.05~0.2mol/L。在低浓度盐溶液的条件下,酶蛋白的溶解度增加的现象称为盐溶,稀盐抽提一般采用0.02~0.5mol/L的盐溶液。对于一些与脂质结合较为牢固或分子中含有较多非极性基团的酶,因其不溶或难溶于水和各类溶液中,故可采用有机溶剂抽提法。常用的有机溶剂有乙醇、丙酮、丁醇等,其中丁醇因其同时具有高度的亲水性和亲脂性,所以提取效果较好。

在抽提时,提取液的用量应尽可能少,做到少量多次地抽提,原则上提取液用量不能超过原料的5倍以保证提取液中有较高浓度的酶。

5.3.4 酶的分离纯化

医药、分析、测试等用酶必须使用精制品,因而有必要进一步进行酶的分离纯化和精制。根据酶分子的不同特性,可以采用以下一些分离纯化方法,但每一种方法往往包含两种或两种以上的作用因素。

5.3.4.1　根据酶分子大小和形状的分离方法

（1）离心分离。利用离心机产生的离心力来分离不同物质的过程称为离心。离心机是酶的分离纯化工作中不可缺少的设备。离心机的种类多样。在容量方面，有可供少于 0.2mL 样品离心的，有大到可进行上万毫升样品离心的；有固定容量的，也有连续注入式的。在速度方面，有低速、高速、超速离心机。当进行酶的分离纯化时，很多酶常常富集于某一特定的细胞器中，所以匀浆处理后，应先通过离心得到某一特定的亚细胞成分，如细胞核、线粒体、溶酶体等，使酶先富集 10~20 倍，然后再对某一特定的酶进行纯化。对于一般的沉淀分离，如硫酸铵沉淀和有机物沉淀，可选用 4000~6000g 的离心力；对于线粒体之类的细胞器则须用 18000g 以上的离心力才能得以分离。离心力越大，所需离心时间就越短。在条件允许的情况下，可选用稍大些的离心力，以减少离心时间，并降低酶变性的可能性。

采用离心技术分离纯化酶蛋白时可选择，差速离心法和等密度梯度离心法。对于某一悬浮液，可先选用较低的转速进行离心，分离后得到沉淀和上清液，上清液在较高的转速下再进行离心，又可得到新的沉淀和上清液，如此反复操作，以达到分级分离样品的目的，这种分离方法称为差速离心，但该法分辨率较低，仅适用于粗提或浓缩处理。

若在离心管中预先加入呈密度梯度的介质，然后在此介质表面加入样品溶液进行离心，那么样品中各组分就会按各自的沉降速率，被分离成一系列样品区带，此法称为速率区带法。但如果离心时间太长，所有的物质都会沉淀下来，因而要选择最佳的分离时间。速率区带离心可以得到相当纯的亚细胞成分，用于酶的进一步分离纯化，该法避免了差速离心中出现的大小组分一起沉降的问题，但这一制备方法容量较小，只能用于酶的少量制备。

如果制备的离心介质的密度梯度范围包括了待分离样品中所有颗粒的密度，那么经过较长时间的离心后，各种颗粒沉降在与其密度相同的位置，这种离心称为等密度梯度离心。常用的离心介质有氯化铯、溴化铯、碘化钠等，这种方法在核酸研究中应用更为广泛。

（2）凝胶过滤。分离酶蛋白时，分子大小大于凝胶孔径的蛋白被凝胶排阻，因此在凝胶颗粒间隙中移动，速度较快；小分子蛋白质则可以自由出入凝胶颗粒的小孔，路径加长，移动缓慢。这样通过一定长度的凝胶层析往后，大小不同的蛋白分子就被分开了。常用的凝胶是葡聚糖凝胶 Sephadex-G、聚丙烯酰胺凝胶 Bio-GEL、琼脂糖凝胶 Sepharose 等。在实际操作中，应注意选择合适孔径的分离介质，使待分离的蛋白质相对分子质量落在凝胶的工作范围内。此外，凝胶过滤法还可用于测定未知蛋白的相对分子质量。

（3）透析与超滤。透析在纯化过程中极为常用，透析是通过小分子经过半透膜扩散到水（或缓冲液）的原理，将小分子与生物大分子分开的一种分离纯化技术。通过透析可以除去酶液中的盐类、有机溶剂、低相对分子质量的抑制剂等。透析膜的截留极限相对分子质量为 5000D 左右，如果对相对分子质量小于 10000D 的酶液进行透析就有泄漏的危险。超滤是指在一定压力（正压/负压）下，将料液强制通过一定孔径的滤膜以达到分离纯化的目的，也可用于酶液的浓缩及脱色等。例如细菌蛋白酶经丙烯腈滤膜超滤一次后可浓缩 5 倍左右，去除杂蛋白质 50%，去除干物质 70%，而酶活性保持在 75% 上。

5.3.4.2　根据酶分子电荷性质的分离方法

（1）离子交换层析。由于不同蛋白质分子暴露在外表面的侧链基团的种类和数量不同，因此在一定 pH 值和离子强度的缓冲液中，所带电荷情况也不相同。根据不同蛋白质与离子交换剂的亲合力不同而达到分离目的的方法称为离子交换层析。上样时，应注意加入的蛋白量及样品体积应尽可能小，才能得到较高的分辨率。洗脱时，可以通过改变洗脱剂的离子强度，减弱蛋白质与载体间亲和力的方法，逐一洗脱各个蛋白组分；也可以通过改变洗脱剂的pH值，使蛋白质的有效电荷减少而被解吸下来。

（2）层析聚焦。层析聚焦与等电聚焦相类似，但其连续的pH值梯度是在固相离子交换载体上形成的。因为其具有等电聚焦的高分辨率和柱内容量大的优点，故应用价值较大。一般以颗粒直径为$10\sim100\mu m$、表面含有强缓冲能力离子基团（如聚乙烯亚酰胺）的二氧化硅作层析介质。

（3）电泳。在外电场的作用下，由于蛋白质离子所带净电荷的数量和性质不同，所以其泳动方向和速率也不同，从而达到分离的目的。为减少扩散，整个过程一般是在多孔性的固体载体如淀粉胶上进行的。电泳分离的样品过去常作为分析使用，但现在已经发展出了制备电泳，用该法制备的酶，可以在介质中洗脱或直接从电泳往底部依次流出。

（4）等电聚焦电泳。它属于移动界线的电泳法。具体操作方法如下：先从阳极端扩散装入一种酸如磷酸，然后从阴极端扩散装入一种碱如乙醇胺，这样便可以在两端间建立起一个pH梯度。此种pH梯度可以利用引入两性电解质混合物加以稳定。通常用天然的或是合成的氨基酸当作两性电解质混合物，而所选用的等电点值要涵盖所需的pH值。每一种两性电解质在电场作用下泳动到其等电点的pH区时便停留在那儿，形成一个pH梯度。引入待分离的蛋白样品后继续进行电泳，直到每一蛋白成分达到其等电点的pH区为止，电泳时间可能需要数天，用这种方法可以分离和检出等电点相差仅0.02的两种蛋白成分。

5.3.4.3 根据酶分子专一性结合的分离方法

（1）亲和层析。当其他分离方法非常困难时，可采用亲和层析法进行分离，即利用酶分子的专一性结合位点或特异的结构性质来达到分离的目的。它具有结合效率高，分离速度快的特点。为了使载体能与酶进行亲和结合，故需对载体进行活化，即将载体与待分离的酶配基结合，这些配基既可以是酶的底物、抑制剂、辅因子，也可以是酶的特异性抗体。如果配基与载体偶联后，由于载体的空间位阻影响，使配基与酶蛋白不能很好地结合，可以在配基和载体间加上一"手臂"，如碳氢化合物链。当酶经亲和吸附后，可以通过改变缓冲液的离子强度和pH值的方法，将酶洗脱下来，也可以使用浓度更高的同一配体溶液或亲和力更强的配体溶液进行洗脱。

（2）免疫吸附层析。免疫吸附层析是利用抗原抗体反应的高亲和性来进行酶的分离纯化。通常利用小鼠免疫制备单克隆抗体，因为这种方法所需的抗原酶量极少，有时$50\mu g$便足够用，纯度也无需很高。而且还可从中挑选出亲和力适中的单克隆抗体制备亲和介质，这样既可达到高效吸附酶的目的，又可避免后面洗脱困难的缺陷。

（3）染料配体亲和层析。由于染料分子与被纯化的酶之间没有任何生物学关系，所以严格地说应称其为假亲和层析。尽管它们的结合机制尚未研究清楚，但已被证明是分离含NAD^-及$NADP^-$的脱氢酶和与ATP有关的激酶类的有效方法。染料配基的层析效果除主要取决于染料配基与酶亲和力的大小外，还与洗脱缓冲液的种类、离子强度、pH值及待分离酶样品的纯度有关。但必须注意，在一定条件下，固定化染料能起阳离子交换剂的作用，为避免这种现象发生，最好在离子强度小于0.1和pH值大于7时进行层析操作。

（4）共价层析。共价层析法是利用层析介质与被分离酶之间形成共价键而达到分离目的，目前，主要用在含巯基酶的分离纯化。在吸附过程中被分离物质通过共价键结合到层析介质上，如形成二硫键，但由于偶联反应是可逆的，故可以在洗脱那些没有吸附上的物质后，用含有能还原二硫键的低相对分子质量化合物的洗脱剂把酶洗脱下来。如果酶蛋白的巯基由于空间位阻效应不能参与反应，则可以在含变性剂的缓冲液中进行。若蛋白质所含的巯基已形成二硫键，则可以先用还原剂打开二硫键后再进行分离。

5.3.4.4 根据分配系数的分离方法

某些聚合物与另一种聚合物或一些无机盐相混时，当浓度达到一定范围后，体系会自动分为两相，由于生物活性物质在两相中具有不同的分配比，经过反复处理则可达到分离的目的，这种分离方法称为双水萃取分离。常用于生物活性物质分离的体系有：聚乙二醇（PEG）/葡聚糖（DEXTRAN）、PEG/磷酸盐、PEG/硫酸铵等。由于双水相体系具有含水比例高、所用的聚合物及盐类对酶无毒性、分离设备与化学工业通用等优点，故在工业上作为酶的提取分离的新工艺而日益受到重视。双水相体系的分配行为受到所用聚合物分子大小、成相浓度、pH 值、无机盐种类等因素的影响。现在已发展出了亲和双水相萃取和膜分离双水相萃取等新型双水相分离技术。

5.3.5 酶的结晶

结晶是指分子通过氢键、离子键或分子间作用力按规则且周期性排列的一种固体形式。由于各种分子之间形成结晶的条件不同，并且变性蛋白质和酶不能形成结晶，所以结晶既是一种酶是否纯净的标志，也是一种酶和杂蛋白分离的方法。

5.3.5.1 结晶的基本原理

结晶形成的过程是自由能降至最小的过程。当自由能降至最小并逐渐达到平衡状态时，溶质分子开始结晶作用，溶剂和溶质的理化特性决定了平衡状态的热力学和动力学参数。当溶液处于过饱和状态时，分子间的分散或排斥作用小于分子间的相互吸引作用，便开始形成沉淀或结晶，由于溶液的过饱和，维持水合物的水分子相对减少且不足，溶质分子相互接触的机会增加，从而聚集起来。但是，当溶液过饱和的速度过快时，溶质分子聚集太快，便会产生无定形的沉淀。如果控制溶液缓慢地达到过饱和点，溶质分子就可能排列到晶格中而形成结晶。所以，在操作上必须注意以下几点：第一，要对溶液进行调整，使其缓慢趋向于过饱和点；第二，要对溶液的性质和环境条件进行调整，使尽可能多的溶质分子相互接触，形成结晶。

5.3.5.2 结晶条件

由于酶蛋白分子的形状和理化性质较复杂，使其在溶液中的特性也变得复杂。影响其最小溶解度的因素有很多，如电解质的浓度、酶蛋白的浓度、pH、湿度等因素，并且，因为常常出现几个最小溶解度，会产生结晶的多形性，故结晶条件非常复杂，这样每种酶蛋白的结晶条件也往往不同。为了获得某种酶蛋白的结晶，往往需要进行一些适当的预备实验摸索。

（1）酶的纯度。一般来说，酶的纯度越高，越容易获得结晶，长成单晶的可能性也越大。除个别情况外，一般酶的纯度应达到 50% 以上。

（2）蛋白酶的浓度。对于大多数酶来说，蛋白质浓度在 $3\sim50mg/mL$ 较好。一般来说，酶蛋白的浓度越高，越有利于分子间的相互碰撞而聚合。但是酶蛋白的浓度过高，往往会形成沉淀，而酶浓度过低，不易生成晶核。

（3）晶种。有些不易结晶的酶，需要加入微量的晶种才能形成结晶。在加入晶种前，要将溶液调整到适于结晶的条件下，加入的晶种开始溶解，还要追加沉淀剂，直到晶种不溶解为止。当达到晶种不溶解又没有无定形物形成时，静置，使晶体生长。

（4）温度。结晶温度的选择要满足以下两个条件，一方面要有利于结晶的生成；另一方面要不超过酶的热稳定性。有些酶对温度很敏感，所以要防止酶失活。从现有的资料来看，通常控制在0~4℃范围内，一般在4℃下。低温条件对酶来说不仅溶解度降低，而且酶不易变性。

（5）pH。pH是酶结晶的一个重要条件，有时只相差0.2pH单位时，就只能得到沉淀，而得不到结晶，所选择pH应在酶的稳定范围内，通常选择在被结晶酶的pI值附近。

（6）金属离子。许多金属能引起或有助于酶的结晶。不同酶选用不同金属离子。在酶结晶过程中常用Ca^{2+}、Zn^{2+}、Co^{2+}、Ni^{2+}、Cd^{2+}、Cu^{2+}、Mg^{2+}、Mn^{2+}等金属离子。在许多情况下，这些离子是酶表现活力所必需的，它们能保持酶分子结构上的一些特点。

（7）其他。除上述因素外，还有一些因素会影响结晶的形成。例如：需防霉，在结晶过程中不得有微生物生长，一般在低离子强度的蛋白质溶液中，易生长细菌和霉菌，在高盐浓度或有乙醇时，可以防止微生物生长。因此，所有溶液需要用超滤脂膜或细菌漏斗过滤，再加入少量的甲苯、氯仿或吡啶，可以有效防止微生物生长。又如，在结晶过程中，通常还要防止蛋白酶的水解作用，因为蛋白酶的水解作用常常引起结晶的微观不均一性，影响结晶的生成和生长。

5.3.5.3 结晶的方法

（1）盐析法。利用一些中性盐，如硫酸铵、硫酸钠、硫酸镁、柠檬酸钠、氯化钠、氯化钾、氯化铵、氯化钙、甲酸钠、乙酸钠、乙酸铵、硝酸铵等，在适当条件下，保持酶的稳定性，缓慢改变盐浓度进行结晶。其中，最常用的是硫酸铵、硫酸钠。通常是将盐加入到浓度较高的酶溶液中至溶液呈浑浊为止，然后放置，并缓慢增加盐浓度。

（2）有机溶剂法。酶溶液中滴加某些有机溶剂，如：乙醇、丙酮、丁醇、甲醇、乙腈、二氧杂环己烷、异丙醇、二甲基亚砜等，也能使酶形成结晶。一般在含有少量的无机盐和适宜的pH条件下，在冰浴中缓慢滴入有机溶剂，并不断搅拌，当酶溶液微微浑浊时，将其置于冰箱中，几小时后便有可能获得结晶。

（3）微量蒸发扩散法。该法是将纯酶溶液装入透析袋内，用聚乙二醇吸水浓缩至蛋白质含量为1mg/mL左右，然后加入饱和硫酸铵溶液到10%饱和度左右，再将其分装于比色瓷板的小孔内，连同饱和硫酸铵溶液放入密封的干燥器内，再在4℃下静候结晶。

（4）透析平衡法。透析平衡法是将酶溶液装入透析袋中，对一定的盐溶液或有机溶剂进行透析平衡，酶溶液可缓慢达到饱和而析出结晶。

（5）等点法。酶蛋白在其等电点时溶解度最小，通过改变酶溶液的pH可以缓慢地达到过饱和而析出酶蛋白结晶。

（6）其他方法。还有气相扩散法、复合结晶法、温度诱导法等。

5.3.6 酶的制剂与保存

5.3.6.1 酶制剂的剂型

酶制剂通常有下列四种剂型：

（1）液体酶制剂。液体酶制剂包括稀酶液和浓缩酶液。通常是在除去固体杂质后，不经纯化而直接制成，或加以浓缩而成。这种酶制剂不稳定，成分复杂，只可用于某些工业。

（2）固体酶制剂。固体酶制剂是发酵液经杀菌后直接浓缩或喷雾干燥而制成。有的加入淀粉等填充料，用于工业生产。有的经初步纯化后制成，用于洗涤剂、药物生产。若用于加工或生产某种产品时，必须除去起干扰作用的杂酶，才不会影响质量。

固体酶制剂便于运输和短期保存，成本也不高。

（3）纯酶制剂。纯酶制剂包括结晶酶，一般用作分析试剂和医疗药物。要求其具有较高的纯度和一定的活力单位数。医疗注射用酶，还必须除去热源。

热源属于糖蛋白，相对分子质量在100kD以上，是染菌后细菌分泌出来的类毒素。若将带有这类物质的制剂注射到体内将引起体温升高。热原耐热耐酸但不耐碱(pH≥10)，对氧化剂敏感。它可用吸附、亲和层析、改变分离纯化等方法除去。

（4）固定化酶制剂。具体内容详见5.4。

5.3.6.2 酶的保存

酶的保存条件必须有利于维护酶天然结构的稳定性，所以在保存酶时应注意以下几个方面：

（1）合适的温度。酶的保存温度一般在0~4℃，但有些酶在低温下反而容易失活，这是因为在低温下，亚基间疏水作用的减弱会引起酶的解离。另外，零度以下溶质的冰晶化还会引起盐分浓缩，导致溶液pH值发生改变，这样可能会引起酶巯基间连接成为二硫键，损坏酶的活性中心，并使酶变性失活。

（2）适当的pH值。大多数酶在特定的pH值范围内稳定，偏离这个范围便会失活，这个pH值的范围因酶而异，如溶菌酶在酸性区稳定，而固氮酶则在中性偏碱区稳定。

（3）氧防护。由于巯基等酶分子基团或Fe-S中心等容易被分子氧所氧化，所以这类酶应加巯基保护剂或者在氩或氮气中保存。

（4）提高酶的浓度及纯度。一般来说，酶的浓度越高，杂蛋白越少，酶越稳定。将酶制备成晶体或干粉更有利于其保存。此外，还可以通过加入酶的各种稳定剂，如底物、辅酶、无机离子等来加强酶的稳定性、延长酶的保存时间。

5.4 酶的固定化

5.4.1 固定化酶概述

长期以来酶反应都是在水溶液中进行，属于均相反应。均相酶反应系统简便，但也有很多缺点，比如：溶液中的游离酶随排出的产物一起流失，不仅造成酶的损失，而且会增加产品的分离难度和费用，影响产品质量；反应后的酶难以分离，无法重复使用；溶液酶很不稳定，容易变性和失活。若能将酶制剂制成保持其原有催化活性、性能稳定、又不溶于水的固形物，即固定化酶(immobilized enzyme)，这样就可以像一般固体催化剂那样使用和处理，酶的利用率也会显著提高。

酶的固定化是把原来游离的水溶性酶限制或固定于某一局部空间或固体载体上。固定化酶是指在一定空间内呈闭锁状态存在的酶，能连续地进行反应，反应后的酶可以回收重复使用。在1971年第一届国际酶工程会议上，正式建议采用"固定化酶"的名称。酶固定化后，既不会流失，也不会污染产品。固定化酶在经过过滤或离心分离后，可以长期重复使用，而且酶的稳定性也得到提高(见图5-2)。在实际应用中固定化酶可以装在反应器内，使生产以连续化方式进行，有利于生产的自动化、连续化和生产率的提高。

（1）固定化酶与游离酶相比，具有下列优点：

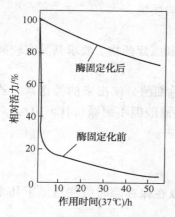

图 5-2　葡萄糖苷酶经固定化
前后稳定性的比较

① 酶的稳定性得到改进。

② 具有专择性用途的催化剂可以"缝制"。

③ 酶可以再生利用。

④ 连续化操作得以实现。

⑤ 反应所需的空间小。

⑥ 反应的最优化控制成为可能。

⑦ 可得到高纯度、高产量的产品。

⑧ 资源获取方便，减少污染。

（2）与此同时，固定化酶也存在一些缺点：

① 固定化时，酶活力有损失。

② 增加了生产的成本，工厂初始投资大。

③ 只能用于可溶性底物，而且较适用于小分子底物，对大分子底物不适宜。

④ 与完整菌体相比，不适于多酶反应，特别是需要辅助因子的反应。

⑤ 胞内酶必须经过酶的分离程序。

　　酶的本质是蛋白质，酶和细胞的固定化实际上是具有催化活性的蛋白质的固定化。酶的催化活性主要依赖于它特殊的高级结构——活性中心。当高级结构发生改变时，酶的催化活性、底物的特异性都可能发生改变，所以在制备固定化酶的过程中，应该尽量避免那些可能导致酶蛋白高级结构破坏的因素。由于蛋白质的高级结构是凭借氢键、疏水键等相互作用较弱的非共价键维持的，所以固定化时应该采取尽可能温和的条件。

5.4.2　酶的固定化方法

　　由于固定化酶的应用目的、应用环境各不相同，并且制备固定化酶的材料种类丰富，所以，酶的固定化有很多方法，而且也没有一种方法适合所有酶的固定化。目前，根据酶与载体结合的化学反应类型主要分为四类：吸附法、包埋法、共价键结合法和交联法。

5.4.2.1　吸附法

　　吸附法最为突出的特点是工艺简便、条件温和，且载体选择范围较广，不会引起酶变性失活，并且可反复使用。但是由于酶与载体的结合力较弱，故两者之间结合不牢固而易于脱落分开，这也使其在应用上受到一定的限制。根据吸附结合力的不同，吸附法可以分为物理吸附法和离子吸附法。

　　（1）物理吸附法。酶被载体物理吸附而固定化的方法称为物理吸附法。此类载体较多，常用的无机载体有活性炭、多孔玻璃、多孔陶瓷、氧化铝、硅胶、金属氧化物等；有机载体有淀粉、谷蛋白、丁基或己基-葡萄糖凝胶、纤维及其衍生物、甲壳素及其衍生物等。近年来，大孔型合成树脂、陶瓷等载体也引起了人们的关注。该法的优点是酶活力部位及其空间构象不易被破坏，且操作简便，酶活力损失很少，对细胞的生长、繁殖无明显影响。但酶靠物理作用力吸附在载体上，结合力很弱，存在易于脱落等缺点。曾经利用该法进行固定化的酶有淀粉酶、糖化酶、葡萄糖氧化酶等。

　　（2）离子吸附法。离子吸附法是将酶与含有离子交换基团的水不溶性载体以静电作用力相结合的固定化方法。此法的载体有多糖离子交换剂和合成高分子离子交换树脂。比如，DEAE-纤维素、DEAE-葡聚糖凝胶、Amberlite CG-50、IRC-50、XE-97、Dower-50 等。离子吸附法操作简单，处理条件温和，酶活力的氨基酸残基不易被破坏。但是，载体与酶的结合力比较弱，易受 pH 或缓冲液的影响，在高离子强度的条件下进行反应时，酶常常会从载体上脱落。到目前为止，采用此法固定的酶有糖化酶、β-淀粉酶、葡萄糖异构酶、纤维素酶等。

5.4.2.2 包埋法

包埋法是指用一定方法将酶包埋于半透性的载体之中，制成固定化酶的方法。其基本原理是单体和酶溶液混合，再借助引发剂进行聚合反应，将酶固定在载体材料的网络中。采用此法进行固定化时，酶的包埋产率不受保护剂和稳定剂存在的影响。这种将酶包埋在高聚物内的方法适用于大多数酶、粗酶制剂甚至是完整的微生物细胞。

根据载体材料和方法的不同，包埋法可分为凝胶包埋法和半透膜包埋法两大类。

（1）凝胶包埋法。该法是将酶或含酶菌体包埋在各种凝胶内部的微孔中，制成一定形状的固定化酶或固定化菌体。常用的凝胶有琼脂凝胶、海藻酸钙凝胶、角叉菜胶和明胶等天然凝胶，以及聚丙烯酰胺凝胶、光交联树脂等合成凝胶。天然凝胶在包埋时条件温和，操作简便，对酶活力影响很小，但强度较差。而合成凝胶的强度高，对温度、pH 变化的耐受性强，但需要在一定的条件下进行聚合反应才能把酶包埋起来。在聚合反应过程中，常常会引起部分酶的变性失活，故应严格控制好包埋条件。

（2）半透膜包埋法。该法又称微胶囊包埋法，它是将酶分子定位于半透性的聚合体膜内制成微胶囊，直径为 $1 \sim 100 \mu m$，颗粒比网格型要小得多，较利于底物和产物的扩散。半透膜的孔径比一般酶分子直径小些。常用于制备固定化酶的半透膜有聚酰胺膜、火棉胶膜、硝化纤维、聚苯乙烯和壳聚糖等。微胶囊包埋法的优点有很多，即：微胶囊的大小可以控制，胶囊化时间较短，酶和底物接触表面积很大，有利于酶反应；多种酶可以同时包埋于同一囊中，有利于多酶的固定化。

5.4.2.3 共价键结合法

共价键结合法是酶蛋白的侧链基团和载体表面上的功能基团之间形成共价键而固定的方法。常用的载体有天然高分子衍生物（如纤维素、葡聚糖凝胶、琼脂糖等）、合成高聚物（如聚丙烯酰胺、多聚氨基酸、聚苯乙烯、尼龙等）和无机载体（如多孔玻璃和陶瓷等）。共价法的主要方法有：酰化反应、芳化和烷基化反应、溴化氰法、重氮化反应以及硅烷基化法等。共价键结合法的优点是酶与载体结合牢固，不易脱落，利于连续使用。但其缺点是载体活化的操作复杂，反应条件激烈，易引起酶蛋白高级结构的变化，破坏酶的活力部位，使酶变性失活，酶活力回收率一般仅为 30% 左右。

5.4.2.4 交联法

交联法是通过双功能试剂或多功能试剂的作用，在酶分子间或酶分子和载体间发生交联的固定化方法。这些具有两种相同或不同功能基团的试剂叫做交联剂。交联法与共价结合法一样，反应条件比较激烈，固定化酶的活力损失较大，回收率也比较低，而且交联法制备的固定化酶颗粒较细，给使用带来不便，故此法一般不宜单独使用。为此，可将交联法与吸附法或包埋法联合使用，取长补短，可达到加固的良好效果，这种固定化的方法称为双固定化法，可制备出活力更高的固定化酶。另外，如能降低交联剂浓度和缩短反应时间，将有利于固定化酶活性的提高。常见的交联剂有顺丁烯二酸酐、乙烯共聚物和戊二醛等，其中以戊二醛最为常用。戊二醛和酶蛋白的游离氨基形成席夫（schiff）碱而使酶分子交联。

上述各种固定化方法各具优缺点（见表 5-4）。实际应用时，常将两种或数种固定化法联用。

表 5-4　各种固定化方法的比较

项　目	吸附法		包埋法	共价键结合法	交联法
	物理吸附法	离子吸附法			
制备	易	易	较难	难	较难
结合程度	弱	中等	强	强	强
活力回收率	易流失	高	高	低	中等
再生	可能	可能	不可能	不可能	不可能
费用	低	低	低	高	中等
底物专一性	不变	不变	不变	可变	可变

5.4.3　固定化酶的形态和性质

5.4.3.1　固定化酶的形态

固定化酶的形态根据其用途不同，有颗粒、线条、薄膜和酶管等形态。颗粒状占绝大多数，主要用于工业发酵生产；薄膜主要用于酶电极；酶管机械强度较大，也可用于工业化生产。

5.4.3.2　固定化酶的性质

在水溶液中，游离酶分子与底物同处于液相中，十分邻近；而当酶被固定化后，则处于载体的特殊的微环境中，此时，受载体物理性质对酶与底物作用的影响，酶的性质发生改变。

（1）酶活力的变化。固定化酶的活力在多数情况下比天然酶的活力低，专一性也可能发生变化，其原因有以下几点：

① 酶的构象的改变使得酶与底物的结合能力或催化底物的转化能力发生改变。

② 载体的存在给酶的活性部位或调节部位造成某种空间障碍，影响酶与底物或其他效应物的作用。

③ 底物和酶的作用受其扩散速率的限制，但在个别情况下，固定化酶由于抗抑能力的提高使得它反而比游离酶活力高。

（2）酶稳定性提高。大多数酶经固定化后，其稳定性普遍有所提高，这对于实际应用是十分有利的。酶稳定性包括热稳定性、对 pH 值的稳定性、对各种有机试剂的稳定性、对变性剂和酶抑制剂的抵抗能力、对蛋白水解酶的抗性及储存稳定性等。固定化酶稳定性之所以提高可能是因为固定化后酶与载体多点连接或酶分子间发生交联，避免了酶分子的伸展变形，同时也抑制了酶的自降解反应。

（3）最适 pH 值的变化。酶固定化后，催化底物的最适 pH 值和 pH 值活性曲线往往发生变化，这是受微环境表面电荷的影响所致。例如，当载体带负电荷时，载体内的氢离子浓度要高于溶液主体的氢离子浓度，为了使载体的 pH 值保持游离酶的最适 pH 值，载体外液的pH 值要相应地高一些，所以从表观上看，最适 pH 值偏移向碱性一侧。

（4）最适温度的变化。酶反应的最适温度是由酶失活速度与酶反应速度综合决定的。固定化酶的最适作用温度一般与游离酶差不多，活化能也变化不大。但酶固定化后其失活速度下降，故最适温度也随之提高，固定化酶的最适温度与游离酶相比会有较明显的变化，这是十分有利的结果。例如，色氨酸酶经固定化后最适温度比固定前提高了 5~15℃。而以烷化法固定化氨基酰化酶的最适温度则比固定化前有所降低。多数情况下，最适温度并不发生变化。

（5）动力学常数的变化。酶固定化于电中性载体后，固定化酶的表观米氏常数通常比游离酶的米氏常数高，而最大反应速度变小。若载体与底物有一方不带电，则表观米氏常数一般不变或稍有增加。而当底物与具有带相反电荷的载体结合后，由于静电吸引，固定化酶的表观米氏常数常常会减小，这对固定化酶的实际应用是有利的，可使反应更加完全。此外，动力学常数的变化还受溶液中离子强度的影响，但在高离子强度下，酶的动力学常数几乎保持不变。

5.5 酶的分子修饰

酶分子修饰（molecular modification of enzyme）是指通过各种方法改变酶分子的结构，从而使酶的某些特性和功能发生改变的技术。酶分子修饰技术对酶学和酶工程的发展都有极为重要的作用，通过酶分子修饰技术，可以探索酶的结构与功能的关系，提高酶活力，增强酶的稳定性，降低或消除酶的抗原性，改变最适 pH 值或温度，改变酶的特异性，使它能催化不同底物的转化及改变催化反应类型，提高催化过程的反应效率，允许酶在一个变化的环境中起作用等，从而提高酶在轻工、食品、医药、环保、能源开发等领域的应用价值。

5.5.1 酶的化学修饰

酶的化学修饰（chemical modification）是指利用化学手段将某些化学物质或基团结合到酶分子上，或将酶分子的某部分删除或置换，改变酶的理化性质，最终达到改变酶的催化性质的目的。催化酶的化学修饰主要方法有以下几种：

5.5.1.1 大分子结合修饰

利用水溶性大分子与酶结合，使酶的空间结构发生某些细微改变，从而改变酶的功能与特性的方法，称为大分子结合修饰法，简称为大分子结合法。酶经过大分子结合修饰可显著提高酶活力，增加稳定性或降低抗原性。

大分子结合修饰是酶化学修饰中最重要修饰方法之一，也是目前应用最广泛的酶分子修饰方法。从发酵产物中直接分离到的酶，其酶活力有时并不能够满足实际应用的需要，而经过修饰后的酶可显著提高酶活力。例如，当每分子胰凝乳蛋白酶与 11 分子右旋糖酐结合时，其酶活力比原来提高 5.1 倍。经大分子修饰后，大分子可在酶分子外围形成保护层，从而保护酶的空间构象，提高酶的稳定性。如超氧化物歧化酶（SOD）在血浆中的半衰期仅为 6~30min，经过大分子结合修饰后，其稳定性显著提高，半衰期延长 70~350 倍，如表 5-5 所示。

表 5-5 天然及经修饰的 SOD 在人血浆中的半衰期

酶	半衰期	酶	半衰期
天然 SOD	6min	高相对分子质量-SOD	24h
右旋糖酐-SOD	7h	聚乙二醇-SOD	35h
低相对分子质量-SOD	14h		

当外源蛋白非经口（如注射）进入人或动物体内后，体内血清中就可能出现与此外源蛋白特异结合的抗体。能引起体内产生抗体的外源蛋白称为抗原。当来自动物、植物或微生物中的酶作为药物，非经口进入人体后，往往会成为一种抗原，诱导体内产生抗体，与作为抗原的酶特异地结合，从而使酶失去催化功能。所以，药用酶的抗原性问题是影响其应用的重

要问题之一。抗体与抗原之间的特异结合是由于它们之间特定的分子结构所引起的。若抗原的特定结构改变，就会失去诱导抗体产生的作用。利用水溶性大分子对酶进行修饰，是降低甚至消除酶的抗原性的有效方法之一。例如，用聚乙二醇对色氨酸酶进行修饰，可完全消除其抗原性。

目前通常采用的水溶性大分子修饰剂有：右旋糖酐、聚乙二醇、聚蔗糖 β-环糊精、琼脂糖、壳聚糖、白蛋白、明胶、淀粉、聚丙氨酸、硬脂酸等。由于酶的结构有差异，故不同的酶所能结合的修饰剂分子数目也有所不同。所以，在进行修饰时，应根据其分子比例控制好酶修饰剂的浓度。

5.5.1.2　肽链有限水解修饰

有些酶的肽链经过有限水解后其性质改变或催化活力提高。在肽的限定肽键位点进行有限水解，使酶的空间结构发生某些改变，从而改变酶的特性和功能的方法，称为肽链有限水解修饰。这种修饰一般使用某些专一性较高的蛋白酶或肽酶作为修饰剂。例如，胰蛋白酶原来没有催化活性，用蛋白酶将该酶原水解掉一个六肽之后，即可表现出胰蛋白酶的活性；用胰蛋白酶将天冬氨酸酶羧基末端的十多个氨基酸残基水解除去，可使天冬氨酸酶的活力提高4~5倍或更高。

酶具有的抗原性与其分子的结构和大小有关。大分子的外源酶蛋白往往表现较强的抗原性；而小分子的蛋白质或多肽，其抗原性较低或者无抗原性。所以，将酶分子有限水解，使其相对分子质量减小，既可保持酶活力，又可显著降低其抗原性，甚至消失，对酶蛋白的应用极为有利。常用于水解蛋白质的酶有木瓜蛋白酶、真菌蛋白酶、胰酶和胃蛋白酶等。例如，木瓜蛋白酶由180个氨基酸连结而成，若用亮氨酸氨肽酶进行有限水解，使其全部肽链的2/3被除去，即除去120个氨基酸组成的肽段，该酶的酶活力保持不变，而其抗原性大大降低；又如酵母的烯醇化酶水解除去150个氨基酸组成的肽段后，仍可保持其酶活力，抗原性却显著降低。

除可用蛋白酶对酶进行有限水解外，也可用其他方法达到修饰目的。例如，枯草杆菌中性蛋白酶，先用EDTA等金属螯合剂处理，再经纯水或稀盐溶液透析，可使蛋白酶部分水解，得到仍有酶活力的小分子肽段，用作消炎剂时，不产生抗原性，表现良好的疗效。但是，采用化学方法水解修饰处理时，作用条件剧烈，易导致蛋白质功能特性及生物活性降低或丧失。

5.5.1.3　侧链基团修饰

酶蛋白侧链基团是指组成蛋白质的氨基酸残基上的功能基团。这些功能基团主要是氨基、羧基、巯基、咪唑基、吲哚基、酚羟基、羟基、胍基、甲硫基等。这些基团对于蛋白质空间结构的形成和稳定性起着重要作用。主要利用一些小分子物质对酶蛋白侧链基团进行修饰，这些小分子化合物称为侧链基团修饰剂。

不同的侧链基团所使用的修饰剂各不相同，可根据需要进行选择：

（1）氨基修饰剂。氨基修饰剂主要有二硝基氟苯、醋酸酐、琥珀酸酐、二硫化碳、亚硝酸、乙亚胺甲酯、O-甲基异脲、顺丁烯二酸酐等。它们可与氨基共价结合，将氨基屏蔽起来或导致脱氨基作用，从而改变酶蛋白的构象或性质。例如，用O-甲基异脲与溶菌酶赖氨酸残基的 ε-氨基结合，酶活力保持不变，但稳定性提高，且很容易结晶析出；用亚硝酸修饰天冬酰胺酶，使其氨基末端的亮氨酸和肽链中的赖氨酸的氨基转变为短基，使酶的稳定性提高，在体内的半衰期可延长2倍。

（2）羧基修饰剂。羧基修饰剂可使羧基发生酯化、酰基化作用或结合上其他基团。最早用来修饰蛋白质侧链羧基的修饰剂是乙醇-盐酸试剂，它可使羧基产生酯化作用。

（3）胍基修饰剂。精氨酸含有胍基，胍基可与二羰基化合物缩合生成稳定的杂环。所以二羰基化合物，如环己二酮、乙二醛、苯乙二醛等，都可以用作羧基修饰剂。

（4）巯基修饰剂。巯基能在维持亚基间的相互作用和在酶的催化过程中起重要的作用。然而巯基却容易发生变化，从而改变酶的性质和催化特性。常用的巯基修饰剂有：二巯苏糖醇、巯基乙醇、硫代硫酸盐、硼氢化钠等还原剂以及各种酰化剂、烷基化剂等。

（5）酚基修饰剂。一般常用碘化法、硝化法和琥珀化法等来修饰酶蛋白中的酚基。酚基经修饰剂修饰后，引入负电荷，从而增大酶对带正电荷的底物的结合力。

5.5.1.4 分子内或分子间交联修饰

某些含有双功能基团的化合物（也称双功能试剂），如二氨基丁烷、戊二醛、己二胺、葡聚糖二乙醛等，它们可使酶分子内或分子间肽链的两个游离氨基酸侧链基团之间形成共价交联，使酶分子空间构象更加稳定，这种修饰方法称为分子内或分子间交联。

如果双功能试剂使酶分子之间或酶分子与其他分子之间发生交联，则使酶的水溶性降低，这就是前面提到的酶的交联固定化。交联剂也可以在酶蛋白分子中相距较近的两个侧链基团之间形成共价交联，从而提高酶的稳定性，这称为分子内交联修饰。通过分子内交联修饰，可以使酶分子的空间构象更稳定，从而提高酶分子的稳定性。例如，采用葡聚糖二乙醛对青霉素酰化酶进行分子内交联修饰，可使该酶在55℃下半衰期延长9倍，而最大反应速度不变。

分子间修饰主要产生杂化酶，如有人用戊二醛将胰蛋白酶和胰凝乳蛋白酶交联在一起。将大小、电荷和生理功能不同的两种药用酶交联在一起，则有可能在体内将它们输送到同一个部位，从而提高药效。

5.5.1.5 氨基酸置换修饰

将酶分子肽链上的某一个氨基酸置换成另一个氨基酸的修饰方法，称为氨基酸置换修饰。主要包括化学修饰法和蛋白质工程修饰法。有学者成功利用化学修饰法将枯草杆菌蛋白酶活力中心的丝氨酸转换为半胱氨酸。但是化学修饰法难度大、专一性差，并且要对酶分子进行逐个修饰，故难以工业化生产。蛋白质工程中的定位突变是指将 DNA 序列中的某一特定位点上进行碱基的改变，从而获得突变基因的操作技术。蛋白质工程中定位突变技术为氨基酸或核苷酸的置换修饰提供了先进、可靠、有效的手段。

5.5.1.6 金属离子置换修饰

通过改变酶分子中所含的金属离子，使酶的特性和功能发生改变的方法称为金属离子置换修饰法，简称离子置换法。一些金属离子是酶活性中心的组成部分，例如，α-淀粉酶中含有 Ca^{2+}，谷氨酸脱氢酶中含有 Zn^{2+}，过氧化氢酶中含有 Fe^{2+} 等，若将其除去，则酶将失活。

用于酶分子修饰的金属离子，通常是二价金属离子，如 Ca^{2+}、Mg^{2+}、Fe^{2+}、Zn^{2+}、Cu^{2+}、Co^{2+}、Mn^{2+} 等。在进行离子置换修饰时，先在酶液中加入一定量的乙二胺四乙酸（EDTA）等金属螯合剂，将酶分子中的金属离子螯合，然后通过透析、超滤或分子筛层析等方法将 EDTA 金属螯合物从酶液中除去，再将其他的金属离子加到酶液中与酶蛋白结合。酶分子中加入不同的金属离子，则可使酶呈现不同的特性，如酶的活性提高或降低、酶的稳定性增强或减弱等。例如，用 Ca^{2+} 将锌型蛋白酶中的 Zn^{2+} 置换，则酶活力可提高 20%～30%；α-淀粉酶是杂离子型，含有 Ca^{2+}、Mg^{2+}、Zn^{2+} 等多种离子，若把这些离子全部置换成 Ca^{2+}，则可提高酶活力并增加酶的稳定性。金属离子置换法只适用于原本就含有金属离子的酶。

5.5.2 酶的物理修饰

酶分子物理修饰的特点在于不改变酶的组成单位及其基团，酶分子中的共价键不发生改变，只是在物理因素的作用下，次级键发生某些改变和重排，使酶分子的空间构象发生某些改变。例如，γ-羧化酶经过高压处理，底物特异性发生改变，其水解能力减弱，但却有利于催化多肽的合成反应；用高压处理纤维素酶，该酶的最适温度有所降低，在 30~40℃ 的条件下，高压修饰的纤维素酶比天然酶的活力提高 10 倍。

酶分子空间构象的改变还可以在某些变性剂的作用下，首先破坏酶分子原有的空间构象，然后在不同的物理条件下，重新构建酶分子新的空间构象。例如，首先用盐酸胍使胰蛋白酶的原有空间构象破坏，通过透析除去变性剂后，再在不同温度下，使酶重新构建新的空间构象。结果表明，在 20℃ 条件下，重新构建的胰蛋白酶的稳定性与天然胰蛋白酶基本相同，而在 50℃ 的条件下重新构建的酶的稳定性比天然酶提高 5 倍。

5.6 酶的应用

酶作为一种催化剂，已经在轻工、食品、医药、环境污染治理及能源开发等领域有着广泛的应用。近几十年以来，随着酶工程的快速发展，酶在生物工程、生物传感器、医药、环保等方面的应用也日益扩大，可以说酶已成为国民经济中不可缺少的一部分。在现实生活中，人们的衣、食、住、行及其他方面的新技术几乎都离不开酶。酶分子修饰，酶和细胞固定化等酶工程技术的发展，使酶的应用呈现出更加广阔美好的前景。

5.6.1 酶在轻工领域的应用

酶在轻工领域的应用，概括起来主要有以下三个方面：原料处理、用酶生产各种产品、用酶增强产品的使用效果。

5.6.1.1 酶在原料处理方面的应用

许多轻工原料在应用或加工之前都需要经过原料处理。用酶处理原料可以缩短原料处理时间，提高处理效果，提高产品质量等。

（1）发酵原料的处理。酵母或细菌等微生物进行酒精、酒类、甘油、乳酸、氨基酸和核苷酸等生产时，大多数以淀粉、纤维素为主要原料。由于有些微生物本身缺乏淀粉酶和纤维素酶，故无法直接利用这些原料，因此必须将原料进行处理，将原料转化为微生物可利用的小分子物质。

（2）纺织原料的处理。在纺织工业中，为了增强纤维的强度和光滑性，便于纺织，故需要先行上浆。将淀粉用 α-淀粉酶处理一段时间，使其黏度达到一定程度，就可用作上浆的浆料。纺织品在漂白、印染之前，还需将附着在其上的浆料除去，利用 α-淀粉酶使浆料水解，就可使浆料褪尽，这称为退浆。有些纺织品使用动物胶作胶浆进行上浆，可用蛋白酶使其退浆。有些纤维原料的表面上附着有一些短小的纤维，采用纤维素酶处理，使表面的短小纤维水解除去，可以使纤维表面光滑、柔和、有光泽，显著提高制品的质量。

（3）制浆、造纸原料的处理。造纸原料的纤维中含有大量的木质素，如果不除去则容易

152

使纸变为褐色，降低强度，严重影响纸的质量。通常使用碱性硫酸盐和二氯化盐（即碱法制浆法）处理来除去木质素，但这些化学药品具有致癌性，可引起严重的环境污染。经过木质素酶处理后，可使木质素被水解而除去，不仅提高纸的质量，还可大大减轻环境污染的程度。

制浆漂白是造纸过程的重要环节。一般采用二氯化盐进行漂白，不但污染环境，还会影响纸的光泽和强度。国际上已经采用木聚糖酶、半纤维素酶、木质素过氧化物酶等进行漂白，不仅减轻了环境污染程度，而且改善了纸的强度和光泽。

回收利用的纸张上，油墨等污迹难以完全除去，影响纸的光洁度，往往使用化学药剂处理，但费用较高，采用纤维素酶对再生纸进行处理，可使成本显著降低。

（4）生丝的脱胶处理。天然蚕丝的主要成分是不溶于水的有光泽的丝蛋白。丝蛋白表面包裹着一层丝胶，在高级丝绸的制作过程中，必须进行脱胶处理，以提高丝的质量。采用胰蛋白酶、木瓜蛋白酶或微生物蛋白酶处理，能够在比较温和的条件下催化丝胶蛋白水解，进行生丝脱胶，大大提高生丝的质量。

（5）羊毛的除垢处理。羊毛表面有鳞状物质，即鳞垢，是由一些蛋白质堆积而成的蛋白质聚合体，故在染色之前需经预处理将其除去。利用枯草杆菌蛋白质酶或其他适宜的蛋白酶处理，通过蛋白酶的催化作用，除去羊毛表面上的鳞垢，提高羊毛着色率，易于染色，处理后的毛料很柔软，能保持羊毛的特点。同时还使毛料具有防缩水性，防止羊毛起球，形成毛毡，可显著提高羊毛制品的质量。

（6）皮革的脱毛处理。皮革是由牛、羊、猪等动物的皮，经脱毛处理后揉制而成。传统的脱毛方法是采用石灰和硫酸钠溶液浸渍，不仅时间长，劳动强度大，而且还对环境造成严重污染。目前普遍采用酶法脱毛处理，即采用细菌、霉菌、放线菌等微生物产生的碱性或中性蛋白酶，将毛与真皮连接处毛囊中的蛋白质水解去除，从而使毛脱落。

脱毛处理后得到的原料皮，还要加入适量的蛋白酶和脂肪酶进行处理，以除去原料上黏附的油脂和污垢，使皮革松软、光滑，从而提高皮革制品的质量。

5.6.1.2　酶在轻工产品制造方面的应用

（1）利用酶的催化作用可以生产 L-天冬氨酸、L-赖氨酸、肌甘酸（IMP）、5′-鸟苷酸、苹果酸、酒石酸和长链脂肪酸等多种产品。

（2）在酱油或豆酱的生产中，利用蛋白酶催化大豆蛋白质水解，可以大大缩短生产周期，提高蛋白质的利用率。由于生产时间缩短，酶解条件容易控制，就不必额外添加大量盐进行防腐，因此可以生产出优质低盐或无盐的酱油等酱类制品。此外，在酱油酿造过程中，添加一些纤维素酶等催化纤维素水解生成葡萄糖，从而提高原料利用率。

（3）在制革工业中，利用蛋白酶使原料皮脱毛，可以提高皮革产品质量，改善劳动环境。采用酸性蛋白酶和少量脂肪酶进行皮革软化，可以很好地除去污垢，使皮质松软透气，提高皮革质量。

5.6.1.3　酶在增加产品的使用效果方面的应用

在某些轻工产品中添加一定量的酶，可以使产品的使用效果显著提高。

（1）加酶洗涤剂。织物上的汗液、血渍、食物痕迹（主要是蛋白质和脂肪）陈化后很难洗除，衣服上的有机污垢 15%~40% 以蛋白质与纤维结合的方式存在，如果在洗涤剂中添加适当的酶，来分解污物上的蛋白质、油脂和淀粉类物质，可有效去除污垢，大大缩短洗涤时间，防止衣物发黄变色，提高洗涤效果。根据洗涤对象的不同，添加的酶也有所差异，其中广泛使用的是碱性蛋白酶。目前，全世界所生产的酶中，总产量的三分之一左右是碱性蛋白酶。碱性蛋白酶的大部分用于加酶洗涤剂。除了碱性蛋白酶之外，也可视需要添加淀粉酶、脂肪酶、果胶酶和纤维素酶等。

（2）加酶牙膏、牙粉和漱口水。将适当的酶添加到牙膏、牙粉或漱口水中，可以利用酶的催化作用，增加洁齿效果，减少牙垢并防止龋齿的发生。可以添加到洁齿用品中的酶有蛋白酶、淀粉酶、脂肪酶和右旋糖酐酶等。其中右旋糖酐酶对预防龋齿效果显著。

（3）加酶饲料。动物对饲料的利用，是在消化道内各种消化酶作用下，将各种养分降解为小分子而被消化道吸收后利用的。动物对饲料养分的消化能力取决于消化道内消化酶的种类和活力。近 20~30 年的研究和实践证明，适合动物消化道内环境的外源酶能起到内源酶同样的消化作用。饲料中添加外源酶，能够辅助动物消化，提高动物的消化能力，从而改善饲料利用率。加酶饲料在扩大对饲料物质的利用范围，扩大饲料资源等方面，已显示出其潜力。

（4）加酶护肤品。在各种护肤品及化妆品中添加超氧化物歧化酶（SOD）、碱性磷酸酶、尿酸酶和弹性蛋白酶等，可有效地提高护肤效果。NovoNordisk 公司生产与化妆品相关的制品，含有可以清除皮肤表面死亡细胞的蛋白酶。为了清除皮肤表面的自由基，使用抗衰老的超氧化物歧化酶也在计划之中。另外，在面脂、洗发水中加入蛋白酶、胶原酶或霉菌脂肪酶，可以溶解皮屑角质，消除皮脂。

5.6.2 酶在食品领域的应用

目前国内外广泛使用酶的领域是在食品工业部门。目前，已有几十种酶成功地用于食品工业。例如：葡萄糖、饴糖、果葡糖浆等的生产，蛋白质品加工、果蔬加工、食品保鲜以及改善食品的品质与风味等。具体内容详见 8.5.1。

5.6.3 酶在医药领域的应用

随着对疾病发生的分子机制的深入了解，医药用酶的应用范围也越来越广泛。酶在医药领域主要是用于疾病的诊断、治疗和制造药物。

5.6.3.1 酶在疾病治疗方面的应用

近年来，酶疗法已逐渐被人们所认识，各种酶制剂在临床上的应用越来越普遍，受到广泛重视。

蛋白酶可用于治疗多种疾病，是临床上使用最早、用途最广的药用酶之一。蛋白酶（多酶片的主要成分）在医药领域最初应用于消化药上面，用来治疗消化不良和食欲不振。胰蛋白酶、糜蛋白酶等能催化蛋白质分解，该原理已用于外科扩创，化脓伤口净化及胸、腹腔浆膜黏连的治疗等，去除坏死组织，抑制污染微生物的繁殖。

（1）与治疗胃肠道疾病有关的酶类药物。这类酶作为消化促进剂，用于治疗消化不良和食欲不振。主要由蛋白酶、淀粉酶、脂肪酶、胰酶、纤维素酶和凝乳酶组成，其作用是水解和消化食物中的各种成分，用于消化不良、急性肠胃炎、食欲不振、消化机能受阻、手术后消化力减退、促进营养吸收等治疗。

（2）与治疗炎症有关的酶类药物。蛋白酶具有分解坏死组织和致炎多肽的功能，因此，在临床上常用胰蛋白酶、胰凝乳蛋白酶、菠萝蛋白酶等治疗炎症、浮肿等疾患，用溶菌酶、尿激酶等治疗血栓静脉炎、关节炎等。

（3）具有抗肿瘤作用的酶类药物。很多化疗抗癌药物不仅对癌细胞有作用，对正常细胞也起作用，从而引起各种副作用发生。L-天冬酰胺酶是一种备受关注的抗白血病的药物，具有分解L-天冬酰胺的作用，而癌细胞离开L-天冬酰胺则不能生长，故使用L-天冬酰胺酶，既能抑制癌细胞增殖，又不伤害正常细胞；谷氨酰胺酶能治疗多种白血病、腹水瘤、实体瘤等疾病；神经氨酸苷酶是一种良好的肿瘤免疫治疗剂；此外，尿激酶可用于加强抗癌药物如丝裂霉素的药效，米曲溶栓酶也能治疗白血病和肿瘤等。

（4）与溶解血纤维有关的酶类药物。血纤维蛋白在血液的凝固与解凝过程中具有非常重要的作用。健康人体血管中的凝血和抗凝血过程保持着良好的动态平衡，其血管内既无血栓形成，也无出血现象发生。对血栓的治疗涉及以下几方面：

① 防止血小板凝集。

② 阻止血纤维蛋白形成。

③ 促进血纤维蛋白的溶解。

因此，如果提高血液中蛋白水解酶水平，那么将有助于促进血栓溶解。目前已用于临床治疗的酶类主要有链激酶、尿激酶、凝血酶、纤溶酶和曲霉菌蛋白酶等。

5.6.3.2 疾病诊断方面的应用

疾病治疗效果的好坏，在很大程度上取决于诊断的准确性。疾病诊断有许多方法，其中酶学诊断发展迅速。由于酶催化具有高效性和特异性，故酶学诊断方法具有可靠、简便、快捷的特点，在临床诊断中已被广泛应用，如表5-6所示。

表5-6 酶在疾病诊断方面的应用

酶	疾病与酶活力变化
葡萄糖氧化酶	测定血糖含量，诊断糖尿病
胆碱酯酶	测定胆固醇含量，皮肤病、支气管炎、气喘时升高；肝病时下降
尿酸酶	测定尿酸含量，痛风时升高
淀粉酶	胰脏疾病、肾脏疾病时升高；肝病时下降
酸性磷酸酶	前列腺癌、肝炎、红血球病变时，活力升高
碱性磷酸酶	佝偻病、软骨化病、骨瘤、甲状旁腺机能亢进时，活力升高；软骨发育不全等，活力下降
谷丙转氨酶	肝炎等疾病、心肌梗死等，活力升高
胃蛋白酶	胃癌时，活力升高；十二指肠溃疡时，活力下降
磷酸葡萄糖变位酶	肝炎、癌症时，活力下降
醛缩酶	癌症、肝病、心肌梗死等，活力升高
葡萄糖醛缩酶	肾癌及膀胱癌，活力升高
碳酸酐酶	坏血病、贫血等，活力升高
乳酸脱氢酶	癌症、肝病、心肌梗死，活力升高

酶学诊断方法包括两个方面，一是根据体内原有酶活力的变化来诊断某些疾病；二是利用酶来测定体内某些物质的含量，从而诊断某些疾病。

（1）根据体液内酶活力的变化诊断疾病。一般健康人体液内所含有的某些酶的量是恒定在某一范围内的。当人体某些器官和组织受损或发生疾病后，某些酶被释放入血、尿或体液内。如急性胰腺炎时，血清和尿中淀粉酶活性显著升高；肝炎和其他原因肝脏受损，肝细胞坏死或通透性增强，大量谷丙转氨酶释放入血，使血清中谷丙转氨酶升高；心肌梗塞时，血清乳酸脱氢酶和磷酸肌酸激酶明显升高。所以借助血、尿或体液内酶的活性测定，可以了解或判定某些疾病的发生和发展。

（2）用酶测定体液中某些物质含量的疾病诊断。酶具有专一性强、催化效率高等特点，可以利用酶来测定体液中某些物质的含量，从而诊断某些疾病（见表5-7）。酶法检测具有快速、简便、灵敏等优点，医疗上常将所需的酶和配套试剂以一定比例混合制成检验试纸或诊断试剂盒，或将工具酶制成酶电极，以达到简便快速、微量化、连续化、自动化测定的目的。例如，利用葡萄糖氧化酶和过氧化氢酶的联合作用，检测血液或尿液中葡萄糖的含量，以此作为糖尿病临床诊断的依据，这两种酶都可以固定化后制成酶试纸或酶电极，可以十分方便地用于临床检测。

利用尿酸酶测定血液中尿酸的含量诊断痛风病。固定化尿酸酶已在临床诊断中使用。利用胆碱酯酶或胆固醇氧化酶测定血液中胆固醇的含量，来诊断心血管疾病或高血压等。这两种酶都经固定化制成酶电极使用。

表 5-7　用酶测定物质的含量变化进行疾病诊断

酶	测定的物质	用途
葡萄糖氧化酶	葡萄糖	测定血糖、尿糖，诊断糖尿病
葡萄糖氧化酶+过氧化物酶	葡萄糖	测定血糖、尿糖，诊断糖尿病
尿素酶	尿素	测定血液、尿液中尿素的量，诊断肝脏、肾脏病变
谷氨酰胺酶	谷氨酰胺	测定脑脊液中谷氨酰胺的量，诊断肝昏迷、肝硬化
胆固醇氧化酶	胆固醇	测定胆固醇含量，诊断高血脂等
DNA 聚合酶	基因	通过基因扩增、基因测序，诊断基因变异、检测癌基因

此外，酶标免疫测定在疾病诊断方面的应用也越来越广泛。所谓酶标免疫测定，是先把酶与某种抗体或抗原结合，制成酶标记的抗体或抗原。然后利用酶标抗体（或酶标抗原）与待测抗原（或抗体）结合，再借助酶的催化特性进行定量测定，测出酶-抗体-抗原结合物中的酶含量，就可以计算出欲测定的抗体或抗原的含量。通过抗体或抗原的量，就可以诊断某种疾病。常用的标记酶有碱性磷酸酶和过氧化物酶等。通过酶标免疫测定，可以诊断肠虫、毛线虫、吸血虫等寄生虫以及疟疾、麻疹、疱疹、乙型肝炎等疾病。随着细胞工程的发展，已生产出各种单克隆抗体，为酶标免疫测定带来了极大的方便和广阔的应用前景。

5.6.3.3　酶在药物生产方面的应用

酶在药物制造方面的应用（见图5-8）是利用酶的催化作用将前体物质转变为药物，这方面的应用越来越多。目前，已有不少药物包括一些贵重药物都是采用酶法生产的。

表 5-8　酶在药物制作方面的应用

酶	主要来源	用途
青霉素酰化酶	微生物	制造半合成青霉素和头孢霉素
11-β-羟化酶	霉菌	制造氢化可的松
L-酪氨酸转氨酶	细菌	制造多巴（L-二羟苯丙氨酸）

酶	主要来源	用　途
β-酪氨酸酶	植物	制造多巴
α-甘露糖苷酶	链霉菌	制造高效链霉素
酰基氨基酸水解酶	微生物	生产 L-氨基酸
5'-磷酸二酯酶	橘青霉等微生物	生产各种核苷酸
多核苷酸磷酸化酶	微生物	生产聚肌胞，聚肌苷酸
无色杆菌蛋白酶	细菌	由猪胰岛素转变为人胰岛素
核糖核酸酶	微生物	生产各种核苷酸
蛋白酶	动物、植物、微生物	生产 L-氨基酸
β-葡萄糖苷酶	黑曲霉等微生物	生产人参皂苷-RH_2

如某种抗生素使用时间久了，病原菌就会产生相应的耐药性，对药物反应降低、产生抵抗性能。青霉素酰化酶可将易形成抗药性的青霉素改造成杀菌力更强的氨苄青霉素等半合成抗生素。

如 β-酪氨酸酶可催化 L-酪氨酸或邻苯二酚生成二羟苯丙氨酸(多巴)。多巴是治疗帕金森综合症(一种神经性疾病，主要症状为手指颤抖，肌肉僵直，行动不便)的一种重要药物。

又如人胰岛素与猪胰岛素只是在 B 链第 30 位的氨基酸不同。无色杆菌蛋白酶可以特异性地水解除去胰岛素 B 链第 30 位的丙氨酸，然后使之与苏氨酸丁酯偶联，然后用三氟乙酸和苯甲醚除去丁醇，即得到人胰岛素。

5.6.4　酶在环境污染治理领域的应用

酶在环境污染治理中的应用，最早可以追溯到利用微生物降解污染物质。普遍采用的活性污泥法和生物膜法就是应用微生物细胞内多样性的酶系治理环境污染的典型实例。微生物絮凝固定并在局部形成较高浓度，酶系发挥作用降解污染物。有机污染物首先吸附在有大量微生物栖息的活性污泥表面，并与其中的微生物细胞表面接触，在透性酶作用下进入微生物细胞，也有一些小分子有机物直接透过细胞壁进入细胞。淀粉、蛋白质等大分子有机物，则由胞外酶降解为小分子有机物进入细胞。进入细胞的有机污染物，在细胞内酶系统如氧化酶、脱氢酶等催化下通过参与细胞内的代谢反应最终被降解去除。

酶在污水处理中具有以下优点：ⓐ能处理难以降解的化合物；ⓑ高浓度或低浓度废水均适用；ⓒ可操作的 pH、温度和盐度范围广；ⓓ不会因生物物质的聚集而减慢处理速度，处理过程简便易行等。

5.6.4.1　酶在废水处理工程中的应用

水与人类生活息息相关，世界范围的水污染问题是目前人类最关心的环境主题。水体污染物一般有毒，并且抗生物降解。它们易于在体内或组织内浓缩聚集，导致疾病发生。排放到水环境中难降解的有机污染物种类和数量日益增多，利用传统的生物和化学处理方法去除效果常常不能让人满意。微生物的广泛环境适应性表现为广泛而强大的污染物降解能力，特别是对新型污染物的降解。应该指出的是利用微生物种群及其蕴涵的强大酶系操作成本还较高，但整合应用生物技术有可能大幅度降低成本，其在污染废水处理中的作用越来越受到重视。

5.6.4.2 酶在石油和工业废油处理工程中的应用

每年排入海水中的 2Mt 石油是不容忽视的环境问题，若不能及时处理，不但造成鱼类大量死亡，而且石油中的有害物质也会通过食物链进入我们人体。假单胞菌、分枝杆菌等具有降解石油污染的作用，但这些微生物在低温海水中繁殖时会受到营养物浓度的影响，繁殖率很低。利用含酶和其他成分的复合制剂处理海洋中的石油，可以将石油降解为微生物的营养成分，为浮在油层表面的细菌提供养料，使得这些分解石油的细菌迅速繁殖，以达到快速降解石油的目的。

酶也可处理工业废油。氮化合物存在时，微生物对废油降解非常迅速，加入粗蛋白及蛋白水解酶可加速废油微生物降解，因为微生物在这个体系内可获得足够的氮源和其他营养。

5.6.4.3 酶在白色污染治理中的应用

绝大多数广泛使用的高分子材料是非生物降解或不完全生物降解的材料，使用后给人们的日常生活及社会带来了诸多危害，如外科手术的拆线、塑料等。据统计，全世界每年有 25Mt 严重污染自然环境的废弃高分子材料。研究开发可生物降解的高分子功能材料是生态保护的一个重大课题。可生物降解高分子材料，简单来说是指在一定条件下能被生物体侵蚀或代谢而降解的材料。

开发可生物降解高分子材料的传统方法有天然高分子的改造和化学合成等。前者是通过化学修饰和共聚等方法，对淀粉、纤维素、木质素、甲壳素、海藻酸、透明质酸等天然高分子进行改性，制备可生物降解的高分子材料。后者是模拟天然高分子的化学结构，从简单的小分子出发制备分子链上连有酯基、酰胺基、肽基的聚合物。这些高分子化合物结构单元中含有可生物降解的化学结构或是在高分子链中嵌入易生物降解的链段。一旦结构中嵌入了易生物降解的链段，原来即使非生物降解的结构也能或快或慢地被降解。

5.6.4.4 酶与环境监测

环境保护重在预防，只有从源头阻断污染源才能从根本上解决环境问题。环境监测是环境保护的一个重要而又必需的手段，酶在这方面也发挥着日益突出的作用。早在 20 世纪 50 年代末，Weiss 等就用鱼脑乙酰胆碱酶活力受抑制程度来监测水体中较低浓度的有机磷农药。最新研究发现以蛋白磷酸酶活性检测微囊藻毒素含量，最低检出限可达 0.01mg/L，灵敏度极高，可以用来监测水体的富营养化。利用固定化酶检测有机磷、有机氯农药和其他痕量的环境污染物，具有灵敏度高、性能稳定，可连续测定等优点。例如，利用固定化的胆碱酯酶，能够检测空气或水中的微量酶抑制剂（如有机磷农药），灵敏度可达 0.1×10^{-6}。由淀粉凝胶-胆碱酯酶和尼龙冠-胆碱酯酶组成的毒物警报器已经使用。由固定化酶和灵敏的电位滴定法或连续的荧光测定法相结合，可以用来测定空气和水中可能存在的有机磷杀虫剂。另外，固定化硫氰酸酶也可用于检测氰化物的存在。酶传感器在环境监测中也已取得诱人的成就，并将继续扩大其应用范围。目前，已成功开发多种酶传感器，如利用多酚氧化酶制成的固定化酶柱，将其与氧电极检测器合用，可以检测水中痕量的酚。

5.6.5 酶在能源开发领域的应用

能源是国民经济的基本支撑，也是人类赖以生存的基础。能源直接关系到社会稳定和可持续发展，人类社会的各个方面都与能源密不可分。随着经济的快速发展，全球能源消耗量激增，以油气和煤炭等为代表的矿物资源的不可再生性，使其储存量日益减少，终将枯竭；油气和煤炭资源的大量使用导致大气中 CO_2 等温室气体浓度增大引起全球气候变暖；化石燃料燃烧产生大量有害物质，污染环境，危及人类生命安全。所以，加大绿色新型替代能源的寻找力度，加强非矿物型清洁能源的开发，将成为解决未来能源问题的关键，也是为人类自己和子孙后代创造一个能源丰富、环境优美的地球家园的主要出路。包括生物乙醇、生物质氢、沼气和生物柴油等在内的生物质能作为洁净型能源的重要组成部分，在未来社会发展中的地位也将越来越重要。

5.6.5.1 由纤维素发酵生产乙醇

纤维素是地球上最丰富的有机物。它是由许多葡萄糖分子以 β-1,4-葡萄糖苷键彼此连接而成的生物高分子。纤维素经过冷冻粉碎之后，利用固定化纤维素酶将其连续水解成葡萄糖。然后以纤维素水解液为原料，通过固定化酵母的发酵作用，连续产生乙醇。千畑等用 K-角叉菜凝胶包埋酵母细胞，然后将此固定化酵母细胞填充在固定床反应器中，开始先让酵母在凝胶中增殖，当凝胶内菌数达到 10^9 个/mL 时，底物葡萄糖溶液就几乎以 100%的转化率生成乙醇。将含 10%葡萄糖的培养液送入反应器，滞留 1h，能够连续生产 50mg/mL 乙醇。当葡萄糖浓度提高到 20%时，所生产的乙醇浓度可提高到 100mg/mL。由于在葡萄糖溶液中添加了酵母增殖所必需的营养源，凝胶内的酵母可以不断地增殖，维持一定的菌体水平，保持乙醇稳定的生产能力。利用这种固定化增殖酵母可以稳定、连续地生产一年以上，并且生产速度比以前的发酵法快十几倍。现在，正期待它投入工业化生产。

5.6.5.2 由葡萄糖发酵生产氢

有些微生物或蓝藻含有氢化酶系，能够生氢。氢化酶系极易失活，但将菌体固定化之后，可提高氢化酶系的稳定性。虽然，固定化菌体能够以葡萄糖为原料生产 H_2，但由于生产成本太高，故不能投入工业生产。以糖蜜为原料的酒精厂，会产生大量的含有较多葡萄糖和蔗糖的工业废水，故可作为生产 H_2 的原料。产生氢的丁酸梭菌用琼脂凝胶包埋固定化之后，装进固定床反应器，通入酒精厂的工业废水，能够连续生产 H_2 达 3 个月以上。其 H_2 转化率约 30%，生产效率约 20mL H_2/min·kg 湿重凝胶。今后努力的方向是选育产 H_2 能力很高的生产菌株。

5.6.5.3 微生物发酵生产甲烷

葡萄糖通过甲烷产生菌的发酵，能够产生甲烷。将琼脂凝胶固定化甲烷产生菌装入酶反应器，在 37℃、pH 7.0~7.5 下，对酒精厂工业废水中的葡萄糖进行发酵，能够连续生产甲烷达 3 个月以上。干菌体甲烷生成速度约为 500μmoL/(g·h)。固定化甲烷产生菌极其稳定，在低温保存 6 个月以上，其甲烷产生能力完全不降低。

我国部分农村已经建立了小型沼气池，以屎尿、野草、农作物废料以及污泥为原料，通过甲烷产生菌等各种微生物的发酵作用，产生沼气。沼气中包含 50%~70%甲烷，其余的是 H_2、CO_2、N_2、H_2S。甲烷发酵，不但可以为农民提供燃料，而且还能增加肥效，消除病害，净化环境。

5.6.5.4 生物燃料电池

营养物质氧化过程产生的代谢能是维持生物体生命活动的基础，这是一个涉及富含电子的物质(营养物)向贫含电子的物质(代谢产物)转变过程。如果将一部分电子转移系统用于电极反应，化学能转变为电能，即为生物燃料电池。

生物燃料电池(biofuel cell，简称 BFC)是利用酶或微生物组织作为催化剂，将燃料中储存的能量通过电化学过程直接转化为直流电的电化学发动机。其具有以下特点：

① 能量转化效率高，原料广泛。可利用一般燃料电池不能利用的多种有机、无机物质

作为燃料，甚至可以利用光合作用或直接利用污水等作为燃料。

② 操作条件温和。工作环境常温、常压、接近中性 pH。维护成本低、安全性强。

③ 生物相容性良好。

以葡萄糖和氧为原料的生物燃料电池可以直接植入人体，作为心脏起搏器等人造器官的电源。随着生物传感器技术和生物电化学研究的发展，加上修饰电极、纳米科学等的不断渗入，生物燃料电池有了很大发展。

酶生物燃料电池是利用从细胞内分离纯化的酶簇作为催化剂的，包括乙醇脱氢酶、葡萄糖氧化酶和漆酶等。酶生物燃料电池体积小，生物相容性好，可植入人体为人造器官供电。酶生物燃料电池具有生物相容性，若采用导电聚合物作为酶固定材料，可制得无介体酶生物燃料电池，体积将大大缩小，这在为植入体内的微型装置提供能源方面很有应用前景。

参 考 文 献

［1］周德庆．微生物学教程［M］．北京：高等教育出版社，2011

［2］贺小贤．现代生物工程技术导论［M］．北京：科学出版社，2010

［3］郭蔼光．基础生物化学［M］．北京：高等教育出版社，2009

［4］徐凤彩．酶工程［M］．北京：中国农业出版社，2001

［5］郑穗平，郭勇，潘力．酶学（第二版）［M］．北京：科学出版社，2009

［6］袁勤生．酶与酶工程（第二版）［M］．上海：华东理工大学出版社，2012

［7］李再资．生物化学工程基础［M］．北京：化学工业出版社，1999

［8］罗九甫，李志勇．生物工程原理与技术［M］．北京：科学出版社，2006

［9］王翔．生物化学简明教程［M］．北京：中国纺织出版社，2011

［10］浙江万里学院生物科学系［M］．生物技术与工程导论．杭州：浙江大学出版社，2010

［11］彭志英．食品生物技术导论［M］．北京：中国轻工业出版社，2008

［12］杨玉珍．现代生物技术概论［M］．开封：河南大学出版社，2004

［13］刘群红．现代生物技术概论［M］．北京：人民军医出版社，2005

［14］李银聚．生物技术原理与应用［M］．北京：兵器工业出版社，2001

6　生物反应工程

作为生物工程学科的一个重要分支——生物反应工程亦受到人们的高度重视。生物反应工程实质上是一门研究生物反应过程中带有共性的工程技术问题的学科。它既是现代生物工程学科的重要理论基础，也是现代化学工程研究的前沿领域之一。

生物反应工程的基本内容可分为生物反应过程动力学和生物反应器两大部分。前者着重讨论了酶反应和细胞反应过程的基本动力学规律，并重点探讨了传递因素对反应过程动力学的影响及其处理方法；后者则重点讨论不同操作方式反应器的设计方法和优化，同时讨论了反应器内各种传递特性等。

6.1　酶催化反应动力学

酶催化反应动力学主要研究酶催化的反应速率以及影响反应速率的各种因素。在探讨各种因素对酶促反应速率的影响时，通常测定其初始速率来代表酶促反应速率，即底物转化量小于5%时的反应速率。酶促反应动力学是研究酶促反应速率及其影响因素的科学。这些因素包括酶浓度、底物浓度、pH 值、温度、激活剂和抑制剂等。在实际生产中要充分发挥酶的催化作用，以较低的成本生产出较高质量的产品，就必须准确把握酶促反应的条件。

6.1.1　均相酶催化反应动力学

均相酶反应，是指酶与反应物系处于液相的酶催化反应，不存在相间的物质传递。均相酶反应动力学所描述的反应速率与反应物系的基本关系，反映了该反应过程的本征动力学关系，并且酶与反应物的反应，也是分子水平上的反应。因而均相酶反应动力学作为阐明酶反应机理的重要手段而得到了发展。它通过研究影响反应速率的各种因素，通过对各基元反应过程进行静态与动态的分析，从而获得反应机理的有关信息。

6.1.1.1　单底物酶反应动力学

单底物酶反应动力学是指由一种反应底物参与的不可逆反应。属于此类反应的包括酶的水解反应和异构化反应。这种简单的单底物酶反应动力学，是酶反应动力学的基础。

（1）M-M 方程的建立。对酶反应过程的机理，得到大量实验结果支持的是活性中间复合物学说。该学说认为酶反应至少包括两步，首先是底物 S 和酶 E 相结合形成中间复合物 [ES]，然后该复合物分解成产物 P，并释放出 E。

对单一底物参与的简单酶催化反应如下：

$$S \xrightarrow{E} P \tag{6-1}$$

其反应机理可表示为：

$$S + E \underset{k_{-1}}{\overset{k_{+1}}{\rightleftharpoons}} [ES] \xrightarrow{k_{+2}} E + P \tag{6-2}$$

式中　　　　E——游离酶；

[ES]——酶-底物复合物；

S——底物；

P——产物；

k_{+1}、k_{-1}、k_{+2}——反应速率常数。

根据化学反应动力学，反应速率通常以单位时间、单位反应体系中某一组分的变化量来表示。对均相酶反应，单位反应体系常用单位体积表示。因此，上述反应的速率可表示为：

$$r_S = -\frac{1}{V} \cdot \frac{dn_S}{dt}, \quad r_P = \frac{1}{V} \cdot \frac{dn_P}{dt} \tag{6-3}$$

式中　r_S——底物 S 的消耗速率，mol/(L·s)；

　　　r_P——产物 P 的生成速率，mol/(L·s)；

　　　V——反应体系的体积，L；

　　　n_S——底物 S 的物质的量，mol；

　　　n_P——产物 P 的物质的量，mol；

　　　t——时间，s。

对于底物 S，随着反应的进行，其量由于消耗而逐渐减少，即时间导数 $dn_S/dt < 0$，因此用 S 来计算反应速率时，需加一负号，以使反应速率恒为正值。而 P 为产物，情况相反，$dn_P/dt > 0$，故用 P 来计算反应速率时，则不需加负号。

根据质量作用定律，P 的生成速率可表示为：

$$r_P = k_{+2} \cdot c_{[ES]} \tag{6-4}$$

式中　$c_{[ES]}$——中间复合物[ES]的浓度，它为一难测定的未知量，因而不能用它来表示最终的速率方程。

在推导动力学方程时，对上述反应机理，有下述四点假设：

① 在反应过程中，酶的浓度保持恒定，即 $c_{E0} = c_E + c_{[ES]}$。

② 与底物浓度 c_S 相比，酶的浓度很小，因而可忽略由于生成中间复合物而消耗的底物。

③ 产物的浓度很低，因而产物的抑制作用可以忽略，也不必考虑逆反应的存在。换言之，据此假设所确定的方程仅适用于反应初始状态。

④ 生成产物的速率要慢于底物与酶生成复合物的可逆反应速率，生成产物的速率决定整个酶催化反应的速率，而生成复合物的可逆反应达到平衡状态。因此，又称为"平衡"假设。

根据上述假设和式(6-4)，有

$$r_P = \frac{dc_P}{dt} = -\frac{dc_S}{dt} = k_{+2} \cdot c_{[ES]} \tag{6-5}$$

$$k_{+1} \cdot c_E \cdot c_S = k_{-1} \cdot c_{[ES]} \tag{6-6}$$

$$c_E = \frac{k_{-1}}{k_{+1}} \cdot \frac{c_{[ES]}}{c_S} = K_S \cdot \frac{c_{[ES]}}{c_S} \tag{6-7}$$

式中　c_E——游离酶的浓度，mol/L；

　　　c_S——底物的浓度，mol/L；

　　　K_S——解离常数，mol/L。

反应体系中酶的总浓度 c_{E0} 为

$$c_{E0} = c_E + c_{[ES]} \tag{6-8}$$

所以

$$c_{E0} = K_S \cdot \frac{c_{[ES]}}{c_S} + c_{[ES]} = c_{[ES]} \cdot \left(1 + \frac{K_S}{c_S}\right) \tag{6-9}$$

$$c_{[ES]} = \frac{c_{E0} \cdot c_S}{c_S + K_S} \tag{6-10}$$

将式(6-10)代入式(6-5)得

$$r_P = \frac{k_{+2} \cdot c_{E0} \cdot c_S}{c_S + K_S} = \frac{r_{P,max} \cdot c_S}{c_S + K_S} \tag{6-11}$$

式中　$r_{P,max}$——P 的最大生成速率，mol/(L·s)；

　　　c_{E0}——酶的总浓度，亦为酶的初始浓度，mol/L。

式(6-11)即为 Michaelis-Menten 方程，简称 M-M 方程或米氏方程。该式中有两个动力学参数，即 K_S 和 $r_{P,max}$。

$$K_S = \frac{k_{-1}}{k_{+1}} = \frac{c_S \cdot c_E}{c_{[ES]}} \tag{6-12}$$

K_S 的单位与 c_S 的单位相同。当 $r_P = 1/2 r_{P,max}$ 时，根据式(6-11)，存在 $K_S = c_S$ 关系，K_S 表示了酶与底物相互作用的特性，因而是一个重要的动力学参数。

另一重要参数为 $r_{P,max} = k_{+2} c_{E0}$。它表示当全部的酶都呈复合物状态时的反应速率。$k_{+2}$ 表示单位时间内一个酶分子所能催化底物发生反应的分子数，因此它表示了酶反应能力的大小，不同的酶反应，其值不同。

同时又可看出，$r_{P,max}$ 正比于酶的初始浓度 c_{E0}。在实际应用中常将 k_{+2} 和 c_{E0} 合并为一个参数，这是由于要准确知道酶的相对分子质量和所加入酶的纯度是很困难的，因而要用物质的量浓度准确表示酶的浓度也是很难的。

当从中间复合物生成产物的速率与其分解成酶和底物的速率相差不大时，Michaelis-Menten 的平衡假设不适用。1925 年，Briggs 和 Haldane 提出拟稳态假设。他们认为由于反应体系中底物浓度要比酶的浓度高得多，中间复合物分解时所得到的酶又立即与底物相结合，从而使反应体系中复合物浓度维持不变，即中间复合物的浓度不再随时间而变化，这就是"拟稳态"假设。这是从反应机理推导动力学方程的又一重要假设。

根据反应机理和上述假设，有下述方程式：

$$\frac{dc_P}{dt} = k_{+2} \cdot c_{[ES]} \tag{6-13}$$

$$-\frac{dc_S}{dt} = k_{+1} \cdot c_S \cdot c_E - k_{-1} \cdot c_{[ES]} \tag{6-14}$$

$$\frac{dc_{[ES]}}{dt} = k_{+1} \cdot c_S \cdot c_E - k_{-1} \cdot c_{[ES]} - k_{+2} \cdot c_{[ES]} \approx 0 \tag{6-15}$$

根据式(6-15)，可得

$$c_{[ES]} = \frac{c_E \cdot c_S}{\dfrac{k_{-1} + k_{+2}}{k_{+1}}} \tag{6-16}$$

又由于

$$c_{E0} = c_E + c_{[ES]} \tag{6-17}$$

可得到：

$$c_{[ES]} = \frac{c_{E0} \cdot c_S}{\dfrac{k_{-1}+k_{+2}}{k_{+1}} + c_S} \tag{6-18}$$

$$r_P = \frac{k_{+2} \cdot c_{E0} \cdot c_S}{\dfrac{k_{-1}+k_{+2}}{k_{+1}} + c_S} = \frac{r_{P,max} \cdot c_S}{K_m + c_S} \tag{6-19}$$

式中　　K_m——米氏常数，mol/L。

K_m 与 K_S 关系为

$$K_m = \frac{k_{-1}+k_{+2}}{k_{+1}} = K_S + \frac{k_{+2}}{k_{+1}} \tag{6-20}$$

当 $k_{+2} \ll k_{+1}$ 时，$K_m = K_S$。这意味着生成产物的速率明显慢于酶底物复合物解离的速率。这对许多酶反应是正确的。因为生成复合物的结合力很弱，因而其解离速率很快；而复合物生成产物则包括化学键的生成和断开，其速率要慢得多。

式(6-20)中 k_{+1} 和 k_{+2} 表示中间复合物[ES]解离的速率常数；k_{+1} 则表示生成中间复合物[ES]的速率常数。因此当 K_m 值大时，表示复合物[ES]的结合力弱，易解离；当及 K_m 值小

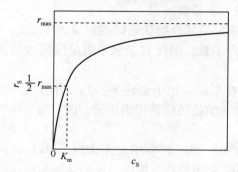

图 6-1　当 c_{E0} 一定时，r_S 与 c_S 的关系曲线

时，[ES]不易解离。K_m 值的大小与酶、反应物系的特性以及反应条件有关。因此它是表示某一特定的酶催化反应性质的一个特征参数。

在具体应用时，常采用式(6-19)作为 M-M 方程的形式。为了表述方便，该式中最大反应速率今后一律采用 r_{max} 表示。

(2) 动力学特征与参数求取。M-M 方程所表示的动力学关系为反应速率与底物浓度的关系，即 r_S-c_S 的关系，见图 6-1。从图中的 r_S 与 c_S 的关系曲线可以看出，该曲线表示了三个不同动力学特点的区域。

当 $c_S \ll K_m$，即底物浓度比 K_m 值小很多时，该曲线近似为一条直线。这表示反应速率与底物浓度近似成正比的关系，此时酶反应可近似看作一级反应。

$$r_S = \frac{r_{max} \cdot c_S}{K_m} = K \cdot c_S \tag{6-21}$$

这是因为当 K_m 值很大时，大部分酶为游离态的酶，而 $c_{[ES]}$ 的量很少。要想提高反应速率，只有通过提高 c_S 值，进而提高 $c_{[ES]}$，才能使反应速率加快。因而此时反应速率主要取决于底物浓度的变化。

根据式(6-21)，可以推导如下：

$$r_{max} \cdot t = K_m \cdot \ln \frac{c_{S0}}{c_S} \tag{6-22}$$

$$c_S = c_{S0} \cdot \exp\left(-\frac{r_{max}}{K_m} \cdot t\right) \tag{6-23}$$

式中　　c_{S0}——底物的初始浓度，mol/L。

当 $c_S \gg K_m$ 时，该曲线近似为一条水平线，表示当底物浓度继续增加时，反应速率变化

不大。此时酶反应可视为零级反应，反应速率将不随底物浓度的变化而变化。这是因为当 K_m 值很小时，绝大多数酶呈复合物状态，反应体系内游离的酶很少，因而即使提高底物的浓度，也不能提高其反应速率。

根据式(6-19)，同样可以推出

$$r_S \approx r_{max} \qquad (6-24)$$

$$r_{max} \cdot t = c_{S0} - c_S \qquad (6-25)$$

$$c_S = c_{S0} - r_{max} \cdot t \qquad (6-26)$$

当 c_s 与 K_m 的数量关系处于上述两者之间的范围时，则符合 M-M 方程所表示的关系式。根据式(6-15)，可得到下述结果：

$$\frac{c_{[ES]}}{c_E} = \frac{c_S}{K_m} = \frac{结合态酶浓度}{游离态酶浓度} \qquad (6-27)$$

从式(6-27)可以看出：当 $c_S = K_m$ 时，总的酶分子中，一半处于游离态，另一半处于结合态，反应速率为最大可能反应速率的一半。当 $c_S \gg K_m$ 时，大多数酶与底物结合成 $c_{[ES]}$，反应速率呈零级反应特征；当 $K_m \gg c_S$ 时，大多数酶以游离状态存在，反应速率呈一级反应特征。

根据式(6-19)，结合 $t=0$，$c_S = c_{S0}$ 的初值积分可得

$$r_{max} \cdot t = (c_{S0} - c_S) + K_m \cdot \ln \frac{c_{S0}}{c_S} \qquad (6-28)$$

$$r_{max} \cdot t = c_{S0} \cdot X_S + K_m \cdot \ln \frac{1}{1-X_S} \qquad (6-29)$$

式中 X_S——底物的转化率，

$$X_S = \frac{c_{S0} - c_S}{c_{S0}} \qquad (6-30)$$

上述 M-M 方程的表示形式一般称之为双曲线形。

绝大多数的酶反应，其反应速率与酶的浓度成正比关系，只有极少数的酶反应例外，如蛋白酶催化水解反应。

要建立一个完整的动力学方程，必须要通过动力学实验确定其动力学参数。对 M-M 方程，要确定 r_{max} 和 K_m 值。但直接应用 M-M 方程求取动力学参数遇到的主要困难在于该方程是非线性方程。为此常将该方程加以线性化，通过作图法直接求取动力学参数。应该指出，这种方法虽然简单，但准确程度较差。通常有下述几种作图方法。

① Lineweaver-Burk 法(简称 L-B 法)。将 M-M 方程取其倒数，得到

$$\frac{1}{r_S} = \frac{1}{r_{max}} + \frac{K_m}{r_{max}} \cdot \frac{1}{c_S} \qquad (6-31)$$

以 $1/r_S$ 对 $1/c_S$ 作图得一直线见图 6-2(a)，该直线斜率为 K_m/r_{max}，直线与纵轴交于 r_{max}，与横轴交于 $-1/K_m$。此法又称双倒数图解法。

② Hanes-Woolf 法(简称 H-W 法)，又称 Langmuir 作图法。将式(6-31)乘以 c_S，得到

$$\frac{c_S}{r_S} = \frac{K_m}{r_{max}} + \frac{c_S}{r_{max}} \qquad (6-32)$$

以 c_S/r_S 对 c_S 作图，得一斜率为 $1/r_{max}$ 的直线，见图 6-2(b)，直线与纵轴交点为 K_m/r_{max}，与横轴交点为 $-K_m$。

③ Eadie-Hofstee 法(简称 E-H 法)。将 M-M 方程重排为：

$$r_S = r_{max} - K_m \frac{r_S}{c_S}$$ (6-33)

以 r_S 对 r_S/c_S 作图，得一斜率为 $-K_m$ 的直线，见图 6-2(c)，它与纵轴交点为 r_{max}，与横轴交点为 r_{max}/K_m。

上述方法的共同点，是要从动力学实验中获取不同 c_S 值的 r_S 值，而 r_S 值不能由实验直接取得。实验中能直接得到的是不同时间 t 时的浓度 c_S 值(或 c_P 值)。为此需要根据速率的定义式 $r_S = -dc_S/dt$，在 c_S 与 t 的关系曲线上求取相应各点切线的斜率，才能确定不同时间的反应速率。这种求取动力学参数的方法又称之为微分法。显然，用这种微分作图法求取反应速率会带来较大的误差。

④ 积分法。将动力学实验中测得的时间与浓度数据直接代入 M-M 方程的积分形式(6-28)，经整理，得

$$\frac{\ln(c_{S0} - c_S)}{c_{S0} - c_S} = \frac{r_{max}}{K_m} \cdot \frac{t}{c_{S0} - c_S} - \frac{1}{K_m}$$ (6-34)

作图可得到图 6-2(d)，据此图亦可求取动力学参数值。积分法主要的问题，是要保证随着反应的进行，反应产物的增加对反应速率不产生影响，否则不符合 M-M 方程成立的前提条件。

随着数学与计算技术的发展，现在可用非线性最小二乘法来回归处理实验数据，直接求取动力学参数。

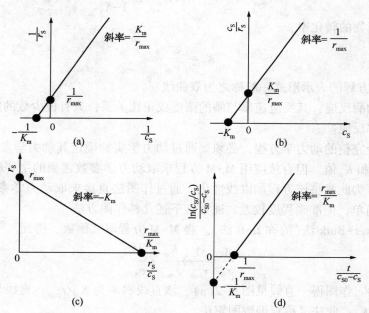

图 6-2　应用直线作图法求取动力学参数
(a)L-B 法；(b)H-W 法；(c)E-H 法；(d)积分法

6.1.1.2　底物抑制动力学

有些酶反应，在底物浓度增加时，反应速率反而会下降，这种由底物浓度增大而引起反应速率下降的作用称为底物抑制作用。此时的反应机理式为

$$E+S \underset{k_{-1}}{\overset{k_{+1}}{\rightleftharpoons}} [ES] \overset{k_{+2}}{\longrightarrow} E+P \qquad (6-35)$$

$$S+[ES] \underset{k_{-3}}{\overset{k_{+3}}{\rightleftharpoons}} [SES] \qquad (6-36)$$

式中 [SES]——不具有催化反应活性，不能分解为产物的三元复合物。应用稳态法处理，可得到底物抑制的酶反应动力学方程为

$$r_{SS} = \frac{r_{max} \cdot c_S}{K_m + c_S + \dfrac{c_S^2}{K_{SI}}} \qquad (6-37)$$

$$r_{SS} = \frac{r_{max}}{1 + \dfrac{K_m}{c_S} + \dfrac{c_S}{K_{SI}}} \qquad (6-38)$$

式中 r_{SS}——底物抑制的反应速率，mol/(L·s)；

K_{SI}——底物抑制的解离常数，mol/L。

当底物抑制时，r_{SS} 与 c_S 的关系表示在图 6-3 中。速率曲线有一最大值，即 $r_{S,max}$ 为最大底物消耗速率。相对应的底物浓度值 $c_{S,opt}$，可通过式(6-39)求出。

$$\left. \frac{dr_{S,max}}{dc_S} \right|_{c_{S,opt}} = 0; \quad c_{S,opt} = \sqrt{K_m \cdot K_{SI}} \qquad (6-39)$$

式中 $c_{s,opt}$——最佳底物浓度。

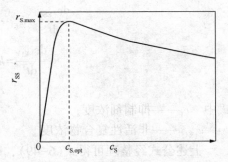

图 6-3 底物抑制的 r_{SS} 与 c_S 关系

6.1.1.3 产物抑制动力学

产物抑制系指当产物与酶形成复合物 [EP] 后，就停止继续进行反应的情况，特别是当产物浓度较高时有可能出现这种抑制。其反应机理如下：

$$E+S \underset{k_{-1}}{\overset{k_{+1}}{\rightleftharpoons}} [ES] \overset{k_{+2}}{\longrightarrow} E+P \qquad (6-40)$$

$$E+P \underset{k_{-3}}{\overset{k_{+3}}{\rightleftharpoons}} [EP] \qquad (6-41)$$

生成 [EP] 为无活性的端点复合物。应用稳态法推导得出反应速率方程式：

$$r_S = \frac{r_{max} \cdot c_S}{K_m \cdot \left(1 + \dfrac{c_P}{K_P}\right) + c_S} \qquad (6-42)$$

式中 K_P——产物抑的制解离常数，mol/L，$K_P = k_{-3}/k_{+3}$。

与无抑制相比较，最大反应速率 r_{max} 值不变，米氏常数增大了$(1 + c_P/K_P)$倍，因而使反应速率下降。

6.1.2 抑制作用的酶催化反应动力学

由于某种物质的存在而使酶反应速率减慢，此物质称为抑制剂。抑制可由抑制剂和酶之间的作用引起，也可由抑制剂和底物之间的作用而引起。这里只讨论由抑制剂与酶作用而引起的抑制现象。根据抑制的机理不同，可分为竞争性抑制、非竞争性抑制和反竞争性抑制等。

6.1.2.1 竞争性抑制动力学

若在反应体系中存在有与底物结构相类似的物质，该物质也能在酶的活性部位上结合，从而阻碍了酶与底物的结合，使酶催化底物的反应速率下降。这种抑制称为竞争性抑制，该物质称为竞争性抑制剂。其主要特点是，抑制剂与底物竞争酶的活性部位，当抑制剂与酶的活性部位结合之后，底物就不能再与酶结合，反之亦然。在琥珀酸脱氢酶催化琥珀酸为延胡索酸时，丙二酸是其竞争性抑制剂。

竞争性抑制的机理式为

$$E+S \underset{k_{-1}}{\overset{k_{+1}}{\rightleftharpoons}} [ES] \overset{k_{+2}}{\longrightarrow} E+P \tag{6-43}$$

$$E+I \underset{k_{-3}}{\overset{k_{+3}}{\rightleftharpoons}} [EI] \tag{6-44}$$

式中 I——抑制剂；

[EI]——非活性复合物。

上述反应中底物的反应速率方程应为：

$$r_{SI} = k_{+2} \cdot c_{[ES]} \tag{6-45}$$

根据稳态假设，可列出下述方程：

$$\frac{dc_{[ES]}}{dt} = k_{+1} \cdot c_E \cdot c_S - (k_{-1}+k_{+2}) \cdot c_{[ES]} = 0 \tag{6-46}$$

$$\frac{dc_{[EI]}}{dt} = k_{+3} \cdot c_E \cdot c_I - k_{-3} \cdot c_{[EI]} = 0 \tag{6-47}$$

$$c_{E0} = c_E + c_{[ES]} + c_{[EI]} \tag{6-48}$$

式中 c_I——抑制剂浓度；

$c_{[EI]}$——非活性复合物浓度。

上述公式经整理可得式(6-49)，即

$$r_{SI} = \frac{r_{max} \cdot c_S}{K_m \cdot \left(1+\dfrac{c_I}{K_I}\right)+c_S} = \frac{r_{max} \cdot c_S}{K_{mI}+c_S} \tag{6-49}$$

式中 r_{SI}——有抑制时的反应速率，mol/(L·s)；

K_{mI}——有竞争性抑制时的米氏常数，mol/L；

K_I——抑制剂的解离常数，mol/L，$K_I = k_{-3}/k_{+3}$。

从式(6-49)可以看出，竞争性抑制动力学的主要特点是米氏常数值的改变。当 c_I 增加，或 K_I 减小，都将使 K_{mI} 值增大，使酶与底物的结合能力下降，活性复合物减少，因而使底物反应速率下降。无抑制与竞争性抑制的反应速率与底物浓度的关系曲线如图 6-4 所示。

对式(6-49)取其倒数，得到

$$\frac{1}{r_{SI}} = \frac{1}{r_{max}} + \frac{K_m}{r_{max}} \cdot \left(1+\frac{c_I}{K_I}\right) \cdot \frac{1}{c_S} \tag{6-50}$$

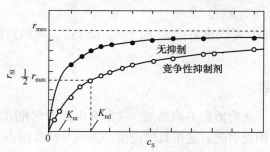

图 6-4　竞争性抑制的 r_S 与 c_S 关系

$$\frac{1}{r_{SI}} = \frac{1}{r_{max}} + \frac{K_{mI}}{r_{max}} \cdot \frac{1}{c_S} \tag{6-51}$$

以 $1/r_{SI}$ 对 $1/c_S$ 作图,如图6-5所示。该直线斜率为 K_{mI}/r_{max},纵轴交点为 $1/r_{max}$,横轴交点为 $-1/K_{mI}$。

$$K_{mI} = K_m \cdot \left(1 + \frac{c_I}{K_I}\right) = K_m + \frac{K_m}{K_I} \cdot c_I \tag{6-52}$$

以 K_{mI} 对 c_I 作图,可得图6-6,并据此图求出 K_m 和 K_I 值。

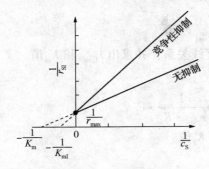 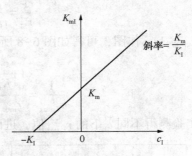

图6-5 竞争性抑制的L-B图　　　　　图6-6 竞争性抑制的 K_{mI} 与 c_I 图

6.1.2.2 非竞争性抑制动力学

若抑制剂可以在酶的活性部位以外与酶相结合,并且这种结合与底物的结合没有竞争关系,这种抑制称为非竞争性抑制。此时抑制剂既可与游离的酶相结合,也可与复合物[ES]相结合,生成了底物-酶-抑制剂的复合物[SEI]。绝大多数的情况是复合物[SEI]为一无催化活性的端点复合物,不能分解为产物,即使增大底物的浓度也不能解除抑制剂的影响。还有一种情况是三元复合物[SEI]也能分解为产物,但对酶的催化反应速率仍然产生抑制作用。核苷对霉菌酸性磷酸酯酶的抑制属于非竞争性抑制。

非竞争性抑制的普通机理式可表示为

$$E+S \underset{k_{-1}}{\overset{k_{+1}}{\rightleftharpoons}} [ES] \overset{k_{+2}}{\longrightarrow} E+P \tag{6-53}$$

$$E+I \underset{k_{-3}}{\overset{k_{+3}}{\rightleftharpoons}} [EI] \tag{6-54}$$

$$[ES]+I \underset{k_{-4}}{\overset{k_{+4}}{\rightleftharpoons}} [SEI] \tag{6-55}$$

$$[EI]+S \underset{k_{-5}}{\overset{k_{+5}}{\rightleftharpoons}} [SEI] \tag{6-56}$$

对上述机理同样存在下述关系:

$$c_{E0} = c_E + c_{[ES]} + c_{[EI]} + c_{[SEI]} \tag{6-57}$$

式中　$c_{[SEI]}$——底物-酶-抑制剂三元复合物浓度。

$$\frac{dc_{[ES]}}{dt} = \frac{dc_{[EI]}}{dt} = \frac{dc_{[SEI]}}{dt} = 0 \tag{6-58}$$

$$r_{SI} = k_{+2} \cdot c_{[ES]} = \frac{r_{max} \cdot c_S}{(K_m + c_S) \cdot \left(1 + \frac{c_I}{K_I}\right)} = \frac{r_{I,max} \cdot c_S}{K_m + c_S} \tag{6-59}$$

式中　$r_{I,max}$——存在非竞争性抑制时的最大反应速率，mol/(L·s)。

这表明，对非竞争性抑制，由于抑制剂的作用使最大反应速率降低了($1+c_I/K_I$)倍，并且c_I增加、K_I减小都使其抑制程度增加。此时r_{SI}对c_S的关系如图6-7所示。

根据L-B作图法，式(6-59)可整理成

$$\frac{1}{r_{SI}} = \frac{1+\dfrac{c_I}{K_I}}{r_{max}} + \frac{\left(1+\dfrac{c_I}{K_I}\right) \cdot K_m}{r_{max}} \cdot \frac{1}{c_S} \tag{6-60}$$

$$\frac{1}{r_{SI}} = \frac{1}{r_{I,max}} + \frac{K_m}{r_{I,max}} \cdot \frac{1}{c_S} \tag{6-61}$$

以$1/r_{SI}$对$1/c_S$作图，可得如图6-8所示的直线关系，并求出$r_{I,max}$和K_m值。又根据

$$\frac{1}{r_{I,max}} = \frac{1+\dfrac{c_I}{K_I}}{r_{max}} = \frac{1}{r_{max}} + \frac{1}{r_{max} \cdot K_I} \cdot c_I \tag{6-62}$$

通过实验测得不同c_I下的$r_{I,max}$值，进而决定K_I值。

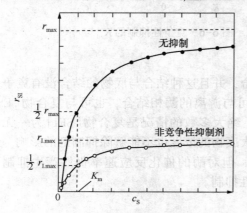

图6-7　非竞争性抑制的r_{SI}与c_S关系

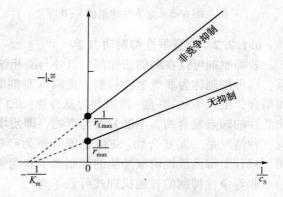

图6-8　非竞争性抑制的L-B图

如果三元复合物[SEI]也能分解为产物，同样可整理成形式上与式(6-59)类似的速率方程式，所不同的仅是$r_{I,max}$所包含的参数。如何判断复合物[SEI]是否分解为产物，可通过改变抑制剂用量并测定底物的反应速率来判断。当c_I增加到某一程度，r_{SI}趋近一定值，则[SEI]分解为产物；如果随着c_I的增加，r_{SI}趋近一定值，则[SEI]能分解为产物。

非竞争性抑制与竞争性抑制的主要不同点是：对竞争性抑制，随着底物浓度的增大，抑制剂的影响可减弱；而对非竞争性抑制，即使增大底物浓度也不能减弱抑制剂的影响。从这个意义上讲，竞争性抑制作用是可逆的，非竞争性抑制作用是不可逆的。

6.1.2.3　反竞争性抑制动力学

反竞争性抑制的特点是抑制剂不能直接与游离酶相结合，而只能与复合物[ES]相结合生成[SEI]复合物。如肼对芳香基硫酸酯酶的抑制作用就属于此类。其抑制的反应机理可表示为下式：

$$[ES]+I \underset{k_{-3}}{\overset{k_{+3}}{\rightleftharpoons}} [SEI] \tag{6-63}$$

根据拟稳态假设和物料平衡，经整理后得到其速率方程为

170

$$r_{SI} = \frac{r_{max} \cdot c_S}{K_m + c_S \cdot \left(1 + \dfrac{c_I}{K_I}\right)} \tag{6-64}$$

$$r_{SI} = \frac{r_{I,max} \cdot c_S}{K'_{mI} + c_S} \tag{6-65}$$

$$r_{I,max} = \frac{r_{max}}{1 + \dfrac{c_I}{K_I}} \tag{6-66}$$

$$K'_{mI} = \frac{K_m}{1 + \dfrac{c_I}{K_I}} \tag{6-67}$$

根据上述各定义式，可以推出

$$\frac{r_{I,max}}{K'_{mI}} = \frac{r_{max}}{K_m} \tag{6-68}$$

以 r_{SI} 对 c_S 作图，得到如图 6-9 所示曲线。

根据 L-B 作图法，式(6-64)可改写为

$$\frac{1}{r_{SI}} = \frac{K_m}{r_{max}} \cdot \frac{1}{c_S} + \frac{1}{r_{max}} \cdot \left(1 + \frac{c_I}{K_I}\right) \tag{6-69}$$

以 $1/r_{SI}$ 对 $1/c_S$ 作图，得到图 6-10，利用该图求取动力学参数。

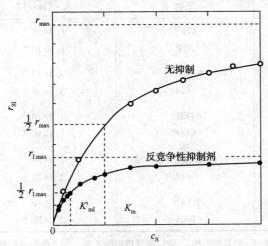

图 6-9 反竞争性抑制的 r_{SI} 与 c_S 关系图

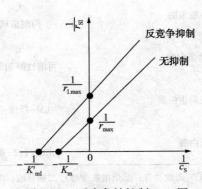

图 6-10 反竞争性抑制 L-B 图

前面已讨论了竞争性抑制、非竞争性抑制和反竞争性抑制的动力学方程，虽然各具特点，但可用一普遍化的公式表示。即

$$r_{SI} = \frac{r_{max} \cdot c_S}{K_m \cdot \left(1 + \dfrac{c_I}{K_{IS}}\right) + c_S \cdot \left(1 + \dfrac{c_I}{K_{SI}}\right)} \tag{6-70}$$

式中 K_{IS}、K_{SI}——[EI] 与 S、[ES] 与 I 相结合形成 [SEI] 的解离常数。

当 $K_{IS} = K_{SI}$ 时，为非竞争性抑制；当 K_{SI} 趋于无穷大时，为竞争性抑制；当 K_{IS} 趋于无穷

大时，为反竞争性抑制。

6.1.3　固定化酶催化反应动力学

酶的固定化，不仅使酶的活性发生变化，而且由于固定化酶的引入，反应体系变为多相体系，例如液-固体系、气-液-固体系等。因此在研究固定化酶催化反应动力学时，不仅要考虑酶催化反应的本征动力学规律，更要研究反应物的质量传递规律，以及物质的质量传递对酶催化反应过程的影响。建立起同时包括物质传质速率和催化反应速率的动力学方程。这种方程称为宏观动力学方程。它是设计固定化酶催化反应器和确定其操作条件的理论基础，也是现有研究的重点。

6.1.3.1　酶的固定化对其动力学特性的影响

游离酶经固定化后变为固定化酶，其性质将会发生很大的变化。这种变化是很复杂的，因酶的种类、所催化的反应、所用的载体和采用的固定化方法的不同而不同。

（1）活性的变化。酶在固定化时，总会有一部分未被固定而残留在溶液中，造成了酶的部分损失；同时由于各种原因也会造成已被固定的酶的活性有所下降。这是大多数固定化酶的情况，只有个别的酶在固定化后活性未变或反而升高。

如果固定化酶的动力学仍服从 M-M 方程，则可通过米氏常数 K_m 值的大小来反映酶在固定化前后活性的变化。表 6-1 列出某些游离的溶液酶和固定化酶的米氏常数值。

表 6-1　某些游离酶和固定化酶的米氏常数值

酶	固定化试剂	底物	K_m/（mol/L）
肌酸激酶	无	ATP[①]	6.5×10^{-4}
	对氨苯基纤维素	ATP	8.0×10^{-4}
乳酸脱氢酶	无	NADH[②]	7.8×10^{-6}
	丙酰玻璃	NADH	5.5×10^{-5}
α-糜蛋白酶	无	ATEE[③]	1.0×10^{-3}
	可溶性醛葡聚糖	ATEE	1.3×10^{-3}
无花果蛋白酶	无	BAEE[④]	2.0×10^{-2}
	CM-纤维-70	BAEE	2.0×10^{-2}
胰蛋白酶	无	BAA[⑤]	6.8×10^{-3}
	马来酸/1,2-亚乙基	BAA	2.0×10^{-4}

①三磷酸腺苷；②烟酰胺腺嘌呤二核苷酸；③N-乙酰-L-酪氨酸乙酯；④N-苯酰精氨酸乙酯；⑤苯酰精氨酰胺。

从表 6-1 中可以看出，大多数酶在固定化后，其 K_m 值增加，表示催化反应活性将下降。也有少数酶固定化后活性无变化，甚至有所增大。评价这种活性变化可用下述两种指标来衡量，酶活力表现率和酶活力收率。酶活力表现率系指实际测定的固定化酶的总活力与被固定化了的酶在溶液状态时的总活力之比。酶活力收率系指实际测定的固定化酶的总活力与固定化时所用的全部游离酶的活力之比。上述两种指标之差别在于是否考虑了所剩余的未被固定化的酶。

（2）稳定性的变化。一般认为酶被固定化后，其稳定性有所增加，无论是保存时的稳定性，还是使用时的稳定性均有提高，据理论推测，酶固定化后其半衰期将增加 1 倍。同时，

172

固定化酶的热稳定性也有所提高，要比溶液酶提高 10 多倍。这是因为酶固定化后，酶的空间结构变得更为坚固，加热时不易变形，增加了酶的热稳定性。

6.1.3.2 影响固定化酶的动力学因素

（1）空间效应。酶的活性部位和变构部位的性质取决于酶分子的三维空间结构。酶在固定化过程中，由于存在酶和载体的相互作用，从而引起酶的活性部位发生某种扭曲变形，改变了酶活性部位的三维结构，减弱了酶与底物的结合能力，此种现象称为构象效应。

载体的存在又可产生屏蔽效应，或称为位阻效应。因为载体的存在使酶分子的活性基团不易与底物相接触，从而对酶的活性部位造成了空间障碍，使酶的活性下降。例如在葡聚糖凝胶上共价交联胰蛋白酶和木瓜蛋白酶的活性低于结合在琼脂糖上的活性，其原因是葡聚糖凝胶的空间屏障大于琼脂糖。上述两种效应如图 6-11 所示。

（2）分配效应。当固定化酶处在反应体系的主体溶液中时，反应体系成为固-液非均相体系。人们常把固定化颗粒附近的环境称为微环境，或称微观环境，而把主体溶液体系称为宏观反应体系，或称为宏观环境。由于固定化酶的亲水性、疏水性及静电作用等引起固定化酶载体内部底物或产物浓度与溶液主体浓度不同的现象称为分配效应。换言之，造成了底物浓度在两个环境中的不同，也必然使酶的催化反应速率有所不同。图 6-12 表示了微观环境与宏观环境的差别。

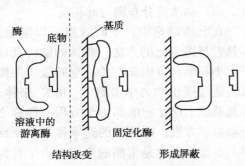 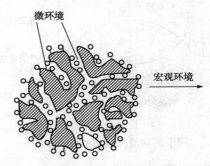

图 6-11　固定化酶的结构改变和屏蔽效应图　　　图 6-12　含有固定化酶的多孔载体示意图

这种分配效应一般采用液固界面内外侧的底物浓度之比，即分配系数 K 来定量表示。图 6-13 表示了颗粒界面附近的底物浓度分布与 K 值的关系。图中 c_{S0} 为液相主体的浓度，c_{Si} 为外扩散造成的界面外侧浓度，c_{Sg} 为由分配效应造成的微环境的底物浓度。

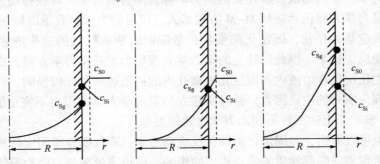

图 6-13　相对于各种 K 值的粒子界面附近的底物浓度分布图

（a）$K<1$；（b）$K=1$；（c）$K>1$

（3）扩散效应。固定化酶对底物进行催化反应时，底物必须从主体溶液传递到固定化酶内部的催化活性中心处，反应得到的产物又必须从酶的催化活性中心传递到主体溶液中。这种物质的传递过程包括分子扩散和对流扩散。这种扩散过程的速率在某些情况下可能会对反应速率产生限制作用，特别是由于生物物质在液体中的扩散速率相当缓慢，而酶的催化活性又很高时，这种扩散限制效应会相当明显。扩散限制效应可分为外扩散限制效应和内扩散限制效应。

外扩散是指底物从液相主体向固定化酶的外表面的一种扩散，或是产物从固定化酶的外表面向液相主体中的扩散。外扩散是发生在催化反应之前或之后。由于外扩散阻力的存在，使底物或产物在液相主体和固定化酶外表面之间存在着浓度梯度。

内扩散系指对一有微孔载体的固定化酶，其底物从固定化酶外表面扩散到微孔内部的酶催化中心处，或是产物沿着相反途径的扩散。对底物来讲，内扩散与酶催化反应同时进行。图 6-14 形象地表示了一球形固定化酶颗粒内外扩散特征及其浓度分布。从图中可以看出，由于扩散限制效应的存在，底物浓度从液相主体到固定化酶外表面，再到内表面是依次降低，而产物浓度分布则与此相反。

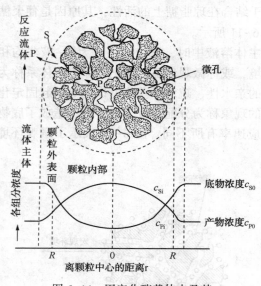

图 6-14　固定化酶载体内及其周围的物质传递和浓度分布图

在上述讨论中，空间效应难以定量描述，并且它与固定化的方法、载体的结构及底物分子大小和形状等因素有关。空间效应的影响一般是通过校正动力学参数 r_{max} 和 K_m 来体现的。在此基础上建立起的动力学方程一般称之为本征动力学方程，所测得的速率称为本征反应速率。本征动力学是指酶的真实动力学行为，包括游离酶和固定化酶在内。对后者，它仅将空间效应的影响考虑在内。从这个意义上讲，固定化酶的本征动力学与游离酶的本征动力学是有差别的。

分配效应造成的结果是使微观环境与宏观环境之间的底物浓度出现了差别，因而影响了酶催化的反应速率。如果在上述本征动力学的基础上，仅仅考虑由于这种分配效应而造成的浓度差异对动力学产生的影响，所建立的动力学称为固有动力学，对该种动力学比较简单的处理方法是，动力学方程仍然服从 M-M 方程形式，仅对动力学参数予以修正。

不论分配效应是否存在，固定化酶受到扩散限制时所观察到的速率统称为有效反应速率，或称为宏观反应速率。据此所建立的动力学方程称为宏观动力学方程，或称为有效动力学方程。由于生化物质在溶液内和固定化酶微孔内的扩散速率是比较慢的，因而扩散阻力是影响固定化酶催化活力的主要因素。并且所建立的宏观动力学方程也不完全服从 M-M 方程形式，图 6-15 表示了上述三种不同动力学之间的关系。

从上述讨论可以看出，对固定化酶催化反应动力学，不仅要考虑固定化酶本身的活性变化，而且还要考虑到底物等物质的传质速率的影响，而传质速率又与底物等物质的性质和操作条件以及载体的性质等因素有关。因此对这样一个实为非均相（液-固）体系所建立的宏观动力学方程不仅包括酶的催化反应速率，而且还包括传质速率。这是固定化酶催化反应过程动力学的最主要特征。

174

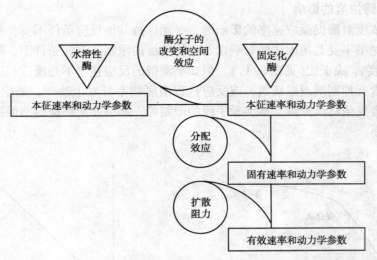

图 6-15　不同的速率和参数以及它们之间的关系图

6.1.4　影响酶催化活性的因素

6.1.4.1　酶活性及酶活力

酶活性也称酶活力，是酶催化反应的能力。酶的定量，不能直接用酶的质量或体积来表示，因为酶的活性受到很多因素的影响，并且容易失活，如果一种酶无生物活性，其质量或体积再大也没有意义，因此酶的定量只能用酶活力来表示。

酶活力是指酶催化某一化学反应的能力，酶活力的大小可以用一定条件下酶所催化的某一化学反应的反应速率来表示。酶催化的化学反应的反应速率越大，酶的活力越高；反应速率越小，酶活力越低。所以酶活力的测定实际上就是测定酶促反应的反应速率。酶促反应的反应速率即可以用单位时间内底物的减少量来表示，也可以用单位时间内产物的增加量来表示。但是在酶促反应中，底物浓度往往是过量的，底物的减少量与底物总量相比，所占比例较小，不容易精确测定，但是产物的量是从无到有，只要测定方法足够灵敏，就可以准确测定，因此酶促反应速率一般用单位时间内产物的增加量来表示。

在测定酶活力时，还应该保证反应在酶的最适反应条件下进行，包括最适反应温度、最适 pH、最适离子强度等，避免各种不利因素对酶活力的影响。为了保证所测定的反应速率是反应初速率，通常以底物浓度的变化值在起始浓度的 5%以内的速率为初速率，而且保证底物起始浓度足够大，使酶促反应速率不受底物浓度变化的影响。

6.1.4.2　底物浓度的影响

1903 年 Henri 以蔗糖酶水解蔗糖的实验为例，研究底物浓度对酶促反应速率的影响。保持酶浓度和其他条件不变，只改变反应的底物浓度，测出一系列不同底物浓度下的酶促反应速率，然后以反应速率 r_S 对底物浓度 c_S 作图，得到两者关系曲线，如图 6-16 所示。该曲线显示，当底物浓度较低时，反应速率与底物浓度成正比，表现为一级反应；随着底物浓度增加，反应速率与底物浓度不再呈正比关系，表现为混合级反应；当底物浓度超过一定数值后，反应速率不再随底物浓度增加而增加，趋向极限值，表现为零级反应，此时的反应速率为最大速率。

6.1.4.3　酶浓度的影响

在研究酶浓度对酶促反应速率的影响时，必须保持其他反应条件不变，并且底物浓度过量，以使反应速率不受其他因素的影响以及底物浓度的限制。在此条件下，测得的酶促反应速率 r_S 与酶浓度 c_E 成正比（见图 6-17）。但如果测得的反应速率不是反应初速率，或使用的酶制剂不纯，含有抑制剂或激活剂，或反应过程中底物本身发生改变，如生物大分子底物，在反应过程中会发生逐步降解，或实验手段的限制等，都可能使测得的酶促反应速率与酶浓度不呈正比关系。

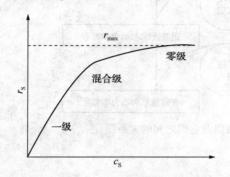 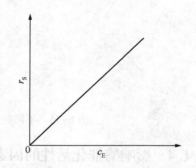

图 6-16　底物浓度对酶促反应速率的影响　　　图 6-17　酶促反应速率与酶浓度成正比

6.1.4.4　温度的影响

温度对酶促反应速率的影响有两方面，一方面，温度升高可加快分子运动速率，提高分子碰撞概率，从而使反应速率加快；另一方面，温度升高可能使酶蛋白逐步变性而失活，从而降低酶促反应速率。温度对酶促反应速率的影响是这两方面作用的综合结果。

保持其他反应条件不变，测得不同温度下的酶促反应速率与温度的关系为钟罩形曲线，如图 6-18 所示。在温度较低时，温度对分子碰撞概率的影响比较大，反应速率随温度升高而加快；但温度超过一定数值后，酶受热变性的因素占主导地位，反应速率随温度升高而下降。只有在某一特定温度下反应速率达到最大值，此时所对应的温度称为酶反应的最适温度。

大多数酶的最适温度在 30~50℃，动物细胞内的酶最适温度在 35~40℃；植物细胞内的酶最适温度稍高，一般在 40~50℃；微生物中的酶最适温度差别比较大，因为不同微生物生存的环境差异比较大。从嗜热菌中分离得到的 Taq DNA 聚合酶最适温度可达 70℃左右。

酶的最适温度不是酶的特征常数，受酶的作用时间、反应 pH 条件、离子强度及底物种类等因素的影响。一般反应时间长则最适温度低，反应时间短则最适温度高。温度对酶蛋白的变性作用随时间累加，温度低时，酶蛋白本身较稳定，反应时间可以长一些；温度高时，酶的热变性随时间加剧，作用时间不能太久。

6.1.4.5　pH 值的影响

酶促反应受环境 pH 值的影响，pH 会影响底物分子的解离状态，从而影响酶与底物的结合，pH 值也会影响酶分子的解离状态，特别是酶活性中心有关基团的解离，或者是维持酶的空间结构有关基团的解离，从而影响酶与底物的结合；pH 也可能影响中间复合物[ES]的解离状态，影响[ES]分解产生产物，过高或者过低的 pH 条件甚至会导致酶蛋白变性而失活。

保持其他因素不变，测定不同 pH 条件下的酶反应速率，得到 pH 对反应速率的影响同样表现为钟罩形曲线，如图 6-19 所示。酶促反应速率达到最大值时所对应的 pH 称为酶的最适 pH。

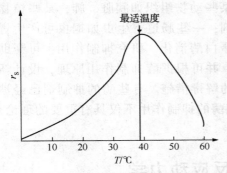
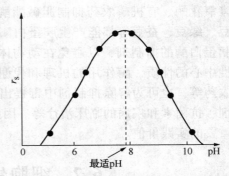

图 6-18 温度对酶促反应速率的影响   图 6-19 pH 值对酶促反应速率的影响

酶的最适 pH 也不是一个常数，同样受到底物的种类和浓度、缓冲液的种类和浓度、酶的纯度、温度、反应时间等因素的影响，由此，酶的最适 pH 只在一定条件下才有意义。

大多数酶的最适 pH 值在 5~8，动物体内的酶最适 pH 值一般在 6.5~8，植物及微生物体内的酶最适 pH 值一般在 4.5~6.5。

pH 值对酶的稳定性也有影响，酶的最适 pH 与酶的最稳定 pH 不一定相同，但最适 pH 总在酶的稳定 pH 范围内。在酶的分离提纯以及酶活性测定过程中，要注意选择合适的缓冲液种类和浓度，以保证酶活性的稳定。

6.1.4.6 激活剂的影响

凡是能够提高酶活性的物质都称为酶的激活剂，包括无机离子、简单的有机化合物以及蛋白质类的大分子。作为激活剂的无机离子有金属离子、阴离子和氢离子三类。金属离子如 K^+、Na^+、Ca^{2+}、Mg^{2+}、Zn^{2+} 等；阴离子如 Cl^-、Br^-、I^-、CN^- 等都可作为特定酶的激活剂。

金属离子对酶的作用具有一定的选择作用，往往一种激活剂对某种酶具有激活作用，但对另一种酶可能起抑制作用。如 Mg^{2+} 可激活脱羧酶、但却抑制肌球蛋白腺三磷酶的活性。有的金属离子之间还存在相互拮抗的现象，如 Na^+ 可以抑制 K^+ 的激活作用，Ca^{2+} 可抑制 Mg^{2+} 激活的酶。有的金属离子之间则可相互替代，如 Mg^{2+} 对激酶的激活作用可被 Mn^{2+} 取代。激活剂的浓度对其作用也有一定的影响，向一种激活剂对同一种酶的作用可能因激活剂浓度的变化而不同。如 Mg^{2+} 在低浓度时激活 $NADP^+$ 合成酶，但浓度升高后反而抑制酶活性。

有些有机小分子可作为酶的激活剂。如抗坏血酸、半胱氨酸、谷胱甘肽等还原剂可防止巯基酶中的巯基被氧化，使巯基处于还原状态而保持酶活性，属于巯基团的激活剂。一些金属螯合剂如 EDTA、柠檬酸钠等可以去除重金属离子对某些酶的抑制，也视作酶的激活剂。有些蛋白质类的生物大分子也可作为酶的激活剂，如胰蛋白酶对胰凝乳蛋白酶原、羧肽酶原和弹性蛋白酶原的水解激活。

6.1.4.7 抑制剂的影响

广义地说，凡是可以使酶促反应速率降低的作用都可称作抑制作用。如果严格加以区分，一种是使酶蛋白变性而引起酶活力降低或丧失，称为失活作用或钝化作用。另一种是由于某些物质使酶分子中的某些必需基团或活性中心的化学性质发生改变，但酶蛋白没有变性，而引起的酶活力降低或丧失，称为抑制作用。引起抑制作用的物质称为抑制剂。

抑制剂种类很多，一些对生物有剧毒的物质大多是酶的抑制剂。如氰化物可抑制细胞色素氧化酶、有机磷农药抑制胆碱酯酶等，某些动物组织如胰脏、肺，某些植物种子如大豆、绿豆、蚕豆等都能产生胰蛋白酶抑制剂；一些肠道寄生虫如蛔虫可产生胃蛋白酶和胰蛋白酶的抑制剂，以避免在动物体内被蛋白酶消化。研究抑制作用，可帮助了解酶活性中心的性质、酶作用的机理和代谢途径，并可根据酶抑制作用原理，设计新的药物、农药等，也可为解除抑制剂中毒提出合理的解毒措施。有些酶的抑制剂已经被用作杀虫剂、抗菌素和疾病的临床治疗等。因此研究酶的抑制作用不仅具有重要的理论意义，也有重要的实践价值。

6.2 细胞生长反应动力学

细胞反应系指以细胞为其反应主体的一类生物反应过程。该类反应过程包括微生物反应和动植物细胞培养过程等。细胞反应过程有如下主要特征。

细胞是反应过程的主体。首先，它是反应过程的生物催化剂，它摄取了原料中的成分，通过细胞内的特定酶系进行复杂的生化反应，使原料转化为有用的产品，同时，它又如同微小的反应容器，原料中的反应物透过细胞周围的细胞壁与细胞膜，进入细胞内，在酶的作用下进行催化反应，把反应物转化为产物，接着这些产物又被释放出来。因此，细胞的特性及其在反应过程的变化，将是影响细胞反应过程的关键因素。

细胞反应过程的本质是复杂的酶催化反应体系。细胞内所进行的一切分解和合成反应，可统称为代谢作用。细胞在反应过程中，一方面从外界摄取营养物质，在细胞内经过各种变化，把这些物质转化为细胞自身的组成物质，称为同化过程；另一方面，细胞内的组成物质又不断地分解成代谢物而排出，称为异化作用。从简单的小分子物质转化为较复杂或较大分子物质的合成过程需要能量；而分解作用所形成的小分子物质又可作为合成作用的原料，同时伴随能量的释放。因此，通过分解与合成的作用，使细胞内保持物质与能量的自身平衡。

细胞内的代谢作用正是由这些无数错综复杂的反应所组成的。每一种物质的代谢也不是一步反应，而是通过一系列有序的反应来完成。而且细胞内的一切化学反应几乎都是在酶催化下进行的。

细胞反应与酶催化反应也有着明显的不同。首先，酶催化反应仅为分子水平上的反应，而且在酶催化反应过程中，酶本身不能进行再生产；而细胞反应为细胞与分子之间的反应，并且在反应过程中，细胞自己能进行再生产，即在反应进行的同时，细胞也得到生长。其次，在细胞反应过程中细胞的形态、组成、活性都处在动态变化过程。如在反应过程中，细胞要经历生长、繁殖、维持、死亡等若干阶段，不同的阶段，有不同的活性。从细胞组成分析，它包含有蛋白质、脂肪、碳水化合物、核酸等，这些成分含量大小也随着环境的变化而变化。细胞能利用其代谢机制进行定量调节以适应外界环境的变化。

上述这些因素，造成了描述、控制和开发细胞反应过程的复杂性。要对细胞反应过程进行量化分析，必须要解决两个问题。即反应过程中设计的各种物料和能量的数量比例关系及反应过程速率问题，前一个涉及的是反应计量学，后一个则是反应过程动力学。

6.2.1 细胞反应过程计量学

反应计量学是对反应物的组成和反应转化程度的数量化研究，它与反应热力学和动力学一起构成了反应工程学的理论基础。根据反应计量学，可以了解反应过程中各有关反应组分组成的变化规律以及各反应之间的数量关系。但对细胞反应过程，由于众多组分参与反应和代谢途径的错综复杂，且在细胞生长的同时还伴随代谢产物生成的反应，因此要用标以正确系数的反应方程式表示由反应组分组成的培养基转化为生成物的反应几乎是不可能的，这就需要采用另外一些方法来加以简化处理。

6.2.1.1 细胞反应的元素衡算方程

细胞反应过程虽然参与反应成分极多，反应途径又很复杂，但它们仍服从物质守恒定律。含 C、H、O、N 和其他元素的分子在细胞代谢过程中进行了重排，但进入细胞内的各种元素的总量总是等于环境中失去的量。某种代谢产物的生成量或细胞生长所释放的热量常正比于某种底物的消耗量或另一种产物的生成量，这些计量关系在培养基的配制、生物反应器的设计和控制中都有重要的作用。

为了表示出细胞反应过程各物质和各组分之间的数量关系，最常用的方法是对各元素进行原子衡算。首先要确定细胞的元素组成其分子式。为了简化，一般将细胞的分子式定义为 $CH_AO_BN_C$，而忽略了其他微量元素 P、S 和灰分等。不同细胞，其组成是不同的。即使同一种细胞，由于其处在不同生长阶段，其组成也是有差别的。为此，常需要确定平均细胞组成。表 6-2 表示各种不同微生物细胞的元素组成情况。从该表可看出，生长速率的变化对同一种细胞元素组成虽有影响，但比不同种细胞之间对元素组成的影响要小。还可看出，对同一种微生物细胞，当限制培养基发生变化时，细胞元素组成亦在变化。

表 6-2　几种微生物细胞的元素组成和经验分子式

微生物	限制性底物	比生长速率 μ/h^{-1}	C(质量)/%	H(质量)/%	N(质量)/%	O(质量)/%	经验分子式	相对分子质量
细菌			53.0	7.3	12.0	19.0	$CH_{1.66}O_{0.2}N_{0.27}$	20.7
细菌			47.1	7.8	13.7	31.3	$CH_2O_{0.25}N_{0.50}$	25.5
产气菌			48.7	7.3	13.9	21.1	$CH_{1.78}O_{0.24}N_{0.33}$	22.5
产气菌	甘油	0.1	50.6	7.3	13.0	29.0	$CH_{1.74}O_{0.22}N_{0.43}$	23.7
产气菌	甘油	0.85	50.1	7.3	14.0	28.7	$CH_{1.73}O_{0.24}N_{0.43}$	24.0
酵母			47.0	6.5	7.5	31.0	$CH_{1.66}O_{0.13}N_{0.40}$	23.5
酵母			50.3	7.4	8.8	33.5	$CH_{1.75}O_{0.15}N_{0.5}$	23.9
假丝酵母	葡萄糖	0.08	50.0	7.6	11.1	31.3	$CH_{1.83}O_{0.19}N_{0.47}$	24.0
假丝酵母	葡萄糖	0.45	46.9	7.2	10.9	35.0	$CH_{1.84}O_{0.20}N_{0.56}$	25.6
假丝酵母	乙醇	0.06	50.3	7.7	11.0	30.8	$CH_{1.82}O_{0.19}N_{0.46}$	23.9
假丝酵母	乙醇	0.43	47.2	7.3	11.0	34.6	$CH_{1.84}O_{0.20}N_{0.55}$	25.5

典型的细胞组成可以表示为 $CH_{1.8}O_{0.2}N_{0.5}$。因此，对 1mol 细胞定义为 1mol 碳所含有的量。

首先考虑无胞外产物的简单生化反应

$$CH_mO_n + aO_2 + bNH_3 \longrightarrow cCH_AO_BN_C + dH_2O + eCO_2 \qquad (6-71)$$

式中　CH_mO_n——碳源的元素组成；

　　　$CH_AO_BN_C$——细胞的元素组成。

对 C、H、O、N 作元素平衡，得到下列方程

C：
$$1 = c + e \qquad (6-72)$$

H：
$$m + 3b = cA + 2d \qquad (6-73)$$

O：
$$n + 2a = cB + d + 2e \qquad (6-74)$$

N：
$$b = cC \qquad (6-75)$$

方程式(6-71)中有"a、b、c、d 和 e"5 个未知数，需要 5 个方程才能解出。对需氧反应可利用呼吸商的定义式作为第 5 个方程，即

$$RQ = \frac{CO_2 \text{ 生产速率}}{O_2 \text{ 消耗速率}} = \frac{e}{a} \qquad (6-76)$$

RQ 值可通过实验测出。

有了上述结果，可确定方程式(6-71)的计量系数。

对有胞外产物的复杂反应，增加了至少一个计量系数。为此引入还原度的概念，并用于生化反应中质子-电子平衡。还原度用 γ 表示。某一化合物的还原度为该组分中每克碳原子的有效电子当量数。对某些关键元素的还原度是：C = 4，H = 1，N = -3，O = -2。在化合物中任何元素的还原度等于该元素的化合价。根据上述数值可看出，CO_2、H_2O 和 NH_3 的还原度为零。

由于细胞反应过程是一个复杂的反应网络，要建立严格的元素衡算方程十分困难，只能借助于处理复杂化学反应的数学方法。于是人们在生物反应量化中采用了一种简单的方法，提出了得率系数的概念。

6.2.1.2　细胞反应过程的得率系数

得率系数可用于对碳源等物质生成细胞或其他产物的潜力进行定量评价。最常用的几种得率系数有下述几种。

（1）对底物的细胞得率 $Y_{X/S}$。定义式为：

$$Y_{X/S} = \frac{\text{生成细胞的质量}}{\text{消耗底物的质量}} = \frac{\Delta m_X}{-\Delta m_S} \qquad (6-77)$$

在分批培养时，培养基的组成在不断变化，因此细胞得率系数一般不能视为常数。在某一瞬时的细胞得率常称为微分细胞得率(或瞬时细胞得率)，其定义式又可表示为

$$Y_{X/S} = \frac{r_X}{r_S} \qquad (6-78)$$

在分批培养过程中，总的细胞得率可用式(6-79)表示，即

$$Y_{X/S} = \frac{c_X - c_{X0}}{c_{S0} - c_S} \qquad (6-79)$$

式中　c_{X0}、c_{S0}——反应开始时细胞和底物质量浓度；

　　　c_X、c_S——反应结束时细胞和底物质量浓度。

与 $Y_{X/S}$ 相似的还有对氧的细胞得率 $Y_{X/O}$ 和对底物的产物得率 $Y_{P/S}$，其定义式分别为

$$Y_{X/O} = \frac{\text{生成细胞的质量}}{\text{消耗氧的质量}} = \frac{\Delta m_X}{-\Delta m_O} \tag{6-80}$$

$$Y_{P/S} = \frac{\text{生成代谢产物的质量}}{\text{消耗底物的质量}} = \frac{\Delta m_P}{-\Delta m_S} \tag{6-81}$$

（2）对碳的细胞得率 Y_C。底物作为碳源时，无论是需氧培养还是厌氧培养，宏观上碳源的一部分被同化为细胞组成物质，其余部分则被异化，分解为二氧化碳及其他代谢产物。为了表示由碳同化为细胞过程的转化效率，采用对碳的细胞得率 Y_C 表示。

$$Y_C = \frac{\text{生成细胞量} \times \text{细胞含碳量}}{\text{消耗底物的量} \times \text{底物含碳量}} = \frac{\Delta m_X \cdot \sigma_X}{-(\Delta m_S) \cdot \sigma_S} = \frac{\sigma_X}{\sigma_S} \cdot Y_{X/S} \tag{6-82}$$

式中 σ_X、σ_S——单位质量细胞、单位质量底物中所含碳原子的质量。

Y_C 一般在 0.4~0.9 的范围内。由于 Y_C 仅考虑底物与细胞的共同项——碳，可以认为它比 $Y_{X/S}$ 更合理。

（3）宏观得率与理论得率。当细胞生长的同时，还伴有其他反应如代谢产物的生成时，则所消耗的底物一部分用于细胞的生长，一部分用于生成代谢产物。此时计算对底物的细胞得率有两种方法。

假设细胞反应过程中所消耗底物的总量为 Δm_{ST}，其中用于细胞生长的底物数量为 Δm_{SG}，用于生成代谢产物的底物数量为 Δm_{SR}。

若定义
$$Y_{X/S} = \frac{\Delta m_X}{-\Delta m_{ST}} = \frac{\Delta m_X}{-(\Delta m_{SG} + \Delta m_{SR})} \tag{6-83}$$

此时求得的对底物的细胞得率称为宏观得率。

若定义
$$Y'_{X/S} = \frac{\Delta m_X}{-\Delta m_{SG}} \tag{6-84}$$

此时求得的对底物的细胞得率称为理论得率，由于细胞代谢过程复杂，Δm_{SG} 一般是未知数，$Y'_{X/S}$ 较难直接确定。$Y'_{X/S}$ 又常称为最大可能得率。由于 $\Delta m_{SG} < \Delta m_{ST}$，因此 $Y'_{X/S} > Y_{X/S}$。

（4）对能量的细胞得率。若要求能从底物直接估算细胞得率，则在进行研究开发工作时，就能有效选择底物，也可将细胞得率的理论计算值作为探索最优培养条件的目标。为此，采取了将不同底物的细胞得率换算为同一能量基准，并且考虑了细胞异化代谢途径中从底物获得能量的形式。

如果采用底物完全氧化时失去每 1mol 有效电子时的细胞生成量作为对有效电子的细胞得率，则用 Y_{ave} 表示；如果采用 1kJ 底物燃烧热产生细胞干重的得率，则用 Y_{kJ} 表示；如果采用异化过程中生成每 1mol ATP 时所增加的细胞量表示，即为对 ATP 生成的细胞得率，用 Y_{ATP} 表示。

细胞通过底物的氧化而获得细胞合成、物质代谢、物质传递过程等生命活动所必需的能量。但是，它并不是利用底物氧化的全部能量，而只有在氧化反应中以生成 ATP 形式获得的自由能，才能被细胞生命活动所利用，其余部分作为反应热释放到环境中。据此，应以异化代谢过程中 ATP 的生成量作为细胞得率的基准。此时细胞得率 Y_{ATP} 的定义可表示为

$$Y_{ATP} = \frac{\Delta m_X}{\Delta n_{ATP}} = \frac{Y_{X/S} \cdot M_S}{Y_{ATP/S}} \tag{6-85}$$

式中 Y_{ATP}——相对于底物的 ATP 生成得率，即每消耗 1mol 底物所生成的 ATP 的量，mol/mol。

M_S——底物的相对分子质量。

根据大量实验发现，在厌氧培养时，Y_{ATP} 值与细胞、底物的种类无关，基本上为常数，即 Y_{ATP} 约为 10。并且该值可看作是细胞物生长的普遍特征值。据此，如果产生能量的异化代谢途径为已知，则从式(6-85)可得到式(6-86)，即

$$Y_{X/S} = 10 \frac{Y_{ATP}}{M_S} \tag{6-86}$$

根据式(6-86)可以预测从一定数量的底物所能得到的细胞量。

(5) 得率系数与计量系数。当细胞反应服从式(6-71)所表述的计量关系时，则其得率系数与计量系数的关系可表示为

$$Y_{X/S} = \frac{M_X}{M_S} \cdot c \tag{6-87}$$

$$Y_{X/O} = \frac{M_X}{M_O} \cdot \frac{c}{a} \tag{6-88}$$

$$Y_{P/S} = \frac{M_P}{M_S} \cdot d \tag{6-89}$$

式中 M_X、M_S、M_O、M_P——细胞、底物、氧、代谢产物的相对分子质量；
       a、c、d——式(6-71)的计量系数。

表 6-3 汇集了部分宏观得率系数的定义。

表6-3　部分宏观得率系数汇总

得率系数	组分间的反应或关系	定义及单位
$Y_{X/S}$	S⟶X	消耗 1g 底物所获得细胞质量(g)，g 细胞/g 底物
$Y_{X/O}$	O_2⟶X	消耗 1g O_2 所获得细胞质量(g)，g 细胞/g O_2
$Y_{P/S}$	S⟶P	消耗 1g 底物所获得产物质量(g)，g 产物/g 底物
$Y_{C/S}$	S⟶CO_2	消耗 1g 底物所获得 CO_2 质量(g)，g CO_2/g 底物
$Y_{P/O}$	O_2⟶P	消耗 1g O_2 所获得产物质量(g)，g 产物/g O_2
$Y_{X/P}$	P⟶X	每得到 1g 产物同时得到的细胞质量(g)，g 细胞/g 产物
$Y_{X/C}$	CO_2⟶X	每得到 1g CO_2 同时得到的细胞质量(g)，g 细胞/g CO_2
$Y_{C/P}$	P⟶CO_2	每得到 1g 产物同时得到的 CO_2 质量(g)，g CO_2/g 产物
Y_{ATP}	ATP-X	每得到 1mol ATP 同时得到的细胞质量(g)，g 细胞/mol ATP

需要指出的是，在实际进行的细胞反应中，得率的数值是变化的。它不仅是底物的函数，而且与各种生物和物理参数有关。

6.2.2　细胞生长动力学的非结构模型

6.2.2.1　细胞生长动力学的描述方法

细胞反应过程，包括细胞的生长、底物的消耗和代谢产物的生成。要定量描述细胞反应过程的速率，细胞生长动力学是核心。

(1) 动力学模型的简化。细胞的生长、繁殖和代谢是复杂的生物化学过程。该过程既包括细胞内的生化反应，也包括胞内与胞外的物质交换，还包括胞外的物质传递及反应。该体

系具有多相、多组分、非线性的特点。多相是指体系内常含有气相、液相和固相；多组分是指在培养液中有多种营养成分，有多种代谢产物产生，在细胞内也有具有不同生理功能的大、中、小分子化合物；非线性是指细胞的代谢过程通常需用非线性方程来描述。同时，细胞的培养和代谢还是一个复杂的群体的生命活动，通常每 1mL 培养液中含 $10^4 \sim 10^8$ 个细胞，每个细胞都经历着生长、成熟直至衰老的过程，同时还伴有退化、变异。因此，要对这样一个复杂体系进行精确的描述几乎不可能。为了工程上的应用，首先要进行合理的简化，在简化的基础上建立过程的物理模型，再据此推出数学模型。主要简化的内容有下述几点。

① 细胞反应动力学是对细胞群体的动力学行为的描述，而不是对单一细胞进行描述。所谓细胞群体是指细胞在一定条件下的大量聚集。

② 不考虑细胞之间的差别，而是取其性质上的平均值，在此基础上建立的模型称为确定论模型；如果考虑每个细胞之间的差别，则建立的模型为概率论模型。目前在应用时一般取前者。

③ 细胞的组成也是复杂的，它含有蛋白质、脂肪、碳水化合物、核酸、维生素等，而且这些成分的含量大小随着环境条件的变化而变化。如果是在考虑细胞组成变化的基础上建立的模型，则称为结构模型。该模型能从机理上描述细胞的动态行为。在结构模型中，一般选取 RNA、DNA、糖类及蛋白质的含量作为过程的变量，将其表示为细胞组成的函数。但是，由于细胞反应过程极其复杂，加上检测手段的限制，以至缺乏可直接用于在线确定反应系统状态的传感器，给动力学研究带来了困难，致使结构模型的应用受到了限制。

如果把细胞视为单组分，则环境的变化对细胞组成的影响可被忽略，在此基础上建立的模型称为非结构模型。它是在实验研究的基础上，通过物料衡算建立起经验或半经验的关联模型。

在细胞的生长过程中，如果细胞内各种成分均以相同的比例增加，则称为均衡生长。如果由于各组分的合成速率不同而使各组分增加的比例也不同，则称为非均衡生长。从模型的简化考虑一般采用均衡生长的非结构模型。

④ 如果将细胞作为与培养液分离的生物相处理所建立的模型称为分离化模型，一般在细胞浓度很高时常采用此模型，需要说明培养液与细胞之间的物质传递作用。如果把细胞和培养液视为一相——液相，在此基础上所建立的模型为均一化模型。根据上述讨论，对细胞群体有图 6-20 所示的 4 种模型。

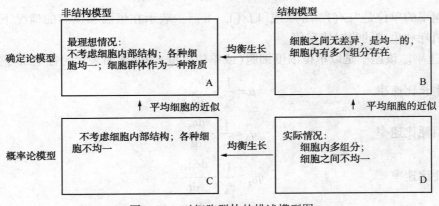

图 6-20　对细胞群体的描述模型图

图 6-20 中 D 为细胞群体的实际情况,但在求解及分析中最繁杂,应用很困难。A 为确定论的非结构模型,是最为简化的情况,通常也称为均衡生长模型。由于此模型既不考虑细胞内各组分,又不考虑细胞之间的差异,因此可以把细胞看作是一种"溶质",从而简化了细胞内外传递过程的分析,也简化了过程的数学模型。这对于很多细胞反应过程的分析,特别是对反应过程的控制,均衡生长模型在一定程度上是可以满足要求的。B 表示的是确定论结构模型,C 表示的是概率论非结构模型,在此不详细介绍。

(2)反应速率的定义。如果在一间歇操作的反应器中进行某一细胞反应过程,则可得到细胞质量浓度(c_X)、底物浓度(c_S)、代谢产物浓度(c_P)、溶氧浓度(c_{O_2})和二氧化碳浓度(c_{CO_2})以及反应热效应(Hv)等随反应时间的变化曲线,如图 6-21 所示。从该图中可以看出细胞的生长、底物的消耗和产物生成的变化情况,要描述这种变化,这里采用绝对速率和比速率两种定义方法。

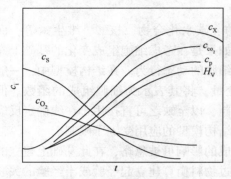

图 6-21 间歇反应过程中的
典型浓度-时间曲线

① 绝对速率(简称为速率)。如同酶催化反应速率概念一样,表示单位时间、单位反应体积某一组分的变化量。对于图 6-21 中所表示的各种变量,可用下述表达式来表示其速率。

细胞生长速率为:

$$r_X = \frac{dc_X}{dt} \tag{6-90}$$

c_X 为细胞质量浓度,对于细胞,一般无法用物质的量浓度表示,而是以质量表示,并且不考虑细胞中的大量水分,常用单位体积培养浓中所含细胞(或称菌体)的干燥质量表示。

底物和氧的消耗速率 r_S、r_{O_2} 为

$$r_S = \frac{dc_S}{dt} \text{与} r_{O_2} = \frac{dc_{O_2}}{dt} \tag{6-91}$$

产物、CO_2 和反应热的生成速率 r_P、r_{CO_2}、r_{Hv} 为

$$r_P = \frac{dc_P}{dt} 、 r_{CO_2} = \frac{dc_{CO_2}}{dt} 、 r_{H_v} = \frac{dHv}{dt} \tag{6-92}$$

这些速率的单位是"g/(L·h)"或[kJ/(L·h)],表示在恒温和恒容的情况下这些组分的生长、消耗和生成的绝对速率值。

② 比速率。该速率是以单位浓度细胞(或单位质量)为基准而表示的各个组分变化。

细胞生长比速率
$$\mu = \frac{1}{c_X} \cdot \frac{dc_X}{dt} \tag{6-93}$$

底物消耗比速率
$$q_S = \frac{1}{c_X} \cdot \frac{dc_S}{dt} \tag{6-94}$$

氧消耗比速率
$$q_{O_2} = \frac{1}{c_X} \cdot \frac{dc_{CO_2}}{dt} \tag{6-95}$$

产物生成比速率
$$q_P = \frac{1}{c_X} \cdot \frac{dc_P}{dt} \tag{6-96}$$

反应热生成比速率 $$q_{Hv} = \frac{1}{c_X} \cdot \frac{dc_{Hv}}{dt}$$ (6-97)

式中 c_X、c_S、c_{O_2}、c_P——细胞、底物、氧、产物的质量浓度；

H_V——产热强度，即单位反应体积所产生热量。

从上述各式中可以看出，比速率与催化活性物质的量有关。因此比速率的大小反映了细胞活力的大小。

6.2.2.2 无抑制的细胞生长动力学

细胞生长的动力学模型是以酶动力学为基础。把细胞视为微小反应器，通过复杂的酶催化反应网络把底物转化为活细胞物质和分泌产物。假定所有底物中有一种是限制底物，该底物转化为细胞物质所经过的各种途径中，有一条最慢，限制了总反应速率。在该限制途径中，又有一步反应控制整个反应速率，该步即为速率控制反应。在简化模型中，细胞生长总速率取决于该步的酶反应，取决于限制性底物浓度对该步反应速率的作用。图6-22表示细胞中反应网络。从图中可看出，S_2即为其限制性底物，双线表示限制性途径，粗线表示速率控制反应。

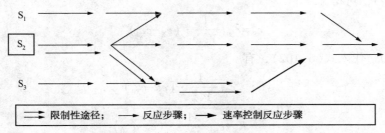

图 6-22 细胞中反应网络示意图

S_1、S_3—底物；$\boxed{S_2}$—限制性底物

假定在速率控制反应中，酶浓度正比于细胞浓度，底物浓度正比于限制性底物浓度。据此，现代细胞生长动力学的奠基人 Monod 早在 1942 年指出，细胞的生长比速率与限制性底物浓度的关系可用式(6-98)表示，即

$$\mu = \mu_{max} \cdot \frac{c_S}{K_S + c_S}$$ (6-98)

式中 μ——生长比速率，s^{-1}；

μ_{max}——最大生长比速率，s^{-1}；

c_S——限制性底物质量浓度，g/L；

K_S——饱和常数，其值等于生长比速率恰为最大生长比速率的一半时的限制性底物浓度，g/L。

式(6-98)称为 Monod 方程，它在形式上与酶催化动力学的 M-M 方程相似，但 Monod 方程从经验得出，而 M-M 方程则从反应机理推导。

Monod 方程是典型的均衡生长模型，其基本假设如下：

(1) 细胞的生长为均衡式生长，因此描述细胞生长的唯一变量是细胞的浓度。

(2) 培养基中只有一种底物是生长限制性底物，而其他组分为过量，不影响细胞生长。

(3) 细胞的生长视为简单的单一反应，细胞得率为常数。

根据 Monod 模型方程，其 μ 与 c_S 的关系如图6-23所示。

当限制性底物浓度很低时，$c_S \ll K_S$，此时若提高限制性底物浓度，可明显提高细胞的生长速率。此时有：

$$\mu \approx \frac{\mu_{\max}}{K_S} \cdot c_S \qquad (6-99)$$

细胞生长比速率与底物浓度为一级动力学关系。此时

$$r_{\max} \approx \frac{\mu_{\max}}{K_S} \cdot c_S \cdot c_X \qquad (6-100)$$

当$c_S \gg K_S$时，$\mu \approx \mu_{\max}$。若继续提高底物浓度，细胞生长速率基本不变。此时细胞生长比速率与底物浓度无关，为零级动力学特点。此时

$$r_{\max} \approx \mu_{\max} \cdot c_X \qquad (6-101)$$

当c_S处于上述两种情况之间，则μ与c_S关系符合 Monod 方程关系。根据式(6-90)和式(6-98)，有

$$r_X = \frac{\mathrm{d}c_X}{\mathrm{d}t} = \mu \cdot c_X = \mu_{\max} \cdot \frac{c_S}{K_S + c_S} \cdot c_X \qquad (6-102)$$

又根据式(6-79)，可得

$$c_S = c_{S0} - \frac{1}{Y_{X/S}} \cdot (c_X - c_{X0}) \qquad (6-103)$$

将式(6-103)代入式(6-102)，有

$$r_X = \mu_{\max} \cdot \frac{c_{S0} - \dfrac{1}{Y_{X/S}} \cdot (c_X - c_{X0})}{K_S + c_{S0} - \dfrac{1}{Y_{X/S}} \cdot (c_X - c_{X0})} \cdot c_X \qquad (6-104)$$

若c_{X0}很小可忽略，则式(6-104)可简化为

$$r_X = \mu_{\max} \cdot \frac{c_{S0} - \dfrac{1}{Y_{X/S}} \cdot c_X}{K_S + c_{S0} - \dfrac{1}{Y_{X/S}} \cdot c_X} \cdot c_X \qquad (6-105)$$

在反应开始时，c_X值相对较低，此时提高c_X值，有利于其生长速率的提高；在反应后期，c_X值较高，而相应c_S值很低，此时若继续提高c_X值，则其生长速率继续下降。根据式(6-105)，$r_X - c_X$关系曲线如图6-24所示，r_X有一最大值。

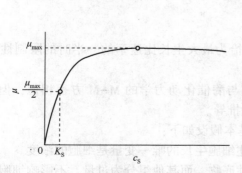

图6-23　细胞的生长比速率μ与
限制性底物浓度c_S的关系

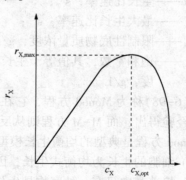

图6-24　$r_X - c_X$关系曲线

6.2.2.3　有抑制的细胞生长动力学

对细胞反应，某些物质的存在，也会使细胞生长的比速率下降，对细胞生长起到一定的抑制作用。这些抑制剂的存在，或是改变了细胞和细胞中酶的渗透性，或使细胞中酶的聚集体发生解离，或影响酶的合成，或影响细胞的活性功能等，这些抑制一般包括底物抑制和产物抑制。

（1）底物抑制动力学。当底物浓度很高时，细胞的生长反而会受到底物的抑制作用。如高浓度的糖、盐和酸等就会抑制细胞的生长。此时其动力学常用一个分母中含 c_S^2 项的 Monod 型方程来表示，即

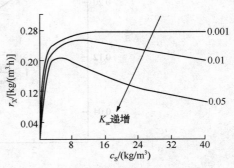

图 6-25　底物抑制下的细胞生长速率

$$\mu = \mu_{max} \cdot \frac{c_S}{K_S + c_S + Kc_S^2} \qquad (6-106)$$

式中　K——底物抑制系数。

图 6-25 表示在不同 K 值时细胞生长速率 r_X 与 c_S 的关系。图中显示，随着 c_S 的增加，r_X 先增大，然后下降。这显示高 c_S 值时的抑制作用随着 K 的增大，底物抑制程度在增加。

（2）产物抑制动力学。细胞反应过程中，某些代谢产物浓度较高时，也会抑制细胞生长及其代谢能力。如代谢产物乙醇、乳酸等都会抑制细胞生长。对此类抑制动力学的描述是在细胞生长动力学表达式上乘以一个抑制因子，该抑制因子与抑制产物浓度有关。

常见的产物抑制动力学表达式有

$$\mu = \mu_{max} \cdot \frac{c_S}{K_S + c_S} \cdot \frac{1}{1 + K_{IP} \cdot c_P} \qquad (6-107)$$

$$\mu = \mu_{max} \cdot \frac{c_S}{K_S + c_S} \cdot \exp(-K_{IP} \cdot c_P) \qquad (6-108)$$

$$\mu = \mu_{max} \cdot \frac{c_S}{K_S + c_S} \left(1 - \frac{c_P}{c_{P,max}}\right) \qquad (6-109)$$

式中　c_P——抑制产物浓度；

K_{IP}——产物抑制常数；

$c_{P,max}$——当 $c_P = c_{P,max}$ 时，细胞的生长受到完全的抑制。

图 6-26 表示上述三种不同产物抑制因子的关系。从图中可看出，三者之间有一定的差别。对具体反应体系，可通过实验来确定采用何种模型。

6.2.2.4　细胞生长延迟期、稳定期、死亡期和细胞维持动力学

简单 Monod 型动力学仅适合于细胞生长的指数期和减速期。若经过适当扩展，亦可用于延迟期、稳定期和死亡期。图 6-27 表示细胞分批培养时各个生长时期的浓度-时间关系。

（1）延迟期动力学。延迟期动力学可表示为

$$\mu = \mu_{max} \cdot \frac{c_S}{K_S + c_S} \cdot (1 - e^{-t/t_L}) \qquad (6-110)$$

式中　t_L——延迟期的总时间。

由式（6-110）可确定延迟期内任一时间 t 时的 μ 值。

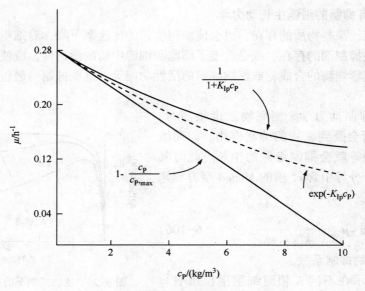

图 6-26 产物抑制因子

$c_{P,max} = 10$；$K_S = 1.0$；$K_{IP} = 0.1$；$c_S = 12$；$\mu_{max} = 0.3$

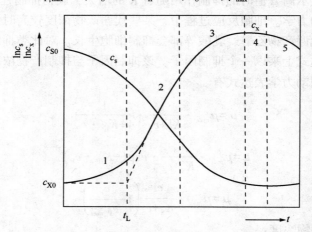

图 6-27 细胞分批培养时各个生长时期的浓度–时间关系

1—延迟期；2—指数期；3—减速期；4—稳定期；5—死亡期；t_L—延迟时间

（2）稳定期动力学。稳定期的出现是由于营养物质已耗尽或有害物质的大量积累，使细胞浓度不再增加，细胞生长速率等于细胞的死亡速率，此时细胞的纯生长速率为零。在此阶段，总的细胞质量浓度不变，但活细胞的数目可能在减少。此时细胞仍具有代谢活性，产生代谢产物。

此时有

$$\frac{dc_X}{dt} = (\mu - k_d) \cdot c_X = 0 \tag{6-111}$$

式中　k_d——细胞死亡比速率常数。

（3）细胞死亡动力学。细胞在生长的同时，也有一部分变为非活性的细胞。其中有的是真正死亡而水解，其余部分短期内也不能转化为活细胞。假定转化为非活性的速率正比于活细胞的浓度，则有

188

$$r_d = k_d \cdot c_X \qquad (6\text{-}112)$$

式中 k_d——细胞死亡比速率常数。

底物浓度对 k_d 的影响可表示为

$$k_d = k_{d,max} \cdot \left(1 - \frac{c_S}{K'_d + c_S}\right) \qquad (6\text{-}113)$$

当底物浓度为零时，$k_d = k_{d,max}$；在底物浓度较高时，k_d 为最小值。

（4）细胞维持动力学。维持能是细胞消耗能量的一部分。它用于维持细胞处于活性状态和保持细胞内外的浓度梯度。产生维持能而消耗底物的速率可表示为

$$r_m = m \cdot c_X \qquad (6\text{-}114)$$

式中 m——细胞维持系数。

m 值的范围为 $0.02\sim4$ kg 底物/（kg 细胞·h）。m 值的大小与环境条件和细胞生长速率有关。大部分维持能用于保持渗透压的恒定。因此，增加培养基中盐的浓度会大大增加 m 值。若改变了环境条件，细胞会调节酶谱以适应环境，m 值就会提高。当生长条件不变或变化很小时，用于细胞物质重新合成的维持能就较低。当细胞停止生长或适应新的底物时，m 值就较高。

6.2.3 底物消耗与产物生成动力学

6.2.3.1 底物消耗动力学

底物在细胞反应过程中，主要有三个作用：一是合成新的细胞物质；二是合成胞外物质；三是提供能量。所提供的能量用于：进行细胞内的反应；进行胞外物质的合成反应；维持细胞内物质的浓度与环境的差别。因此，底物的消耗与细胞的生长、维持和产物的生成有密切的关系。细胞反应过程所需的能量来源于 ATP 或类似物质的化学能。它由两种途径产生：一是底物氧化成 CO_2 和水，称为氧化磷酸化；二是底物降解为简单产物，如乙醇、乳酸和 CO_2 与水，称为底物水平磷酸化。一般将维持细胞内物质浓度与环境的差别和进行细胞内转化反应所带的总能量称为维持能，用于维持细胞所处活性状态，而不包括生成细胞物质和胞外产物。图 6-28 表示细胞反应中碳源的利用情况及能量的来源与消耗途径。

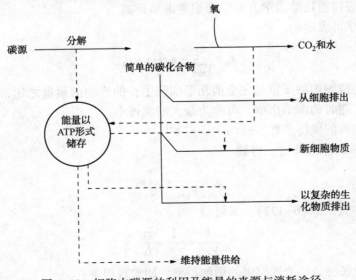

图 6-28　细胞中碳源的利用及能量的来源与消耗途径

对这样一个复杂的体系，底物消耗动力学可分为下述几种情况讨论。

（1）底物消耗速率与消耗比速率。底物消耗速率可通过细胞得率系数与细胞生长速率相关联。当以氮源、无机盐、维生素作为反应底物时，由于这些组分只能构成细胞的组成成分，而不能成为能源，$Y_{X/S}$ 近似为定值，则单位体积培养液中底物 S 的消耗速率 r_S 可表示为

$$r_S = \frac{1}{Y_{X/S}} \cdot r_X = \frac{1}{Y_{X/S}} \cdot \mu \cdot c_X = \frac{1}{Y_{X/S}} \cdot \mu_{max} \cdot \frac{c_S}{K_S + c_S} \cdot c_X \quad (6-115)$$

r_S 的单位可用 g/（L·s）表示。

底物消耗比速率定义为相对单位质量细胞单位时间内的底物消耗量，用 q_S 表示

$$q_S = \frac{1}{c_X} \cdot r_S = \frac{1}{Y_{X/S}} \cdot \frac{1}{c_X} \cdot r_X = \frac{1}{Y_{X/S}} \cdot \mu = \frac{1}{Y_{X/S}} \cdot \mu_{max} \cdot \frac{c_S}{K_S + c_S} \quad (6-116)$$

若定义

$$q_{S,max} = \frac{1}{Y_{X/S}} \cdot \mu_{max} \quad (6-117)$$

则

$$q_S = q_{S,max} \cdot \frac{c_S}{K_S + c_S} \quad (6-118)$$

因此，$q_{S,max}$ 称为底物最大消耗比速率。

单位体积培养液中的细胞在单位时间内摄取（消耗）氧的量称为摄氧率（OUR）或氧的消耗速率（r_{O_2}），可表示为

$$r_{O_2} = \frac{1}{Y_{X/O}} \cdot r_X \quad (6-119)$$

r_{O_2} 与细胞浓度之比，为耗氧比速率 q_{O_2}，或称为呼吸强度。亦可表示为

$$q_{O_2} = \frac{1}{Y_{X/O}} \cdot \mu \quad (6-120)$$

因此

$$r_{O_2} = q_{O_2} \cdot c_X \quad (6-121)$$

q_{O_2} 的数值因所使用的细胞、培养条件不同而不同，一般约为 $0.05 \sim 0.25 h^{-1}$。

（2）包含维持能的底物消耗动力学。当底物既是能源又是碳源时，就应考虑维持能所消耗的底物。维持能用于维持其渗透压，修复 DNA、RNA 和其他大分子，维持细胞的结构和活性。因此，对底物消耗动力学方程中必须考虑维持能。

底物消耗速率可表示为

$$r_S = \frac{1}{Y_{X/S}^*} \cdot r_X + m \cdot c_X \quad (6-122)$$

式中 $Y_{X/S}^*$——生成细胞的干重与完全消耗于细胞生长的底物的质量之比，它表示在无维持代谢时的细胞得率，可称为最大细胞得率；

m——细胞的维持系数，g/（g·s）或 s^{-1}。

式（6-122）两边均除以 c_X，得到

$$q_S = \frac{1}{Y_{X/S}^*} \cdot \mu + m \quad (6-123)$$

将式（6-116）代入式（6-123），又可得

$$\frac{1}{Y_{X/S}} = \frac{1}{Y_{X/S}^*} + \frac{m}{\mu} \quad (6-124)$$

式中 $Y_{X/S}$——对底物的总消耗而言的细胞得率，即宏观得率；

190

$Y_{X/S}^*$——对用于细胞生长所消耗底物而言的细胞得率，即理论得率。

以式(6-123)的q_S对μ或以式(6-124)的$(1/Y_{X/S})$对$(1/\mu)$分别作图，均求出$Y_{X/S}^*$和m值。图6-29是以q_S对μ作图，求出有关参数值。

对于氧的消耗，同样也存在如下方程：

$$r_{O_2} = \frac{1}{Y_{X/O}^*} \cdot r_X + m_{O_2} \cdot c_X \qquad (6-125)$$

$$q_{O_2} = \frac{1}{Y_{X/O}^*} \cdot \mu + m_{O_2} \qquad (6-126)$$

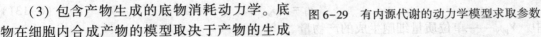

图6-29　有内源代谢的动力学模型求取参数

（3）包含产物生成的底物消耗动力学。底物在细胞内合成产物的模型取决于产物的生成是否与能量代谢过程相耦联。当产物生成是以产能途径进行，如底物水平磷酸化时，不仅提供细胞反应过程所需能量，同时底物也降解为如乙醇、乳酸等简单产物。如图6-30（a）所示，此时无单独物流进入细胞用于生成产物，所消耗的底物来自于用于细胞生长维持能的底物。此时产物的生成直接与能量的产生相联系，因此底物消耗的速率方程不包括单独的产物生成项，底物消耗动力学仍可采用式(6-122)和式(6-123)。

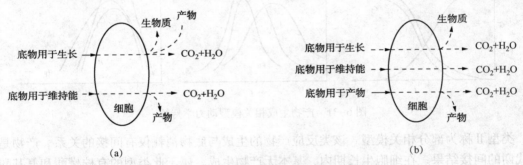

图6-30　底物消耗与产物生成关系

如果产物生成不与或仅仅部分与能量代谢相联系，则用于生成产物的底物或全部或部分系以单独物流进入细胞内，如图6-30（b）所示。此时产物生成与能量代谢仅为间接相耦合。底物消耗速率取决于三个因素：细胞生长速率、产物生成速率和底物消耗于维持能的速率。可利用得率系数和维持系数相关联。表示为：

$$r_S = \frac{1}{Y_{X/S}^*} \cdot r_X + m \cdot c_X + \frac{1}{Y_{P/S}} \cdot r_P \qquad (6-127)$$

式(6-127)又可表示为：

$$-\frac{dc_S}{dt} = \frac{1}{Y_{X/S}^*} \cdot \mu \cdot c_X + m \cdot c_X + \frac{1}{Y_{P/S}} \cdot q_P \cdot c_X \qquad (6-128)$$

式中　$Y_{P/S}$——产物的得率系数；

　　　q_P——产物的生成比速率。

$$q_P = \frac{1}{c_X} \cdot \frac{dc_P}{dt} \qquad (6-129)$$

q_P 相当于单位质量细胞生成产物的速率。

6.2.3.2 代谢产物生成动力学

细胞反应生成的代谢产物有醇类、有机酸、抗生素和酶等，涉及范围很广。并且由于细胞内生物合成的途径十分复杂，其代谢调节机制也是各具特点。因此，至今还没有统一的模型来描述代谢产物生成动力学。Gaden 根据产物生成速率与细胞生长速率之间的关系，将其分为三种类型。

类型 I 称为相关模型。是指产物的生成与细胞生长相关的过程，产物是细胞能量代谢的结果。此时产物通常是底物的分解代谢产物，代谢产物的生成与细胞的生长是同步的。属于此类型的反应有乙醇、葡萄糖酸、乳酸的生产等。其动力学方程可表示为

$$r_P = Y_{P/X} \cdot r_X = Y_{P/X} \cdot \mu \cdot c_X \tag{6-130}$$

$$q_P = Y_{P/X} \cdot \mu \tag{6-131}$$

式中　$Y_{P/X}$——单位质量细胞生成的产物量。

从图 6-31 可以看出，此时产物的浓度-时间曲线与细胞相似；产物、细胞和底物三者的速率-时间曲线和比速率-时间曲线的变化趋势是同步的，都有一最大值，最大值出现的时间相差不大。

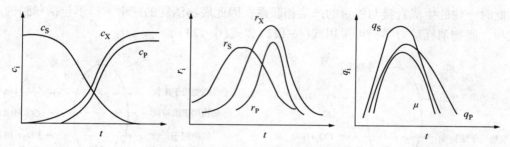

图 6-31　产物生成相关模型动力学特征

类型 II 称为部分相关模型。该类反应产物的生成与底物消耗仅有间接的关系。产物是能量代谢的间接结果。在细胞生长期内，基本无产物生成。属于此类型的有柠檬酸和氨基酸的生产。从图 6-32 可以看出，对此类生长模型，其 q_S 和 μ 下降到一定值后，产物生成才较明显，q_P 增大；当进入产物生成期，q_P 与 q_S 和 μ 基本同步。其动力学方程可表示为

$$r_P = \alpha \cdot r_X + \beta \cdot c_X \tag{6-132}$$

式中　a、β——常数，第一项与细胞生长有关，第二项仅与细胞浓度有关。

$$q_P = \alpha \cdot \mu + \beta \tag{6-133}$$

式（6-133）又称为 Luedeking-Piret 方程。

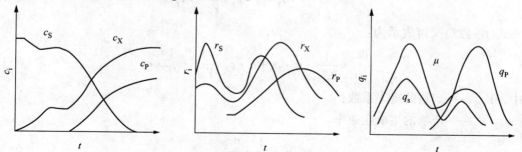

图 6-32　产物生成部分相关模型动力学特征

类型Ⅲ称为非相关模型。产物的生成与细胞的生长无直接联系。它是二级代谢产物。它的特点是当细胞处于生长阶段时，并无产物积累，而当细胞生长停止后，产物却大量生成。属于此类型的有抗生素、微生物毒素等代谢产物的生成。从图 6-33 可看出，在反应前期 r_P、q_P 值很小，反应后期 r_P、q_P 值很大，而 r_X、μ 则很小，甚至为零。此时产物生成速率可表示为

$$r_P = \beta \cdot c_X \tag{6-134}$$

$$q_P = \beta \tag{6-135}$$

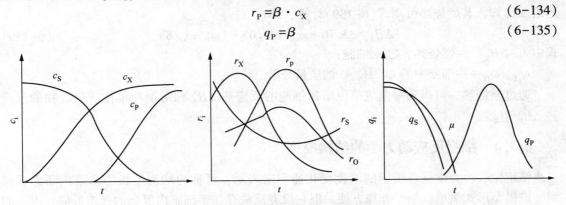

图 6-33 产物生成非相关模型动力学特征

6.2.3.3 细胞反应的产热速率

对细胞反应，无论是需氧还是厌氧，都有热量产生。大部分热量是作为碳源或能源的有机底物的降解中产生的。释放的能量部分贮存在 ATP 或其他含能化合物的高能键中，其余能量则以热的形式释放。另外，细胞在利用 ATP 支持生长和各种细胞功能的过程中，也会释放热。

产生热量的大小取决于底物的代谢途径，也取决于高能化合物 ATP 与生长过程和细胞生物合成过程的能量耦合。放热量的变化反映了细胞活动特征以及细胞代谢与合成完成的程度。这表明利用细胞中反应热，可以分析细胞能量代谢的调节机理，对计算分解代谢途径的能量效率和能量回收效率，也有所帮助。另外，由于细胞对温度变化十分敏感，因而对反应热的移除和反应温度的控制，其要求是很严格的。

细胞反应过程产热速率可用与生成产物相似的方程进行处理。若使用产热比速率概念，则有式(6-136)，即：

$$q_{H_V} = \frac{1}{c_X} \cdot \frac{dH_V}{dt} = \frac{1}{Y_{X/H_V}} \cdot \mu + \frac{1}{Y_{P/H_V}} \cdot q_P + m_{H_V} \tag{6-136}$$

式中　q_{H_V}——产热比速率，J/(g·h)；

　　Y_{X/H_V}——细胞热量得率，g/J；

　　Y_{P/H_V}——产物热量得率，g/J；

　　m_{H_V}——热量维持系数，J/(g·h)。

对需氧反应过程，可引入下述关系式，即

$$q_{H_V} = \frac{1}{Y_{O/H_V}} \cdot q_{O_2} = \Delta H_R^0 \cdot q_{O_2} \tag{6-137}$$

式中　ΔH_R^0——消耗单位质量氧的反应热，如在复合培养基中生长时，丝状真菌的 ΔH_R^0 值约在 0.385~0.494MJ/mol、细菌的 ΔH_R^0 在 0.385~0.565MJ/mol，其值以细菌、酵母和霉菌的顺序减少；

193

Y_{O/H_V}——氧的热量得率。

$$r_{H_V} = \Delta H_R^0 \cdot r_{O_2} \qquad (6-138)$$

细胞反应热的计算可利用反应中各组分燃烧热的数据来估算，这些数据大部分可从有关手册中查到，细胞的燃烧热约为每克无灰干重细胞 20.9~25.1kJ，平均值为 22.6kJ。如果细胞组成已知，其燃烧热可用式(6-139)计算，即

$$-\Delta H_X = 33.76 \cdot \omega_C + 144.05 \cdot (\omega_H - \omega_O/8) \qquad (6-139)$$

式中　$-\Delta H_X$——燃烧热，kJ/g 细胞；

ω_C、ω_H、ω_O——细胞中的 C、H、O 的质量分数。

通过燃烧热，可得到每生成单位质量细胞的反应热 ΔH_R^X 和每消耗单位质量底物的反应热 ΔH_R^S 值。

6.2.4　细胞反应动力学的结构模型

细胞生长动力学是以细胞的浓度变化速率来表示，可称为均衡生长的非结构动力学模型。该模型形式简单，数学处理方便。但它没有反映存在于细胞内复杂的代谢反应，也不能期望用这些简单模型来预测当外界条件发生变化时细胞的动态特性，也限制了对细胞内调控机制的认识。因为这些认识对于实现生物反应器或生物反应过程的控制很有必要。基于上述考虑，许多学者提出细胞非均衡生长的结构动力学模型，其中包括双室模型、代谢模型和重组细胞生长模型等。

6.2.4.1　双室模型

Willams 提出的双室模型是结构模型中最简单的一种。该模型认为细胞的生长可分为生物质的合成室—K 室和结构基因室—G 室。K 室主要由 RNA 和少量代谢物组成；G 室主要由 DNA 和蛋白质组成。且认为，由于 RNA 在蛋白质合成中起着核心作用，RNA 的合成是限制因素。细胞生长的双室模型如图 6-34 所示。

根据图 6-34，该模型可用下述反应式来加以表示：

$$S \longrightarrow Y_{SK} K \qquad (6-140)$$
$$K \longrightarrow Y_{KG} G \qquad (6-141)$$
$$G \longrightarrow K \qquad (6-142)$$

式中　Y_{SK}、Y_{KG}——反应的计量系数。

根据上述反应式，每一步的速率表达式如下：

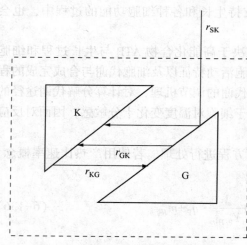

图 6-34　细胞生长的双室模型示意图

r_{SK}—基质向 K 室的转化速率；r_{KG}—K 室向 G 室的转化速率；r_{GK}—G 室向 K 室的解聚速率

（1）基质 S 转化为 K 室的速率可表示为：

$$r_{SK} = f_1(c_S) \cdot f_2(W_G) \cdot c_X = q_{S,max} \cdot \frac{c_S}{K_S + c_S} \cdot \frac{W_G}{K_G + W_G} \cdot c_X \qquad (6-143)$$

式中　W_G——G 室的质量分率；

K_G——G 室的饱和常数。

（2）K 室转化成 G 室的速率为：

$$r_{KG} = f_3(W_G) \cdot c_X = K_{KG} \cdot W_K \cdot W_G \cdot c_X = K_{KG} \cdot W_K \cdot (1-W_G) \cdot c_X \qquad (6-144)$$

式(6-144)假定 K 室到 G 室的速率受到 K 室、G 室内的浓度及细胞浓度的影响。K_{KG} 代表了 r_{KG} 所能达到的最大值。W_K 为 K 室的质量分率，并且有 $W_K + W_G = 1$。

(3) 生物质由 G 室向 K 室转化的速率为：

$$r_{GK} = m_G \cdot W_G \cdot c_X = m_G \cdot (1-W_K) \cdot c_X \qquad (6-145)$$

式中　m_G——G 室转化比速率。

从式(6-145)可看出，r_{GK} 与 $(W_G c_X)$ 是一级反应。并假定从 G 室到 K 室无质量损失，得率系数为 1。进一步可列出底物浓度、细胞浓度和 G 室的变化速率的平衡方程式，如下：

$$-\frac{dc_S}{dt} = q_{S,max} \cdot \frac{c_S}{K_S + c_S} \cdot \frac{W_G}{K_G + W_G} \cdot c_X + F_S \qquad (6-146)$$

式中　F_S——流向系统的底物流量。

$$\frac{dc_X}{dt} = Y_{SK} \cdot q_{S,max} \cdot \frac{c_S}{K_S + c_S} \cdot \frac{W_G}{K_G + W_G} \cdot c_X + (Y_{KG} - 1) \cdot f_3(W_G) \cdot c_X + F_X \qquad (6-147)$$

$$f_3(W_G) = K_{KG} \cdot W_K \cdot W_G \qquad (6-148)$$

式中　F_X——流向系统的细胞干重的流量。

$$-\frac{dW_G}{dt} = Y_{SK} \cdot q_{S,max} \cdot \frac{c_S}{K_S + c_S} \cdot \frac{W_G}{K_G + W_G} \cdot W_K + f_3(W_G) \cdot [W_G + Y_{KG} \cdot (1-W_G)] - m_G \cdot W_G \qquad (6-149)$$

各式中 F_S 和 F_X 与反应过程的操作方式有关，若为分批操作，$F_S = F_X = 0$。

若为带有反馈的连续操作，$F_S = D \cdot (c_{S0} - c_S)$，$F_X = -W_D \cdot D \cdot c_X$

式中　W_D——连续培养中未循环流出物分率；

　　　D——稀释率。

若为流加操作，$F_S = V(t)$，$F_X = 0$。

上述模型表现了在实验中所观察的一些特性，作为一种处理过渡态的方法很有价值，它要比非结构模型方法更接近实际。根据上述模型所进行的计算机模拟表示在图 6-35 中。各曲线表示底物 S、总生物质 X、G 和 K 室生物质 X_G 和 X_K 的浓度随时间变化的曲线关系。

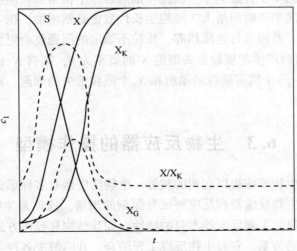

图 6-35　结构模型的浓度-时间曲线
S—基质；X—总生物质；X_K—K 室生物质；X_G—G 室生物质

6.2.4.2 代谢模型

代谢模型也是结构模型中的一种。考虑细胞内代谢反应的类型和特性，无疑是很重要的。细胞内的代谢途径可分为分解代谢与合成代谢。在分解代谢时，含有能量的物质，如碳水化合物、烃类和其他含碳化合物被降解为 CO_2 或其他末端产物，其能量储存在 ATP、GTP 和其他富能化合物中。在合成代谢中，所生成的中间和末端产物合并为细胞的组成，例如 DNA、RNA、脂类和糖类等，以及它们的前体物——氨基酸、嘌呤等。合成反应所需能量通过 ATP 和其他在代谢中所产生的高能磷酸酯提供，这些高能物质在细胞内含量很小。合成代谢与分解代谢以及 ATP 的转换是相联系的。这意味着能量的产生和能量的消耗必须在细胞内实施严格的调控，因此在建立复杂模型时必须考虑细胞内的碳和能量流。下面以酵母的需氧生长模型的建立为例。

对啤酒酵母的细胞循环、调控和代谢方面已进行很多研究。该酵母或经呼吸途径，使葡萄糖转化为 CO_2 和细胞；或经酵解途径，导致乙醇、CO_2 和细胞的生成。在低的细胞生长速率时，代谢是完全氧化，其呼吸商(RQ)为 1，$Y_{X/S}$ 是 0.5。这种情况能维持到临界生长速率。超出这个范围，代谢很快就变为酵解性。在酵解途径中，得率系数 $Y_{X/S}$ 下降，CO_2 的释放比速率和乙醇的生成速率在增加。

该模型认为酵母细胞包括两部分：A 部分进行底物消耗和能量的产生；B 部分进行繁殖和分枝。B 部分以一定速率转化为 A 部分，而 A 消耗底物并以一变化速率产生 B。对于呼吸和发酵的调控，高代谢流是直接由呼吸抑制所引起的，葡萄糖浓度仅起到第二位的作用，即糖酵解和呼吸都是由 A 部分进行的，并且提供了生长能量。

6.2.4.3 重组细胞生长模型

在培养重组细胞生产外源蛋白时，细胞生长到一定代数后，产物收率会下降。对使用重组质粒的表达系统，其主要原因之一是细胞培养过程的质粒复制的不稳定性使外源基因表达的基因剂量相对降低。造成这种不稳定的原因是：细胞的生长比速率过大；细胞分裂时，存在质粒的缺陷性分配；或者由于培养基中质粒的高拷贝复制所需底物耗尽或代谢副产物的抑制。

对于稳定的质粒分配，细胞每分裂一代，其平均质粒拷贝数加倍，且在细胞分裂时，质粒拷贝会平均分配到两个子代细胞中。因此在细胞群体中携带质粒的细胞所占的分率成为细胞生长的函数。所以随培养时间增大，细胞生长代数也必然增加，携带质粒细胞所占的分率和产物得率亦会下降，若再进行连续培养，质粒不稳定的问题就会更加严重。假定携带质粒的细胞 X^c 在每次分裂后产生的质粒丢失细胞 X^f 的概率为 p，则有 N 个携带质粒的细胞经过一次分裂将产生 $N(1-p)$ 个携带质粒的细胞和 N_p 个质粒丢失的细胞。则携带质粒的细胞总数为 $N(2-p)$ 个。

6.3　生物反应器的操作模型

生物反应器是使生物反应得以实现的装置。生物反应器有多种形式，要使生物反应器运行得好，必须首先对生物反应器和反应特征有深刻的理解，这就是生物反应器工程的概念。生物反应器工程着重研究生物反应器本身的特性，如其结构和操作方式、操作条件对细胞形态、生长、产物形成的关系。它与生物反应工程结合，共同解决各种生物反应的最佳生物反应器、最佳操作条件的选择问题。

6.3.1 反应器操作基础

微生物培养过程根据是否要求供氧，分为厌氧和好氧培养。前者主要采用不通氧的深层培养；后者可采用以下几种方法：液体表面培养（如使用浅盘）、通风固态发酵、通氧深层培养。

就操作方式而言，深层培养可分为：分批式操作（batch operation）；反复分批式操作（repeated batch operation）；半分批式操作（semibatch operation）；反复半分批式操作（repeated semibatch operation）；连续式操作（continuous operation）。

（1）分批式操作。是指基质一次性加入反应器内，在适宜条件下将微生物菌种接入，反应完成后将全部反应物料取出的操作方式。目前，发酵制品的生产中多采用这种操作方式。操作过程中基质体积变化曲线如图6-36（a）所示。

（2）反复分批式操作。是指分批操作完成后，不全部取出反应物料，剩余部分重新加入一定量的基质，再按照分批式操作方式，反复进行。其培养过程中基质体积变化曲线如图6-36（b）所示。

（3）半分批式操作。又称流加操作，是指先将一定量基质加入反应器内，在适宜条件下将微生物菌种接入反应器中，反应开始，反应过程中将特定的限制性基质按照一定要求加入到反应器内，以控制限制性基质浓度保持一定，当反应终止时取出反应物料的操作方式，如图6-36（c）所示。酵母、淀粉酶、某些氨基酸和抗生素等采用这种方式进行生产。

（4）反复半分批式操作。是指流加操作完成后，不全部取出反应物料，剩余部分重新加入一定量的基质，再按照流加操作方式进行，反复进行。其培养过程中基质体积变化曲线如图6-36（d）所示。

（5）连续式操作。是指在分批式操作进行到一定阶段，一方面将基质连续不断地加入反应器内，另一方面又把反应物料连续不断的取出，使反应条件不随时间变化的操作方式。活性污泥法处理废水、固定化微生物反应等多采用连续式操作。连续培养过程中基质体积变化曲线如图6-36（e）所示。

6.3.2 分批式操作

分批式操作是发酵工业中广泛采用的方法

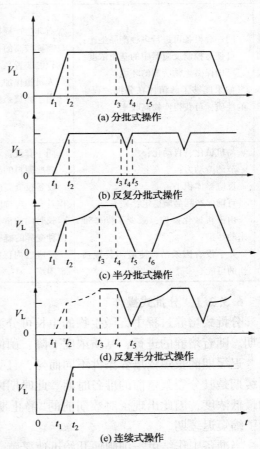

图6-36　培养过程中基质体积变化

（a）0~t_1 用辅助时间，t_1~t_2 流加培养基时间，t_2~t_3 培养时间，t_3~t_4 放料时间，t_4~t_5 辅助时间；

（b）t_4~t_5 再加料时间，其余同（a）；（c）t_3~t_4 培养时间，t_4~t_5 放料时间，其余同（a）；（d）同（c）；

（e）t_2 以后一直为培养时间

之一，与连续式操作相比，分批式操作的特点（见表6-4）是：微生物所处的环境是不断变化的；可进行少量多品种的发酵生产；发生杂菌污染能够很容易中止操作；当运转条件变化或转产新产品时，易改变处理对策；对原料组成要求较粗放等。

表6-4　不同操作方法的优缺点

	优　　点	缺　　点	应 用 场 合
分批式操作	设备制作费用低； 同一设备可进行多种产品生产； 高收率（若能对培养过程了解得深入）； 发生杂菌污染或菌种变异的概率低	反应器的非生产周期较长； 由于频繁杀菌，易使监测装置损伤； 每次培养均要接种，增加了生产成本； 需要非稳定过程控制费用； 人员操作加大了污染的危险	进行少量产品生产； 使用同一种反应器，进行多种产物生产； 易发生杂菌污染或菌种变异； 从培养液中提取产物采取分批式操作
流加式操作	同一套设备可进行多种产品生产； 可任意控制反应器中的基质浓度； 可确保微生物所需的环境； 如果能够了解菌体在分批过程中的性质，可获得产物高收率	有非生产周期； 需要较高的投入（需要控制和高价的检测装置）； 人员操作加大了污染的危险； 由于频繁杀菌，易使检测装置损伤	不能进行连续式操作； 分批操作生产效率低； 希望延长反应时间； 出现基质抑制； 使用缺陷型变异株； 一定培养基成分的浓度是菌体收率或代谢产物生产速度的影响因素； 需要高菌体浓度
连续式操作	易机械化、自动化； 节约劳动力； 反应器体积小； 可确保产品品质稳定； 由于机械化操作，减少了操作带来的污染； 几乎没有因杀菌，使检测装置损伤的可能	同一套设备不能生产多种产品； 需要原料的品质均一； 设备投资高（控制、自动化等　操作具有一定难度）； 长时间培养，增加了杂菌污染或菌种变异的概率； 反应器内保持醪液的恒定，有一定困难	需生产速率高的场合（对于同一品质，大量生产的产品）； 基质是气体、液体和可溶性固体； 不易发生杂菌污染或菌种变异

6.3.2.1　分批式操作

分批式培养过程中，微生物的生长可分为：迟缓期、对数生长期、减速期、静止期和衰退期。随着培养的进行，基质浓度下降，菌体量增加，产物量相应增加。

迟缓期的长短依培养条件不同而异，且受种龄及其培养条件的影响。一般认为，细菌的迟缓期是其分裂繁殖前的准备时期。此时期内，细胞内某种活性物质未能达到细菌分裂所需的最低浓度，因此出现了对数期前的"静止期"。工业生产中选用对数期的种子接种，正是为了缩短迟缓期。

当准备工作结束，细胞便开始迅速繁殖，进入对数期。此时，菌体量随时间呈指数函数形式增长（故又称指数生长期）。此时，μ 值一定，有如下方程：

$$\mu = \frac{1}{X} \cdot \frac{\mathrm{d}X}{\mathrm{d}t} \tag{6-150}$$

当 $t = t_{\mathrm{lag}}$ 时，令 $X = X_0$，积分上式，有

$$X = X_0 \cdot \exp[\mu \cdot (t - t_{\mathrm{lag}})] \tag{6-151}$$

式中　　t——时间；

t_{lag}——迟缓期所需时间；

X_0——初始菌体浓度。

应指出的是，μ 为定值是对给定条件而言的。当环境条件与培养条件组成发生变化时，μ 值也将发生变化。生产中，应根据目的产物的不同，通过选择环境条件和培养基组成，以达到选择适宜的 μ 值，使生产高效率地进行。

经过减速期到达静止期的原因，一般认为：必需营养物质不足；氧的供应不足；抑制物的积累；生长因子不足；生物的生长空间不够等。若假定直至静止期特定基质 A 的消耗速率 dc_{SA}/dt 与反应系统中活菌体量 X 成正比，则

$$\frac{dc_{SA}}{dt} = -K_A \cdot X \qquad (6-152)$$

式中　K_A——比例系数。

进入衰退期后，由于细胞缺乏能量储藏物质，以及细胞内各种水解酶的作用，引起细胞自身的消化，使细胞死亡。实际上，即使在生长旺盛的对数生长期，也有一部分微生物细胞死亡。因此，Monod 方程应改写为：

$$\mu = \frac{\mu_{max} c_S}{K_S + c_S} - K_d \qquad (6-153)$$

即

$$\frac{dX}{dt} = \frac{\mu_{max} c_S}{K_S + c_S} - K_d \cdot X \qquad (6-154)$$

式中　K_d——微生物细胞死亡速率常数。

在衰退期，由于底物已全部耗尽，因此，

$$\frac{dX}{dt} = -K_d \cdot X \qquad (6-155)$$

当 $t=0$ 时，$X = X_{St}$，积分上式，则

$$X = X_{St} \cdot \exp(K_d \cdot t) \qquad (6-156)$$

一般在适宜的生长环境中，及 K_d 值较小，随着反应进行，K_d 值增大，进入衰退期后达到最大值。

6.3.2.2　反复分批式操作

反复分批式操作系统(见图 6-37)中培养液体积为 V，培养液取出率为 α'，滤液取出率为 β'，由于 V 一定，所以培养液加入量为 $(\alpha' + \beta') V = F$。

为确保菌体初始浓度 X_i 一定，有必要将流出液中部分含菌体的培养液取出，此时菌体量的衡算式为

$$X_i \cdot V = X_f \cdot V - \alpha' \cdot X_f \cdot V \qquad (6-157)$$

由式(6-157)可知

$$\alpha' = 1 - \frac{X_i}{X_f} \qquad (6-158)$$

产物浓度的衡算式为：

$$[P]_i \cdot V = [P]_f \cdot V - (\alpha' \cdot [P]_f \cdot V + \beta' \cdot [P]_f \cdot V) \qquad (6-159)$$

由式(6-159)，滤液取出率为 β'。

$$\beta' = (1 - \alpha') - \frac{[P]_i}{[P]_f} = \frac{X_i}{X_f} - \frac{[P]_i}{[P]_f} \qquad (6-160)$$

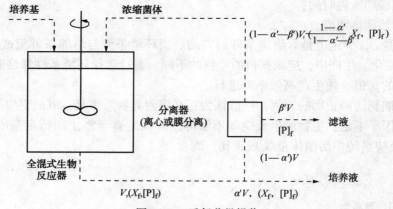

图 6-37　反复分批操作

产物的生产能力：

$$[P]_{RB} = \frac{[P]_f - [P]_i}{t_{RB}} = \frac{(\alpha' + \beta') \cdot [P]_f}{t_{RB}} \qquad (6-161)$$

由式（6-161）可知，为提高产物生产能力，可采取提高（$\alpha' + \beta'$）或减少 t_{RB}。

6.3.3　流加式操作

流加式操作的优点是能够任意控制反应液中基质浓度。这与分批式操作明显不同，它不会出现某种培养基成分的浓度过高影响菌体得率和代谢产物的生成速率。如面包酵母培养中，糖浓度过高，即使在充分供氧的条件下，糖也会转化为乙醇，减小了酵母对糖的得率。流加式操作的要点是控制基质浓度，从流加方式看，流加式操作可分为无反馈控制流加操作与反馈控制流加操作。前者包括定流量流加、指数流加和最优流加量流加操作等。后者分间接控制、直接控制、定值控制和程序控制等流加操作。一般流加操作中有关参数的变化如图6-38 所示。

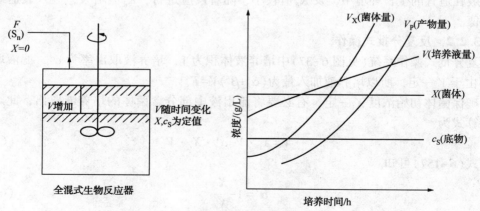

图 6-38　流加式培养操作

无论采用何种流加方式，一旦特定基质加入到反应器后，反应液体积就会发生变化，这时，μ、γ 和 π 可定义如下：

$$\mu = \frac{1}{X \cdot V} \cdot \frac{d(X \cdot V)}{dt} \qquad (6-162)$$

$$\gamma = \frac{1}{X \cdot V} \cdot \left[Fc_{\text{Sin}} - \frac{\mathrm{d}(Vc_{\text{S}})}{\mathrm{d}t} \right] \qquad (6\text{-}163)$$

$$\pi = \frac{1}{X \cdot V} \cdot \frac{\mathrm{d}(Vc_{\text{P}})}{\mathrm{d}t} \qquad (6\text{-}164)$$

式中　V——反应器内反应液的体积；

　　　F——体积流量；

　　c_{Sin}——流加液中的基质浓度；

　Fc_{Sin}——基质的质量流量。

6.3.4　连续式操作

与分批式培养操作相比，连续式操作具有很多优点（见表 6-4），但是，由于菌种变异和杂菌污染的可能性较大等原因，在工业生产上实施连续培养操作较少。除在活性污泥法处理污水中应用外，只在单细胞蛋白、面包酵母、小球藻和类似乙醇这样的（能量产生机制和增殖密切相关的）代谢产物及固定化微生物细胞的反应中使用。

连续式操作有两大类型，即 CSTR（continuous stirred tank reactor）型和 CPFR（continuous plug flow tubular reactor）型。下面介绍 CSTR 型连续操作。CPFR 更多应用于酶促反应过程。

根据达成稳定状态的方法不同，CSTR 型连续操作，大致分为三种。一是恒化器（chemostat）法，二是恒浊器（turbidstat）法，三是营养物恒定（nutristat）法。恒化器法是指在连续培养过程中，基质流加速度恒定，以调节微生物细胞的生长速率与恒定流量相适应的方法。恒浊器法是指预先规定细胞浓度，通过基质流量控制，以适应细胞的既定浓度的方法。营养物恒定法是指通过流加一定成分，使培养基中的营养成分恒定的方法。实际应用中多采用恒化器法，因此以下主要就其加以叙述。

6.3.4.1　恒化器法连续操作

（1）单级连续培养。图 6-39 所示的单级 CSTR 培养系统中，流入液中仅一种成分为微生物生长的限制性因子，其他成分在不发生抑制的条件下充分存在。

培养过程中，菌体、限制性基质及产物的物料衡算式为：

变化量＝流入量＋生成量－流出量

由于流入液中菌体与产物的浓度为零，因此，上述衡算式写成表达式为：

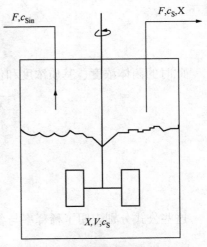

图 6-39　单级 CSTR 培养系统

微生物菌体：$V \cdot \dfrac{\mathrm{d}X}{\mathrm{d}t} = V \cdot \mu \cdot X - F \cdot X \qquad (6\text{-}165)$

基质：$V \cdot \dfrac{\mathrm{d}c_{\text{S}}}{\mathrm{d}t} = F \cdot (c_{\text{Sin}} - c_{\text{S}}) - V \cdot r \cdot X \qquad (6\text{-}166)$

产物：$V \cdot \dfrac{\mathrm{d}c_{\text{P}}}{\mathrm{d}t} = V \cdot \pi \cdot X - Fc_{\text{P}} \qquad (6\text{-}167)$

式中　F——培养液流入与流出速度，L/h；

　　　V——反应器内培养液的体积，L；

　　c_{Sin}——流入液中限制性底物的浓度，mol/L；

c_S——反应器内和流出液中限制性底物浓度，mol/L。

式(6-165)~式(6-167)两边同除以 V，则

$$\frac{\mathrm{d}X}{\mathrm{d}t}=\mu \cdot X-D \cdot X \tag{6-168}$$

$$\frac{\mathrm{d}c_S}{\mathrm{d}t}=D \cdot (c_{Sin}-c_S)-\gamma \cdot X \tag{6-169}$$

$$\frac{\mathrm{d}c_P}{\mathrm{d}t}=\pi \cdot X-Dc_P \tag{6-170}$$

式中 D——稀释率(dilution rate)；

$$D=\frac{F}{V} \tag{6-171}$$

根据菌体得率 $Y_{X/S}$ 和产物得率 $Y_{P/S}$ 的定义式，以及 Monod 方程，式(6-168)~式(6-170)可改写成

$$\frac{\mathrm{d}X}{\mathrm{d}t}=\left(\frac{\mu_{max} \cdot c_S}{K_S+c_S}-D\right) \cdot X \tag{6-172}$$

$$\frac{\mathrm{d}c_S}{\mathrm{d}t}=D \cdot (c_{Sin}-c_S)-\frac{X}{Y_{X/S}} \cdot \frac{\mu_{max} \cdot c_S}{K_S+c_S} \tag{6-173}$$

$$\frac{\mathrm{d}c_P}{\mathrm{d}t}=X \cdot \frac{Y_{P/X} \cdot \mu_{max}}{K_S+c_S}-Dc_P \tag{6-174}$$

其中，

$$Y_{P/X}=\frac{Y_{P/S}}{Y_{X/S}} \tag{6-175}$$

当菌体与产物得率一定，以上三式表明培养过程中的各变量与比生长速率相关。稳定状态下，

$$\frac{\mathrm{d}X}{\mathrm{d}t}=\frac{\mathrm{d}c_S}{\mathrm{d}t}=\frac{\mathrm{d}c_P}{\mathrm{d}t}=0 \tag{6-176}$$

此时的菌体浓度、基质浓度和代谢产物浓度可分别表示为

$$\overline{X}=Y_{X/S} \cdot \left(c_{Sin}-\frac{K_S \cdot D}{\mu_{max}-D}\right) \tag{6-177}$$

$$\overline{c}_S=\frac{K_S \cdot D}{\mu_{max}-D} \tag{6-178}$$

$$\overline{c}_P=Y_{P/S}\left(c_{Sin}-\frac{K_S \cdot D}{\mu_{max}-D}\right) \tag{6-179}$$

这些公式分别表明了稀释率与各物质浓度之间的关系。稳态下，由式(6-180)可知

$$\overline{\mu}=D \tag{6-180}$$

由于 $D=F/V$，所以当 V 一定时，反应液供给的流量 F 的变化可以控制 μ 的大小，因此恒化器法又被称为外部控制方法(external control method)。

事实上，D 是有一定限制的，就是要保证 $\overline{X}>0$，即

$$D<D_{cri}=\frac{\mu_{max} \cdot c_{Sin}}{K_S+c_{Sin}} \tag{6-181}$$

式中　D_{cri}——临界稀释率。

微生物反应一般是在 $c_{Sin} \gg K_S$ 条件下进行的，故根据式(6-181)，可认为

$$D_{cri} \approx \mu_{max} \qquad (6-182)$$

当 D 值接近 μ_{max} 时，$\overline{X} \to -\infty$，实际上 X 为零，此时 $\overline{c}_S$ 转变为 c_{Sf}，此时称为冲出点，c_{Sf} 称为冲出基质浓度。也就是微生物的生长速度低于培养液流加速度时，培养液中微生物将全部被排出。当然，这已无连续操作的意义，但这一过程可用来确定此条件时微生物的 μ_{max}。

（2）多级连续培养。多级连续培养系统是具有 n 个串联反应器的连续反应系统。基质流经这一系统的流量为 F，由物料衡算可得出菌体浓度 X、产物浓度 c_P 及限制性基质浓度 c_S 的衡算式。这些方程式成立的基本条件是，限制性基质由 $(n-1)$ 号反应器流入 n 号反应器中立即与 n 号反应器内的反应物料充分混合均匀，其有关衡算式为

$$\frac{dX_n}{dt} = D \cdot (X_{(n-1)} - X_n) + \mu_n \cdot X_n \qquad (6-183)$$

$$\frac{dc_{Sn}}{dt} = D \cdot (c_{S(n-1)} - c_{Sn}) - \frac{1}{Y_{X/S}} \cdot \mu_n \cdot X_n \qquad (6-184)$$

$$\frac{dc_{Pn}}{dt} = D \cdot (c_{P(n-1)} - c_{Pn}) + Y_{P/S} \cdot \mu_n \cdot X_n \qquad (6-185)$$

稳定状态下，式(6-183)~式(6-185)左边为零。因此，有

$$X_n = \frac{D \cdot X_{(n-1)}}{D - \mu_n} (n \neq 1) \qquad (6-186)$$

$$c_{Sn} = c_{S(n-1)} - \frac{\mu_n \cdot X_n}{D \cdot Y_{X/S}} \qquad (6-187)$$

$$c_{Pn} = \frac{D \cdot c_{P(n-1)} + Y_{P/S} \cdot \mu_n \cdot X_n}{D} \qquad (6-188)$$

从以上公式可分析得出，从第二级开始，菌体的比生长速率不再与稀释率相等。

6.3.4.2　恒浊器法连续操作

恒浊器法连续操作是在 μ 比 μ_{max} 低得多的范围内进行。μ 接近 μ_{max} 的范围内，操作不稳定。此时，为保证连续稳定操作，X 保持一定，应对 F 进行反馈控制。显然，F 为变量。反应初期，X 是通过光电装置测定浊度的方式实现控制。目前，通过测定 pH、CO_2 和 S 等进行控制的方式也可认为是广义的恒浊培养。在恒浊器式培养中，所供给的反应液中营养成分应该充足。

6.3.4.3　固定化微生物反应器的连续操作

固定化微生物反应具有如下特点：由于微生物固定于载体上，因而不受操作上的"冲出"现象所制约，流加基质的流量范围可适当增大；能够在一定程度上避免悬浮微生物连续反应中最为危险的杂菌污染问题；单细胞悬浮微生物的反应速率几乎不受物质传递的影响，但固定化微生物的反应速率却较强的受到物质传递的影响。

固定化微生物连续反应中，杂菌或固定于载体内部，或呈膜状固定在载体表面，或自由悬浮于反应液。第一种情况是固定化操作中混入，后两种可能是在填充载体或供给液体时带

入的。对于第三种情况来说，其在 CSTR 中的生长速率为

$$\frac{\mathrm{d}X'}{\mathrm{d}t} = (\mu' - \frac{F}{\varepsilon \cdot V}) \cdot X' \qquad (6-189)$$

式中　X'——杂菌浓度；

　　　μ'——杂菌的比生长速率；

　　　ε——空隙率。

当 $\mu' > D$ 时，X' 将增加，最终杂菌对整个过程有显著影响。相反，在 CPFR 中，反应液中自由悬浮的杂菌可与反应液一起被冲出，因此不会有严重的污染。当载体表面形成杂菌膜时，对活塞流反应器(plug flow reactor, PFR)反应系统影响很大。

6.3.4.4　连续培养中的杂菌污染与菌种变异

连续培养的周期愈长，菌种变异的可能性愈大；另外由于营养成分不断流入反应器中，因此也增加了杂菌污染的概率。减少杂菌污染的途径之一是控制环境条件，例如，有目的地改变 pH、温度、营养成分等，以使适者生存，不适者淘汰。使用高温菌可保证不受常温菌的污染。筛选某些特殊条件的菌种也有助于防止杂菌的污染。

连续培养中杂菌污染可分为 3 种形式，将这 3 种形式所对应的杂菌记为 W、Y、Z。假定在碳源为限制性基质的连续培养系统中，目的微生物为 X，有关杂菌的物料衡算为

积累量＝流入量−流出量＋杂菌繁殖量

$$\frac{\mathrm{d}X'}{\mathrm{d}t} = D \cdot X'_{\text{in}} - D \cdot X'_{\text{out}} + \mu \cdot X'_{\text{生长}} \qquad (6-190)$$

式中　X'——杂菌 W、Y、Z 的浓度。

如果在限制性基质浓度 c_S 的条件下，W 仅能以 μ_W 值的比速率生长，这时 W 的积累速率为

$$\frac{\mathrm{d}W}{\mathrm{d}t} = \mu_W \cdot W - D \cdot W \qquad (6-191)$$

由于 $D \cdot W > \mu_W \cdot W$，所以 dW/dt<0，伴随培养过程，污染的杂菌可被排除掉。

对于 Y，如果 $\mu_Y \cdot Y > D \cdot Y$，

$$\frac{\mathrm{d}Y}{\mathrm{d}t} = \mu_Y \cdot Y - D \cdot Y \qquad (6-192)$$

由于，dY/dt>0，杂菌 Y 将积累，结果基质浓度 c_S 下降至 c'_S，出现稀释率等于比生长速率的稳定状态。此时，X 不可能竞争，因为其比生长速率小于稀释率。在下式所经历的某一速率时，微生物 X 将从容器中洗出。

$$\frac{\mathrm{d}X}{\mathrm{d}t} = \mu_X \cdot X - D \cdot X \qquad (6-193)$$

对于 Z 类杂菌，其繁殖成功与否取决于稀释率。比如在 $D = 0.25D_{\text{cri}}$ 时，Z 不能与 X 竞争，被冲出。当 $D = 0.75D_{\text{cri}}$ 时，Z 将同 W 一样具有竞争优势，并能积累，X 被冲出。

连续培养的目的是微生物选择了有利的生长环境，提高了竞争的优势，有利于减少杂菌污染的机会。另外，连续培养过程中的菌种变异问题也是不可轻视的。DNA 复制是一种复杂而精确的过程，虽然出现差错的概率仅为 $1/10^6$，但因每毫升反应液中往往有 10^9 个细胞，所以变异问题显得很重要。当然，在这一数量中，多数突变是不重要的。有人研究了工程菌株连续培养的理论问题，多数情况下，只有保持一定的选择压力，工程菌株一样可以稳定。

6.4　生物反应器的传递过程

对生物反应过程，反应液的流体力学特性是影响反应器传质和传热效率，进而影响生理反应速率和细胞生长及代谢的重要因素。因此在生物反应器的优化设计中，应该对反应液的流体力学特性给予足够的重视。

6.4.1　生物反应体系的流变学特性

流变特性系指流体混合时的流动特性，它的变化将直接影响流体的混合状态及其传质和传热速率。一般以描述流体剪切力与速度梯度关系的模型来表示流体的流变特性。

在一般情况下，流体流动时，相邻的具有不同速度的流体单元相互施加剪切力。对此过程可用图 6-40 所示的理想实验进行说明。在层流状况下，两块相互靠近的平板之间充满流体，其中下板固定不动，而在上板施加一作用力 F，使上板以一定的速度 u 运动。与上板接触的流体层以相同的速度随上板一起运动，与下板接触的流体则保持静止，中间各层因流体的内摩擦而产生速度梯度。若定义单位流体面积上的剪切力(F/A)为剪切力 τ，同时定义速度梯度为 du/dy，则流体的流动持性可根据剪切力 τ 与剪切速率梯度 du/dy 之间的关系加以区分，一般有如下几种类型。

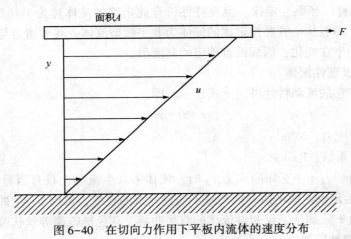

图 6-40　在切向力作用下平板内流体的速度分布

6.4.1.1　牛顿型流体

速度梯度与剪切力服从正比关系的流体称为牛顿型流体，其流动特性符合下述关系式，即

$$\tau = \mu \frac{du}{dy} = u\dot{\gamma} \tag{6-194}$$

式中　τ——流体剪切力，N/m^2；

　　　μ——流体的黏度，Pa·s；

　du/dy——速度梯度；

　　　$\dot{\gamma}$——切变率，s^{-1}。

将剪切力 τ 对切变率进行绘图，得到一条通过原点的直线，其斜率为黏度，如图 6-41 曲线 1 所示。

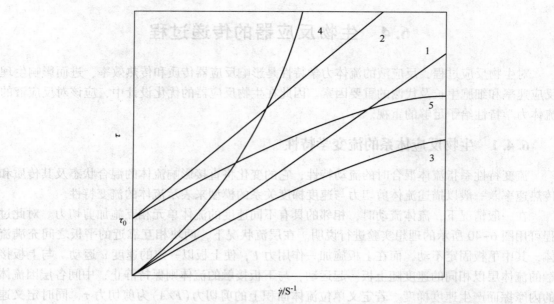

图 6-41　牛顿流体及非牛顿流体剪切力与切变率的关系
1—牛顿流体；2—宾汉塑性流体；3—拟塑性流体；4—胀塑性流体；5—凯松流体

式(6-194)也称牛顿黏性定律。流变特性符合此定律的流体称为牛顿型流体，如气体、低分子的液体等。不服从牛顿黏性定律的流体为非牛顿型流体，其剪切力与切变率的比值不是常数，而随切变率在变化，因而没有确定的黏度值。

6.4.1.2　宾汉塑性流体

宾汉塑性流体它的流动特性可用下式表示，即

$$\tau = \tau_0 + \eta \dot{\gamma} \tag{6-195}$$

式中　τ_0——屈服应力，N/m^2；

　　　η——刚度系数，$Pa \cdot s$。

其特点是当剪切力 τ 小于屈服应力 τ_0 时，流体不发生流动，只有当剪切力超过屈服应力 τ_0 时流体才发生流动。它的流动曲线是不通过原点的直线，见图 6-41 曲线 2，在纵轴上的截距是屈服应力 τ_0。属于宾汉塑性流体的有黑曲霉、灰色链霉菌等丝状菌的反应液等。

6.4.1.3　拟塑性流体

拟塑性流体它的流动特性可用下式表示，即

$$\tau = K \dot{\gamma}^n \qquad 0 < n < 1 \tag{6-196}$$

式中　K——稠度系数，$Pa \cdot s^n$；

　　　n——流动特性指数。

它的特点是稠度系数 K 越大，流体就越稠厚。n 越小，流体的非牛顿特性越明显。拟塑性流体的流动曲线见图 6-41 的曲线 3。属于拟塑性流体的有丝状真菌如青霉、曲霉、链霉菌和生产多糖的细胞反应液等。

6.4.1.4　胀塑性流体

胀塑性流体流动模型也具有指数规律，即

$$\tau = K \dot{\gamma}^n \qquad n > 1 \tag{6-197}$$

它的流动特性指数 n 大于1。n 的数值越大，流体的非牛顿特性就越显著，见图6-41曲线4。属于胀塑性流体的有链霉菌、四环素和庆大霉素的前期发酵液，细胞浓度很低的酵母悬浮液等。

6.4.1.5 凯松流体

凯松流体流动模型为：

$$\sqrt{\tau} = \sqrt{\tau_0} + K_C\sqrt{\dot{\gamma}} \tag{6-198}$$

式中 τ_0——屈服应力，N/m^2；

K_C——凯松黏度，$Pa^{\frac{1}{2}} \cdot s^{\frac{1}{2}}$。

其流变特性见图6-41的曲线5所示。具有凯松流体特性的有产黄青霉发酵液、血清和含红细胞聚集体的培养液等。一般其表观黏度随剪切力的增加而降低。

综合上述各种流变模型，对流体的流变特性可用一个总表达式表示，即

$$\tau = \tau_0 + K'\dot{\gamma}^n \tag{6-199}$$

式(6-199)称为幂定律方程。

对牛顿型流体：$\tau_0 = 0$，$n = 1$，$K = \mu$。

对拟塑性流体：$\tau_0 = 0$，$0 < n < 1$。

对胀塑性流体：$\tau_0 = 0$，$n > 1$。

对宾汉塑性流体：$K = \eta$，$n = 1$。

很多培养液属于非牛顿流体，由上述分析可见，对于这种流体，其黏度无确定数值，故一般用剪切力与切变率的比值来表示其流动性质，称为表观黏度，即

$$\mu_a = \frac{\tau}{\dot{\gamma}} \tag{6-200}$$

由图6-41可知，宾汉塑性流体、拟塑性流体和凯松流体的表观黏度随切变率的增大而减小，胀塑性流体的表观黏度则随切变率的增大而增大。

在培养过程中随细胞浓度和形态的变化，及培养液里底物的消耗和代谢产物的积累，培养液的流动性质和类型会发生明显变化。图6-42是真菌 *Aspergillus awamori* 培养液的稠度系数 K 和流动特性指数 n 随发酵时间变化的情况。

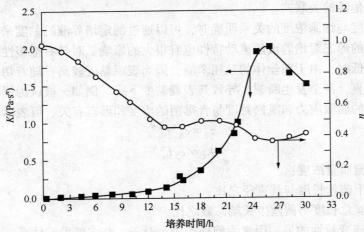

图6-42 *Aspergillus awamori* 培养液的稠度系数 K 和流动特性指数 n 随时间的变化

培养液流变特性主要取决于细胞浓度和细胞形态。培养液的组成十分复杂，其中水所占比例最大。除了溶解于水的各种营养成分及细胞的代谢产物外，还有大量的细胞、培养基中存在的不溶性固相物等物质。一般在培养液中液相部分黏度较低，但是随着细胞浓度的增加，培养液的黏度也相应增大。图 6-43 是多形汉逊酵母培养液的黏度与液相黏度之比与培养液中细胞浓度的关系。

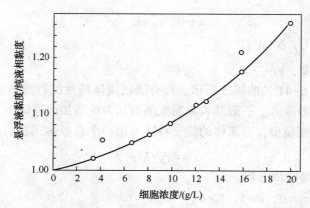

图 6-43　多形汉逊酵母培养液黏度与液相黏度之比与细胞浓度的关系

另外，细胞的丝状形态、多糖和胞外蛋白质的代谢产物等都会导致培养介质成为非牛顿型流体。

当培养介质中的细胞浓度较低、细胞的形态为球形和含有小颗粒悬浮物时，通常为牛顿型流体，酵母和细菌培养液具有这种特性，其黏度可根据 Einstein 公式计算，即

$$\mu_a = \mu_L(1+2.5\phi) \tag{6-201}$$

式中　μ_a——培养液或悬浮液的表观黏度，Pa·s；

　　　μ_L——培养液中纯液相的黏度，Pa·s；

　　　ϕ——细胞或颗粒的体积分率。

当细胞浓度很高时，如体积分数大于 40% 时，上述线性关系不再成立。Vand 提出以下关系式，即

$$\mu_a = \mu_L(1+2.5\phi+7.25\phi^2) \tag{6-202}$$

还有不少其他经验关联式。

当培养液黏度与细胞浓度的关系明确时，可以通过测定培养液的黏度来确定细胞浓度。

同时，细胞的形态对培养液的流动特性也有很大的影响。对具有拟塑性的丝状真菌悬浮液，当切变率较低时，由于菌丝体的互相牵制，因而表观黏度较高；随着切变率的增大，则由于菌丝体被拉直，甚至发生断裂，导致其表观黏度下降。例如，被认为属于凯松流体的青霉素培养液，它的屈服应力和凯松黏度与青霉菌的浓度和形态有关，可表示为

$$\tau_0 \propto c_X^{2.5} L_e^{0.8} \tag{6-203}$$

$$K_C \propto c_X L_h^{0.6} \tag{6-204}$$

式中　c_X——细胞质量浓度；

　　　L_e——主干菌丝长度与其直径之比；

　　　L_h——菌丝总长度与菌丝生长端总数之比。

影响培养液流变特性的另一因素为胞外产物。对于一些多糖发酵体系，如对野油菜黄单胞菌培养液，拟塑性则主要是由黄单胞菌分泌的胞外多糖黄原胶引起的，而细胞的存在则对

208

培养液流变特性的影响很小。此时决定培养液流变特性的主要因素则是多糖的浓度。随着多糖浓度的增加，培养液的表观黏度大大增加。

6.4.2　生物反应器的传递过程

生物工业中的不同生产工段，都包含物质传递过程，如上游操作中的原料预处理，生化反应器的操作与控制，下游操作中的产品回收。根据 Weisz 的观点："西勒准数为 1，且无任何扩散限制时，细胞和其他成分的生物催化反应以最大反应速率而进行"。但事实上，又总达不到，这说明了传递过程的重要性。

生物反应系统中，反应物(基质)从反应液主体到生物催化剂(微生物细胞、固定化酶或细胞等)表面的传递过程对生物反应过程影响很大，特别是基质的传质速率低于生物催化剂的反应速率时，生物催化剂的催化效率将受到基质传递速率的限制，因而，在一些发酵过程，如单细胞蛋白质(single-cell protein，SCP)和多糖发酵中，产物的生成速率可通过提高限制性基质的传递速率来加以改善。

好氧发酵中，由于氧是一种难溶气体，在 25℃ 和 1MPa 时，空气中的氧在纯水中的溶解度仅为 $0.25mol/m^3$ 左右。培养基中含有大量有机物和无机盐，因而氧在液相中的溶解度就更低。如果菌体浓度为 10^{15} 个/m^3，每个菌体的体积为 $10^{-16}m^3$(直径为 $5.8\mu m$)，细胞的呼吸强度为 $2.6\times10^{-3}mol/(kg\cdot s)$，菌体密度为 $1000kg/m^3$，含水量为 80%，则

每立方米培养基的需氧量$=2.6\times10^{-3}\times10^{-16}\times10^{15}\times1000\times(1-80\%)$
$$=0.052[mol/(m^3\cdot s)]=187.2[mol/(m^3\cdot s)]$$

即在 $1m^3$ 培养基中每小时需要的氧是溶解量的 750 倍。若中止供氧，几秒钟内菌体将会把溶解氧耗尽，因此，在生物反应过程中有效而经济地供氧是极为重要的。

微生物对氧的利用率首先取决于发酵液中氧的溶解度和氧传递速率，有时采取提高生物催化剂(如微生物细胞)浓度的高密度培养方法提高生产效率，然而，高密度的细胞将使溶解氧迅速耗尽，使氧的消耗速度超过氧的传递速度。此时，从气相到液相的氧的传递速度成为生物反应的限制性因素，为提高微生物的反应速度，就必须提高氧的传递速度。

发酵过程中，有的微生物以菌丝团(或絮状物)的形式生长繁殖，这时，基质必须通过扩散进入菌丝团内，基质的扩散与利用是同步进行的。当菌丝团内的基质浓度低于主体发酵液中的，且反应速度与基质浓度呈正比时，产物的生成速度和菌体的生成速度都将低于悬浮单一细胞的相应速度。为克服发酵过程中的扩散限制，可通过减小菌丝团尺寸的方法来解决。

一般二氧化碳的生成与生物反应的活性有关，生物反应过程中，常会有大量二氧化碳溶解在发酵液中，气液两相中的二氧化碳会以不同形式(CO_2、H_2CO_3、HCO_3^-、CO_3^{2-})进行转变，导致反应液的 pH 发生变化。

双液相生物反应系统中一个典型例子是由碳氢化合物生产 SCP。如何提高双液相生物反应系统中基质的传递速度也是非常重要的课题。另外，在双液相生物反应系统加入氧载体(oxygen vector)———一类具有很高溶解氧能力的有机物，也是一种改善氧传递速度的有效方法。

固态发酵(solid state fermentation)中，通风的作用除为微生物提供足够的氧外，还带走发酵热(fermentation heat)和部分 CO_2。同时，通风还带走了大量水分，使湿度成为决定固态发酵成功与否的关键因素之一。

涉及传质的微生物反应的例子还可以举出很多。由于生物反应过程中涉及的质量传递问题十分复杂，下面仅以氧的传递为主，对生物反应过程中的传递理论进行简要介绍。

如图 6-44 所示氧传递阻力包括气膜阻力 $1/k_1$、气液界面阻力 $1/k_2$、液膜阻力 $1/k_3$、反应液阻力 $1/k_4$、细胞外液膜阻力 $1/k_5$、液体与细胞之间界面的阻力 $1/k_6$、细胞之间介质的阻力 $1/k_7$ 和细胞内部传质的阻力 $1/k_8$（包括氧传递到细胞呼吸酶处的阻力）等。若总阻力记为 R，则，

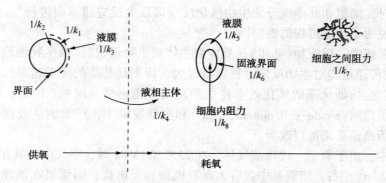

图 6-44　氧从气泡到细胞中传递过程的示意图

$$R = \sum_{i=1}^{n} R_i \qquad i = 1, 2, 3, \cdots, n \tag{6-205}$$

式中　R_i 为 i 阶段的分阻力。

稳态时，各阶段的氧传递速率 N 为一定，则

$$N = \frac{\Delta c_1}{R_1} = \frac{\Delta c_2}{R_2} = \cdots = \frac{\Delta c_n}{R_i} \quad (i = n) \tag{6-206}$$

式中　Δc_1，Δc_2，$\cdots$，Δc_n——各阶段的溶解氧浓度差。

微生物反应中的传质过程很复杂。几十年来，在提出的一些传质基本理论中，被广泛用来解释传质机制和作为设计计算的主要依据是停滞膜模型。该模型的基本论点是：

（1）在气液两个流体相间存在界面，界面两旁具有两层稳定的薄膜，即气膜和液膜，这两层稳定的薄膜在任何流体动力学条件下，均呈滞流状态。

（2）在气液界面上，两相的浓度总是相互平衡（空气中氧的浓度与溶解在液体中的氧的浓度处于平衡状态），即界面上不存在氧传递阻力。

（3）在两膜以外的气液两相的主流中，由于流体充分流动，氧的浓度基本上是均匀的，也就是无任何传质阻力，因此，氧由气相主体到液相主体所遇到阻力仅存在于两层滞流膜中。

气液界面附近氧分压与浓度的变化如图 6-45 所示。

对于氧的传递速率，以液相浓度为基准可得下式

$$N = \frac{推动力}{阻力} = \frac{c_i - c}{\dfrac{1}{k_L}} = \frac{c^* - c_i}{\dfrac{1}{k_G}} = \frac{c^* - c}{\dfrac{1}{k_L} + \dfrac{H}{k_G}} = K_L(c^* - c) \tag{6-207}$$

式中　k_L——液膜传质系数；

　　　k_G——气膜传质系数；

　　　c_i——气液界面上的平衡浓度；

210

c——反应液主流中氧的浓度；

c^*——与气相氧分压相平衡的氧浓度；

H——亨利常数；

K_L——以液膜为基准的总传质系数。

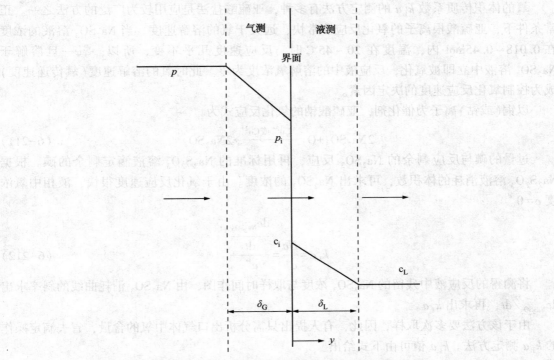

图 6-45 气液界面附近氧传递的双膜理论模型

各传质阻力的大小取决于气体的溶解度。如果气体在液相中的溶解度高，如氨气溶于水中时，液相的传质阻力相对于气相的可忽略不计；反之，对溶解度小的气体，总传质系数 K_L 接近液膜传质系数 k_L，此时，总传质过程为液相中的传递过程所控制。由于氧是难溶气体，因此，有

$$\frac{1}{k_L} \gg \frac{H}{k_G} \qquad (6-208)$$

所以 $K_L \approx k_L$，式（6-207）可改写为

$$N = k_L(c^* - c) \qquad (6-209)$$

式（6-209）两边同乘 a（单位体积反应液中气液比表面积），

$$Na = k_L a(c^* - c) \qquad (6-210)$$

式中　Na——单位体积反应液中氧的传质速率，$mol/(m^3 \cdot s)$；

$k_L a$——体积传质系数，$1/s$。

以上是以微生物只利用溶解于液体中的氧为依据进行讨论的。实际上，液膜中存在的微生物细胞也可直接利用空气中的氧气，但其数量与发酵液内部的微生物细胞的数量相比甚微，故可不考虑。另外，当发酵液混合充分，不发生细胞絮凝现象时。体积传质系数也有用 $k_G a [mol/(h \cdot ml \cdot Pa)]$、$K_d [mol/(min \cdot ml \cdot Pa)]$ 和 $K_V [kmol/(h \cdot m^3 \cdot Pa)]$ 表示的。

6.4.3 体积传质系数的测定及其影响因素

6.4.3.1 体积传质系数的测定

（1）亚硫酸盐法

氧的体积传质系数 $k_L a$ 的测定方法有多种，亚硫酸盐法是应用较为广泛的方法之一。正常条件下，亚硫酸根离子的氧化反应非常快，远大于氧的溶解速度。当 Na_2SO_3 溶液的浓度在 $0.018 \sim 0.45mol$ 内，温度在 $20 \sim 45℃$ 时，反应速度几乎不变，所以，氧一旦溶解于 Na_2SO_3 溶液中立即被氧化，反应液中的溶解氧浓度为零。此时氧的溶解速度（氧传递速度）成为控制氧化反应速度的决定因素。

以铜（或钴）离子为催化剂，亚硫酸钠的氧化反应式为

$$2Na_2SO_3 + O_2 \xrightarrow{Cu^{2+} \text{或} Co^{2+}} 2Na_2SO_4 \tag{6-211}$$

过量的碘与反应剩余的 Na_2SO_3 反应，再用标准的 $Na_2S_2O_3$ 溶液滴定剩余的碘。根据 $Na_2S_2O_3$ 溶液消耗的体积数，可求出 Na_2SO_3 的浓度。由于氧化反应速度很快，液相中氧浓度 $c = 0$。

$$k_L a = \frac{Na}{c^*} = \frac{\dfrac{dc_{Na_2SO_3}}{dt}}{c^*} \tag{6-212}$$

将测得的反应液中残留的 Na_2SO_3 浓度与取样时间作图，由 Na_2SO_3 消耗曲线的斜率求出 $dc_{Na_2SO_3}/dt$，再求出 $k_L a$。

由于该方法要多次取样，因此，有人提出只需分析出口气体中氧的含量，省去滴定操作的 $k_L a$ 测定方法。$k_L a$ 值可由下式给出

$$k_L a = \frac{\rho V_A}{c^* V_L}(G_{in} - G_{out}) \tag{6-213}$$

式中　　ρ——空气的密度；

　　　　V_A——空气的体积流量；

　　　　V_L——反应液的体积；

　G_{in}、G_{out}——进、出口气体中氧的摩尔分率。

亚硫酸盐法的优点是适应 $k_L a$ 值较高时的测定，但对大型反应器来讲，每次实验都要消耗大量的高纯度亚硫酸盐。

（2）动态法。虽然亚硫酸盐法简便，使用范围广，但其测定 $k_L a$ 是在非培养条件下进行的，因此所测 $k_L a$ 值与实际培养体系的 $k_L a$ 值存在差异。采用氧电极测量 $k_L a$ 除具有操作简单、受溶液中其他离子干扰少外，还可在微生物培养状态下快速、连续地测量，所得信息可迅速为发酵过程控制所参考，因此，在实际培养体系中常使用氧电极法测定 $k_L a$。利用氧电极进行 $k_L a$ 的测量有多种方法，动态法是常用的方法之一。通风培养液中氧的物料衡算为

$$\frac{dc}{dt} = k_L a(c^* - c) - Q_{O_2}X \tag{6-214}$$

当停止通风，有

$$\frac{dc}{dt} = -Q_{O_2}X \tag{6-215}$$

根据培养液中溶解氧浓度变化速率，可以求出 $Q_{O_2}X$（见图 6-46）。当液体的溶氧浓度下降到一定程度时（不低于临界溶解氧浓度），再恢复通气，培养液中溶解氧浓度将逐渐升高，最后恢复到原先水平。由式（6-214）可得

$$c = -\frac{1}{k_L a}\left(\frac{dc}{dt} + Q_{O_2}X\right) + c^* \tag{6-216}$$

由 $\left(\dfrac{dc}{dt} + Q_{O_2}X\right)$ 对 c 画图，从所得直线的斜率求出 $k_L a$ 值，并由截距得到 c^*。

以上操作过程中降低溶解氧浓度的方法是利用微生物的呼吸作用。也可使用氮气置换溶液中溶解氧的方法，测定 $k_L a$ 值。

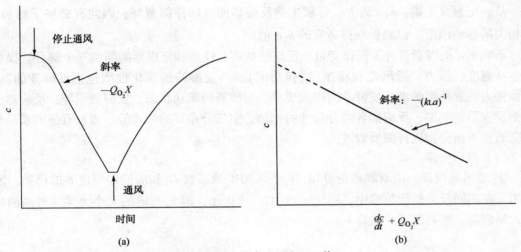

图 6-46　动态法测定 $k_L a$ 值

（3）稳态法。稳定状态下，有

$$Q_{O_2}X = k_L a(c^* - c) \tag{6-217}$$

即耗氧速率等于供氧速率。利用氧电极测定反应液中溶解氧浓度 c，$k_L a$ 为

$$k_L a = \frac{Q_{O_2}X}{c^* - c} \tag{6-218}$$

稳定状态下，$Q_{O_2}X$ 为

$$Q_{O_2}X = \frac{V_A}{V_L}(G_{in} - G_{out})\frac{p}{760} \cdot \frac{273}{T+273} \cdot \frac{6}{2.24} \tag{6-219}$$

式中　p——空气压力；

T——空气温度。

另外，$Q_{O_2}X$ 也可由溶解氧浓度的线性变化求得。

（4）葡萄糖氧化法。葡萄糖氧化法是在有氧条件下，利用葡萄糖氧化酶（glucose oxidase）的催化作用，通过葡萄糖生成葡萄糖酸的反应，测定 $k_L a$ 的方法。利用一定浓度的 NaOH 溶液滴定一定量反应液至中性，由 NaOH 的消耗求出氧的溶解速度 Na。

$$Na = \sum \frac{c'}{2tV'} \tag{6-220}$$

式中　t——取样时间间隔；

c'——NaOH 浓度；

V'——滴定样品量。

$k_L a$ 值可由下式给出

$$k_L a = \frac{Na}{c^* - c}$$ (6-221)

式中 c——溶氧仪给出的溶解氧浓度值。

该方法的优点是葡萄糖溶液接近实际培养液，具有实用性，但受酶来源的影响，使用有局限性。

6.4.3.2 影响 $k_L a$ 的因素

从一定意义上讲，$k_L a$ 愈大，好氧生物反应器的传质性能愈好，因此有必要了解与 $k_L a$ 值相关的影响因素，以确保获得适宜的 $k_L a$ 值。

影响 $k_L a$ 的因素可分为操作变量、反应液的理化性质和反应器的结构三个部分。操作变量包括温度、压力、通风量和转速（搅拌功率）等；发酵液的理化性质包括发酵液的黏度、表面张力、氧的溶解度、发酵液的组成成分、发酵液的流动状态、发酵类型等；反应器的结构指反应器的类型、反应器各部分尺寸的比例、空气分布器的型式等。当然有些因素是相互关联的。下面分别进行简要叙述。

（1）操作变量。

① 通风与搅拌。由双膜理论可知，k_L 是液相扩散系数 D_L 和滞流层厚度 δ 的函数。实验表明，在不同尺寸的搅拌罐中，k_L 与 $(P/V_L)^{0.26}$ 成正比，即 k_L 与罐的大小无关。对高湍流鼓泡式反应器，可利用下式估算 k_L：

$$k_L = K D_L^{0.5} \left(\frac{\frac{P}{V_L}}{\rho \gamma} \right)^{0.25}$$ (6-222)

式中 D_L——分子扩散系数；

ρ——液体的密度；

γ——液体的运动黏度；

K——系数；

V_L——反应器内发酵液的体积；

P——功率消耗。

由于 k_L 被气泡直径和所处流体动力学特性所左右，因此，有必要讨论实际发酵系统中气泡大小的分布和流动类型。反应器中气泡流动方式分为两类：一类是气泡自由上升（如在鼓泡罐、塔式反应器、气升式反应器和工业中常用的搅拌罐中）；另一类是呈高湍流型（主要是实验室中使用的反应器及小型搅拌罐中）。大型发酵罐归为前者，这是因为虽然在搅拌桨附近液体呈高湍流状态，但对反应器整体的传质，湍流影响并不大。对鼓泡式反应器的 k_L 关联式有

$$k_L = 0.5 D_L^{0.5} d_B^{0.5} \left(\frac{\rho}{\sigma} \right)^{\frac{3}{8}} g^{\frac{5}{8}}$$ (6-223)

式中 d_B——气泡的直径；

ρ——液体的密度；

σ——气液间表面张力;

g——重力加速度。

a 的大小取决于所设计的空气分布器(如通气口直径)、空气流动速率、反应器的体积、空气泡的直径等。如果由空气分布器出口流出的空气流动速率为 F_a,气泡在发酵罐的停留时间为 t,气泡平均直径为 d_B,那么,a 可由下式给出:

$$a = \frac{F_a t \pi d_B^2}{\frac{\pi d_B^3}{6}} \frac{1}{V_L} = \frac{6F_a t}{V_L d_B} \tag{6-224}$$

由于 $F_a t / V_L$ 是单位液体体积与所对应气泡体积之比,也是通气后液柱的增高值与不通气时液柱高度之比,即气体的滞留量 H_0,所以

$$a = \frac{6H_0}{d_B} \tag{6-225}$$

其中 d_B 的定义式为

$$d_B = \frac{\sum_i^n n_i d_{Bi}^3}{\sum_i^n n_i d_{Bi}^2} \tag{6-226}$$

式中 n_i——直径为 d_{Bi} 的气泡数目。

当反应器中气泡的大小呈高斯分布,且 k_L 随气泡直径的增大呈线性增加时,a 和与 d_B 相关的 k_L 的乘积,能够给出反应器的 $k_L a$ 的估算值,其误差不超过 2%~3%。

低雷诺数条件下,气泡的运动服从 Stokes 定律,此时,

$$\omega_B \propto d_B^2 \quad 或 \quad d_B \propto \omega_B^{\frac{1}{2}} \tag{6-227}$$

式中 ω_B——气泡上升速度。

H_0 与 ω_B 成反比,即 $H_0 \propto 1/\omega_B$ 或 $H_0 \propto 1/d_B^2$,因此

$$a \propto \left(\frac{1}{d_B}\right)^3 \tag{6-228}$$

气液间比表面积与气泡直径的三次方成反比,基于此,采用强烈搅拌操作,就是为了减小 d_B,从而增大 a 值。

d_B 与通气量 Q_G、液体性质等有关。通气量小时,空气通过小孔在液体中形成不连续的气泡。此时,气泡的大小可利用离开分布器的气泡所受的平衡力来确定。当气泡的上升力 $\pi d_B^3 (\gamma - \gamma_G)/6$ 等于小孔与气泡间的界面张力 $\pi d_0 \sigma$ 时,有

$$\frac{\pi}{6} d_B^3 (\rho_L - \rho_G) g = \pi d_0 \sigma \tag{6-229}$$

式中 d_0——分布器出口小孔孔径;

ρ_L、ρ_G——液体和气体的密度。

机械搅拌罐中,气泡直径与数群 $[\sigma^{0.6}(P_G/V_L)^{0.4} \rho^{-0.2}]$ 有关。

$$d_B = 4.15 \left[\sigma^{0.6} \left(\frac{P_G}{V_L}\right)^{0.4} \rho^{-0.2} \right] H_0^{0.5} + 9 \times 10^{-4} (m) \tag{6-230}$$

式中 P_G/P_L——单位体积的液体所消耗的通气条件下的搅拌功率。

气体截留量 H_0 可用下式求得

$$H_0 = \frac{\left(\frac{P_G}{V_L}\right)^{0.4}(\omega_s)^{0.5}-2.45}{0.636} \qquad (6-231)$$

式中　ω_s——气体的空塔速度。

单个气泡的直径 $d_B > 6mm$ 时，气泡在水中的上升速度 ω_B 为

$$\omega_B = 5d_B + 0.2 (m/s) \qquad (6-232)$$

气泡群在液体中的上升速度 ω_B 可用下式求得

$$\omega_B = \frac{Q_G H_L}{H_0 V_L}(m/s) \qquad (6-233)$$

式中　H_L——反应液高度。

式(6-233)是根据 ω_B 为 ω_S 的 $1/H_0$ 倍的概念而提出的。

在搅拌情况下，气泡在单位液体高度(未通气时的液柱高度)的停留时间可用下式求得

$$t_G = 30 \left[\frac{\left(\frac{P_G}{V_L}\right)^{0.45}}{\omega_s}\right] (s/m) \qquad (6-234)$$

由此，在搅拌通气反应器中，ω_B 为

$$\omega_B = \frac{1+H_0}{t_G}(m/s) \qquad (6-235)$$

归纳以上结果，概括起来可用下式表达：

$$k_L a = K \left(\frac{P_G}{V_L}\right)^{\alpha} (\omega_S)^{\beta} (N)^{\gamma} \qquad (6-236)$$

式中　N——搅拌器转速；

　　　K——有因次的系数，其随搅拌器型式、反应器的形状而变化；

α、β、γ——经验指数。

表6-5 给出了一些体积溶氧关联式。

表6-4　搅拌罐中的体积溶氧关联式

编　号	$k_L a$ 关联式	搅拌器型式
1	$k_L a \propto (P_G/V_L)^{0.95}\omega_S^{0.67}$	翼碟式搅拌器
2	$k_L a \propto (P_G/V_L)^{0.94}\omega_S^{0.5}$	涡轮式搅拌器
3	$k_L a \propto (P_G/V_L)^{0.55}\omega_S^{0.5}$	空心涡轮型自吸式搅拌器
4	$k_L a \propto (P_G/V_L)^{0.7}\omega_S^{0.3}$	六叶涡轮式搅拌器
5	$k_L a \propto (P_G/V_L)^{0.67}\omega_S^{0.67}$	涡轮式搅拌器
6	$k_L a \propto (P_G/V_L)^{0.4}\omega_S^{0.5}$	六叶涡轮式搅拌器
7	$k_L a \propto (P_G/V_L)^{0.33}\omega_S^{0.58}$	涡轮式搅拌器
8	$k_L a \propto (P_G/V_L)^{0.53}\omega_S^{0.67}$	桨式搅拌器
9	$k_L a \propto (P_G/V_L)^{0.72}\omega_S^{0.11}$	伍式搅拌器
10	$k_L a \propto (P_G/V_L)^{0.56}\omega_S^{0.7}N^{0.7}$	涡轮式搅拌器
11	$k_L a \propto (P_G/V_L)^{0.4}\omega_S^{0.5}N^{0.5}$	翼碟、平桨和涡轮式搅拌器

a 减小可能是由于空气从空气分布器到液面的上升期间进行等温膨胀时，对液体做功所致。当搅拌器的型式和反应器的结构不同，以及流体特性发生变化时，α、β、γ 值也有较大差别，其取值范围分别为 $\alpha = 0.3 \sim 1.2$，$\beta = 0.2 \sim 1.0$ 和 $\gamma = 0.5 \sim 2.6$。当 $\alpha = 0.4$、$\beta = 0.5$、$\gamma = 0.5$ 时，式(6-236)称为 Richard 公式。

② 温度与压力。温度的高低改变了氧的溶解度，同时也影响了液体的物性常数。温度升高，降低了发酵液的黏度与液体的表面张力，增加了氧在液相中的扩散系数，有利于提高溶氧速率。Oconner 的研究表明，常温下利用活性污泥法处理废水时，提高温度可增加 $k_L a$ 值。在嗜热脂肪芽孢杆菌的培养过程中，有相似的结果，温度由 45℃提高到 65℃，$k_L a$ 值约增加 20%。

嗜热脂肪芽孢杆菌的培养过程中，虽然 c^* 和 $k_L a$ 受温度影响，但作为给定条件下的最大传质速率 $k_L a c^*$ 在 45~65℃范围内几乎为一定值。若假定 k_L 仅随温度变化，有

$$k_L \propto \sqrt{D} \tag{6-237}$$

另外，由 Stokes-Einstein 方程可知，

$$\frac{D \mu_L}{T} = 常数 \tag{6-238}$$

所以，根据式(6-237)和式(6-238)，有

$$k_L \propto \sqrt{\frac{T}{\mu_L}} \quad 或 \quad k_L a \propto \sqrt{\frac{T}{\mu_L}} \tag{6-239}$$

式(6-239)表明，$k_L a$ 与温度成正比，与 μ_L 成反比。

另外，罐压的高低或液柱高低的不同，都会影响溶解速率。通用式发酵罐中，通气量恒定，溶氧速率随压力的增加而增加，同时 $k_L a$ 值也随压力的增加而增大。

(2) 发酵液的理化性质。Richard 方程把液体的强度、密度、表面张力和气体溶质在液相中的扩散系数等都作为常数来看待，并把它归入总常数项内，不再作为参变量存在于关系式。实际上，即使对牛顿型发酵液来讲，上述各项都随发酵过程的进行而发生变化。

发酵液中的有机物，有些是作为基质加入的，有些是代谢产物。有些有机物，如蛋白质类物质，加入到发酵液中会降低 $k_L a$ 值，有些有机物，如酮、醇、脂等会提高 $k_L a$ 值。

发酵液中常含有多种盐类，其离子强度可达 $0.2 \sim 0.5 g/L$。离子强度增加，$k_L a$ 值增大，其增大的程度随投入动力的增加而增加，有时是纯水的 5~6 倍。

以玉米为碳源的发酵液与自来水相比，尤其在气体空塔速度大于 4cm/min 时，前者的 H_0 有明显增大。产生这一现象的原因，可能是由于气泡直径的减小和发酵液中酸(氨基酸和乳酸等)产生的抑制气泡聚合的作用。当发酵液中加入表面活性剂，会显著减小 H_0，直到达到自来水的水平。

发酵工业中，单气泡直径在 5~20mm 范围内增大时，稀发酵液中单气泡的上升速度 ω_B 值将由 20cm/min 增至 30cm/min，但当发酵液呈非牛顿型时，ω_B 将会明显下降。表 6-6 给出了黏度与气泡上升速度 ω_B 之间的关系。

气泡平均大小的变化依赖于液体成分、气体的空塔速度和液体状态、是否湍流等。少量的盐和(或)乙醇加入到反应液中，会相应减少气泡的大小。增加细胞浓度有相同的影响。

表 6-6　黏度与气泡上升速度的关系

黏度/Pa·s	气泡直径 d_B/mm	
	$\omega_B = 30\text{cm/min}$	$\omega_B = 3\text{cm/min}$
0.001	0.13	0.05
0.1	0.75	0.25
10	5.0	1.5

Andrew 指出，一般由实验室获得的传质数据难以直接用于商业规模中。图 6-47 给出了单位液体体积功率消耗对体积传质系数的影响，当反应器的功率消耗低于 1kW/m^3 时，机械搅拌罐的流体流动特性已相似于鼓泡罐的流体流动特性。

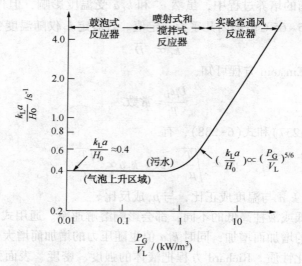

图 6-47　单位液体体积功率消耗对体积传质系数的影响

（3）反应器结构因素的影响。为寻找一种氧由气泡传递到液体的高效率空气分布器，生化工程学者曾对多种形式的空气分布器的氧传递能力进行研究。

通用式发酵罐中搅拌器的组数及搅拌器之间的最适距离对溶氧有一定的影响。实验表明，搅拌器组数和间距在很大程度上要根据发酵液的特性来确定，只有这样才能达到较好的溶解氧效果。一般地讲，当高径比为 2.5 时，用多组搅拌器可提高溶氧系数 10%，当高径比为 4 时，采用较大空气流速和较大功率时，多组搅拌可提高溶氧系数 25%。但是，当搅拌器之间的位置不恰当时，液体流型和空气分布将发生变化，引起体积溶解氧系数大幅度下降。

带有搅拌装置的反应器都应安装适当的挡板或以垂直冷却管兼当挡板用，否则，搅拌会使液体形成中心下降的漩涡。挡板可以使液体形成某种轴向运动，减少回旋运动，不让大量空气通过旋涡外逸，从而提高了气液混合效果，改善氧的传递条件。一般反应器可装 4 块挡板，装得太多，通气效率也不会有很大的提高。

当空气流量和单位体积功耗不变时，通气效率随高径比的增大而增大。经验表明；当反应器的高径比由 1 增加到 2 时，$k_L a$ 可增加 40% 左右；由 2 增加到 3 时，$k_L a$ 增加 20%。因此，人们倾向于采用较高的高径比。

对气流搅拌式生化反应器，当采用非黏性液体的发酵物系，可用以下方程获得 $k_L a$ 值：

$$k_L a = b\omega_S^m \tag{6-240}$$

式中 b、m——经验常数；根据已有数据，m 一般为 $0.78 \sim 1$，b 一般在 $0.24 \sim 1.45$ 范围内。b 值主要受喷嘴形状影响，当喷嘴由单孔式改为烧结板式(sintered plate)时，b 值增大3倍，其次被流体性质所影响。当气流搅拌式生化反应器的直径大于 15cm 时，$k_\mathrm{L}a$ 值与反应器的直径($15 \sim 5500$cm)无关。另外，反应器内的流体流速及流动方向对 $k_\mathrm{L}a$ 值也无大的影响。

6.4.4　溶氧方程与溶氧速率的调节

6.4.4.1　溶氧方程

上述介绍了与 $k_\mathrm{L}a$ 相关的各种影响因素，讨论这些参数的目的是找出其与 $k_\mathrm{L}a$ 值的相互关系，因为这是微生物反应器设计与放大的根本。准确地建立溶氧系数与上述诸因素之间的关联式是非常困难的。生化工程人员往往是在一定条件(如温度、压力、培养基性质和几何比例相近等)下，在小型设备里通过试验建立氧传递系数与一些参数之间的关联式，然后再进行模拟放大，应用于生产设备的设计中。这种带有经验性质的关联式称为溶氧方程。

计算微生物反应器的溶氧方程很多，但这些经验公式都是在设备容量和操作变量变化范围不大的情况下所得到的，有一定的应用局限性。影响反应器溶氧速率的主要因素有 $P_\mathrm{G}/V_\mathrm{L}$、$\omega_\mathrm{s}$、$N$、高径比 H_L/D 及反应器的比例大小。

6.4.4.2　溶氧速率的调节

提高氧传递速率 Na 的途径有两条：一是提高氧传质推动力($c^* - c$)，二是提高 $k_\mathrm{L}a$ 值。提高氧传递速率的同时，应尽量减小通风搅拌功率的增加，以保证有较低的 N_P 值。提高传质推动力和 $k_\mathrm{L}a$ 值，必须根据具体情况而选择适宜的途径。

增加操作压力，即增加传质推动力($c^* - c$)，可提高 Na，但操作压力的提高势必提高通风的功率消耗，这在实际生产中，在通风压力许可的范围内可以考虑的，但设计时不宜选择过高的操作压力。

提高搅拌转速和增大通风量，对一定的设备而言，都可增大 $k_\mathrm{L}a$ 值，从而提高 Na。对机械搅拌罐而言，加大通风量不仅可以增加气泡的数量，提高 a 值，而且还可以增加液体的搅拌强度，即增大 k_L 值，从而有效提高溶氧系数 $k_\mathrm{L}a$。对鼓泡式反应器和循环式反应器，由于在反应器内除空气分布器外，没有空气破碎装置，大量的气体通入会使气泡之间互相合并，使 a 不再增加，甚至减少。这时，不仅 $k_\mathrm{L}a$ 值不会增加，而且空气利用率低，N_P 值上升。对这类反应器来说，通风量达到一定程度时，就不能再利用通风量来调节 $k_\mathrm{L}a$ 值。对多段塔式反应器来说，由于筛板的作用，N_P 值升高比鼓泡式和循环式反应器要慢得多。对自吸式反应器来说，提高搅拌转速，既提高搅拌强度又增大吸气量，因而能有效提高 Na。对机械搅拌式反应器来说，由于前面曾论述过，故不再重复。另外，若在反应液上层空间鼓入纯氧，有利于提高 c^*，从而提高 Na。

参 考 文 献

[1] 贾士儒. 生物反应工程原理(第三版)[M]. 北京：科学出版社，2008
[2] 戚以政等. 生物反应动力学与反应器(第三版)[M]. 北京：化学工业出版社，2007
[3] 戚以政等. 生物反应工程[M]. 北京：化学工业出版社，2009
[4] 梁世中等. 生物反应工程与设备[M]. 广州：华南理工大学出版社，2011
[5] 曹竹安等. 生物反应工程原理[M]. 北京：清华大学出版社，2011

7 生物工程常见基础设备

生物工程设备是生物工程类工厂或实验室为生物反应提供最基本也是最主要的能够满足特定生物反应工艺过程的专门技术装备或设施。即为生命体完成一定生物反应过程所提供的特定环境。生物工程基础设备的设计，是在掌握生物反应动力学特征、反应器内流体传递特性的基础上，对生物反应器的型式、操作方式进行合理选择，并进行有效设计和优化。设备选型的工艺设计，某种程度上是与工艺流程设计同时进行的，当我们在设计工艺流程时，就已经在选择工艺操作的过程。确定了单元操作，就大体上确定了实现单元操作的基本设备型式。生物工程设备的选型和工艺设计是在工艺流程大体确定和工艺衡算进行之后才开始。有时设备设计又可纠正或完善工艺设计，使流程设计更先进和科学。

7.1 灭菌除菌设备

培养基的灭菌分为间歇式灭菌和连续灭菌两种方式，但它们所涉及的设备不尽相同。间歇式灭菌一般为培养基直接在发酵罐中灭菌，不涉及其他复杂设备，而连续灭菌则牵涉设备较多，本节着重介绍连续灭菌的有关设备。

7.1.1 连消塔

连消塔是培养液高温短时间连续灭菌的主要设备，它与维持罐组成了连续灭菌系统。要求在 20~30s 或更短的时间内将料液加热至 130~140℃。生产中一般用 0.5~0.8MPa 的蒸汽与预热后的料液直接接触而加热。连消塔分为套管式和汽液混合式两类，如图 7-1 及图 7-2 所示。

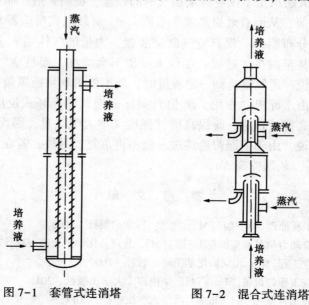

图 7-1　套管式连消塔　　　　图 7-2　混合式连消塔

套管式连消塔的作用过程为：培养液由连消塔下部外侧进入，由内外两管间向上流动，蒸汽由中间管上部通入，在管上开有小孔，小孔向下倾斜 45°，便于蒸汽进入，小孔间距在进口处较大，随着深入孔距渐缩，这样可使蒸汽均匀加热，同时为防止蒸汽喷孔被堵塞，孔径不宜太小，一般取 6mm。料液在套管内被小孔喷出的蒸汽加热到 110~130℃，由外管上部侧面流出，从而完成这一过程。

图 7-2 为混合式连消塔。料液由下端进入，加热蒸汽由侧面进入后成环形加热物料，上升的料液被圆形挡板阻挡，使之折向四周上升，加强了传热效果，料液继续上升被第二次加热，完成灭菌，由上出口流出。

培养液在套管间流动，其流速为 u，有：

$$u = \frac{G}{3600 \times \frac{\pi}{4}(D^2 - d^2)} \tag{7-1}$$

式中　u——培养液流速，m/s；

G——培养液流量，m³/h；

D——外管直径，m；

d——内管直径，m。

则塔高：

$$H = \tau u \tag{7-2}$$

式中　τ——灭菌时间，培养液停留时间，s；

H——塔高，m。

内管蒸汽喷孔总面积和孔效计算：

根据蒸汽消耗量等于从小孔喷出的蒸汽量，得：

$$F = \frac{V}{3600W} \tag{7-3}$$

式中　F——蒸汽喷孔的总面积，m²；

W——蒸汽喷孔的速度，m/s；

V——加热蒸汽消耗量，m³/h。

则加热蒸汽喷孔数 n 为：

$$n = \frac{F}{\frac{\pi}{4}d_1^2} \tag{7-4}$$

式中　n——喷孔数；

d_1——喷孔的直径，mm。

实际上，为使加热均匀，喷射孔的孔距从上到下渐缩，喷孔数目也可采用经验公式计算：

$$n = 0.81 \frac{D_0}{d_1} \tag{7-5}$$

式中　D_0——中间管直径刷，mm；

d_1——喷孔直径，mm。

7.1.2 维持罐

维持罐为长圆筒形，高径比为 2~4，为凸形封头，料液由进料口进入，自下由上运动，维持灭菌的时间，一般为 8~25min，然后由出料口流出去喷淋冷却器。其结构见图 7-3。

维持罐的容积按下式计算：

$$V = \frac{G\tau}{60\phi} \tag{7-6}$$

式中 V——维持罐容积，m^3；

G——料液体积流量，m^3/h；

τ——维持时间，min；

ϕ——装料系数，$\phi = 0.85~0.9$。

维持罐一般包有保温材料，可有效地进行灭菌。

7.1.3 空气过滤器

在空气除菌流程中，过滤器是关键设备，过滤器的效果对于空气净化质量起决定性作用。因此，设计合理、高效的空气过滤器具有重要意义。

7.1.3.1 常用过滤介质

过滤介质是过滤除菌的关键，它的好坏不仅影响到介质的消耗量、过滤过程动力消耗、操作劳动强度、维护管理等，而且决定设备的结构、尺寸，还关系到运转过程的可靠性。因此，对空气过滤介质不仅要求除菌效率高，还要求能采用高温灭菌、不易受油水沾污而降低除菌效率、阻力小、成本低、来源充足、经久耐用及便于调换操作。常用的空气过滤介质有：棉花、活性炭、玻璃纤维、超细玻璃纤维纸、石棉、烧结材料以及微孔过滤介质等。

7.1.3.2 空气过滤器的结构

在一般的除菌流程中，为了除菌彻底，通常分设二级过滤除菌。第一级称为总过滤器，常距离用气车间较远。第二级称为分过滤器，安装在用气车间用气设备的旁边，一般是一个用气设备配置一个专用的分过滤器，这样可使发酵生产更加安全可靠。总过滤器的结构型式常用深层棉花(活性炭、玻璃纤维)总过滤器，分过滤器的结构型式种类有：带分离网的过滤板或超细纤维纸分过滤器；不带分离网的纤维纸分过滤器，这种过滤器有平板式纤维纸过滤器、管式过滤器、棉花纤维夹活性炭分过滤器、金属微孔薄膜管式分过滤器。在一些要求过滤阻力损失很小，过滤效率比较高的场合，采用的是接迭式低速过滤器。

（1）深层棉花(活性炭、玻璃纤维)总过滤器。总过滤器结构如图 7-4 所示，器身为立式圆筒形，上、下联接封头，内部充填散装棉花纤维、玻璃纤维或夹装活性炭作为过滤介质。过滤介质用上下两块孔板压住，空气由底切线进入，过滤后空气由上部出口排出。出口不宜安装在顶盖，以免检修时拆装管道困难。过滤器上方应装安全阀、压力表，以保证安全生产，罐底装有排污孔，以便经常检查空气冷却是否完全、过滤介质是否潮湿等情况。

空气过滤器的主要尺寸是过滤器的直径 D 和有效过滤的高度，及最后确定的整个过滤器的高度尺寸。

① 滤层厚度(L)的计算。过滤器的有效过滤介质厚度(或高度)L 的决定，一般是在实验数据的基础上，按对数穿透定律进行计算，即：

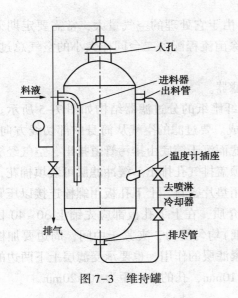

图 7-3　维持罐

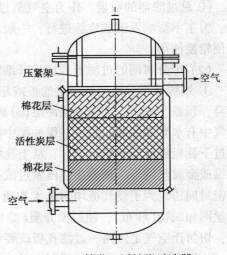

图 7-4　棉花、活性炭过滤器

$$L = -\frac{1}{K}\lg\frac{N_2}{N_1} = \frac{1}{K}\lg\frac{N_1}{N_2} \tag{7-7}$$

式中　L——滤饼厚度，cm；

　　　K——阻截系数，1/cm，可查表 7-1 和表 7-2；

　　　N_1——过滤前微生物的颗粒数；

　　　N_2——过滤后微生物的颗粒数。

表 7-1　棉花纤维的 K 值

空气流速/(m/s)	0.05	0.10	0.50	1.0	2.0	3.0
K 值/(1/cm)	0.193	0.135	0.1	0.195	1.32	2.55

表 7-2　玻璃纤维的 K 值

空气流速/(m/s)	0.03	0.15	0.40	0.92	1.54	3.15
K 值/(1/cm)	0.567	0.252	0.193	0.394	1.50	6.05

② 过滤器的直径(D)的计算。过滤器的直径可根据空气量及流速求出：

$$D = \sqrt{\frac{4V}{\pi u}} \tag{7-8}$$

式中　D——过滤器直径，m；

　　　V——气体流量，m^3/s，（操作状态下）；

　　　u——气体流速，m/s，可按表 7-3 选取。

表 7-3　通过过滤介质的流通范围

介质材料	棉　花	大的活性炭	玻璃纤维
流速 u/(m/s)	0.05~0.15	0.05~0.30	0.05~0.50

③ 过滤器的其他尺寸。如上下封头的高度等，可根据过滤器的主要尺寸——过滤器的直径(D)和有效过滤的高度(L)，采用相应的合适尺寸。

④ 总过滤器的数量。作为空气总过滤器，由于它处理的空气量大，常需要定期灭菌消毒，为了不影响发酵的连续进行，一般是一套除菌流程配备二台同样大小的空气总过滤器，以便轮换使用。

(2) 带分离网的过滤板或超细纤维纸分过滤器。

① 结构。带分离网的薄层滤板或超细玻璃纤维纸的分过滤器结构如图7-5所示。它由筒身、顶盖、滤层、夹板和缓冲层(分离网)构成。要过滤的空气从筒身中部切线方向进入，空气中有水雾和油雾，则可在缓冲层中稍加过滤而沉于筒底由排污管道排出，空气经缓冲层通过下孔板经薄层介质过滤后，从上孔板进入顶盖排气孔排出。缓冲滤层可装填棉花、玻璃纤维或金属丝网等，顶盖法兰压紧过滤孔板并用垫片密封，上下孔板用螺栓连接以压紧滤板和密封周边。为了使气流均匀进入和通过过滤介质，在上下孔板都应先铺上30~40目的金属丝网和织物(纱布)，使过滤介质(滤板或滤纸)均匀受力，夹紧于中间，周边要加橡胶密封，切勿让空气走短路。过滤孔板既要承受压紧滤层的作用，也要承受滤层上下两边的压力差，故强度要足够，孔板的开孔直径一般为6~10mm，孔的中心距为10~20mm。

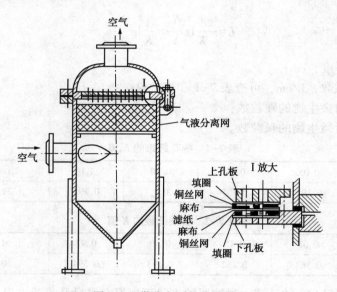

图7-5 带分离网的分过滤器

② 主体尺寸。分过滤器的直径可根据过滤面积而决定，影响过滤面积的主要因素是有效滤层的直径，它可按通过过滤器的空气体积流量和空气流过该介质时的过滤速度而计算。

(a) 滤层直径的计算。滤层直径可按式(7-8)计算，式中的 D 即为滤层直径。

u 的参考取值：

对于高速超细纤维纸可取 1~1.5m/s；

对于石棉过滤板取 0.8~1m/s。

(b) 过滤器直径的确定。过滤器的直径一般比滤层直径大10%~30%，即：$D_{滤器} = (1.1~1.3)D_{滤层}$。

(c) 过滤器的其他尺寸一般选取过滤器直径的适当比例来确定。

（3）不带分离网的纤维纸分过滤器。平板式纤维纸过滤器，这种分过滤器除了器内不带缓冲层（分离网）外，其他结构完全同上面叙述的带分离网的分过滤器的形式、有关计算相同。

管式过滤器，平板式过滤器过滤面积局限于圆筒的截面积，当过滤面积要求较大时，则设备直径很大。若将过滤介质卷装在孔管上，如图7-6所示，其过滤面积要比平板式大很多。但卷装滤纸时要防止空气从纸缝走形成短路，这种过滤器的安装和检查比较困难。为了防止孔管密封的底部死角积水，封管底盖要紧靠滤孔。

（4）接迭式低速过滤器。在一些要求过滤阻力很小，过滤效率比较高的场合，如洁净工作台、洁净工作室或自吸式发酵罐等，都需要设计和生产一些低速过滤器来满足它们的需要。超细纤维纸的过滤特性是气流速度越低，过滤效率越高，这样可以设计一种过滤面积很大的过滤器，其滤框（滤芯）结构和过滤器安装结构如图7-7所示。为了将很大的过滤面积安装在较小体积的设备内，可将长长的滤纸折成瓦楞状，安装在楞条支撑的滤框内，滤纸的周边用环氧树脂与滤框黏结密封。滤框有木制和铝制两种规格，需要反复杀菌的应采用铝制滤框，使用时将滤框用螺栓固定压紧在过滤器内，底部用垫片密封。

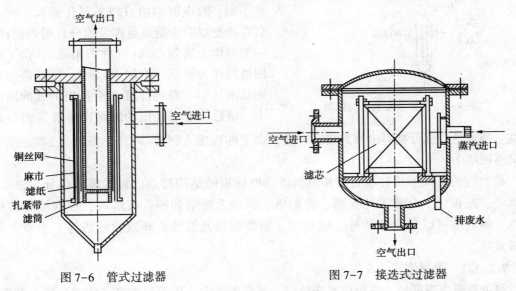

图7-6　管式过滤器　　　　　　图7-7　接迭式过滤器

这种过滤器的周边黏结部分，常会因黏结松脱而产生漏气而丧失过滤效能，故要定期用烟雾法检查。

7.2　分离提纯设备

发酵液中除了含有所要求的目标产物外，还含有大量的残糖、菌体、蛋白质、色素和胶体物质、无机盐、有机杂酸、以及原料带入的各种杂质。要在如此复杂的混合体系中获得符合质量要求的成品，必须采用一系列物理和化学方法进行处理，这一系列方法称为提取工艺（分离过程）。毫无疑问，提取工艺是提高产品收率、控制产品质量和提高经济效益的关键环节之一，也是操作条件精细技术性强的一项工作，必须高度重视。

7.2.1 精馏装置

发酵产品中采用精馏(或蒸馏)方法提取的有白酒、酒精、甘油、丙酮、丁醇以及某些萃取过程中的溶剂。蒸馏是将液固、液液混合物分离成较纯或近于纯态组分的单元操作。蒸馏分离的基本依据是：混合液中各组分的液体具有不同的挥发度，即在同温度下各自的蒸气压不同。利用此原理，将混合液加热至沸腾，部分汽化，把所汽化的蒸汽冷凝，其结果易挥发组分在冷凝液中的含量较原液中增多。若再将冷凝液部分气化，并将其蒸气冷凝，如此重复操作，则最后可将液体混合物中的组分以几乎纯态的形式分离出来。图 7-8 所示为常用的连续精馏装置流程图。其主要设备为精馏塔，它是由若干层塔板组成的板式塔，有时也用充满填料的填料塔。溶液经预热后(预热器没有画出)，由塔的中部引入。因为原料中各组分的沸点不同，沸点低的组分较易气化而向上升，最后在冷凝器中冷凝成易挥发组分含量高的液体，一部分作为塔顶产品(又称馏出液)，余下的送回塔内作为回沉(称为回流液)。沸点高的组分则从蒸气中不断地冷凝到沿各板下沉的回流液中，最后从塔底排出的釜液中难挥发组分含量

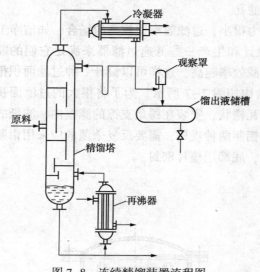

图 7-8 连续精馏装置流程图

较高。釜液的一部分被引出作为塔底产品，余下的再送入再沸器(或称蒸馏釜)被加热汽化后又返回塔中。

精馏塔的结构形式有板式塔和填料塔。根据板的结构持点，板式塔可以分为泡罩塔、浮阀塔、筛板塔、穿流多孔板塔、舌形塔、浮动舌形塔和网孔板塔等，根据填料的结构特点，填料塔可以分为拉西环、鲍尔环、矩鞍形以及波纹、高效丝网塔等。本节中只介绍板式塔。

7.2.1.1 泡罩塔

泡罩塔板出现最早。它操作性能稳定，操作弹性大，塔板效率高，能避免脏污和阻塞，适宜于处理易起泡的液体，因而得到广泛应用。但由于泡罩结构复杂、成本高、生产能力低、压降大逐渐被其他形式的塔板所取代。

泡罩塔板的主要结构部分包括泡罩、溢流堰、降液管等。泡罩是由固定于塔板上的升气管和支持于升气管顶部的泡罩所组成，如图 7-9 所示。操作时泡罩底部浸没在塔板上的液体中，形成密封。气体自升气管上升，流经升气管和泡罩之间的环形通道，再从泡罩齿缝中吹出，最后进入塔板上的液层中鼓泡传质。常见的泡罩为圆形，顶稍突起，周边有齿缝。齿缝一般有矩形、三角形及梯形三种，常用的是矩形。窄缝对传质有利，但易堵塞。塔板上的降液管安装在塔板两侧，如图 7-10 所示。当液体从上层塔板降液管流下后，就横穿过塔板流向另一侧，经降液管流至下层塔板。常见的降液管有弓形和圆形，多采用弓形。

溢流堰起维持板上液层及使液流均匀的作用。除个别情况(如很小的塔)外，不论用何

种降液管，均设置弓形堰。

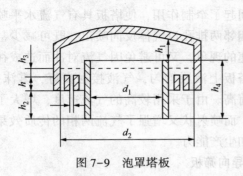

图 7-9　泡罩塔板

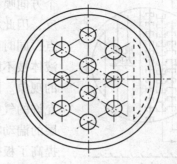

图 7-10　泡罩塔板结构示意图

7.2.1.2　S(SD)形泡罩塔板

S 形塔板是由数个 S 形泡罩互相搭接而成，泡帽只有一面开口，沿此开口一边有许多齿缝。蒸气从 S 形泡罩的齿缝内喷出与板上液相接触，板上液流越过泡罩的顶部与鼓泡的气流并流而行。气液流动状态如图 7-11 所示，蒸气自齿缝喷出后形成两方面的作用力。一方面化阻力为动力，借气体喷出时的动能，推动液体流动，这样板上的液层分布比较均匀，液面落差小、雾沫夹带少、气气接触充分而密切。另一方面，接触所生成的蒸汽同时，产生一股向上升腾的作用力，在这种升力的作用下，蒸气进入塔板的空间后又顺序进入上层塔板，直至塔顶排出为止。因此，此塔板具有一定的驱动能力，可将物料中的污秽物质带走，防止泥沙等杂物的沉积，提高了排污排杂性能。

7.2.1.3　筛孔板

筛孔板是所有塔板中结构最简单的精馏塔板，板上只有筛孔和降液管，如图 7-12 所示。筛孔板几乎与泡罩板同时出现，但当时认为筛孔板容易漏液，操作弹性小，难以操作而未被使用。然而筛孔板的结构简单、造价低廉却一直吸引着不少研究者。随着对筛孔板机理研究的不断深入，它的性能和规律也逐渐被人们所掌握。只要设计正确，筛孔板具有足够的操作弹性。目前，已成为世界上应用最为广泛的一种板型。一般工业上常用的筛孔板，孔径为 3~8mm，较适宜的孔径推荐为 4~5mm。孔径太小，加工制造困难，而且容易堵塞。近年来逐渐采用大孔径 10~25mm 的筛板，因大孔径筛板具有制造简单、造价低和不易堵塞等优点，只要设计合理，同样可以得到满意的塔板效率。

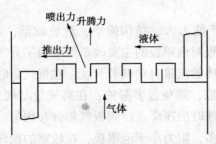

图 7-11　S 形塔板结构示意图

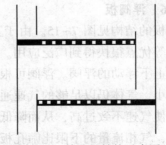

图 7-12　筛孔板结构示意图

7.2.1.4　斜孔板

斜孔板又叫鱼鳞板，其结构如图 7-13 所示。塔板上冲有多排排整齐排列的斜孔，斜孔

227

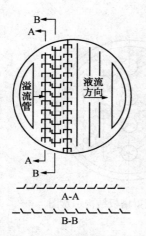

图 7-13 斜孔板结构示意图

与液流方向垂直，每一排孔口都朝一个方向，于是气体也朝一个方向喷出。相邻两排孔口方向相反，孔口喷出的气体方向相反，因此相互间起了牵制作用，使塔板具有气流水平喷出的优点，同时由于相邻两排孔口气体反向喷出，既可减少甚至消除液体被不断加速的现象，又可避免因气流对冲而造成往上直冲的现象。因此塔板上液层均匀，气液接触良好，雾沫夹带少，允许的气体负荷高。由于采用较高的气流速度，增大了板上液层的湍动程度，而喷射状又增强了气流两相的传质效果，从而提高了板效率和生产能力。

7.2.1.5　导向筛板

导向筛板是一种改进型的筛板，是在普通筛板的基础上做了两点改进，即增加了导向斜孔和鼓泡促进器，其结构见图 7-14。导向斜孔的作用是利用部分气体的动力推动液体流动，以降低液层厚度并保证液层均匀。同时，由于气流的推动，板上液层很少混合。在液体行程上能建立起较大的浓度差，可提高塔板效率。鼓泡促进装置可使气流分布更加均匀。在普通筛板入口处，因液体充气程度较低，液层阻力较大而使气体孔速较小。当气速较低时，由于液面落差的存在，导致该处漏液严重。所谓鼓泡促进装置就是将塔板入口处适当提高，人为减薄该处液层高度，从而使入口处孔速适当地增加。在低气速下，鼓泡促进装置可避免入口处产生的倾向性漏液。与普通板相比，导向筛板具有压降低、效率高、负荷大的优良性能，并具有结构简单、加工方便、造价低廉和使用中不易堵塞的特点。

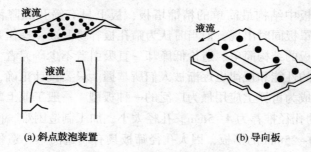

(a) 斜点鼓泡装置　　　　　　　　　　　　(b) 导向板

图 7-14　导向筛板结构示意图

7.2.1.6　浮阀板

浮阀塔板的结构见图 7-15。由于其生产能力大，结构简单，造价较低，塔板效率高，操作弹性大等优点很快得到广泛应用。浮阀板对泡罩板的主要改革是取消了升气管，在塔板开孔上设可上下浮动的浮阀。浮阀可根据气体的流量自动调节开度，在低气量时阀片处于低位，开度较小，气体仍以足够的气速通过环隙，避免过多漏液；在高气量时阀片自动浮起，开度增大，使气速不致过高，从而降低局气速时的压降。浮阀板气相分布均匀，板效率高而处理能力大，气相流量的下限比筛孔板低得多，阻力小于泡罩板，在较宽的操作范围内仍能保持相近的高分离效率，故浮阀板兼有泡罩板和筛孔板的某些优点。

浮阀塔具有如下优点：

（1）处理量大，可比泡罩塔提高 20%～30%，这是因为气流水平喷出，减少了雾沫夹带

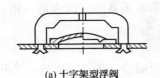
(a) 十字架型浮阀

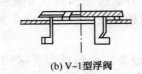
(b) V-1型浮阀

(c) A型浮阀

图 7-15　浮阀结构示意图

以及浮阀塔板可以具有较大的开孔率。

（2）操作弹性大，可以达到 7~9，比泡罩塔(4~5)大。

（3）分离效率较高，可比泡罩塔高 10%左右。

（4）每层塔板的气相压降不大，因为气体通道比泡罩塔简单得多，因此也可用于真空精馏。

（5）因塔板上没有复杂的障碍物，所以液面落差小，流经塔板的气流分布比较均匀。

（6）塔板的结构简单，易于制造，其造价一般为泡罩塔的 60%~80%，但比筛板塔高。

浮阀也有不宜用于结焦的介质系统；浮阀处在中间位置（最大开度以下）是不稳定的，造成气流通道面积的变化，增加压降。

7.2.1.7　浮阀波纹筛板

浮阀波纹筛板是一种新型穿流式塔板，它是在普通波纹板的基础上，增加一定数量的半圆形条状阀片。塔板分为波谷、波峰可供蒸气通过，波谷可使液体分布均匀向下流，设置在波峰上的浮阀可调整蒸汽流量，以适应气液负荷的变化。此种塔板不设溢流管，其相邻两板的安装方位交错成 90°，液体分布均匀。

该塔板整个板面无死角，生产能力大，板效率高。具有自净排杂作用，不易堵塞和操作稳定等特点。浮阀波纹筛板的结构如图 7-16 所示。

浮阀板、筛孔板、斜孔板各有其优缺点。就结构简单、造价低廉而言，依次为筛孔板、斜孔板和浮阀板，就操作弹性大和操作稳定性而言，依次为浮阀板、斜孔板和筛孔板；就单位塔截面积的处理量而言，斜孔板比筛孔板和浮阀板大 50%左右。

7.2.2　萃取装置

液-液萃取，也称溶剂萃取，是用一种适当的溶剂处理液体混合物，利用混合液各组分在溶剂中具有不同溶解度的特性，使混合液中欲分离的组分溶解于溶剂中，而达到与其他组分分离的目的。

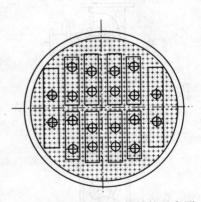

图 7-16　浮阀波纹筛板结构示意图

在萃取过程中，所选用的溶剂称为萃取剂。混合液体中欲分离的组分称为溶质。混合液体中的溶剂称为稀释剂(原溶剂)。稀释剂与所加入的萃取剂应是不互溶的或者是部分互溶的。所加入的萃取剂对萃取出的溶质应具有较大的溶解能力。当萃取剂加入到混合液体中，经过充分混合后，溶质即由原混合液(原料液)向所加入的萃取剂中扩散，使溶质与混合液中其他的组分分离。故萃取操作是一种传质过程。

萃取设备又称萃取器，一类用于萃取操作的传质设备，能够使萃取剂与料液接触良好，实现料液所含组分的完善分离，有分级接触和微分接触两类。在萃取设备中，通常是一相呈液滴状态分散于另一相中，很少采用液膜状态分散。

7.2.2.1 混合-沉降器

混合-沉降器是一种分级接触设备，它包括混合区和分离区两部分，图 7-17 是一个机械混合-沉降器的示意图。操作时溶剂和料液在混合器中经搅拌器的作用发生密切接触，然后流入沉降器，经沉降分离成两个液层，即萃取相和萃余相。混合-沉降器可按间歇式或连续式，也可按生产要求组合成多级。

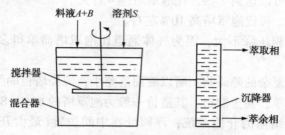

图 7-17 混合-沉降器示意图

混合器的形式有多种，机械搅拌是主要一种，但也可用气流搅动，此时气流必须不与物料发生作用，不会带走物料。此外还可借助物料本身的动能发生混合，图 7-18 是三种结构形式。沉降器可以是重力式的，也可以是离心力式的，混合-沉降器的操作可靠，两相流动比可在大范围内改变，两相能充分混合和分离，每级效率很高，近乎一个平衡级，从小试验可以简便放大；但是占地面积大，投资和运转费较高。近年来发展出来结构紧凑的多级混合-沉降器，图 7-19 就是这种结构的示意图。混合-沉降器适用范围大，在稀有元素提炼中应用较多。

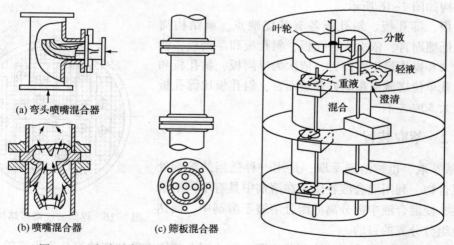

图 7-18 流动混合器示意图　　　　图 7-19 多级混合-沉降器示意图

7.2.2.2 筛板萃取塔

筛板萃取塔的结构与气-液传质设备中所用的筛板塔很相似，图 7-20 是其示意图。如图 7-20 所示，塔中设有一系列筛板，塔下端引入的轻相经筛孔分散后，在连续相（重相）中上升，到上一层筛板下部集聚成一层轻液；由于密度差，轻相经筛孔重新分散、上升再集聚，如此重复流至塔上端分层后引出；重相则由塔顶端引入，经溢流部分逐板下降成为连续

230

相但不必设置溢流堰。只要将溢流板改装为升液板，溢流部分成为升液部分，就可以使轻相成为连续相，重相为分散相，以适应不同的生产需要。

塔中装设的一组筛板起两个作用：

（1）使分散相经受反复的分散和集聚，强化传质。

（2）基本上消除了不同板层间液体的返混，提高了传质推动力。筛板萃取塔应用于界面张力较低的系统可以达到较高的效率，但对界面张力高的系统，难以实现有效分散，效率很低。

筛孔的直径一般为 3~8mm，对于界面张力稍高的物系，宜取较小孔径，以生成较小液滴。筛孔大都校正三角形排列，间距常取为 3~4 倍孔径。板间距在 150~600mm。工业规模的筛板塔其间距建议取 300mm 左右为宜。

筛板萃取塔结构简单，生产能力大，对于界面张力较低的物系效率较高。

7.2.2.3 转盘萃取塔

转盘萃取塔是一种具有外加能量的萃取塔，其基本结构如图 7-21 所示。在塔壁上设有一系列等间距的定环，塔的中心轴上水平装有一组转盘，每一盘正好位于定环中间，轴由电机带动回转，轻液和重液导入塔后不需要分布器，只是对于大直径的塔宜以切向导入，以避免破坏塔中流型。转盘塔两端有一个两相分层的沉降区，在进口与沉降区之间装有一块固定栅板，即可使传质接触区和沉降区分开。

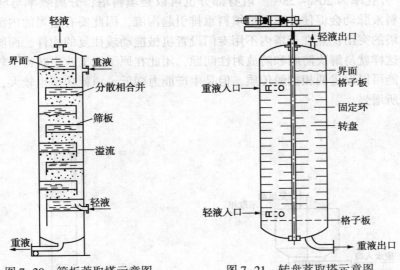

图 7-20 筛板萃取塔示意图　　　图 7-21 转盘萃取塔示意图

当转盘由电机驱动回转后，带动分散相和连续相一起转动，液流中产生了高的速度梯度和剪应力，剪应力一方面使连续相产生强烈的旋涡，另一方面使分散相破裂成许多小的液滴，这样就增加了分散相的截留量和相际接触面积。同时转盘和固定环薄而光滑，所以在液体中没有局部的高剪应力点，液滴的大小比较均匀，有利于两相的分离。塔中由于被定环分为各个区间，转盘带动引起的旋涡就能大体上限制于此区间，减小了轴向返混。因此转盘塔具有较高的分离效率。

7.2.2.4 往复筛板萃取塔

往复筛板萃取塔的基本结构如图 7-22 所示。塔的上部和下部扩大部分是两相分离区，中间是工作区。在工作区内，一系列多孔筛板固定在一根作上下往复运动的轴上。当浸在液体中的筛板作往复运动时，液体经筛孔喷射引起分散混合，进行接触传质。影响该塔的生产能力和传质效果的参数很多，往复的冲程和频率、筛板间距、筛板上开孔情况均有较明显的影响，目前还只能通过试验进行合理选择。总的看来，筛板间距较小，有在 20~50mm 之间的，但也有达到 200mm 的，同一塔中筛板间距可按各区的传质情况各自调整。往复筛板萃取塔具有较高的效率，在直径 76mm 的试验塔中，对于甲基异丁基甲酮-乙酸-水系统，一个理论级的等板高度最低可达 110mm。此外结构也较简单，大塔仍能保持高效率，能量消耗不大，所以该塔已获得了工业应用和推广。但由于机械方面的原因，其塔径受到一定限制，目前还不能适应大规模生产的需要。

7. 2. 2. 5　脉冲萃取塔

为了提高萃取塔的分离效能，可以通过回转搅拌装置（如转盘塔），或浸在液体中作往复运功的筛板向塔中物料输入外能，此外还可以直接使液体产生脉动而输入外能。如图 7-23 所示是脉冲筛板单取塔。任一个通常无溢流部分的筛板塔下部设置一套脉冲发生器，使塔中物料产生频率较高（30~250 次/min）、冲程较小（6~25mm）的脉动，凭借此往复脉动，轻液和重液通过筛孔被分散，增大了传质界面和传质系数，因此得到了较高的分离效率。脉冲频率和振幅是一个重要的操作参数，太大或大小容易造成液泛，使生产能力变小，或分离效率变差，所以必须细心地选定。无溢流脉冲筛板塔的板间距一般较小为 50~75mm，孔径为 1.2~3mm，开孔率为 20%~25%。塔身部分也可以是填料塔，分离效率与脉冲筛板塔差不多；但由于料液脉动会促使普通乱堆填料重排引起沟流，因此要有适当的内部再分布器。

脉冲筛板塔的突出优点在于塔内不用专门设置机械搅动或往复的构件，而脉冲的发生可以离开塔身，这样就易解决防腐和防放射性问题，团此在原子能工业中获得了较多应用，脉冲方式引入外能可以促进两相接触传质。但是生产能力变低，消耗功率也较大，轴向混和也比无脉冲时有所增强。

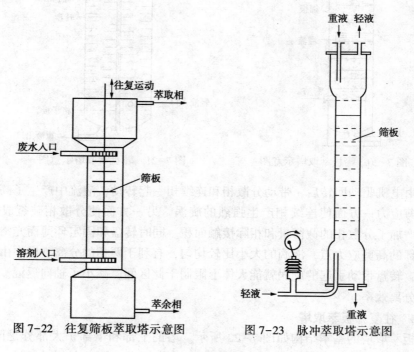

图 7-22　往复筛板萃取塔示意图　　图 7-23　脉冲萃取塔示意图

7.2.3 蒸发装置

蒸发操作可在加压、常压及真空下进行。为了保持产品生产过程的系统压力，则蒸发需在加压状态下操作。对于热敏性物料，为了保证产品质量、在较低温度下蒸发浓缩，则需采用真空操作以降低溶液的沸点。若利用低压或负压的蒸汽以及热水加热时，采用真空操作也是有利的。但由于沸点低，溶液黏度也相应增大，而且造成真空需要增加设备和动力。因此，若无特殊要求，一般采用常压蒸发。

蒸发设备一般应满足：ⓐ供应足够的热能，以维持溶液的沸腾温度和补充因溶剂汽化所带走的热能；ⓑ使溶剂蒸气迅速排除。

7.2.3.1 常压蒸发锅

图7-24为啤酒厂的常压蒸发设备，它的作用是将糊化、糖化、过滤后的清麦芽汁煮沸、浓缩到一定要求的发酵糖度。

常压蒸发设备由以下几部分组成：

（1）锅体。为一近似球形的容器。

（2）加热装置。对于小型的煮沸锅，通常是在整个锅底装置加热夹套，如图7-24(a)所示。但对于大型的蒸发锅，由于锅的直径大，若采用整体加热夹套，受力较差；同时容量大，物料自然对流循环差，传热系数低，且加热面积也不能满足工艺加热速度的要求，因而大多数做成向内凸出，如图7-24(b)所示。为增大传热面积，提高传热系数，有些结构中将加热装置做成盘管状，放在蒸发锅里面。还有一些设备是将夹套和盘管结合在一起。

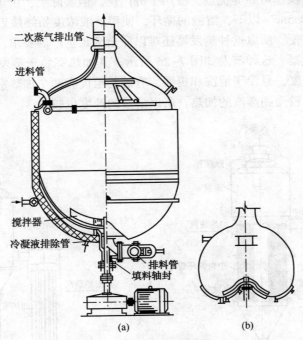

图7-24 麦芽汁煮沸锅示意图

（3）搅拌装置。搅拌的作用主要是使物料受热均匀，沸腾前加速物料的对流，以提高热交换的传热系数，同时也使固体物料不致沉淀在加热表面而造成过热和结垢现象，以致影响清洗。

（4）排汽管。排汽管要有一定的大小和高度，其大小可按二次蒸汽排出的流速进行计算，通常是采用液体蒸发面的 1/30～1/50 来决定，但当高度不足，弯头较多，阻力较大时可采用较大的排汽管直径。排出的二次蒸汽会在排汽管壁上冷凝，管的冷凝液由集液槽排出，使其不致重新流入锅内而造成污染。排汽管道要装有调节风门，以防止室外空气倒流，影响产品质量。蒸发锅还应安装有进、排料管，人孔，照明灯，温度计，液位计等装置。

7.2.3.2 循环型蒸发器

这一类型的蒸发器，溶液都在蒸发器中作自然循环和强制循环流动。

（1）中央循环管式蒸发器。这是一种自然循环型蒸发器，又叫标准型蒸发器。这种蒸发器的结构如图 7-25 所示。其加热室由垂直管束组成，中间有一根直径较大的管子，称为中央循环管。当加热蒸汽在管间加热时，由于中央循环管较大，单位体积溶液占有的传热面，相对于其余加热管来说就较小，即中央循环管和其余加热管内溶液的受热程度不同，后者受热较好，溶液气化得多些，因而所形成的气液混合物的密度就比中央循环管中溶液的密度小，加上产生的蒸汽在这些加热管内上升时的抽吸作用，就使蒸发器中的溶液形成由中央循环管下降、而由其余加热管上升的循环流动，这种循环，主要是由于溶液的密度差引起的，故称为自然循环。

为了使溶液有良好的循环，中央循环管的截面积一般为其余加热管总截面积的 40%～100%；加热管高度一般为 1～2m，加热管直径在 25～75mm。这种蒸发器由于结构紧凑、制造方便，传热较好，操作可靠等优点，应用十分广泛。但实际上，由于结构上的限制，其循环速度一般在 0.4～0.5m/s 以下，溶液的循环，使得溶液浓度始终接近完成液的浓度，而且清洗和维修也不够方便。所以这种蒸发器还难以完全满足生产的要求。

（2）外热式蒸发器。这种蒸发如图 7-26 所示。其加热室装于蒸发室之外，这样不仅可降低整个蒸发室的高度，且便于清洗和更换，有的甚至设有两个加热室轮换使用。它的加热管束较长，循环管又没受到蒸汽的加热，所以溶液的速度也较大。

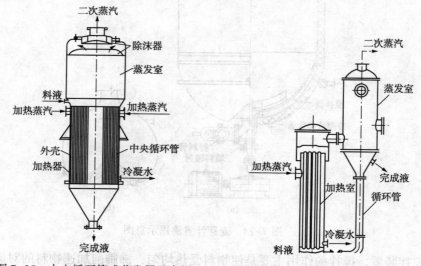

图 7-25　中央循环管式蒸发器示意图　　图 7-26　外热式蒸发器示意图

（3）强制循环蒸发器。在蒸发黏度大、易结晶、结垢的物料时，常采用强制循环蒸发

234

器。这种蒸发器中，溶液的循环主要依靠外加动力，用泵迫使它沿一定方向流动而产生循环，如图 7-27 所示。循环速度的大小可由泵调节，一般为 $1.5 \sim 3 m/s$。强制循环蒸发器的传热系数也比一般自然循环大。但其能量消耗大，加热面积约需 $0.4 \sim 0.8 kW/m^2$。

7.2.3.3 单程型蒸发器

这一类蒸发器的主要持点是：溶液在蒸发器中只通过加热室一次，不作循环流动。溶液通过加热室时，在管壁呈膜状流动，故又称为膜式蒸发器。根据物料在蒸发器中流向不同，单程型蒸发器又分以下几种。

（1）升膜式蒸发器。它的加热室由许多垂直长管组成，如图 7-28 所示。常用的加热管直径为 $25 \sim 50 mm$，管长和管径之比约为 $100 \sim 150$。料液经预热后由蒸发器底部引入，进到加热管内后迅速沸腾气化，生成的蒸汽高速上升。溶液则为上升蒸汽所带动，从而也沿管壁成膜状迅速上升，并在此过程中继续蒸发。当到达分离器和二次蒸汽分离后，即可由分离器底部排出得到完成液。这种蒸发器，为了能有效地成膜，上升蒸汽的速度应维持在一定值以上。如常压下适宜的出口汽速一般为 $20 \sim 50 m/s$，减压下将更高，可达 $100 \sim 160 m/s$。因此，如果料液中蒸发的水量不多，就难以达到所要求的气速，即升膜式蒸发器不适用于较浓溶液的蒸发；它对黏度很大，易结晶、结垢的物料也不适用。

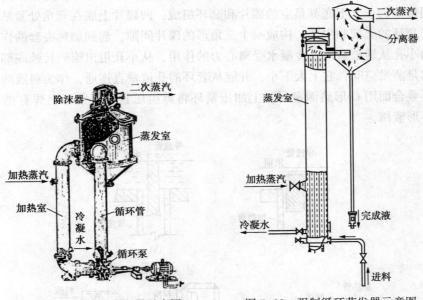

图 7-27　强制循环蒸发器示意图　　　　图 7-28　强制循环蒸发器示意图

（2）降膜式蒸发器。这种蒸发器和升膜式的区别在于，料液从蒸发器顶部加入，在重力作用下沿管壁成膜状下降，并在此过程蒸发增浓，在底部得到完成液，其结构如图 7-29 所示。为使液体进入加热管后能有效地成膜，每根加料管顶部装有液体分布器，其形式很多，常见的如图 7-30 所示。

降膜式蒸发器，只有在整个传热面上布满下降液膜时，才能有效进行操作。稳定操作的条件有两个，即降液密度和热负荷。当降液密度低到一定数值时，液膜发生破裂，薄膜状的液流转变为絮条状液流，出现"干壁"现象。由于溶剂的不断蒸发，向下流动的

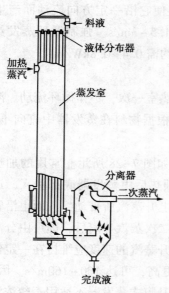

图 7-29 降膜式蒸发器示意图

液膜越来越薄。因此，液膜最可能破裂的地方是在管子下部。当单位热负荷高至某一极限数值时，引起剧烈的鼓泡沸腾，随之生成泡沫，局部液膜剧烈的飞溅和带液，会破坏液膜，影响操作稳定。与升膜式相比，降膜式蒸发器可以蒸发浓度较高的溶液，对于黏度较大，如在 0.05~0.45Pa·s 范围的物料也能适用。但它的液膜分布不易均匀，液膜阻力较大，传热系数相对较小。

（3）升-降膜式蒸发器。将升膜和降膜蒸发器装在一个外壳中即成升-降膜式蒸发器，如图 7-31 所示。预热后的料液先经升膜式蒸发器上升，然后由降膜式蒸发器下降，在分离器中和二次蒸汽分离即得完成液。这种蒸发器多用于蒸发过程中溶液黏度变化很大、溶液中水分蒸发量不大和厂房高度有一定限制的场合。

（4）离心式薄膜蒸发器。这种蒸发器是利用旋转的离心盘所产生的离心力对溶液的周边分布作用而形成薄膜，设备结构如图 7-32 所示。杯形的离心转鼓，内部叠放着几组梯形离心碟，每组离心碟由两片不同锥形的、上下底都是空的碟片和套环组成，两碟片上底在弯角处紧贴密封，下底分别固定在套环的上端和中部，构成一个三角形的碟片间隙，起到加热夹套的作用，加热蒸汽由套环的小孔从转鼓通入，冷凝水受离心力的作用，从小孔甩出流到转鼓底部。离心碟组相隔的空间是蒸发空间，它上大下小，并能从套环的孔道垂直连通，作为料液的通道，各离心碟组套环叠合面用 O 形热圈密封，上加压紧环将碟组压紧。压紧环上焊有挡板，与离心碟片构成环形液槽。

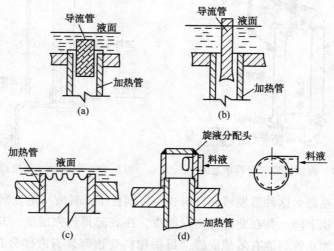

图 7-30 降膜式蒸发器的液体分布器示意图

运转时稀物料从进料管进入，由各喷嘴分别向各碟片组下表面即下碟片的外表面喷出，均匀分布于碟片锥顶的表面，液体受离心力的作用向周边运动扩散形成液膜，液膜在碟片表面上蒸发浓缩，浓溶液到碟片周边就沿套环的垂直通道上升到环形液槽，由吸料管抽出到浓缩液储罐，并由螺杆泵抽送到下道工序。从碟片表面蒸发出的二次蒸汽通过碟片中部大孔上升，汇集进入冷凝器。加热蒸汽由旋转的空心轴通入，并由小通道进入碟片组间隙加热室，冷凝水受离心力作用迅速离开冷凝表面，从小通道甩出落到转鼓的最低位置，而从固定的中心管排出。

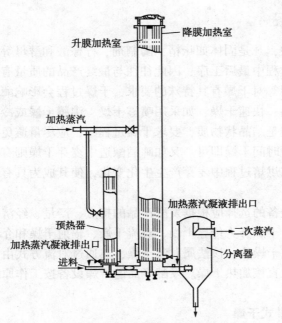

图 7-31　升-降膜式蒸发器示意图

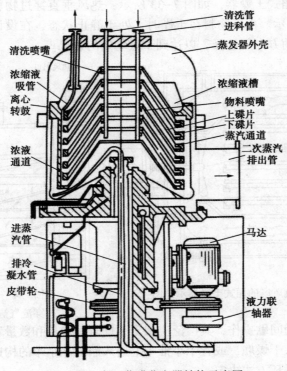

图 7-32　离心薄膜蒸发器结构示意图

这种蒸发器在离心力场的作用下具有很高传热系数，在加热面蒸汽冷凝成水后，即受离心力的作用，甩到非加热表面的上碟片，并沿碟片排出，以保持加热表面很高的冷凝传热系数，受热面上物料在离心力场的作用下，液流湍动剧烈，同时蒸汽气泡能迅速被挤压分离，故有很高的传热系数。

7.2.4 干燥装置

工业发酵的产品中，凡是固体如味精、酶制剂、柠檬酸和酵母等，都需要干燥，干燥通常为完成产品的工艺过程中最后工序，因此往往与最终产品的质量有密切的关系。一些与酶有关的产品，如酶制剂等对干燥有其特殊的要求，干燥过程会影响酶活力，从而影响产品的质量，所以要采用低温、快速干燥，如采用喷雾干燥、沸腾干燥或冷冻干燥较合适。另外有些产品如味精、柠檬酸是结晶状物质，要求干燥过程中，应尽量避免结晶受到磨损，同时含水量不高，采用低温短时间干燥即可。又如啤酒酿造中麦芽干燥则有其特殊的要求，除了降低水分含量外，还要求烘焙过程中麦芽产生生化变化，使其成为具有色、香、味、溶解度好的粉质麦芽。

干燥方法和干燥设备的选择应根据发酵产品的特点、产量、经济性等综合考虑。按照热能传给湿物料的方式，干燥分为传导干燥、对流干燥、辐射干燥和介电加热干燥。目前发酵产品的干燥多采用空气干燥法。该法属对流干燥，热通过对流方式由热气体传给与其直接接触的湿物料，故又称为直接加热干燥。发酵产品的干燥设备按工作原理分为：汽流干燥、沸腾干燥和喷雾干燥。

7.2.4.1 厢式和带式干燥

厢式干燥器，主要是以热风通过潮湿物料的表面达到干燥的目的。热风沿着物料的表面通过，称为水平气流厢式干燥器，如图7-33所示；热风垂直穿过物料，称为穿流气流厢式干燥器，如图7-34所示。由于物料在干燥时，处于静止状态，在设计厢式干燥器时，要注意空气与物料相对流动方向的选择，以达到干燥均匀的效果。

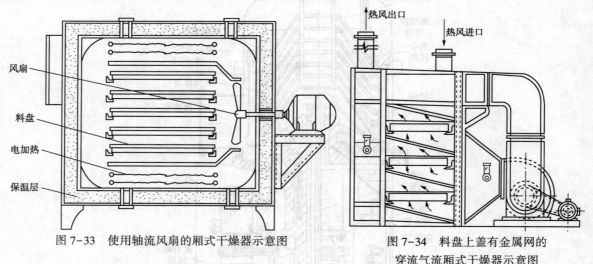

图7-33 使用轴流风扇的厢式干燥器示意图   图7-34 料盘上盖有金属网的
                                                穿流气流厢式干燥器示意图

厢式干燥器一般为间歇操作，其广泛应用于干燥时间较长和数量不多的物料。通常是将被干燥物料用人工放入干燥厢，或置于小推车上送入厢内。小车的构造和尺寸，应根据物料的外形和干燥介质的循环方式决定。

支架或小车上置放的料层厚度为 10~100mm。空气速度以被干燥物料的粒度而定，要求物料不致被气流所带出，一般气流速度为 1~10m/s。厢式干燥器的器门应严密，以防空气渗入。

干燥介质一般采用热空气或烟道气。在设计干燥器时，应有一定风量循环，使进口与出口处空气的温度降小，这样在同一温度降下，可使物料的湿含量在沿物料堆列的宽度方向上较为均匀。

为了提高厢式干燥器的干燥强度并降低费用，一般从提高空气速度和改进结构设计着手。但厢式干燥器操作的突出问题是干燥不均匀，因为它是一种不稳定干燥，由于干燥条件的不断变化，即使同一个截面，其干燥的程度也有所不同。

7.2.4.2 气流干燥器

随着干燥技术的发展，古老的厢式干燥设备已逐步被气流干燥和沸腾干燥等设备所代替。气流干燥设备发展迅速，已广泛在发酵、食品、制药工业中使用。目前我国使用的气流干燥器类型可分为长管气流干燥器，其长度 10~20m；短管气流干燥器，其长度在 4m 左右，总称为管式干燥器。此外还有旋风气流干燥器等，其构造原理和流程是相似的。

对于潮湿状态时仍能在气体中自由流动的颗粒物料，如味精、柠檬酸和葡萄糖等，则可采用气流干燥。其工作原理是利用热空气与粉状或颗粒状湿物料在流动过程中充分接触，气体与固体物料之间进行传热与传质，从而使湿物料达到干燥的目的。干燥时间极短一般为 1~5s。以味精为例，用厢式干燥需 2h 以上，而用气流干燥，从加料至卸料整个过程约 5~7s。

图 7-35 所示为气流干燥的基本流程。湿物料自螺旋加料器进入干燥管，空气由鼓风机鼓入，经加热器加热后与物料汇合，在干燥管内达到干燥目的。干燥后的物料在旋风除尘器和袋式除尘器中得到回收，废气经抽风机由排气管排出。

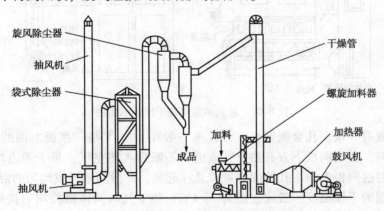

图 7-35　气流干燥基本流程图

若对加热空气质量有要求，可在干燥管前设置空气过滤器。干燥管一般多采用圆形，其次有方形和不同直径交替的所谓脉冲管，如图 7-36 所示。为了充分利用气流干燥器中颗粒加速运动段具有很高的传热和传质作用来强化干燥过程，采用管径交替缩小和扩大的脉冲气流干燥管来达到。即加入的物料颗粒，首先进入管径小的干燥管内，气流以较高的速度流过，使颗粒产生加速运动，当其加速运动终了时，干燥管径突然扩大，由于颗粒运动的惯性，使该段内颗粒速度大于气流速度，颗粒在运动过程中，由于气流阻力而不断减速，直至其减速终了时，干燥管径再突然缩小，如此颗粒又被加速，重复交替地使管径缩小与扩大，使颗粒的运动速度在加速后又减速，不进入等速运动阶段，使气流与颗粒间的相对速度与传热面积较大，从而强化了传热、传质速率。另外，在扩大段气流速度大大下降，也相应地增加了干燥时间。

7.2.4.3 沸腾床干燥器

沸腾干燥又称流化干燥，是利用流态化技术，即利用热的空气使孔板上的粒状物料呈流化沸腾状态，使水分迅速汽化达到干燥目的。在干燥时，使气体流速与颗粒沉降速度相等，当压力降与流动层单位面积的重量达到平衡，粒子就在气体中呈悬浮状态，并在流动层中自由转动，流动层犹如正在沸腾，这种状态是比较稳定的流态化。沸腾造粒干燥是利用流化介质(空气)与料液间很高的相对气速，使溶液带进流化床就迅速雾化，这时液滴与原来在沸腾床内的晶体结合，就进行沸腾干燥，故也可看作是喷雾干燥与沸腾干燥的结合。

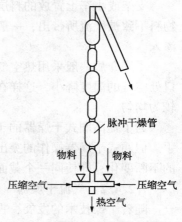

图 7-36 脉冲式干燥管示意图

（1）单层卧式沸腾床干燥器。单层卧式多室与单层卧式单室的沸腾床干燥器的构造相似，其不同是前者将沸腾床分为若干部分，单独设有风门，可根据干燥的要求调节风量，而后者只有一个沸腾床。这种设备广泛应用于颗粒状物料的干燥，在发酵工业中可用于柠檬酸晶体的干燥和活性干酵母的干燥，构造如图 7-37 所示。

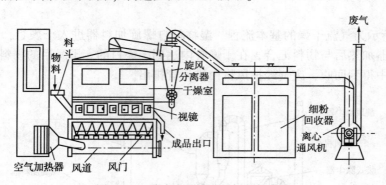

图 7-37 卧式多室沸腾干燥器示意图

干燥箱内放有一块多孔金属网板，开孔率一般在 4%~13%，在板上面的加料口不断加入被干燥的物料，金属网板下方有热空气通道，不断送入热空气，每个通道均有阀门控制，送入的热空气通过网板上的小孔使固体颗粒悬浮起来，并激烈地形成均匀的混合状态，犹如沸腾一样。控制的干燥温度一般比室温高 3~4℃，热空气与同体颗粒均匀接触，进行传热，使固体颗粒所含的水分得到蒸发，吸湿后的废气从干燥箱上部经旋风分离器排出，废气中所夹带的微小颗粒在旋风分离器底部收集，被干燥的物料在箱内沿水平方向移动。在金属网板上垂直地安装数块分隔板，将干燥箱分为多室，使物料在箱内平均停留时间延长，同时借助物料与分隔板的撞击作用，使它获得在垂直方向的运动，从而改善物料与热空气的混合效果，热空气是通过散热器被蒸汽加热的。为了便于控制卸料速度以及避免卸料不均匀而产生的结疤现象，可在沸腾床上装有往复运动的推料构件，不过这只能用在单层卧式单室的沸腾床。

（2）沸腾造粒干燥器。由压缩空气通过喷嘴，把液体雾化同时喷入沸腾床进行干燥。在沸腾床中由于高速的气流与颗粒的湍动，使悬浮在床中的液滴与颗粒只有很大的蒸发表面积，增加了水分由物料表面扩散到气流中的速度，并增加物料内部水分由中央扩散到表面的速度。因此当液滴喷入沸腾床后，在接触种子之前，水分已完全蒸发，自己形成一个较小的团体颗粒，即"自我成粒"，或者附在种子的表面，然后水分才完全蒸发，在种子表面形成一层薄膜，而使种子颗粒长大，犹如滚雪球一样，即"涂布成粒"。如果雾滴附着在种子表面，还未完全干燥，与其他种子碰撞时，有一部分可能与其他种子粘在一起而成为大颗粒，即"粘结成粒"。生产上要求第二种情况占主要组分为好。

干燥塔的结构如图7-38所示，干燥塔的几何形状为倒圆锥形，锥角为30°，由于是锥形沸腾床，沿床气速有不断变化的特点，致使不同大小的颗粒能在不同的截面上达到均匀良好的沸腾和使颗粒在沸腾床中发生分级，使较大的颗粒先从下部排出，以免继续长大，而较细小的颗粒在上面继续长大，小颗粒继续留在床层内以保持一定的粒度分布。

7.2.4.4 喷雾干燥器

将溶液、乳浊液、悬浮液或料浆在热风中喷雾成细小的液滴，在它下落过程中，水分被蒸发而成为粉末状或颗粒的产品，称为喷雾干燥，如图7-39所示。

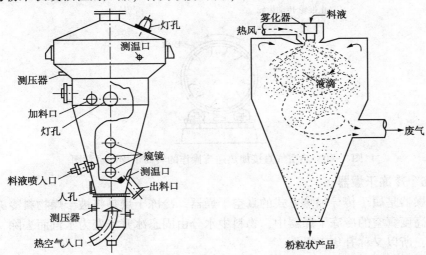

图7-38 沸腾造粒干燥塔示意图　　　　图7-39 喷雾干燥器示意图

在干燥塔顶部导入热风，同时将料液泵送至塔顶，经过雾化器喷成雾状的液滴，这些液滴群的表面积很大，与高温热风接触后水分迅速蒸发，在极短的时间内便成为干燥产品，从干燥塔底部排出。热风与液滴接触后温度显著降低，湿度增大，它作为废气由排风机抽出。废气中夹带的微粉用分离装置回收。

物料干燥分等速阶段和减速阶段两个部分进行。等速阶段，水分蒸发是在液滴表面发生，蒸发速度由蒸汽通过周围气膜的扩散速度所控制。主要的推动力是周围热风和液滴的温度差，温度差越大蒸发速度越快，水分通过颗粒的扩散速度大于蒸发速度。当扩散速度降低而不能再维持颗粒表面的饱和时，蒸发速度开始减慢，干燥进入减速阶段，此时颗粒温度开始上升，干燥结束时，物料的温度接近于空气的温度。

7.2.4.5 转筒干燥器

图7-40所示为热空气直接加热逆流操作的转筒干燥器。干燥器是一个与水平线略成倾斜的旋转圆筒，物料从转筒转高的一端加入，热空气由下端进入与物料成逆流接触，随着圆

筒的转动，物料受重力的作用运行到较低的一端时便干燥完毕而送出。在圆筒内壁上装有抄板，它的作用是把物料抄起来又洒下，使物料与气流的接触表面增大以提高干燥速率，又能促使物料自圆筒的一端运行至另一端。干燥器内物料与气流的流向是根据物料性质和最终含水量的要求而定。只有含水量较高，允许快速干燥，又不致发生裂纹或焦化，干燥后不能耐高温而吸湿性又很小的物料，才适宜采用并流干燥。置于逆流时因干燥器内传热与传质的推动力比较均匀，故适用于不允许快速干燥，而干燥后能耐高温的物料。通常，逆流操作的出口物料的含水量比并流时低。除热空气外，对于能耐高温而不怕污染的物料可采用烟道气为干燥介质，能得到较高的体积蒸发率和热效率。

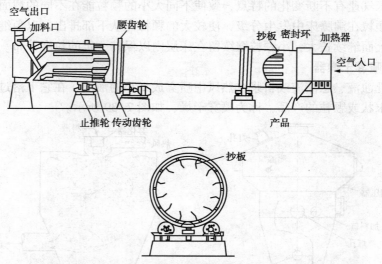

图 7-40　热空气直接加热逆流操作的转筒干燥器示意图

7.2.4.6　冷冻干燥器

冷冻干燥器是属于传导加热方式的真空干燥器。冷冻干燥是将被干燥物料冷冻至冰点以下，放置于高度真空的冷冻干燥器中，物料中水分由固态冰升华变为水汽而去除，从而达到干燥的目的，所以又称升华干燥。

冷冻干燥具有下列优点：干燥后的物料保持原有的化学组成与物理性质(多孔结构，胶体性质等)。如胶体物料，以常用方法干燥时，干燥温度一般在冰与物料的共融点以上，干燥之物料将会失去原有的胶体性质，因此，冷冻干燥对有些药物(如抗生素、生物制剂等)的干燥是不可缺少的干燥方法。冷冻干燥时，所消耗的热量较其他干燥方法低，如干燥器中压力为 0.27Pa(绝对压力)时，冰的升华温度为 263K，所以常温或稍高温度的液体或气体已是良好的热载体，具有足够的传热推动力，因此，热源供应充分而方便。冷冻干燥器往往不需绝热，甚至可以导热性较好的材料制成，以便利用外界的热量。

7.2.5　过滤装置

过滤悬浮液的设备称为滤过机。过滤机按操作方式分为间歇过滤机和连续过滤机，间歇过滤结构简单，可在较高压强下操作，常见的有压滤机、叶滤机等。连续过滤机多采用真空操作，常见的有转筒真空过滤机、圆盘真空过滤机等。过滤机按过滤推动力不同分为重力过滤机、加压过滤机和真空过滤机等。

7.2.5.1　板框压滤机

板框压滤机是间歇式过滤机中应用得最广泛的一种。此机是由许多个滤板和滤框交替排列并支架在一对轨道上组成的，其结构如图 7-41 所示。

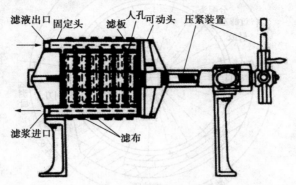

图 7-41　板框压滤机示意图

板和框多做成正方形，其结构如图 7-42 所示。板框的角端开有工艺用孔，板框合并压紧后即构成供滤浆或洗液流通的孔道。框的两侧覆以滤布，空框与滤布围成了容纳滤浆及滤饼的空间。滤板的作用有：支撑滤布和提供滤液通道。为此板面上制成各种凹凸纹路。凸起部分支撑滤布，下凹部分形成滤液通道。滤板又分为洗涤板和非洗涤板两种，其结构和作用有所不同。为了组装时易于辨别，常在板框外侧铸有小钮或其他标志。通常洗涤板为三钮，非洗涤板为一钮，滤板为二钮。组装时按钮数 1—2—3—2—1—2—3……的顺序排列板与框。所需板与框的数目由生产能力和滤浆浓度等因素决定。

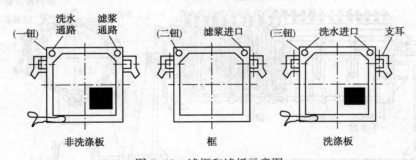

图 7-42　滤框和滤板示意图

7.2.5.2　真空过滤机

这种过滤机把过滤、洗饼、吹干、卸饼等各项操作在转鼓的一周回转中依次完成。在转鼓回转过程中，连续用刮刀切割滤饼，刮除了滤饼的过滤面随即旋进悬浮液中形成新的滤饼层。由于滤面的不断再生，实现了过滤的连续化。其操作过程如图 7-43 所示。

转鼓式真空过滤机对于霉菌发酵液的过滤较有成效。例如青霉素发酵液、黑曲霉菌柠檬酸发酵液的过滤等。为了不损伤滤布，刮刀仍然在滤布表面留下一层薄的滤饼层，因此它与洗刷干净的滤布相比，其通透性约降低 40%。此外，实际上滤布的毛细孔道随着过滤时间的延长也会被细小的粒子所阻塞，阻力相应增大，因而需要定期停机洗涮滤布。为了延长过滤的周期，常在滤布上预涂硅藻土层，刮刀刮除滤饼时，基本上不伤及此硅藻土层。

7.2.5.3　加压叶滤机

加压叶滤机如图 7-44 所示，系由许多个圆形滤叶装合而成。每个滤叶有一金属管构成

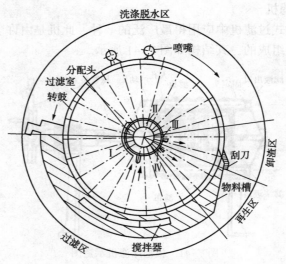

图 7-43　回转真空过滤机示意图

的框架，框架中装有金属多孔板或金属网状板，外罩过滤介质，内部具有空间。此机的机体是一个水平圆筒，圆形滤叶就挂在水平圆筒机壳内，且固定在机体上部。机壳分成上下两半，上半部固定在机架上，下半部用铰链固定在机体上半部，且可以开合。过滤时将机壳密闭，滤浆由泵送入机壳内，加压滤液穿过介质，沿排出管与流至总汇集管 6 导出机外。滤渣沉积在介质上形成滤饼。滤饼的厚度视滤浆的性质和操作情况而定，通常为 5~35mm。

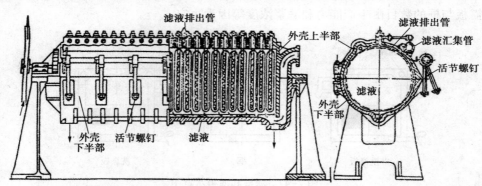

图 7-44　加压叶滤机示意图

7.2.6　离心装置

在离心力的作用下，分离液态非均一系的过程，称为离心分离，实现这种离心分离的机器叫做离心机。

生产中经常要将液态非均一系进行分离，以获得所要求的产品或半成品，如啤酒、果酒的澄清、酵母液的增浓；含高浓度悬浮固形物的固液分离；固相、水相和溶媒的分离。如广泛用于抗生素发酵液中直接萃取抗生素，同时分路排出被分离的水和含有抗生素的溶媒及残渣。对这类液态非均一系的分离，可以采用过滤及重力沉降两种基本方式，但往往含水率较高尤其当悬浮液中固体粒子很小，或黏度很大时，过程便进行得很缓慢，甚至不能进行，此时，如果用离心分离，则能得到较好的效果。

244

离心机的主要组成部分为高速旋转鼓，转鼓装在垂直或水平的轴上，当悬浮液加入后，由于转鼓在高速下转动，鼓内物料亦随之同时旋转，由于旋转的物料本身所产生的离心力是随着转速的提高而加大的，因此在离心力作用下的过滤速度或沉降速度都可加快，也即离心分离的推动力是比较大的。在离心过滤时，滤饼中残留的液体较少，可以得到较为干燥的滤饼。

7.2.6.1 刮刀卸料离心机

这种离心机的特点是在转鼓连续全速运转的情况下，能自动依次地进行加料、分离、洗涤、甩干、卸料、洗网等工序的循环操作，每工序的操作时间，可根据事先规定的要求用电气-液压自动系统进行控制，如图 7-45 所示。操作时，进料阀自动定时开启，悬溶液由进料管进入高速运转的鼓内，受离心力作用而分离，液相经滤网和转鼓壁上的小孔被被甩到鼓外，由机壳的排液口流出。固相留在鼓内，耙齿将其均匀地分布在滤网面上，随滤饼厚度的增加，耙齿作相对转动，转动一定角度，当滤饼达到最大容许厚度时，触及限位开关，可使进料阀关闭，停止进料。

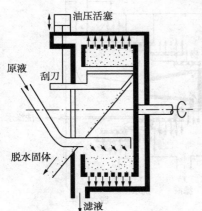

图 7-45 卧式刮刀离心机示意图

随后冲洗阀门自动开启，洗液经冲洗管喷淋在滤饼上。冲洗一定时间后，阀门定时关闭，在转鼓连续旋转下，液体不断被甩出。持续甩干一定时间后装有长刮刀的刮刀架自动上升，滤饼被刮刀刮下，沿倾斜的卸料斗排出机外。刮刀架升到极限位置后，随即开始退下。同时冲洗阀又开启，对滤网进行冲洗。洗网持续一定时间后，即完成一个操作周期，又重新开始加料进入第二个操作周期。

刮刀离心机具有很多优点，在全速下自动控制各工序的操作，适应性好，操作周期可长可短，能过滤和沉降某些不易分离的悬浮液，生产能力较大而耗人工较少，结构比较简单，制造维修都不太复杂。缺点是刮刀卸料对部分所缺物料造成破损，不适于要求产品晶形颗粒完整的情况。

7.2.6.2 活塞推料离心机

活塞推料离心机是一种在全速运转下，间时连续进行加料、分离、洗涤、卸料等所有工序的过滤式离心机，但卸料是一股一股推送出，整个操作过程都是自动的。图 7-46 是这种离心机的示意图，活塞推送器是这种离心机的特有装置，报送器装在转鼓内部固定的活塞杆的末端，并和转鼓以同样的角速度一起旋转，同时又靠液压传动机构作轴向往复运动，其行程与往复频率是可以调节的。

被分离的悬浮液不断由加料管送入锥形进料斗内，继而被洒于金属滤网上，滤液经滤网缝隙和鼓壁上小孔被甩出转鼓外，积存在滤网上的滤渣层被往复运动的活塞推送器推出。当滤饼需要洗涤时。可在滤饼被向前推行的过程中，引入一导管喷水洗涤滤饼，将收集分离液的外壳空间也分成两个部分，将滤液和洗涤水分别排出。

活塞推料离心机主要适用于粗分散的并能很快脱水和失去流动性的悬浮液。它的优点是滤饼层颗粒的粉碎程度比刮刀卸料离心机要小得多，自动控制系统较简单，功率消耗也较均匀，是一种应用较广的离心机，其缺点主要是对悬浮液的浓度变化很敏感，例如当料液较稀时，滤渣来不及生成，料液便直接流出转鼓并冲走部分已形成的滤饼，而造成转鼓中物料分布不匀，引起转鼓的振动。

　　活塞卸料离心机还有双级及多级推料式(见图7-47)。由于采用了多级，每级转鼓较短，可适当提高转速，故分离因数较高，并可改善过滤分离情况，生产能力较高，适用物料范围较广。多级活塞卸料离心机特别适用于高粘性的液相物料或滤饼需要彻底洗涤的情况，如在三级离心机中，第一级把进入的物料过滤，第二级进行洗涤，最后一级则将滤饼干燥。

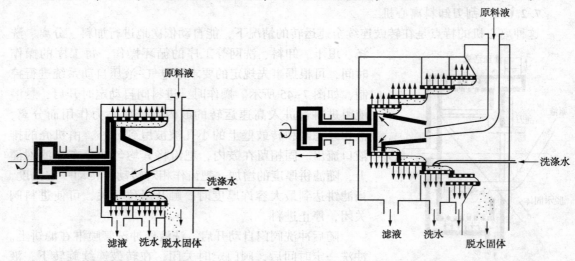

图7-46　单级活塞推料离心机示意图　　　　　图7-47　多级活塞卸料离心机示意图

7.2.6.3　管式离速离心机

　　管式高速离心机是一种能产生高强度离心力场的离心机，它具有很高的分离因数(15000~60000)，转速可高达8000~50000r/min，能分离一般离心机难以分离的物料，适用于分离乳浊液和澄清含固相极少又很细小的悬浮液。

　　根据前述高分离因数离心机的设计原则，管式高速离心机具有一个高速旋转而细长的转鼓，如图7-48所示。乳浊液或悬浮液在加压下，由转鼓下方的进料管引入转鼓的下端，进入鼓内的物料在离心力场下沿轴向向上流动过程中，由于在转鼓内装有三片互成120°浆叶，可带动物料及时达到与转筒同一高速度旋转。如果用于处理乳浊液，则在转鼓中由于离心力作用分成内外两个同心液层。外层为重液，内层为轻液，一起上升，从转鼓顶盖上近中心处的轻相液出口管和靠近鼓壁处的重相液出口管，分别将轻液和重液引出。如用于处理悬浮液，则固相沉积在鼓壁上，顶盖上只用一个液体出口管将液体引出。鼓壁上的沉渣须在停车后才能清除。管式高速离心机的结构简单，运转可靠，但与其他高速离心机相比，其缺点是容量小，效率较低，这种离心机不适宜处理固相含量高的悬浮液。

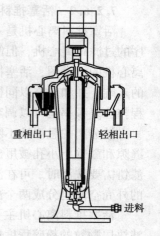

图7-48　管式高速
离心机示意图

7.3　微生物发酵设备

　　生化反应器，是为一个特定生物化学过程的操作提供良好而满意环境的容器，人们习惯将其称为发酵罐。生化反应器是工业发酵常用设备中最重要、应用最广泛的设备，它提供了一个适应微生物生命活动和生物代谢的场所，可以说生化反应器是整个发酵工业的心脏。生化反应器与其他工业设备的突出差别是对纯种培养的要求之高，几乎达到十分苛刻的程度，工艺操作上的任何一点疏忽都会给企业造成不可挽回的巨大损失。因此，发酵罐的严密性、运行的高度可靠性是发酵工业的显著特点。

由于微生物分嫌气和好气两大类，故供微生物生存和代谢的生产设备也就各不相同。例如：酒精和啤酒等均属嫌气发酵产品，其发酵设备因不用供氧，所以设备结构一般较为简单，而另一部分产品在发酵生产过程中，需不断通入无菌空气，如谷氨酸、柠檬酸、酶制剂和抗生素等，就需具备通气搅拌的发酵设备。不论嫌气或通风发酵设备，除了满足微生物培养所必要的工艺要求外，还得考虑材质的要求以及加工制造难易程度、维修等因素。发酵工业生产上应用的发酵设备型式种类繁多，容量也大小不一。近年来，国内外发酵设备已日趋向大容量发展，大型发酵罐具有简化管理，节约投资，降低成本以及利于自控等优点。

7.3.1 通风发酵设备

机械搅拌发酵罐是发酵工厂常用类型之一。它是利用机械搅拌器的作用，使空气和醪液充分混合，促使氧在醪液中溶解。以保证供给微生物生长繁殖和发酵所需要的氧气。目前这类反应器应用最为广泛的是通用式发酵罐，如图 7-49 所示。它包括罐体、通气装置、搅拌装置、加热冷却装置、消泡装置、进出料装置、液体流型控制装置及仪表等附属组成。

机械搅拌式发酵罐影响发酵的主要因素有氧传递速率、功率输入、混合质量、搅拌浆形式和发酵罐的几何比例等。罐体的高度与直径之比一般为 1.7~4 左右，该比值越大，亦即发酵罐越细长，空气利用率越高，对发酵越有利，但相反又会带来一系列问题，如空气压力要求高，料液上下混合不匀，操作不便等缺点。

7.3.1.1 通风发酵设备结构

（1）罐体。由圆柱筒体和封头（桶圆形或碟形）组成，对大型罐，筒体和封头采用焊接结构；对小型罐，一般采用法兰连接。罐体材料用碳钢或不锈钢，大型发酵罐一般用不锈钢复合板或衬 2~3mm 不锈钢薄板。罐内焊接必须平整，经过磨光，以利于清洗和防止夹藏杂菌。罐顶有入孔、进料口、排气口、压力表、视镜、接种口等结构，某些罐在视镜孔处装有蒸汽吹管以便冲洗之用。大型罐内装有梯子以便进入其内进行维修清洗。另外在罐上的适宜位置还装有温度计、溶氧电极和取样口、冷却水进出口管、空气进口管等结构。为了满足工艺要求，罐体需承受一定压力，因此罐体应按压力容器进行设计。

（2）搅拌器和挡板。搅拌器的作用是使流体混合均匀，打碎气泡而促进氧的溶解。挡板的作用是控制液体的流型，消除旋涡增加搅拌的混合效果。发酵罐通常装有两组搅拌器，两组搅拌器的间距约为搅拌器直径的三倍，对于大型发酵罐以及液体深度较高的，可安装三组或三组以上的搅拌器。最下一组距罐底的高度一般等于搅拌器直径。最上一层搅拌器距液面至少要有浆径的 1.5 倍。搅拌器过于接近液面会因液面下陷而使浆叶外露。搅拌器可分为轴向型和径向型两种型式，常见的有推进式和回盘涡轮式。圆盘涡轮式依浆叶形状不同又分为平直叶、后弯叶和折叶三种。圆盘涡轮式的叶型还有一种箭叶型，如图 7-50 所示。与上述叶型相比，这种搅拌器造成的轴向流动较强烈，在同样转速下，它造成的剪切力小，输入功率较低。

挡板一般是指长条形的竖向固定在槽壁上的板，主要是在湍流状态时为了消除槽中央的

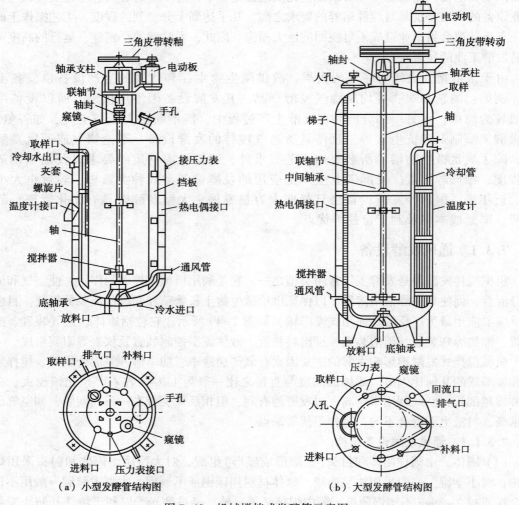

图 7-49　机械搅拌式发酵管示意图

"圆柱状回转区"而增设的。显然这种挡板适用于径流型桨叶在湍流区的操作，而层流状态时不能用这种挡板来改变流型，挡板还可提高桨叶的剪切性能。

　　挡板的宽度 $W=(1/10\sim1/12)D$，D 为筒体直径，在高黏度液时也可减小到 $(1/20)D$。挡板的数量 Z_1 视罐径的大小而异，在小直径罐时用 2~4 个，在大直径罐时用 4~8个，以 4 个或 6 个居多。挡板沿罐壁周向均匀分布直立安装，挡板的安装方式如图 7-51 所示。在低黏度液时挡板可紧贴近罐壁上，且与液体环向流成直角，如图 7-51(a)所示。当黏度较高，如 7000~10000Pa·s 时，或固-液相操作时，挡板要离壁安装，如图 7-51(b)所示。挡板离开罐壁的距离一般为挡板宽度 W 的 1/5~1 倍，当黏度更高时还可将挡板倾斜一个角度，如图 7-51(c)所示，这样可有效防止黏滞液体在挡板处形成死角。当罐内有传热蛇管时，挡板一般安在蛇管内侧，如图 7-51(d)所示。挡板上缘一般可与静止液面齐平，下缘可到罐底。实验证明，挡板的宽度、数量以及安装方法对流体的流动和搅拌功率都有影响。罐内设置的其他能阻碍水平回转流的构件如蛇管、列管、排管、人梯等也能起挡板的作用。

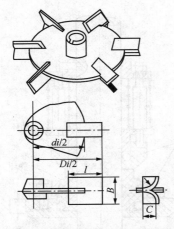

图 7-50　圆盘箭叶涡轮示意图

比例尺寸 D_i：d_i：l：B；$C=20$：15：5：4：2　　$R=0.5B$

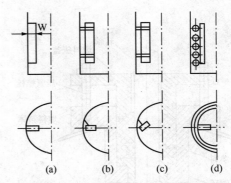

图 7-51　挡板的安装方式示意图

（3）消泡器。消泡器有锯齿式、梳式、孔板式、旋桨梳式等类型。孔板式的孔径约 10~20mm。消泡器的长度约为罐径的 0.65 倍。消泡器装在搅拌轴上，位于液面略高的地方。但这种机械消泡器消泡效果不甚理想，工厂中较少应用，一般采用消泡剂消泡。

（4）传动装置。发酵罐的搅拌器是由传动装置来带动。传动装置通常设置在发酵罐顶封头的上部，且与轴封装置的安装必须保证同心，所以常在封头上焊一底座，如图 7-52 所示。发酵罐传动装置的设计内容一般包括：减速器的选型，选择联轴器，选用或设计机座、底座等。发酵罐常用的减速器有三角皮带传动和齿轮减速装置。三角皮带传动结构简单、制造方便、噪音小、过载时易打滑，有保护作用，齿轮减速机的传动效率较高，但加工、安装精度要求高。

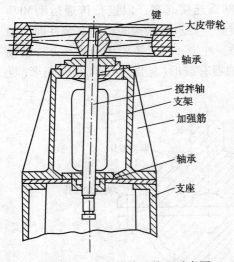

键
大皮带轮
轴承
搅拌轴
支架
加强筋
轴承
支座

图 7-52　发酵管传动装置示意图

（5）空气分布装置。空气分布装置的作用是吹入无菌空气，并使空气均匀分布，分布装置的形式有单管及环形管装于最低一挡搅拌器的下面（罐底部中央位置），喷孔口或管口向下，以利于罐底部分液体的搅动。空气由分布管喷出，上升时被转动的搅拌桨打碎成小气泡并与液体混合与分散，因而加强了气液的接触效果，环形管的环径 d_1 以等于 0.8D 时较有效，喷孔直径为 5~8mm，喷孔的总截面积约等于通风管的截面积。由于喷孔较易堵塞及腐蚀，目前已很少采用，现普遍采用的是单管式空气分布装置，向下的管口与管底的距离约为 30~60mm，为了防止分布管吹入的空气直接喷击罐底，加速罐底腐蚀，在分布装置的下部设置不锈钢的分散器，可延长罐底的寿命。

（6）轴封装置。轴封的作用是使罐顶或罐底与轴之间的缝隙加以密封，防止泄漏和污染杂菌。常用的轴封有填料函式轴封和端面式轴封两种，如图 7-53 所示。

① 填料函式轴封。填料函式轴封是由填料箱体、填料底衬套、填料压盖和压紧螺栓等零件构成。使旋转轴达到密封的效果。填料函式轴封的优点是结构简单。主要缺点是死角

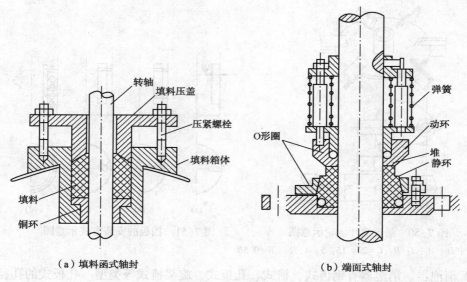

| （a）填料函式轴封 | （b）端面式轴封 |

图 7-53　轴封示意图

多，很难彻底灭菌，容易渗漏及染菌，轴的磨损情况较严重，填料压紧后，摩擦功率消耗大，寿命短，经常维修，耗工时多。因此目前多采用端面式轴封。

② 端面式轴封。端面式轴封又称为机械轴封，密封作用是靠弹性元件(弹簧、波纹管等)的压力使垂直于轴线的动环和静环光滑表面紧密地相互贴合，并作相对转动而达到密封。端面轴封具有清洁、密封性能好、无死角、摩擦损失少以及轴无磨损现象等优点，是一种适用于密封要求高的发酵罐搅拌轴的密封方法。

（7）发酵罐搅拌轴较长，而且轴径是随着扭矩大小有所变化的，为了加工、安装、检修方便，搅拌轴一般做成二节或三节，节与节之间用联轴器连接起来，以进行传递运动和功率。联轴器除了将两轴联在一起回转外，为确保传动质量，要求被联接的轴要安装在同一轴心上即同心，另一方面要求传动中的一方工作如有振动、冲击，尽量不要传给另一方。联轴器随联接的不同要求而有各种不同的结构，常用的联轴器有鼓形(见图 7-54)及夹壳形(见图 7-55)两种，小型发酵罐可采用法兰将搅拌轴联接。

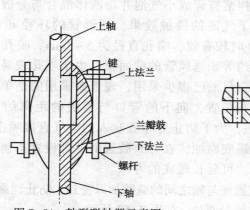

图 7-54　鼓形联轴器示意图

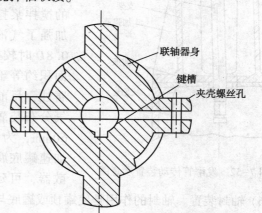

图 7-55　夹壳形联轴器示意图

为了使搅拌轴转动灵活和减少震动，需要在轴上装轴承。一般轴承采用滚动轴承(有的厂采用圆锥滚子轴承)，中型发酵罐一般在罐内装有底轴承，而大型发酵罐还装有中间轴承，底轴承和中间轴承的水平位置都要求能适当调节。中间轴承是安装在罐内，可用结构简单不需加润滑又能防腐的滑动轴承，一般可用硬木轴瓦或塑料轴瓦(如石棉酚醛塑料、聚四氟乙烯等)。轴瓦与轴之间的间隙要取得稍大一些，以适应温度差的变化，通常可取轴径的 $0.4\% \sim 0.7\%$。底轴承可采用止推轴承，装在轴的最下端，用支撑件加以固定。

与罐内轴承接触处的轴颈极易磨损，尤其是底轴承处磨损更为严重，可以在与轴承接触处的轴上增加一个轴套，用紧定螺钉与轴固定。这样仅磨损轴套而轴不会磨损，检修时只要更换轴套就可以。

7.3.1.2 发酵罐的换热装置

(1) 夹套式换热装置。这种装置多应用于容积较小的发酵罐、种子罐。夹套的高度比静止液面高度稍高即可，无须进行冷却面积的设计。这种装置的优点是结构简单，加工容易，罐内无冷却设备，死角小，容易进行清洁灭菌工作，有利于发酵。其缺点是传热壁较厚，冷却水流速低，发酵时降温效果差。传热系数约为 $170 \sim 290W/(m^2 \cdot K)$。较大型的发酵罐，如果采用夹套冷却，则降温困难，难于维持发酵工艺要求的温度，除非采用冷冻盐水或冷冻水作为冷却水，方能控制发酵所要求的温度。

(2) 竖式蛇管换热装置。这种装置是竖式的蛇管分组安装于发酵罐内，有四组、六组或八组不等，根据管的直径大小而定，容积 $5m^3$ 以上的发酵罐多用这种换热装置。这种装置的优点是：冷却水在管内的流速大，传热系数高，约为 $350 \sim 520W/(m^2 \cdot K)$。若蛇管壁较薄，在冷却水流速较大的情况下，传热系数可达 $930 \sim 1160W/(m^2 \cdot K)$。这种冷却装置适用于冷却水温度较低的地区，水的用量较少。但是气温高的地区，冷却用水温度较高，则发酵时降温困难，发酵温度经常超过 $40℃$，影响发酵生产率，因此应采用冷陈盐水或冷冻水冷却，这样就增加了设备投资及生产成本。此外，弯曲位置比较容易蚀穿。

(3) 竖式列管(排管)换热装置。这种装置是以列管形式分组对称装于发酵耀内，其优点是：加工方便，适用于气温较高，水源充足的地区。有的味精车间的发酵罐，原来采用竖式蛇管冷却装置，在夏秋两季，由于气温高，水温高，实消后降温时间很长，发酵温度在菌体生长期就升至 $40℃$ 以上，产酸低。后来采用了排管冷却，加快冷却水流速，加大用水量，使实消后降温时间缩短，发酵温度控制在 $40℃$ 以下，提高了发酵产酸量，缩短了每罐生产周期时间。这种装置的持点是：传热系数较蛇管低，用水量较大。

7.3.1.3 发酵罐管路配置要求

在发酵过程中，往往产生染菌现象，使发酵产品量降低，甚至倒罐，造成浪费。因此防菌污染是发酵工业极为重要的一环，必须高度重视。染菌主要原因是由于操作不好，或由于管路配置不良，造成死角，无法进行灭菌，或由于设备渗漏等。

(1) 尽量减少管路，减少管路一方面节省投资，另一方面减少染菌机会。管路越短超好，安装要整齐美观。与发酵罐连接的管路有空气管、进料管、出料管、蒸汽管、水管、取样管、排气管等，其中有些管应尽可能合并后与发酵罐连接。例如有的工厂将空气管、进料管、出料管合为一条管与发酵罐连接，一条管既能进空气，又能作为进料或排料用。有的工厂将接种管、尿素管、消泡油管、压料空气管合为一条管后与发酵罐连接，做到一管多用。但是如果将排气管道相互串通，则有互相干扰的弊病，一个罐染菌往往会影响其他罐，所以排气管一般单独设置较为有利。减少罐内的管路，可以减少染菌机会。小型发酵罐多采用夹套冷却；大型发酵罐多采用蛇管或排管冷却；有的在发酵罐外壁焊上盘管冷却或喷淋冷却，均可减少染菌机会，但冷却效果较差。通常进空气管适宜于由罐外下段进入。管路配置如图

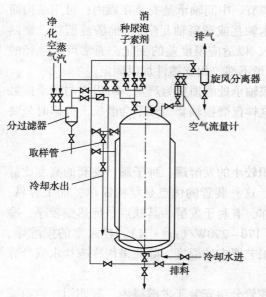

图 7-56　发酵罐管路示意图

（2）减少设备死角，死角是指发酵过程中热量不易传到的地方。这些地方不能对流传热，容易积存污垢，一旦结垢之后热传导更慢，无法达到高温灭菌要求，工厂中常发现的死角包括管路上死角，有螺纹间隙死角、法兰盘死角；种子罐放料管道上死角等。

管路连接有螺纹连接，法兰盘连接，焊接等。如果采用螺纹连接时，若螺纹不好，则纹牙配合不严密而有缝隙，如用麻根作为填料亦无法消灭缝隙，缝隙是微生物隐藏的死角；如果采用法兰连接时，所采用的橡皮垫圈比管的直径大或小也会产生死角；采用焊接时，焊缝有凹凸现象也会产生死角。上述的几种管路死角是比较容易出现的。目前消灭管路死角的较好方法是采用焊缝连接法，但是焊缝必须光滑，

转弯处不应呈直角形，而应当有一定的弧度，如图 7-57 所示，一方面使转弯处光滑，另一方面减少管路阻力，延长转弯处管路的寿命。

种子罐放料管的死角及改进如图 7-58 所示。左图的管路上育三个阀门控制着三角管路，消毒时，因罐内有种子，阀 3 是不能打开的，只能打开阀 1、2，使直管获得消毒，而与阀 3 连接的短管成为死角，蒸汽不能使之消毒。但是如果在阀 3 上再焊上一个小阀 4，则蒸汽可通过全部三通管，经阀 2、4 出，消灭了死角现象而使三通管获得消毒。

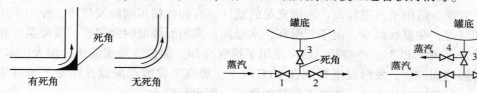

图 7-57　管子转角处死角消除　　　　图 7-58　种子罐放料管的死角及改进

类似这种管的死角还有其他解决的办法，是在阀腔的一边或另一边装上一个小阀，以便使蒸汽通过管道而进行消毒。为了达到消毒目的，有的阀腔两边均装有小阀，视需要而定。

阀门死角往往出现于球心阀阀座两面的端角。可以在接种管、尿素管、消泡油管与发酵罐连接的阀门两面均装有小排气阀门，以利消毒。罐体内的死角由凹凸焊缝，法兰垫片过小或过大，管路过多，沉降的堆积物，底轴承衬缝，空气分配的吹泡管等造成，使细菌隐藏，难于消灭。因此，要求罐内的焊缝光滑，法兰的垫片不宜过大或过小，尽量减少罐内的管路及附件，定期铲除罐内的积垢，尽量减免死角的形成。总之，设备各连接处和与物料接触的表面都应该光滑平整，消灭死角以防积垢，设备的清洗和检修也不得马虎。

7.3.2　嫌气发酵设备

嫌气发酵是发酵过程中不需供氧的发酵。最具代表性的是酒精和啤酒等产品的发酵，其发酵设备因不需供氧，所以设备结构要比通气搅拌发酵设备简单。早期的嫌氧发酵设备结构

比较简单，一般为开口容器。

20世纪50年代后期，国内外相继实现了糖蜜制酒精的连续发酵生产。60年代初，国外用淀粉物质原料制造酒精工业化生产已经获得成功。目前我国某些发酵工厂生产的酒精、啤酒和其他发酵产品的连续化亦已达到工业化生产水平，有的发酵车间已经部分实现了机械化和半自动化的操作，或已采用了自动仪表记录和控制来代替繁重的体力劳动。

7.3.2.1　酒精发酵罐的结构

欲使酒精酵母将糖转化为酒精，并使转化率较高，则在正常情况下，除满足酒精酵母生长和代谢的必要工艺条件外，还需要一定的生化反应时间，在此生化反应过程中还将释放出一定量的生物热，若该热量不及时移走，必将直接影响酵母的生长和代谢产物的转化率。因此，酒精发酵罐的结构必须首先满足上述工艺要求，此外，从结构上，还应考虑有利于发酵液的排出，设备的清洗、维修以及设备制造安装方便等问题。

酒精发酵的工艺方式不同，发酵设备也略有差异。从发酵形式来分，有开放式、半密闭式和密闭式三种。如果从材质上分，则可分为钢板和水泥两种。半密闭式发酵罐多采用钢板制成，罐顶顶盖上设有能启闭的人孔。在酒精发酵过程中，为了回收二氧化碳气体所带出的部分酒精和综合利用二氧化碳气体，一般发酵罐采用密闭型式。

密闭式发酵罐也用钢板制成，钢板厚度视发酵罐容积不同而异，一般采用 $4 \sim 8mm$ 厚钢板制成，罐身呈圆柱形，罐身直径与高之比为 $1:1.1$；盖及底为圆锥形或碟形；罐内装冷却蛇管，蛇管数量一般取每立方米发酵醪用不少于 $0.25m^2$ 的冷却面积（见图7-59）。也有采用在罐顶用淋水管或淋水围板使水沿罐壁流下，达到冷却发酵醪的目的。对于容积较大的发酵罐，这两种冷却形式可同时采用（见图7-60）。若采用罐外壁喷洒冷却的方法，为避免发酵车间的潮湿和积水，影响车间的卫生和操作，要求在罐体底部，沿罐体四周装有集水槽，废水由集水槽出口排入下水道。对地处南方的酒精厂，因气温较高，故应加强冷却措施。有的工厂在发酵罐底部设置吹泡器，以便进行搅拌醪液，使发酵均匀。罐顶设有 CO_2 排出管和加热蒸汽管、醪液输入管。但管路设置应尽量简化，做到一管多用，这对减少管道死角，防止杂菌污染有重要作用。大的发酵罐的顶端及侧面还应设有人孔，以便于清洗。

酒精发酵罐的洗涤，过去均由人工操作，不仅劳动强度大，而且二氧化碳气体一旦未彻底排除，工人入罐清洗会发生中毒事故。近年来，酒精发酵罐已逐步采用水力喷射洗涤方式，从而改善了工人的劳动强度和提高了操作效率。大型发酵罐采用这种水力洗涤装置尤为重要。

7.3.2.2　啤酒发酵设备

啤酒发酵容器的变迁过程，大概可分为三个方面：一是发酵容器材料的变化。容器的材料由陶器向木材-水泥-金属材料演变，现在的啤酒生产，后两种材料都在使用。我国大多数啤酒发酵容器为内有涂料的钢筋水泥槽，新建的大型容器一般使用不锈钢。二是开放式发酵容器向密闭式转变。小规模生产时，糖化投料量较少，啤酒发酵容器放在室内，一般用开放式，上面没有盖子。对发酵的管理，泡沫形态的观察和醪液浓度的测定等比较方便。随着啤酒生产规模的扩大，投料量越来越大，发酵容器已开始大型化，并为密闭式。从开放式转向密闭发酵的最大问题是发酵时被气泡带到表面的泡盖的处理。开放发酵便于撇取，密闭容器人孔较小，难以撇取。可用吸取法分离泡盖。三是密闭容器的演变。原来是在开放式长方形容器上面加穹形盖子的密闭发酵槽，随着技术革新过渡到用钢板、不锈钢或铝制的卧式圆筒形发酵罐，原来出现的是立式圆筒体锥底发酵罐。这种罐是20世纪初期瑞士的奈坦发明的，所以又称奈坦式发酵罐。

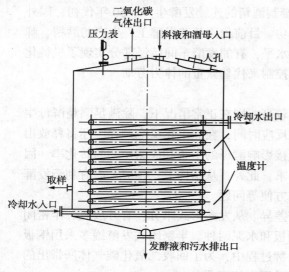

图 7-59 酒精发酵罐

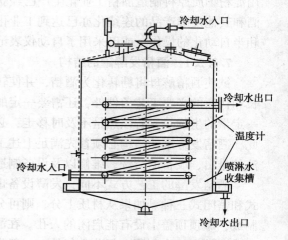

图 7-60 酒精发酵罐内外冷却示意图

目前使用的大型发酵罐主要是立式罐，如奈坦罐、朝日罐等。由于发酵罐容量的增大，要求清洗设备装置也有很大的改进，大都采用内部清洗系统。

啤酒发酵分为两个阶段，第一阶段是发酵的主要阶段，称为主发酵（又称前发酵），第二阶段称为后发酵（或称储酒），由于这两个阶段的主要作用不同，故其设备结构特点也不一样。

（1）前发酵设备结构。传统的前发酵槽均置于发酵室内，发酵槽大部分为开口式。前发酵槽可为钢板制。常见的采用钢筋混凝土制成，也有用砖砌、外面抹水泥的发酵槽。形式以长方形或正方形为主。尽管发酵槽的结构形式和材质各不相同，但为了防止啤酒中有机酸对各种材质的腐蚀，前发酵槽内均要涂一层特殊涂料作为保护层。如果采用沥青蜡涂料作为防腐层，虽然防腐效果较好，但成本高，劳动强度大，且年年要维修，不能适应啤酒生产的发展。因此，采用不饱和聚酯树脂、双氧树脂或其他特殊涂料的较为广泛，但还未完全符合啤酒低温发酵的防腐要求。

开放式前发酵槽如图 7-61 所示。前发酵槽的底略有倾斜，利于废水排出，离槽底 10~15cm 处，伸出嫩啤酒放出管，该管为活动接管，平时可拆卸，所以伸出槽底的高度也可适当调节。管口有个塞子，以挡住沉淀下来的酵母，避免酵母污染放出的嫩啤酒。待嫩啤酒放尽后，可拆去嫩啤酒出口接头，酵母即可从槽底该管口直接排出。为了维持发酵槽内醪液的低温，在槽中装有冷却蛇管或排管。前发酵槽的冷却面积，根据经验，对下面啤酒发酵取每立方米发酵液约为 $0.2m^2$ 冷却面积，蛇管内通入 0~2℃ 的冰水。密闭式发酵槽具有回收二氧化碳，减少前发酵室内通风换气的耗冷量以及减少杂菌污染机会等优点。因此，这种密闭式发酵槽已日益被新建啤酒工

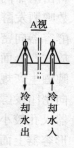

图 7-61 发酵罐管路示意图

厂采用。

除了在槽内装配冷却蛇管，维持一定的发酵温度外，也须在发酵室内配置冷却排管，维持室内一定的低温。但这种冷却排管耗金属材料多，占地面积大，且冷却效果又差，故新建工厂多采用空调装置，使室内维持工艺所要求的温度和湿度。采用开口式前发酵槽时，室内不能积聚过高浓度的二氧化碳，否则危害人体健康，因此，室内应装有排除二氧化碳气体的装置。若采用空调设备，则必须保证不断补充约 10% 的室外新鲜空气，其余作为再循环，从而节省冷耗。降低空调室的负荷，同时，确保排除二氧化碳气体，使室内二氧化碳气体的浓度达到最低，如图 7-62 所示。

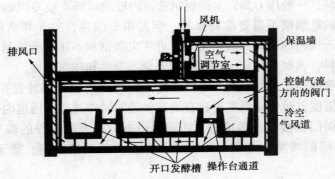

图 7-62　前发酵室的供排风系统

发酵室内装配密闭式发酵槽，则采用空调设备，实施冷风再循环更利于节约冷耗，如图 7-63 所示，为避免在室内产生激烈气流，通风口都应设在墙角处。为尽可能降低发酵室的冷耗量，除合理地在室内配置进出风道以及正确操作空调设备外，发酵室的四周墙壁和顶棚均要采用较好的绝热结构，绝热层厚度不应小于 5cm，发酵槽外壁及四周墙壁应铺砌白瓷砖或红缸砖，也可用标号较高的水泥抹面，再涂以较暗淡的油漆。地面通道应用防滑瓷砖铺设，并有一定坡度，便于废水排出。发酵室内顶棚应建成倾斜或光滑弧面，以免冷凝水滴入发酵槽内，从节省冷耗考虑，室内空间不宜太高，单位体积发酵室内的发酵槽容量应尽可能大。

（2）后发酵设备结构。后发酵槽又称储酒罐，该设备主要完成嫩啤酒的继续发酵，并饱和二氧化碳，促进啤酒的稳定，沉清的成熟。根据工艺的要求，储酒室内要维持比前发酵室更低的温度，一般要求 0~2℃，特殊产品要求达到 -2℃ 左右，由于后发酵过程中，残糖较

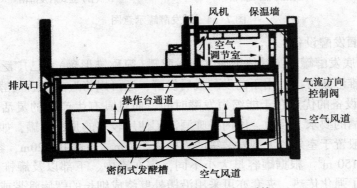

图 7-63　前发酵室的冷风循环系统

低，发酵温和，产生发酵热也较少，故槽内一般无须再装配冷却蛇管，后发酵产生的发酵热通过室内低温将其带走。由此可见，贮酒室的建筑结构和保温要求，均不能低于前发酵室，室内低温的维持，是通过室内装置冷却排管或通入冷风循环而得，而后者装置比前者应用得更广泛。

后发酵槽是金属的圆筒形密闭容器，有卧式和立式两种，如图 7-64 所示，工厂大多数采用卧式。由于发酵过程中需饱和二氧化碳，所以后发酵槽应制成耐压 0.1~0.2MPa（表压）的容器。后发酵槽的槽身装有人孔、取样阀、啤酒进出接管、二氧化碳排出接管、压缩空气接管、温度计、压力表和安全阀等附属设备装置。

后发酵槽的材料，一般用 Q235-A 钢板制造。内壁涂以沥青或专门的树脂防腐层，有的槽采用铝板，铝制的贮酒槽不需要涂料修补，但是由于腐蚀，3~4 年后壁面就产生不同程度的粗糙度，不利于槽内的消毒和清洁工作。近年来碳钢和不锈钢所压制的复合钢板是制作酒槽的一种新型材科，该材料保证了槽结构的安全、卫生和防腐蚀性。

为了改善后发酵的操作条件，较先进的啤酒工厂将储酒槽全部放置在隔热的储酒室内，维持一定的后发酵温度，毗邻储酒室外建有绝热保暖的操作通道，通道内保持常温，开启啤酒发酵液的通道和阀门都接通到通道里，在通道内进行后发酵过程的调节和操作。储酒室（冷藏室）和通道相隔的墙壁上开有一定直径和数量的玻璃窥察窗，便于观察发酵室内部情况。

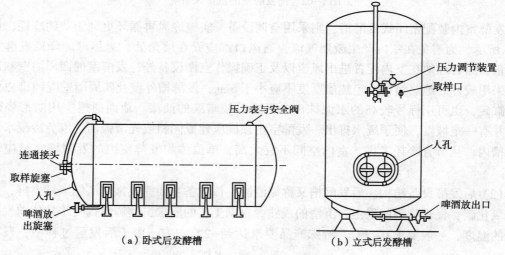

图 7-64　后发酵罐示意图

（3）新型啤酒发酵设备。

① 圆筒体锥底发酵罐。圆筒体锥底立式发酵罐（简称锥形罐），已广泛用于上面或下面发酵啤酒生产。锥形罐可单独用于前发酵或后发酵，还可以将近前、后发酵合并在该罐进行（一罐法）。这种设备的优点在于能缩短发酵时间，而且具有生产上的灵活性，故能适合于生产各种类型啤酒的要求。目前，国内外啤酒工厂使用较多的是锥形罐，如图 7-65 所示。

这种设备一般置于室外，大型发酵罐的直径为 2~5m，高达 10~20m，容量为 40~600m³ 不等，常用的是 150 m³。根据罐容量大小不同，需在罐中、下部以及罐锥底各配有数条带形冷却夹套，为了强化传热，夹套亦可采用沿槽外壁绕成细长的螺旋管带或带形蛇管。夹套内通入冰酒精或冰盐水，也可直接通入液氨循环使用。冷却夹套外层包扎有 20cm 厚的聚胺

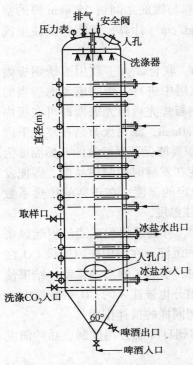

图 7-65　锥底立式发酵罐示意图

酯或聚苯乙烯泡沫塑料绝热层，筒体部分的高径比一般为 $H/D = 2 \sim 6$，锥底部分的锥角为 $70° \sim 120°$，但亦有认为采用小于 $70°$ 锥角为好，建议采用 $60°$ 锥角。这种发酵罐的装料系数可达 $85\% \sim 90\%$，设备利用率较高，罐内装有自动洗涤装置，罐身中、下部装有取样和温度计接管。已灭菌的新鲜麦汁与酵母由底部进入罐内，发酵最旺盛时，使用全部冷却夹套，维持适宜发酵温度，最终沉积在锥形底部的酵母，可打开锥底阀门，把酵母排出罐外，部分酵母留作下次待用，二氧化碳气体由罐顶排出。罐身和罐盖上均装有人孔，以观察和维修发酵罐内部，罐顶装有压力表、安全阀和玻璃视镜。为了在啤酒后熟过程中，饱和二氧化碳，故在罐底装有净化的 CO_2 充气管，CO_2 气则从充气管上的小孔流入发酵液中。

圆筒锥形发酵罐，广泛采用不锈钢板或复合不锈钢板材料，也可采用碳钢制造，但内部必须喷涂防腐蚀树脂涂料，亦有采用铝制设备。但必须注意，黑色的或有色的相异金属管道和铝罐不能直接接触，这是由于电偶合的形成会加速铝制设备的损坏。

这种型式设备，应用在前发酵槽居多。用于后发酵槽由于径高比较大，罐内 CO_2 气体的分布和温度不均匀，会引起罐内各层次的啤酒品质不一，促改为槽中部出酒，这种后发酵设备，仍可获得良好的效果。同时由于该设备操作清洗方便，无菌条件高，又利于二氧化碳气体的回收和酵母的收集，所以已作为近代啤酒工厂的主要型式的发酵设备，我国啤酒工厂也已试验采用。

② 联合罐

在美国出现了一种叫"universal"型的发酵罐，这是一种具有较浅锥底的大直径（高径比为 $1:1 \sim 1:3$）发酵罐，能在罐内进行机械搅拌，并具有冷却装置。这种发酵罐后来在日本得到推广，并称之为"Uni-Tank"，意即单罐或联合罐。联合罐在发酵生产上的用途与锥形罐相同，既可用于前、后发酵，也能用于多罐法及一罐法生产。因而它适合多方面的需要，故又称该类型罐为通用罐。

联合罐构造见图 7-66，主体是由 7 层 1.2m 宽的钢板组成的圆柱体，总的表面积是 $378m^2$，总体积 $765m^3$，这是个带有人孔的薄壳垂直圆柱体，上有拱形顶，下为带有足够斜度以便于除去酵母的锥底。锥底的形式可与浸麦槽的锥底相似，如果锥底的角度较小而造成总高度增加是一种不必要的浪费，因为这种罐的造价增大了。联合罐的基础是一钢筋混凝土圆柱体，其外壁约 3m 高，20cm 厚。基础圆柱体壁上部的形状是按照罐底倾斜度来确定的，有 30 个铁锚均匀地分埋入圆柱体壁中，并与罐

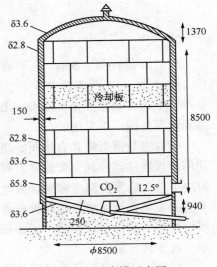

图 7-66　联合罐示意图

焊接。圆柱体与罐底之间填入坚固结实的水泥沙浆，在填充料与罐底之间留 25.4cm 厚的空心层以绝缘。基础的设计要求是按负载不超过 1.96MPa（2kgf/cm²）计算，且能经受住里氏 10 单位的地震震动。

罐体要进行耐压试验，在全部充满的罐中加压 7.03lkPa。联合罐大多数用不锈钢板做的，为了降低造价，一般不设计成耐压罐（CO_2 饱和是在完成罐中进行，否则应考虑适当的耐压）。在美国及欧洲有的联合罐是用普通钢板制造的。在钢板焊完后磨光表面即可在板内表面涂衬一种 Lasatiglas 或 Mukadur 的涂料，涂料厚度 0.5~1.0mm，涂料涂布后在室温下因聚合而固化。采用一段位于罐中上部的双层冷却板，传热面积要能保证发酵液的开始温度为 13~14℃ 情况下，在 24h 内能使其温度降低 5~6℃，这样就能在发酵时控制住品温，即便发酵旺盛阶段每 24h 下降 3 度的外观糖度，也能使啤酒保持一定的温度。在正常的传热系数下，若罐容积是 780m³，则罐的冷却面积达 27m² 时就能控制住温度。

罐体采用 15cm 厚的聚尼烷作保温层，聚尼烷是泡沫状的，外面还要包盖能经得起风雨的铝板。为了加强罐内流动，以便提高冷却效率及加速酵母的沉淀，在罐中央内安设 CO_2 注射圈，高度应恰好在酵母层之上。当 CO_2 在罐中央向上注入时，引起了啤酒的运动，结果使酵母浓集于底部的出口处，同时，啤酒中的一些不良的挥发组分也被注入的 CO_2 带着逸出。

联合罐可采用机械搅拌，也可通过对罐体的精心设计达到同样的搅拌作用。

③ 朝日罐。朝日罐又称朝日单一酿槽，它是 1972 年日本朝日啤酒公司试制成功的前发酵和后发酵合一的室外大型发酵罐，见图 7-67。

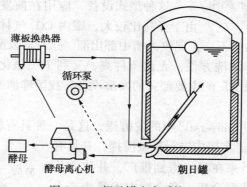

图 7-67　朝日罐生产系统

朝日罐是用 4~6mm 的不锈钢板制成的斜底圆柱型发酵罐，其高度与直径比为 1：1~1：2，外部设有冷却夹套，冷却夹套包围罐身与罐底，外面用泡沫塑料保温，内部设有带转轴的可动排掖管，用来排出酒液，并有保持酒液中 CO_2 含量均一的作用，该设备在日本和世界各国广为采用。

朝日罐与锥形罐具有相同的功能，但生产工艺不同，它的持点是利用离心机回收酵母，利用薄板换热器控制发酵温度，利用循环泵把发酵液抽出又送回去。这三种设备互相组合，解决了前、后发酵温度和酵母浓度的控制问题，同时也消除了发酵液不成熟的风味，加速了啤酒的成熟。使用酵母离心机分离发酵液酵母，可以克服酵母沉淀慢的缺点，而且还可利用凝聚性弱的酵母进行发酵，增加酵母与发酵液接触时间，促进发酵液中乙醛和双乙酰的还原，减少其含量。

啤酒循环的目的是为了回收酵母，降低酒温，控制酵母浓度和排除啤酒中的生味物质。

第一次循环是在主发酵完毕的第 8 天，发酵液由离心机分离酵母后经薄板换热器降温返回发酵罐，循环时间为 7h。待后发酵到 4h 时进行第二次循环，使酵母浓度进一步降低，循环时间为 4~12h，如果要求缩短成熟期，可缩短循环时间。当第二次循环时酵母由于搅动的关系，发酵液中酵母浓度可能回升，这有利于双乙酰的还原和生味物质的排除。循环后，酵母很快沉下去，形成沉淀。若双乙酰含量高或生味物质较显著，可以第 10 天进行第三次循环操作。

利用朝日罐进行一罐法生产啤酒的优点是：可加速啤酒的成熟，发酵时罐的装量可达 96%，提高了设备利用率，减少了排除酵母时发酵液的损失，缺点是动力消耗较大。

7.4 酶生物反应器

以酶作为催化剂进行反应所需的装置称为酶反应器。酶反应器不同于化学反应器，它是在低温、低压下发挥作用，反应器的耗能和产能也比较少。酶反应器也不同于发酵反应器，因为它不表现自催化方式，即细胞的连续再生。但是，酶反应器与其他反应器一样，都是根据它的产率和专一性来进行评价的。酶生物反应器是游离酶和固定化酶在体外反应时所需的反应容器，该类反应容器不但能够控制催化反应所需的各种条件，还能调节催化反应的速度。酶反应器的种类较多，根据结构的不同，可划分为膜式反应器、鼓泡式反应器、分批搅拌反应器、连续流搅拌反应器、填充床式反应器、循环反应器、流化床式反应器等。性能优良的酶反应器可以大幅提高生产效率。

7.4.1 搅拌罐式反应器

搅拌罐式反应器是具有搅拌装置的传统反应器，依据它的操作方式又可细分为分批式、流加分批式和连续式三种。搅拌罐式反应器主要由反应罐、搅拌器和保温装置三部分组成，具有结构简单、酶与底物混合充分均匀、温度和 pH 易控制、能处理胶体底物和不溶性底物及催化剂更换方便等优点，常被用于饮料和食品加工工业。但该反应器搅拌动力消耗大，催化剂颗粒容易被搅拌桨叶的剪切力所破坏，酶的回收效率低。对于连续流搅拌罐，可在反应器出口设置过滤器或直接选用磁性固定化酶来减少固定化酶的流失。另一种改进方法是将固定化酶催化剂颗粒装在用丝网制成的扁平筐内，作为搅拌桨叶及挡板，既改善了粒子与流体间的界面阻力，也保证酶颗粒不致流失。

分批搅拌罐式反应器特点是底物与酶一次性投入反应器内，产物一次性取出；反应完成之后，固定化酶(细胞)用过滤法或超滤法回收，再转入下一批反应。其装置较简单，造价较低，传质阻力很小，反应能很迅速达到稳态。但其操作麻烦，固定化酶经反复回收使用时，易失去活性，故在工业生产中，间歇式酶反应器很少用于固定化酶，但常用于游离酶。结构如图 7-68 所示。

连续搅拌罐式反应器是通过向反应器投入固定化酶和底物溶液，不断搅拌，反应达到平衡之后，再以恒定的流速连续流入底物溶液，同时，以相同流速输出反应液(含产物)。其优点是在理想状况下，混合良好，各部分组成相同，并与输出成分一致。其缺点是搅拌桨剪切力大，易打碎磨损固定化酶颗粒。结构如图 7-69 所示。

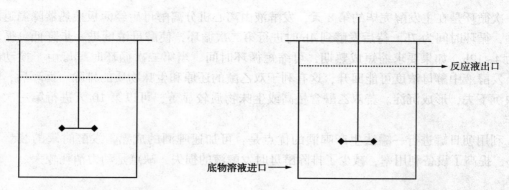

图 7-68　分批搅拌罐式反应器　　　　　图 7-69　连续搅拌罐式反应器

反应液出口

底物溶液进口

7.4.2　填充床式反应器

填充床式反应器，把颗粒状或片状等固定化酶填充于固定床（也称填充床，可直立或平放）内，底物按一定方向以恒定速度通过反应床，又称固定床反应器，如图 7-70 所示。将固定化酶填充于反应器内，制成稳定的柱床，然后，通入底物溶液，在一定的反应条件下实现酶催化反应，以一定流速，收集输出的转化液。

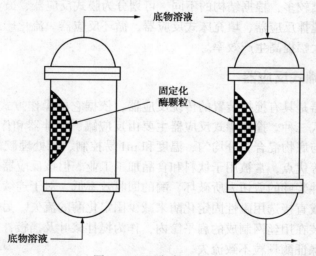

底物溶液

固定化
酶颗粒

底物溶液

图 7-70　固定床反应器

7.4.2.1　填充床式反应器优点

（1）单位反应器容积的固定化酶颗粒装填密度高，最大可达 74%（应用时一般为 50%~60%）。

（2）构造简单，因而容易工程放大。

（3）剪切力小，故适于易摩损的固定化生物催化剂。

（4）反应器内流动状态近似于平推流。

7.4.2.2　填充床式反应器缺点

（1）温度和 pH 不易控制。反应中 pH 变化时，应采用多级固定床串联形式，在各级出口处调节 pH。

（2）底物和产物浓度存在轴向分布。当酶的稳定性受这些化合物浓度影响时，会相应引起轴向各处酶失活情况不均等的情况。一般，对于有明显失活的固定化酶固定床，为了保持出口处转化率恒定，需要采取逐渐提高反应温度，或逐渐减小底物溶液供给流量等措施。

（3）更换部分催化剂相当麻烦。多数情况下，采用阶式固定床，即把填充层分成几段，再将各段连接起来使用。按照各段使用时间的长短即酶失活程度的顺序，依次更换时间最长一段中的催化剂。

（4）床层内有很大的压力降(压头损失)，必须加压供给底物溶液。

固定床反应器的操作方式主要有两种，即将底物溶液从底部通进顶部排出的上升流动方式及与其相反上进下出的下沉流动方式。

7.4.3 流化床式反应器

流化床反应器是在装有固定化酶颗粒的塔器内，流体通过自下而上的流动使固定化酶颗粒在流体中保持悬浮状态即流态化状态进行反应的装置。流态化的优点在于固体颗粒与流体的混合物可作为流体处理。如图 7-71 所示，当液体流速低时，颗粒静止不动，近似于固定床，而当流速过高时，颗粒将会随流体流出反应器外。因此，使颗粒处于流态化状态的流体流速有一定范围。流态化所需要的最低流速称为最小流态化流速。流化床反应器具有以下优点：

（1）传热及传质性能好。

（2）不会堵塞。

（3）能处理微小粉末状底物。

（4）即使应用微小的催化剂颗粒，压力降也不会很大等。但是流态化要求流体流速必须提高到一定程度，同时存在工程放大困难等缺点。在不能获得足够高的反应转化率时，必须在满足流态化的流速范围内，将部分反应液再循环。在流化床内，流体及催化剂颗粒一边流动一边混合。要想准确地表达返混程度对总反应速率的影响是较为困难的。

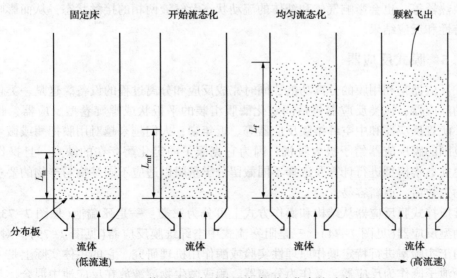

图 7-71　流体流速增大时从固定床到流化床的过渡过程

7.4.4　鼓泡式反应器

鼓泡式反应器是在塔体下部装上分布器,将气体分散在液体中进行传质、传热的一种塔式反应器。以其结构简单、无机械传动部件、易密封、传热效率高、操作稳定、操作费用低等优点,被广泛应用于废气和废水处理及菌种培养等工业过程。主要由塔体和气体分布器组成,如图7-72所示。塔体可安装夹套或其他型式换热器或设有扩大段、液滴捕集器等;塔内液体层中可放置填料;塔内可安置水平多孔隔板以提高气体分散程度和减少液体返混。简单鼓泡塔内液相可近似视为理想混合流型,气相可近似视为理想置换流型。最佳空塔气速应满足两个条件:

(1) 保证反应过程的最佳选择性。

(2) 保证反应器体积最小。

当气体空塔气速低于 0.05m/s 时,气体分布器的结构决定了气体的分散状况、气泡的大小,进而决定气含率和液相传质系数的大小。当气体空塔气速大于 0.1m/s 时,气体分布器的结构无关紧要。此时气泡是靠气流与液体间的冲击和摩擦而形成,气泡大小及其分布状况主要取决于气体空塔气速。

鼓泡塔内流体的流动情况比较复杂,气体的鼓入方式多种多样,气速的大小有高有低,有的单独鼓入,有的与液体一起鼓入或喷入。液体有流动的(连续式),有不流动的(半间歇式)。在连续操作的塔中,液体与气体有逆流的,有并流的,气液的流动会相互影响。塔内的内部构件导流管、障板、挡板、筛板、换热器等,也会影响气体和液体的流动状态及气液两相的接触状态,从而影响反应器的传递特性和反应结果。

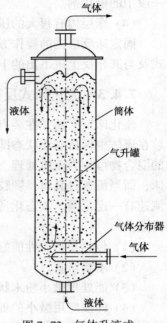

图 7-72　气体升液式
鼓泡反应器

7.4.5　膜式反应器

膜式反应器是利用膜的分离功能,同时完成反应和分离过程的设备。这是一类仅适于生化反应的反应器,该类反应器包括固定化酶膜组装的平板状或螺旋卷型反应器、转盘反应器、空心酶管反应器和中空纤维膜反应器等。近年来,人们越来越对用膜把酶或微生物限制在一定范围的膜反应器给予极大重视。因为它克服了固定化酶存在的缺点,且操作比较简单,可建立数学模型进行计算及选择不同截留分子量膜以适应不同基物与产物的要求。当团或微生物失效后,更新容易。

连续搅拌式膜反应器从结构和操作方式上可分为三类:一是死端池(见图 7-73);二是循环流动型反应器(见图 7-74);三是阻塞流式中空纤维膜反应器(见图 7-75)。对于前者,通常适用于实验室进行特定操作原理性实验或酶作用机理研究。它的主体实际上是一个杯型超滤器,池子既作为反应器,又作为分离器。酶或微生物溶液放在反应池中混合。基物则放在储罐中,在气体压力下输送入反应池中,与酶混合接触反应,产物不断透过膜到产物收集器。尽管反应池中装了磁力搅拌子,使溶液混合均匀并产生一定速度,但流动状态仍然较差,所以浓差极化严重,尤其当基物是大分子时更严重,甚至易形成凝胶层。这就带来两个问题：一是降低了分离速度；二是由于凝胶层中酶的构象变化及与基物接触机会少，从而影响酶活反应效率与降低生产能力。

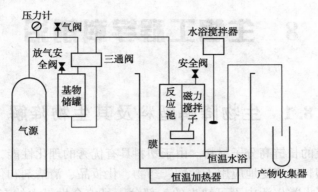

图7-73 死端池搅拌式膜反应器示意图

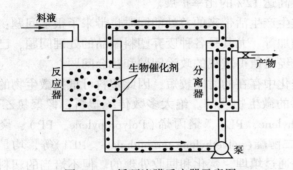

图7-74 循环流膜反应器示意图

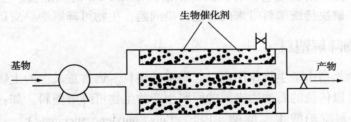

图7-75 管式中空纤维膜反应器示意图

参 考 文 献

[1] 戚以政等. 生物反应动力学与反应器(第三版)[M]. 北京：化学工业出版社，2007
[2] 梁世中等. 生物反应工程与设备[M]. 广州：华南理工大学出版社，2011
[3] 郑裕国等. 生物工程设备[M]. 北京：化学工业出版社，2007
[4] 段开红等. 生物工程设备[M]. 北京：科学出版社，2016
[5] 方书起等. 生化工程与设备(第2版)[M]. 北京：化学工业出版社，2017
[6] 马晓建等. 生化工程与设备[M]. 北京：化学工业出版社，1996
[7] 陈必链等. 生物工程设备[M]. 北京：科学出版社，2013

8 生物工程学科前沿

8.1 生物降解塑料及其生物降解

塑料是人工合成的长链高分子材料。由于塑料具有优秀的理化性能，如：强度，透明度和防水性等，合成塑料已广泛地应用于食物、药物、化妆品、清洁剂和化学品等产品的包装领域。塑料已经成了人类生活中不可缺少的一部分，目前全世界大约有 30% 的塑料用于包装应用，而且仍以每年高达 12% 的比率扩展。

塑料材料在给人类生产生活带来的益处的同时也带来了很多问题：如石油资源的大量消耗和塑料垃圾的日益增加等。尤其是各种废弃塑料制品的处理问题，已经不单是简单的环境治理方面的问题，这已经是值得重视的政治问题和社会问题。

传统塑料在自然进化中存在的时间较短，因此塑料可抵抗微生物的侵蚀，且自然界中一般也没有直接降解塑料的微生物或酶。绝大多数传统塑料，像聚氯乙烯（polyvinyl chloride，PVC）、聚乙烯（Polyethylene，PE）、聚丙烯（Polypropylene，PP）、聚苯乙烯（Polystyrene，PS）、聚对苯二甲酸乙二醇酯（polyethylene terephthalate，PET）等，均是不可生物降解的。目前这些塑料垃圾一般是通过填埋，焚化和回收处理的。但不恰当的塑料废弃物处理往往是环境污染很重要的来源，潜在地危害着人们的生活。比如 PVC 的燃烧会产生二噁英等持久性有机污染物。为了解决传统塑料带来的环境污染问题，生物可降解塑料应运而生。

8.1.1 生物降解塑料

生物降解塑料是指由微生物作用而引起降解的塑料。通常意义上的生物可降解塑料主要包括两类：一类是以传统的石油为来源的原料生产的生物可降解塑料，如：聚己内酯（PCL，Polycaprolacton）、聚琥珀酸丁二醇酯［PBS，Poly（butylene succinate）］、聚乙烯醇（PVA，polyvinyl alcohol）等；另一类则是以生物质和可再生资源生产的，如：聚羟脂肪酸酯（PHA，polyhydroxyalkanoates）、聚乳酸（PLA，Polylactic acid）等。目前，对生物可降解塑料的研究主要集中在改性增塑等方面，使其不仅具有更好的物理化学性质，又具有非常好的生物可降解性，用以替代传统的通用塑料。生物可降解塑料已开始广泛应用于各种包装材料、医疗设备以及一次性卫生用品生产，另外在农田地膜生产中也已用做 PP 或 PE 的替代品。生物可降解塑料的使用可降低石油资源消耗的 30%~50%，进一步缓解对石油资源的消耗；另外生物可降解塑料制品的废弃物可以进行堆肥处理，所以与普通石油来源的塑料垃圾相比可避免人工分拣的步骤，这样就大大方便了垃圾的收集和后续处理。因此，生物可降解塑料十分符合现在提倡的可持续发展的政策，真正实现"源于自然，归于自然"。

8.1.2 塑料降解概述

任何聚合物中发生的物理和化学变化都是由光、热、湿度、化学条件或是生物活动等环境因素引起的。塑料的降解一般包括光降解、热降解以及生物降解等。

聚合物光降解的敏感度与其吸收来自对流层的太阳辐射的能力直接相关。在非生物降解中，光辐射活动是影响降解最重要的因素。一般来说 UV-B 辐射（约 295~315nm）和 UV-A 辐射（约 315~400nm）会直接造成光降解；而可见光（400~760nm）是通过加热来实现加快聚合体降解的；红外光（760~2500nm）则是通过加快热氧化作用实现降解。大多数的塑料倾向于吸收光谱中紫外部分的高能量辐射，激活电子更活跃的反应，导致氧化，裂解和其他的降解。

聚合物的热降解是由过热引起的分子降解。在高温下，聚合物分子链的迁移率和体积会发生改变，长链骨架组分断裂，发生相互作用从而改变聚合物特性。热降解中的化学反应导致材料学和光学性能的改变。热降解通常包括聚合物相对分子质量（相对分子质量分布）变化和典型特性的改变，延展性的降低和脆化、粉末化、变色、裂解和其他材料学性能的降低。

生物降解是塑料降解的最主要途径。一般来说塑料在自然状态下进行有氧生物降解，在沉积物和垃圾填埋池中进行的是厌氧降解，而堆肥和土壤中则是兼性降解。有氧生物降解会产生 CO_2 和 H_2O，而无氧生物降解会产生 CO_2、H_2O 和 CH_4。通常情况下，高分子聚合物分解成 CO_2 需要很多不同种类的微生物的配合作用，微生物分泌的降解酶附着于塑料底物上催化其水解成为寡聚体和单体。微生物继而将寡聚体和单体降解更简单的化合物，再进一步吸收利用这些简单化合物，最终水解产物由微生物转化为 CO_2 和 H_2O。

生物降解是受微生物类型和聚合物本身特性等很多因素控制的。聚合物本身特性包括其表面性质、一级结构、更高层次的结构、迁移率、立构规整度、功能团类型以及取代基。一般来说，聚合物的支链、相对分子质量、结晶度、熔化温度越高越难以降解。聚合物链间的相互作用主要影响焓值，聚合物的内转动能则对熵值有着主要的影响。焓值和熵值共同作用影响聚合物的熔化温度（T_m 值），T_m 值越高越难降解。另外加到聚合物中的增塑剂和添加剂等都在生物降解过程中起着重要作用。降解过程中聚合物首先转化成单体，然后单体再进行矿化。大多数聚合物都难以通过细胞膜，所以在被吸收和生物降解进入细胞前必须先解聚成更小的单体或寡聚体。微生物降解起始于各种各样的物理和生物推动力。物理动力（如加热/冷却、冷冻/熔化以及湿润/干燥）会引起聚合物材料裂化的机械破坏；微生物进一步渗透，造成小规模溶胀和爆破。至少有两种酶在聚合物降解中起着重要作用：胞内解聚酶和胞外解聚酶。胞外酶将聚合物分解成短链分子，短链分子小到足以透过细胞膜，被胞内解聚酶进一步分解。

8.1.3　脂肪族聚酯的生物降解

8.1.3.1　聚 ε-己内酯（PCL）的生物降解

PCL 是以 ε-己内酯为原料合成的开环聚合物，有着较低的熔点（60℃）和玻璃转化温度（-60℃）。在海洋、污泥、土壤以及堆肥环境中 PCL 都可以完全被降解。

PCL 降解菌（*Alcaligenes faecalis*）在 30℃ 条件下，经过 45d 的培养，对 PCL 薄膜降解率可达 83%，经过 68d 可实现 PCL 的完全降解。PCL 薄膜随着降解时间的变长，其结晶度也随之升高，表明 PCL 薄膜最先被降解的是其非结晶区域。Li 等人从土壤中筛选出的 *Penicillium oxalicum* DSYD05-1 对 PCL 亦有着较高的降解率。PCL 薄膜经过 10d 可完全降解。发酵液中 PCL 解聚酶的酶活最大可达 14.6 U/mL。该菌株对 PBS、PHB 亦有着良好的降解性能，但该菌株不能降解 PLA。以 PCL 为唯一碳源从土壤中筛选出 *Streptomyces thermoviolaceus*。76T-2 在 45℃ 下经过 6h 培养，可将培养基中的 PCL 乳化物完全降解。从发酵上清液中分离出相对分子质量为 25kD 和 55kD 的两种 PCL 降解酶。还有研究利用 *Rhizopus arrhizus* 脂肪酶降解经不同温度(-78℃，0℃，25℃，50℃)处理后的 PCL 来评估其感受性。-78℃ 处理后的 PCL 薄膜的感受性最高，随着 PCL 处理温度的升高其感受性降低。此外，PCL 在 *R. arrhizus* 脂肪酶作用下的降解速率随着拉伸比率的增长而降低。

PCL 的共混改性研究应该在保证其可降解性能的前提下，改变 PCL 原有性质，使其满足某些特定的需求。例如，PHBV/PCL 共聚物可应用于药物载体系统，PCL/β-TCP 共聚物可作为骨骼支架材料，PCL/PLA 共聚物可作为神经末梢修复工程中的支架等。有文献报道 PCL/PVC 的共聚物具有良好的抗紫外性能，同时还具有一定的生物可降解性。

8.1.3.2 聚琥珀酸丁二醇酯(PBS)的生物降解

PBS 是以丁二酸和丁二醇为原料聚合而成的脂肪族聚酯，与其他聚酯相比，具有成本低、力学性能好和加工性能优异等优点。通过传统的熔融技术可在一系列终端应用。这些应用包括地膜，包装膜，塑料袋和易冲刷卫生产品。PBS 属于水合式生物降解，通过水解机制开始生物降解。在酯键处发生水解，相对分子质量降低，使得微生物可进行进一步降解。

李凡等人从活性污泥中分离出一株能够降解 PBS 的菌株 *Aspergillus versicolor* DS0503，并对其分生孢子进行紫外线复合氯化锂诱变，突变株 PBS 降解酶的酶活力比原始菌株提高 14.1%。有研究从土壤中分离出的 PBS 降解菌株 *Pseudanonas aeruginosa* 经过 30d 可使 PBS 的数均相对分子质量由 8.34×10^4 下降到 6.69×10^4，下降比例为 19.80%。菌株 *Fusarium solani* 在土壤环境中，经过 14 d 对 PBS 的降解率达到 2.8%，而另外一株不能够降解 PBS 的菌株 *Stenotrophomonas maltophilia* YB-6 能够与 *F. solani* 协同促进 PBS 的降解。胡雪岩等人利用角质酶对 PBS 进行降解研究。在酶浓度为 2.5 U/mL，反应温度为 37℃ 以及 pH 7.4 的条件下，经角质酶作用 16h 后，PBS 薄片的降解率可达 93.88%，且质谱分析显示 PBS 被降解成单体或寡聚物。该研究组还实现了源于 *Fusarium solani* 的角质酶在毕赤酵母中的重组表达。重组酶对 PBS 具有较强的降解能力。在 pH 为 8.0 和温度为 50℃ 的条件下，经 6h 后 PBS 薄片被完全降解。

PBS 同其他生物可降解物质形成的共聚物，可明显改变 PBS 的某些特性，提高其生物降解性能。如聚(丁二酸丁二醇酯-己二酸丁二醇酯)[poly(butylene succinate adipate)，PBSA]其降解性能比 PBS 更好，有报道从稻叶上筛选出的菌株 *P. Antarctica* 能够降解 PBS 和 PBSA。该菌株在堆肥环境中，经过 4 周对 PBSA 的降解率达到 28.2%，6 周对 PBSA 的降解率达到 80%。从该菌株分离出一种相对分子质量为 22 kD 的酯酶。PBSLA 是将低聚乳酸同 PBS 共混形成的一种新的生物可降解塑料，而 PBSLA 的结晶度随着低聚乳酸的增加而降低，远低于 PBS 的结晶度。在经相应降解酶作用 24 h 后，PBSLA 可被完全降解。

8.1.3.3 聚乙烯醇(PVA)的生物降解

PVA 是一种水溶性的合成聚合物，有着良好的性能。PVA 具有一定的热稳定性，同时有着一定的黏度，是重要的化工原料。PVA 同样具有生物可降解性能，适当环境下，可被微生物降解。

PVA 的降解性能可能与 PVA 的聚合度、皂化度、主链的规整度、乙烯和乙二醇的比例有关。微生物降解 PVA，需要分泌特定的酶作用于 PVA 链上的特定的基团，链越不规整越难降解；而乙烯和乙二醇比例的不同，同样会对 PVA 的降解有较大的影响。

有报道从染料工厂的活性污泥中筛选分离出的 PVA 降解菌株 *Sphingopyxis* sp. PVA3 在以 PVA 乳化液为唯一碳源、pH 7.2、30℃条件下，经过 6d 培养，PVA 降解率可达 90%。另外还发现随着培养时间的延长，PVA 的相对分子质量逐渐降低。Tsujiyama 等选出的 PVA 降解菌株 *Flammulina velutipes* 在含有 PVA 的双层琼脂培养基上可形成明显的透明圈。但在液体培养基中并未表现出降解特性，而在以石英砂为载体的培养基中表现出较好的降解特性。通过对降解后 PVA 及降解产物的分析，推测出 PVA 的降解过程可能是由于降解酶首先氧化规整部位的羟基，进一步使羟基结构解聚，形成小分子，再由菌体吸收利用。菌株 *Fomitopsis pinicola* 对 PVA 同样有着很好的降解性能，与菌株 *F. velutipes* 相比，*F. pinicola* 对不同相对分子质量的 PVA 都有着一定的降解能力。

8.1.4 可再生资源合成塑料的生物降解

8.1.4.1 聚羟基脂肪酸酯（PHA）的生物降解

PHA 是由微生物合成的一类胞内聚酯，具有类似于合成塑料的物化特性及合成塑料所不具备的生物可降解性和生物相容性等许多优秀性能。常见的 PHA 主要是聚羟基丁酸酯（PHB，Poly-β-hydroxybutyrate）、聚羟基丁酸戊酸酯共聚酯 [PHBV，poly（hydroxybutyrate-co-hydroxyvalerate）]、聚羟基戊酸酯 [poly（3-hydroxyvalerate），PHV] 和聚 3-羟基丁酸-4-羟基丁酸共聚酯（P3，4HB，Poly 3-hydroxybutyrate-co-4-hydroxybutyrate）等。微生物在营养缺乏情况下可以把 PHB 和 PHBV 作为一种能量来源，当营养不受限时微生物会将其降解并代谢。而 PHB 和 PHBV 的降解也依靠微生物的活动环境、表面区域结构、环境容量、湿度以及别的营养材料。但是微生物储存 PHAs 的能力未必能保证环境中微生物对 PHAs 的降解能力。微生物必须先分泌胞外水解酶，将聚合物转化成相应的羟基酸单体。PHB 水解产物为 3-羟基丁酸，而 PHBV 的胞外降解产物为 3-羟基丁酸和 3-羟基戊酸。这些单体都是水溶性的，可透过细胞壁，在有氧情况下进行 β-氧化和三羧酸循环，完全氧化为 CO_2 和 H_2O，厌氧情况下还会生成 CH_4。实际上，在所有高等动物血清中都发现了 3-羟基丁酸，因此 PHAs 可用于医学用途，包括用于长期控制药物释放，手术针，手术缝合线，骨头和血管替代品等。

目前已在环境中分离出大量可以降解 PHAs 的微生物。在土壤中发现的 *Acidovorax faecilis*，*Aspergillus fumigatus*，*Comamonas* sp.，*Pseudomonas lemoignei* 和 *Variovorax paradoxus*，在活性污泥中分离出的 *Alcaligenes faecalis* 和 *Pseudomonas* sp，在海水中发现的 *Comamonas testosteroni*，存在于厌氧污泥中 *Ilyobacter delafieldii*，以及在湖水中发现的 *Pseudomonas stutzeri* 等，对 PHAs 均具有降解能力。PHB 胞外解聚酶是微生物自身分泌的，对于环境中 PHB 的新陈代谢发挥重要作用。已从 *Alcaligenes*，*Comamonas* 和 *Pseudomonas* 属的微生物中分离纯化出 PHB 解聚酶。对它们的基本结构分析表明这些酶由底物结合区、催化区和连接两者的联合区域构成。底物结合区域在结合 PHB 方面发挥着重要作用。催化部分包含一个催化单元，由催化三联体（Ser-His-Asp）构成。目前对于 PHB 解聚酶的性能研究已比较深入，研究显示 PHB 解聚酶相对分子质量一般低于 100kD，大多数的 PHA 解聚酶相对分子质量都在 40~50kD 左右；最适 pH7.5~9.8，只有来源于 *Pseudomonas picketti* 和 *Penicillium funiculosum* 的解聚酶最适 pH 是 5.5 和 7；在较宽的 pH，温度，离子强度等范围内稳定；但绝大多数的 PHA 解聚酶都会受到丝氨酸酯酶抑制剂的抑制。Mergaertd 等从土壤中筛选到 295 种微生物可降解 PHB 和 PHBV，包括 105 种革兰氏阴性菌，36 种芽孢杆菌属，68 种放线菌和 86 种霉菌。Salim 等人通过对不同组分的 PHAs，在湖水和土壤环境中降解程度的研究，发现 PHAs 在湖水中经过 3~4 个星期，土壤中经过 21~25 个星期都可以被完全降解，可能是水的存在会促进降解酶同聚合物的作用；PHBV 系列中的定型区域要比 PHB 系列的大，PHBV 的降解性能要比 PHB 的低。

8.1.4.2　聚乳酸（PLA）的生物降解

PLA 是是由天然乳酸缩聚或是丙交酯的催化开环制得的，具有优秀的生物可降解性和生物兼容性。PLA 中的酯键对化学水解作用和酶催化断键均很敏感。PLA 在 60℃ 或是高于 60℃ 大规模的堆肥操作中可以完全降解。PLA 的降解首先是水解成水溶性化合物和乳酸。这些产物被多种微生物快速代谢成 CO_2 和 H_2O。但环境中能够降解 PLA 的微生物分布并不是很广，因此 PLA 的生物降解性远低于其他生物可降解塑料。

Pranamuda 等人首次报道了 PLA 能够被 *Amycolatopsis* sp. 降解。后续报道显示 *Amycolatopsis* 属和 *Saccharotrix* 属的许多菌株都具有降解 PLA 的能力。继而也有关于 *Fusarium moniliforme* 和 *Penicillium roquefort* 降解 PLA 低聚物和 *Amycolatopsis* sp. 和 *Bacillus brevis* 降解 PLA 的报道。1981 年，Williams 首次报道了来源于 *Tritirachium album* 的蛋白酶 K 对聚乳酸具有降解作用。此后，蛋白酶 K 一直作为一种公认的 PLA 降解酶用来研究 PLA 及其混合物的降解特性。刘玲绯等从土壤中筛选纯化出的 PLA 降解菌株 *Bacillus* sp. DSL09 具有 PLA 降解能力，其产 PLA 降解酶的最适条件为 0.5% 酪蛋白诱导、初始 pH 8.0、接种量 6%、37℃ 培养 54 h。Wang 等人选育到的 *Pseudomonas* sp. DS04-T 菌株能够优先降解 PLA，并从菌株发酵液中纯化到一种相对分子质量为 34 kD 的 PLA 解聚酶，质谱分析显示其降解产物仅为乳酸，未见其他寡聚体。*Lentzea waywayandensis* 菌株在 30℃ 下，经过 4 d，对 PLA 的降解率可达 94%；此外，该菌还可以降解 PLA-PEG 共聚物、PLA-GA 共聚物、PLA-PHB 共聚物和 PLA-TS 共聚物。

8.1.5　共混聚合物塑料的生物降解

共混聚合物塑料是由可降解塑料和通用塑料混合制成，其降解率取决于其中较易降解的成分，降解过程破坏聚合物的结构完整性，增加了表面积，使剩余聚合物暴露出来，微生物分泌的降解酶也会增强。目前常见的共混聚合物塑料主要是以淀粉基为主要可降解部分的共混塑料。

8.1.5.1　淀粉/聚乙烯共混物的生物降解

聚乙烯是一种对微生物侵蚀有很强抵御能力的惰性聚合物。随相对分子质量增加，生物降解性能也会减弱。将容易生物降解的化合物，如淀粉添加到低密度的聚乙烯基质中，可加强碳-碳骨架的降解。和纯淀粉相比，淀粉聚乙烯共混物的碳转移率降低，在有氧情况下转移率较高。Chandra 等人研究发现在 *Aspergillus niger*，*Penicillium funiculom*，*Chaetomium globosum*，*Gliocladium virens* 和 *Pullularia pullulans* 混合真菌接种的土壤环境中，线形低密度聚乙烯淀粉共混物可有效地被生物降解。添加淀粉的聚乙烯的降解率取决于淀粉含量，而且对环境条件和共混物中其他的成分很敏感。在淀粉/低密度聚乙烯共混物中添加改性淀粉后，改性淀粉可增强其在共混物中的可混和性和黏着力。但是和未改性的淀粉/聚乙烯共混物相比，这种改性淀粉的生物降解率较低。

8.1.5.2　淀粉/聚酯共混

淀粉和 PCL 共混物被认为是可完全降解的，这是因为共混物中的每一种成分都是生物可降解的，Nishioka 等人已在活性污泥、土壤和堆肥中研究了不同等级商用聚酯 Bionolle™ 的生物降解能力。众所周知，PHB 解聚酶和脂酶均可以打开 PHB 的酯键。由于结构的相似性，这些酶还能降解 Bionolle™。Bionolle 和低成本淀粉的混合物的开发研究可进一步提高成本竞争力，同时在可接受的程度上维持其他性能。研究表明淀粉的添加大大提高了 Bionolle™ 组分的降解率。

8.1.5.3 淀粉/PVA 共混物

水溶性聚合物聚乙烯醇（polyvinyl alcohol，PVA）与淀粉有更好的兼容性，而且这种共混物拥有良好的薄膜性能。很多这样的共混物已得到了发展并用来制作生物可降解包装设备。PVA 和淀粉共混物也被认为是完全生物可降解的，因为这两种成分在多种生物环境下都是生物可降解的。从城市污水厂和垃圾堆埋区的活性污泥中分离出的细菌和真菌对淀粉、PVA、甘油和尿素共混物的生物降解能力数据表明微生物可消耗淀粉、PVA 的非结晶区还有甘油和尿素增塑剂，而 PVA 的结晶区未受降解影响。

8.1.6 热固性塑料的生物降解

聚氨酯（polyurethane，PU）是具有分子内氨基甲酸酯键（碳酸酯键－NHCOO－）的聚异氰酸酯和多元醇的缩合产物。据报道 PU 中的氨基甲酸酯键易受到微生物的进攻。PU 的酯键水解作用被认为是 PU 的生物降解机制。已发现土壤中的四种真菌 *Curvularia senegalensis*，*Fusarium solani*，*Aureobasidium pullulans* 和 *Cladosporium* sp. 可降解聚氨酯。Kay 等人分离并研究了 16 种不同细菌降解 PUR 的能力。Shah 报道称在埋于土壤中 6 个月的聚氨酯薄膜中分离出了 5 种细菌。它们定义为 *Bacillus* sp. AF8，*Pseudomonas* sp. AF9，*Micrococcus* sp. AF10，*Arthrobacter* sp. AF11 和 *Corynebacterium* sp. AF12。FTIR 光谱可用来证明聚氨酯生物降解机制是聚氨酯中酯键的水解作用。聚氨酯生物降解能力取决于酯键的水解作用。酯键醚键断裂的几率降低了大约 50%，这和测量到的聚氨酯降解的数量相吻合。FTIR 分析埋于土壤中 6 个月经真菌作用后的 PUR 薄膜，*Corynebacterium* sp. 降解聚氨酯，聚合物的酯段是进攻的主要地方。

8.1.7 总结与展望

传统石油来源的通用塑料的过度使用已使其成为环境污染的罪魁祸首，因此生物可降解塑料取代通用塑料已经成为未来材料科学领域发展的必然趋势。生物可降解塑料的优势主要体现在其生物可降解性和可再生性，此外还具有许多优良的理化性能，如热塑性、生物相容性、产物安全性、成膜后具高透明度，纤维的高拉伸强度以及易于加工等。但生物可降解塑料在自然界中降解往往十分缓慢。通过对微生物降解机理的研究发现，相应降解酶在降解过程起到尤为重要的作用。但目前分离出的酶的活性普遍偏低，酶量也不高，这都限制了生物可降解塑料在环境中的降解能力。而且在经改性或制成产品后，其在环境中的降解就更为缓慢。因此，进行生物可降解塑料合成和改性研究、高效降解菌的选育及降解酶的分离纯化仍是目前研究生物可降解塑料生物降解的主要方向。且目前对可降解塑料降解单体或低聚体的分析和重新利用方面的研究较少。而生物可降解塑料目前仍未能广泛推广使用的原因就是其生产成本普遍偏高，如能将其降解后的单体或低聚体回收利用，将会有效的降低其成本，进一步促进生物可降解塑料的推广应用。因此，降解后单体或低聚体的回收利用也应受到重视，以实现其废弃物快速完全降解，并建立有效的生物循环系统以实现产品物料循环。

8.2 生物质能概述

8.2.1 生物质能简介

随着世界范围内石油、煤炭、天然气等非可再生能源总储量的日趋减少，以及由于大量使用化石能源所引起的一系列环境问题，寻找新的可再生清洁替代能源逐渐成为世界各国关注的热点。生物质能作为一种潜力巨大、可再生、节能环保型能源，在优化能源消费结构、缓解能源供应紧张局面、提高农业收入及改善环境质量等方面具有重要作用。

生物质能(biomass energy)，就是太阳能以化学能形式储存在生物质中的能量形式，即以生物质为载体的能量。它直接或间接地来源于绿色植物的光合作用，可转化为常规的固态、液态和气态燃料，取之不尽、用之不竭，是一种可再生能源，同时也是唯一一种可再生的碳源。目前，生物质能是仅次于煤炭、石油和天然气而居于世界能源消费总量第四位的能源。

我国拥有丰富的生物质资源，在生物质能源开发利用方面有得天独厚的优势。这些生物质资源主要包括五大类。

（1）农业生物质资源。主要是农作物收获后的残留物，即秸秆，如玉米秸、麦秸、稻草等，以及农产品加工过程中产生的废弃物，如麦壳、稻壳等。

（2）林业生物质资源。我国每年林业资源产量约为 9×10^8 t，其中能被用来作为生产生物质能源原料的林业生物质资源约 3×10^8 t。

（3）畜禽粪便。我国目前每年畜禽粪便产量超过 30×10^8 t，并且随着人们对畜禽类肉食类的需求越来越多，相应的畜禽粪便产量也会进一步增加，预计到 2020 年将达到 40×10^8 t。

（4）生活垃圾与工业有机废弃物。生活垃圾是指人们在日常生活中或为日常生活提供服务的活动中产生的固体废物，以及法律、行政法规规定视为生活垃圾的固体废物。

（5）能源植物。能源植物是指在不宜种植人类食用的粮油作物的土地上如盐碱地、荒山野岭、污染严重的土壤等种植的较易制取能源的植物。

生物质能是在煤炭、石油和天然气之后居于世界能源消费总量第四位的能源，在整个能源系统中占有重要地位。生物质能具有的特点为：一是可再生，只要太阳辐射存在，绿色植物的光合作用就不会停止，生物质能就永不枯竭。二是储量丰富，据统计，地球上每年通过绿色植物光合作用所生成的生物质能总量约 2.2×10^{11} t，相当于 3×10^8 kJ 的能量，约为现在全球年耗能总量的 10 倍。三是可替代性，正在开发的可再生能源中，生物质能源在化学分子构成、能源利用形态上均与化石能源非常相似，它在不必对已有工业技术作任何改进的前提下即可替代常规能源，对常规能源有最大的替代能力。四是低污染性，生物质转化过程中排放的二氧化碳量等于生长过程中吸收的量。因此，生物质作为能源资源比石油、煤炭和天然气等燃料在生态环境保护方面具有很大的优越性。

8.2.2 生物质能利用的主要技术

8.2.2.1 物理转化法

物理转化主要是指生物质的固化。生物质固化就是将生物质粉碎至一定的平均粒径，不添加黏结剂，在高压条件下，挤压成一定形状。其黏结力主要是靠挤压过程所产生的热量，使得生物质中木质素产生塑化黏结，成型物再进一步炭化制成木炭。物理转化解决了生物质形状各异、堆积密度小且较松散、运输和储存使用不方便等问题，提高了生物质的使用效率，但固体在运输方面不如气体、液体方便。

8.2.2.2 化学转化技术

是将能量密度低的低品位能源转变成高品位能源的最直接方式。

（1）生物质气化。气化是以氧气（空气、富氧或纯氧）、水蒸气或氢气作为气化剂，在高温下通过热化学反应将生物质的可燃部分转化为可燃气（主要为一氧化碳、氢气和甲烷以及富氢化合物的混合物，还含有少量的二氧化碳和氮气）。在生物质气化过程中，所用的气化剂不同，得到的气体燃料也不同。典型的气化工艺有干馏工艺、快速热解工艺和气化工艺。其中，前两种工艺适用于木材或木屑的热解，后一种工艺适用于农作物（如玉米、棉花等）秸秆的气化。气化可将生物质转换为高品质的气态燃料，直接应用于锅炉燃料或发电，或作为合成气进行间接液化以生产甲醇、二甲醚等液体燃料、化工产品或提炼得到氢气。气化技术是目前生物质能转化利用技术研究的重要方向之一。

（2）生物质液化。液化是一个在高温高压条件下进行的生物质热化学转化过程，通过液化可将生物质转化成高热值的液体产物。生物质液化是将固态的大分子有机聚合物转化为液态的小分子有机物的过程。

生物质的液化产物常称为生物质油。生物质油与传统燃料相比具有含水量高、含氧量高、性质较不稳定等特点，使得其蒸馏加工过程中对温度和不挥发性很敏感，因此对生物质油的改良十分必要。目前对生物质油的改良主要有以下途径：

① 加氢处理；

② 分子筛处理；

③ 产品的精制等。

（3）生物质热解。生物质热解指生物质在隔绝氧气或有少量氧气的条件下，采用高加热速率、短产物停留时间及适中的裂解温度，使生物质中的有机高聚物分子迅速断裂为短链分子，最终生成焦炭、生物油和不可凝气体的过程。

目前主要的热解液化工艺包括快速热解、高压液化、高温裂解、微波热解、催化热解、混合热解等。由于热解得到的生物油安定性差、含水量高、热值低、不能与化石燃油互溶、具有酸性和腐蚀性，因此，若想扩大生物油的应用领域并提升其使用价值，需对其行分离与精制等再加工。"十二五"期间，生物质热解液化技术已进入产业化示范阶段，随着原料收集和预处理、选择性热解与分解冷凝、生物油分离与精制等各技术环节的不断成熟，生物质热解液化技术预期将在5~8年内形成较为完备的技术链和产业链，并逐步实现真正意义上的产业化。

8.2.2.3 生物转化法

生物质的生物转化技术是指农林废弃物通过微生物的生物化学作用生成高品位气体燃料或液体燃料的过程。目前主要的生物质转化方式包括生物发酵（产生乙醇）、厌氧性消化（产生沼气）以及生物制氢技术。

8.2.3 几种重要的生物质能

8.2.3.1 燃料乙醇

燃料乙醇是目前世界上生产规模最大的生物能源。燃料乙醇技术是利用酵母等乙醇发酵微生物，在无氧的环境下通过特定酶系分解代谢可发酵糖生成乙醇。乙醇以一定的比例掺入汽油可作为汽车燃料，替代部分汽油，使排放的尾气更清洁。

采用淀粉和纤维素类原料生产乙醇，可分为三个阶段：大分子生物质分解成葡萄糖、木糖等单糖分子，单糖分子经糖酵解形成二分子丙酮，然后无氧条件下丙酮酸被还原成二分子乙醇，并释放 CO_2；糖类作物不经过第一阶段，进入糖酵解与乙醇还原过程。纤维素作物中的纤维素成分分解成六碳糖，半纤维素则分解成五碳糖。

纤维乙醇工艺过程一般包括 3 个过程：即原料的预处理、酶水解和发酵。水解通常采用纤维素酶催化，发酵通过酵母菌或细菌实现。纤维素水解发酵的最简易最普遍的工艺流程见图 8-1。

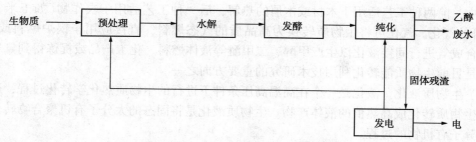

图 8-1　纤维素水解发酵工艺流程图

（1）预处理。木质纤维素生物质由纤维素、半纤维素和木质素三大主要部分组成，木质素和半纤维素形成牢固的结合层，紧紧地包围着纤维素，阻碍了纤维素酶与纤维素的接触。由于木质纤维素的结构特点，不经过预处理时，纤维素的酶解得率极低，要提高纤维素的酶解得率，必须破坏由木质素和半纤维素组成的结合层，使木质纤维素的孔隙变大，增加纤维素与纤维素酶接触的有效比表面积，同时降低纤维素结晶度。预处理方法包括物理方法、化学方法、物理化学方法和生物法。其中应用最广泛的有稀酸预处理、中性蒸汽爆破和稀酸蒸汽爆破。

（2）水解。纤维素素水解是指纤维素转化为葡萄糖的过程：

$$(C_6H_{10}O_5)n + nH_2O \longrightarrow nC_6H_{12}O_6)$$

催化剂可以是稀酸、浓酸或酶(纤维素酶)。一般采用纤维素酶进行水解，木质纤维素不经过预处理直接水解的糖产率一般小于 20%，而经过预处理之后再水解糖产率经常会超过 90%。

纤维素酶是一种复杂的混合酶，各组分协同作用，各自攻击纤维素的不同部位，在一定工艺条件下可以实现纤维素的水解，生成葡萄糖。酶降解纤维素至少需要三种酶协同作用：

①内切葡聚糖酶(EG，endo-1，4-D-葡聚糖水解酶或 EC3.2.1.4)，攻击纤维素纤维的低结晶区，产生游离的链末端基。

②外切葡聚糖酶，常称纤维二糖水解酶(CBH，1，4-β-D-葡聚糖纤维二糖水解酶，或EC3.2.1.91.)，通过从游离的链末端基中脱除纤维二糖单元来进一步降解纤维素分子。

③β-葡萄糖苷酶(EC 3.2.1.21)，水解纤维二糖产生葡萄糖。除了三种主要的纤维素酶之外，还有一些攻击半纤维素的辅助酶，比如葡萄糖苷酸酶、乙酰酯酶、木聚糖酶、β-木糖甘酶、半乳糖甘露糖酶和葡萄糖甘露糖酶。在酶法水解中，纤维素酶水解纤维素产生的还原糖被酵母或细菌发酵成乙醇。

纤维素酶是由生活在纤维素物质上的微生物产生的。在纤维乙醇生产过程中，纤维素酶要么找专门的供应商购买，要么在一个分离的反应器中利用纤维素酶生产菌产生。从长远来看，维生素酶的产生将与水解和发酵在同一个反应器中进行，这是最有效而且较经济的方

272

案。细菌和真菌都能产生纤维素酶。多数工业生产商主要使用霉菌生产纤维素酶，如木霉和黑曲霉。

（3）发酵。很多微生物（细菌、酵母或真菌）都能在无氧条件下发酵碳水化合物生产乙醇。它们通过发酵过程获得能量用于正常生理代谢。发酵过程的理论最大产率为每 kg 糖生成 0.51kg 乙醇和 0.49kg CO_2。

$$3C_5H_{10}O_5 \longrightarrow 5\,C_2H_5OH + 5\,CO_2 \qquad (8-1)$$
$$C_6H_{12}O_6 \longrightarrow 2\,C_2H_5OH + 2\,CO_2 \qquad (8-2)$$

至少在 6000 年以前人类已经知道利用 C_6 糖（如葡萄糖）发酵。葡萄糖发酵制乙醇是十分成熟的工艺路线。葡萄糖发酵的菌种种类不同，其发酵的途径也不相同。按发酵菌种分类，葡萄糖发酵的途径主要有两种：酵母发酵法和细菌发酵法。

通常用于酵母发酵的菌种有：酿酒酵母、管囊酵母、卡尔酵母、清酒酵母和假丝酵母等。酵母在无氧条件下，葡萄糖在经 EMP 途径生成丙酮酸，丙酮酸再经过脱羧形成乙醛，乙醛通过还原得到乙醇。利用酵母发酵生产乙醇具有乙醇得率高、耐乙醇能力强、受污染危险小，该法是目前乙醇工厂中普遍使用的方法。但缺点是对基质利用范围窄，菌体生成最多。

（4）酶解与发酵组合工艺。选择酶对纤维素进行水解的纤维素乙醇生产工艺需要对以上过程进行不同程度的整合，按照各种工艺的特点可分为四种方法：分段水解与发酵（SHF）；同步糖化和发酵（SSF）；同步糖化共发酵（SSCF）；联合生物加工工艺（CBP）。但是不管选择什么样的工艺流程，都要对生物质进行预处理来水解半纤维素，并使纤维素变得更容易被酶水解。

① 分段水解与发酵（SHF）。纤维素生产、纤维素水解、己糖发酵以及戊糖发酵分开进行，该工艺可采取两种方案。方案一将纤维素原料依次进行半纤维素水解（预处理）和纤维素水解（酶水解），两股水解液集中打入到发酵罐中先接入 C_6 酵母菌进行葡萄糖发酵，发酵液进行蒸馏回收乙醇，保留未被转化的木糖溶液再重新打回到发酵罐中接入 C_5 发酵菌种进行木糖发酵，发酵结束后再次蒸馏回收乙醇，见图 8-2（a）。方案二将预处理获得的半纤维

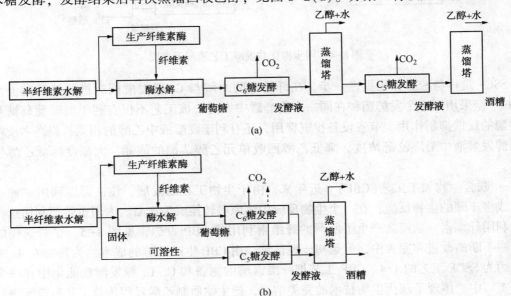

图 8-2　分段糖化与发酵工艺流程示意图

素水解液(主要含 C_5 糖)和纤维素酶解液(主要含 C_6 糖)分别打入到 C_5 糖和 C_6 糖发酵罐,分别接入 C_6 醇母菌和 C_5 发酵菌种,葡萄糖和木糖的发酵平行进行,然后两个发酵罐中的发酵液集中进入蒸馏塔进行乙醇回收,见图 8-2(b)。

② 同步糖化和发酵(SSF)。即把经预处理的生物质、纤维素酶和发酵用微生物加入一个发酵罐内,使酶水解和发酵在同一装置内完成,分离出的戊糖单独发酵,见图 8-3。

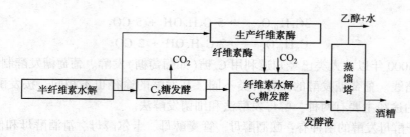

图 8-3 步糖化与发酵工艺流程示意图

SSF 工艺去掉了独立的纤维素水解反应器,从而减少了反应器的数量,而且 SSF 法中纤维素水解或糖化产生的还原糖同步发酵成乙醇,很大程度上减少了产物对水解的抑制作用。

③ 同步糖化共发酵(SSCF)。

是指纤维素水解与己糖和戊糖发酵过程同时进行的工艺,见图 8-4。

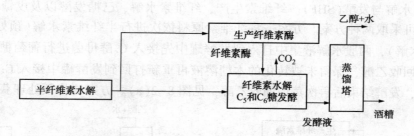

图 8-4 同步糖化共发酵工艺流程示意图

SSCF 过程与 SSF 相比更进一步,在纤维素酶水解与 C_6 糖发酵同时进行的基础上,C_5 糖和 C_6 糖采用同一个发酵菌种在同一个发酵罐中发酵,该工艺不仅有利于缓解葡萄糖对纤维素酶的反馈抑制作用,节省设备投资费用,还有利于发酵液中乙醇的积累,提高木质纤维素乙醇发酵液中最终乙醇浓度,降低乙醇回收单元乙醇蒸馏的能耗,大幅度降低乙醇生产成本。

④ 联合生物加工工艺(CBP)。近年来,由于生物工程的发展,往往可以利用一种工程菌完成多步骤的生物反应,在一个生物反应中将原料转换成为产品。人们也希望利用这样的方式利用纤维素,从而就产生了所谓的纤维素利用的 CBP 设想,见图 8-5。尽管这样的设想还在不断的改进和完善中,但是初步地估算,用 CBP 生产乙醇的成本约为每加仑 4.23 美分,约为 SSCF 工艺的 1/4。CBP 工艺把纤维素酶的制备和 C_5/C_6 糖发酵功能集中在一个微生物工厂中,体现了现代生物技术的完美结合,把生物质制乙醇过程传统工艺各单元进行整合,简单易行,但是该工艺真正工业化还需很长的路要走。

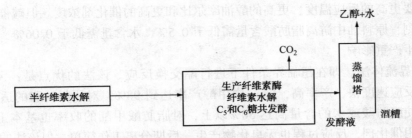

图 8-5 联合生物加工工艺流程示意图

8.2.3.2 生物柴油

生物柴油技术是指由甲醇等醇类物质与油脂中的主要成分甘油三酸酯发生酯交换反应，生成相应的脂肪酸甲酯或乙酯，即生物柴油。生物柴油素有"绿色柴油"之称，其性能与普通柴油非常相似，是优质的石化燃料替代品。与石化柴油相比，生物柴油具有以下优点：优良的环保特性，生物柴油中几乎不含硫，所以柴油机在使用时硫化物排放极低，尾气中颗粒物含量及 CO 排放量分别约为石化柴油的 20%、10%，排放指标可满足欧Ⅱ和欧Ⅲ排放标准；较好的润滑性能，生物柴油黏度大于石化柴油，可降低喷油泵、发动机缸体和连杆的磨损率，延长其使用寿命；氧含量高，十六烷值低，燃烧性能优于石化柴油；较好的安全性能，生物柴油闪点远高于石化柴油，运输、储存相对比较安全；另外其可降解性好，不会污染环境、危害人体健康。

（1）原料。油脂原料是生物柴油价格的主要决定因素，占总成本的 70% 以上。世界各国根据本国国情选择合适的油脂原料，如美国主要利用高产转基因大豆为原料，欧洲各国以菜籽油为原料，东南亚地区利用棕榈油生产生物柴油，日本则以餐饮废油为主要原料。本着不与人争粮油、不与粮油争地的原则，我国积极开发多样化的非粮油原料供应途径，生物柴油的原料包括如下几种：

① 木本油料植物。如麻疯树、黄连木、文冠果、光皮树、乌桕和油桐等。

② 转基因油料作物。如转基因油菜、棉花、大豆等。

③ 废弃油脂。但废弃油脂资源总量有限、供应不稳定，原料组成及性能变化较大，只能是生物柴油产业发展的有限资源。

④ 微生物油脂，微生物油脂又称单细胞油脂，是由酵母、霉菌、细菌等微生物在一定的条件下产生的，其脂肪酸组成与一般植物油相近，以 C_{16} 和 C_{18} 系脂肪酸如油酸、棕榈酸、亚油酸和硬脂酸为主。

⑤ 微藻油脂。是微藻固定太阳能的一类重要产物，它是由微藻细胞在一定的环境下利用碳水化合物等有机物经复杂的催化反应合成的，主要由甘油三酯和游离脂肪酸组成，并可与甲醇进行转脂反应制备成可再生、环保、安全的生物柴油，微藻生物柴油现今已成为国际上发展最快的环保可再生能源之一。

（2）生产方法。

① 化学催化法。从生物柴油的生产方法来看，均相化学催化法制备生物柴油是最广泛采用的工业化生产工艺，即利用动植物油脂与甲醇在均相酸或碱催化剂作用下发生酯化或转酯化反应，生成脂肪酸甲酯（生物柴油）。均相碱催化剂主要包括碱金属的醇盐（甲醇钠，乙醇钠等）、碱金属的氢氧化物以及碳酸盐等，其中又以 NaOH 和 KOH 的应用最为广泛。均相酸催化剂以硫酸、盐酸和磺酸最为常见。然而与碱催化相比，酸催化效率较低，为加快反应速

度，往往需要更高的反应温度、更高的醇油摩尔比和更高的催化剂浓度。但碱催化法对原料油要求很苛刻，原料油中游离脂肪酸含量需低于 0.5%，水含量需低于 0.06%，否则会对碱催化过程产生严重影响。

② 超临界流体法。即在超临界条件下进行酯交换反应。该法的优点是：无需催化剂、环境友好；反应速度快，产率高，5min 内甲醇产率达到 98%；对原料油脂的适应性强、转化率高，即使脂肪酸或水的含量高达 30% 以上，对脂肪酸甲酯的收率也基本上没有影响。由于没有使用催化剂，反应过程也无皂化物产生，后期分离工作简单。但该法的缺点是反应需在高温高压下进行，能耗大，对反应设备的要求高。

③ 生物酶法。该法制备生物柴油具有反应条件温和、对原料油品质要求较低、无需复杂的预处理工艺、产品分离回收简单、无污染排放等优点，近年来受到了越来越多的关注。根据脂肪酶应用形式的不同，大体可分为括固定化酶法、全细胞酶法和游离酶法。固定化脂肪酶是当前研究的最为广泛的一种应用形式，具有稳定性好，容易分离回用等优点。全细胞酶法是指直接利用含胞内脂肪酶的微生物细胞来催化制备生物柴油，无需复杂的脂肪酶分离纯化工艺，可以大幅降低脂肪酶的成本。

8.2.3.3 沼气

沼气是指有机物质（如作物秸秆、杂草、人畜粪便、垃圾、污泥及城市生活污水和工业有机废水等）在厌氧条件下，通过功能不同的各类微生物的分解代谢，最终产生以甲烷（其中 CH_4 占 55%~70%，CO_2 占 25%~40%）为主要成分的气体。此外，还有少量其他气体，如水蒸气、硫化氢、一氧化碳和氮气等。沼气是热值较高的洁净可燃气，可用作生活和工业燃料或发电，是很好的无公害能源，沼气工程建设可带来环境效益。沼气发酵过程一般可分为三个阶段：水解液化阶段、酸化阶段和产甲烷阶段。沼气发酵包括小型户用沼气池技术和大中型厌氧消化技术。

填埋垃圾制取沼气也是处理城市生活垃圾、有效利用生物质能的主要方法。杭州天子岭垃圾填埋场是我国第一座大型按卫生填埋要求设计，并采用合理填埋规划和工艺的城市生活垃圾无害化处理工程，1991 年 6 月正式运行。山东省科学院能源研究所以秸秆在发酵过程中的物料特性和微生物菌群对秸秆的作用原理为研究出发点，开发了简单、快速、高效的秸秆预处理技术和专门适用于秸秆的高效厌氧发酵反应器，秸秆的消化率和产气率得到很大提高，克服了秸秆沼气发酵进出料难的技术难题，实现了进出料的机械化与自动化。沼气可用于发电，目前成熟的国产沼气发电机组的功率主要集中在 24~600kW 这个区段。从沼气工程的产气量来看，有不少沼气工程适宜配建 500kW 以上的沼气发电机组。

8.2.4 生物质能展望

我国生物质能利用的研究起步较晚，虽然经过多年的发展，产生了一定的社会效益和经济效益，但和国外相比，仍然存在差距。我国是农业大国，生物质资源非常丰富，而且价格相对便宜，生物质资源的有效开发利用，不仅能解决能源短缺，还能节约大量的矿物燃料。生物质能是唯一可固定碳的可再生能源，目前在世界范围内发展生物质能源已成为调整能源结构、减排温室气体、实现可持续发展的重要措施。生物质能源作为可再生的洁净能源其开发利用势在必行，具有重大的意义。

8.3 天然生物活性物质开发

8.3.1 生物活性物质简介

8.3.1.1 天然生物活性物质的概念
天然生物活性物质是指在天然食品中发挥功能作用的物质。

8.3.1.2 天然生物活性物质的分类
生物活性物质有的可从天然食物中直接分离提取获得，有的则需要将天然成分进行加工方可获得。主要包括活性多糖类、黄酮类化合物、生物碱、氨基酸和蛋白质、油脂类、甾体和甾体皂苷、萜类化合物、醌类化合物等等。

8.3.1.3 天然生物活性物质的生理活性
实验证明银耳多糖能够抗辐射，清除自由基，起到抗衰老的作用；香菇多糖具有抗癌的作用；壳聚糖能阻碍胆酸在肠内的循环，从而减少血液中胆固醇含量；黄酮类化合物具有清除自由基、抗氧化、抗血栓、保护心脑血管、抗肿瘤、消炎抑菌、保肝护肝、调节免疫力等作用；大豆蛋白具有降低胆固醇的作用；磷脂能够通过重新修复损伤的生物膜显示出延缓衰老的作用；从鸦片中分得的吗啡具有强烈的镇痛作用；可待因具有止咳作用；罂粟碱具有松弛平滑肌作用；麻黄中的麻黄碱具有平喘作用；黄连、黄柏中的小檗碱具有抗菌作用；曼陀罗、天仙子、颠茄中的莨菪碱具有解痉和解有机磷中毒的作用等。

接下来介绍几种典型的天然生物活性物质。

8.3.2 多糖类天然活性物质的开发

8.3.2.1 多糖类天然活性物质概念
活性多糖是指具有某种特殊生物活性的多糖化合物，如临床上用于治疗的多糖有治疗糖尿病的茶多糖、增强免疫功能的银杏叶多糖等，它们均有显著的生物活性；而多糖中的淀粉、糖原为动植物储存能量的主要物质，均不列为通常所说的活性多糖。

8.3.2.2 活性多糖的存在范围
活性多糖是动植物体内主要的具有某种特殊生物活性的天然大分子成分之一，广泛分布于植物、微生物界，如纤维素、几丁质、半纤维素、树胶、黏胶、果胶等，也有来自动物界，如蛋白结合糖、糖脂等。它存在于高等植物、动物细胞膜、微生物的细胞壁中，是生命有机体的重要组成成分。

8.3.2.3 活性多糖的性质
多糖是自然界中一类天然大分子物质，相对分子质量在几千至几百万之间，它是由很多个单糖分子按照一定的方式，通过在分子间脱去水分子结合而成的，具有糖类的基本性质，但多糖在性质上跟单糖、低聚糖不同，一般不溶于水，没有甜味，没有还原性。活性多糖是指其中具有某种特殊生物活性的多糖，由于种类、来源不向，具有各不相同的结构和性质，如纤维素是最重要的多糖，它的通式是$(C_6H_{10}O_5)_n$，大都不能溶于水，不被人体吸收，持水能力强、膨胀作用大；蛋白聚糖(PG)与糖蛋白等蛋白结合糖是糖和蛋白质以共价键结合的复合物，蛋白聚糖中糖含量比蛋白质含量多许多，其总体性质与多糖更接近，而糖蛋白是以蛋白质为主的复合物，其总体性质更接近蛋白质；糖脂是糖和脂类结合的复合物，又具有一定的脂类结构与性质。所以各种活性多糖的结构和性质千差万别。

8.3.2.4 活性多糖的命名和分类

活性多糖一般按来源命名和分类，通常可分为植物多糖、动物多糖、细菌多糖、真菌多糖、藻类和地衣类多糖等；按习惯名称可分为纤维素、几丁质、半纤维素、果胶、树胶与黏胶等；或者按化学组成分还有蛋白结合糖(蛋白聚糖(PG)与糖蛋白)、糖脂以及多糖缀合体。按活性多糖存在的场所可以分为细胞壁多糖、基质多糖和胞外多糖。此外，还有均一多糖(由一种单糖缩合而成)和非均一多糖(由不同类型的单体组合而成)等名称。

8.3.2.5 活性多糖的提取方法

天然多糖主要是从自然界中的植物或农副产品中提取分离而得到的，常用的提取方法有：热水浸提法、酸浸提法、碱浸提法、酶法、超声波提取法和超临界萃取法等，其中前三种为化学方法，酶法为生物方法。

8.3.2.6 活性多糖的分离方法

活性多糖的分离方法有：水提醇沉法、膜分离与透析法、分级沉淀法、活性炭柱层析法、凝胶过滤法、离子交换树脂层析法、纤维素和离子交换纤维素层析法、季铵盐沉淀法、金属离子沉淀法、糖类提取液除蛋白质和脱色等方法。

8.3.2.7 活性多糖的生理作用

活性多糖因有抗肿瘤、增强免疫力、降血糖等生物活性，而越来越引起人们的关注。近年来，我国对多糖的研究进展很快，研究的范围涉及多糖分离纯化、结构分析、理化性质、免疫学、药理学及应用等，对其免疫增强作用机理的研究已深入到分子、受体水平。

目前有关多糖抗肿瘤活性的试验，大多是在移植性肿瘤动物身上进行测定的，据Toluzen等人报道，迄今发现的抗肿瘤多糖对移植性肿瘤有较强的抑制活性，而且长期服用无毒副作用。作为保健食品的活性成分，活性多糖能通过提高机体免疫力而达到增强人体的抵御疾病(包括肿瘤)的能力，是很好的保健食品原料。活性多糖具有多种生理功能。主要作用包括：提高免疫力、抗肿瘤、抗病毒、抗衰老、抗感染、抗溃疡、降血糖、降血脂和抗凝血、似肾上腺皮质激素和促肾上腺皮质激素等功能。

活性多糖是一类复杂的生物大分子物质，与蛋白质和核酸相比，它的结构还要复杂得多。它的生理功能较多，而且长期服用对人体没有毒副作用，在保健、医疗中的应用也越来越广泛，因此它的研究已逐渐成为天然有效成分研究的重要部分。

8.3.3 黄酮类化合物的开发

8.3.3.1 黄酮类化合物的概念

黄酮类化合物，又名生物类黄酮化合物，广泛存在于自然界的一大类化合物，是色原酮或色原烷的衍生物，其特点是以 C_6—C_3—C_6 结构为基本母核的天然产物，即两个苯环通过3个碳原子结合而成。其中 C_3 部分可以是脂链，或与 C_6 部分形成六元或五入氧杂环。

8.3.3.2 黄酮类化合物的存在范围

黄酮类化合物主要分布于高等植物及羊齿类植物中，在藻类、菌类等低等植物中很少有发现，而在微生物、细菌中没有发现黄酮类化合物。在被子植物中，黄酮类化合物分布很广，且各种结构类型均有存在，尤其富集在芸香科、伞形科、唇形科、豆科、玄参科、蓼科、菊科、鼠李科和姜科等植物中。而双黄酮类主要分布于裸子植物中，是裸子植物的特征性成分，尤其在松柏纲、银杏纲和风尾纲等植物中普遍存在。另外，黄酮类化合物在蕨类植物中分布也很广泛，在苔藓植物中也多有存在。许多天然药物如槐花米、黄芩、陈皮、葛根、野菊花、水飞蓟、银杏叶、地钱、丹参等都含有此类化合物，具有多种多样的生物活性。该类化合物在植物体内部分与糖结合以苷的形式存在，部分以游离的形式存在。

8.3.3.3 黄酮类化合物的性质

（1）物理性质。

① 性状。黄酮类化合物多为结晶性固体，少数（如黄酮苷类）为无定形粉末。一般黄酮类化合物都有颜色，其颜色的深浅与分子中是否存在交叉共轭体系及助色团（—OH、—OCH₃）的类型、数目以及位置有关。例如，黄酮色原酮部分原本无色，但在 2 位上引入苯基后，即形成交叉共轭体系，并通过电子转移、重排，使共轭链延长，因而呈现出颜色。

根据上述原则可初步判断各类黄酮化合物颜色的有无及深浅。一般情况下，黄酮、黄酮醇及其苷类多显灰黄~黄色；查耳酮为黄~橙黄色；而不具有交叉共轭体系的二氢黄酮、二氢黄酮醇则不显色；异黄酮类共轭链短，显微黄色。如果黄酮、黄酮醇分子中 7 位及 4′位引入—OH 或—OCH₃等助色团后，促使电子转移、重排，可使化合物颜色加深。但其他位置引入—OH、—OCH₃基团则影响较小。花色素及其苷不仅有交叉共轭体系，且呈烊盐状态，故能呈现各种鲜艳的颜色，其颜色随 pH 不同而改变，一般 pH<7 时显红色，pH=8.5 时显紫色，pH>8.5 时显蓝色。

② 溶解性。一般情况下，黄酮苷元为脂溶性，黄酮苷为水溶性。黄酮苷元的溶解性可受其结构是否为平面型分子以及结构中取代基类型、数量的影响而有差异。一般游离苷元难溶或不溶于水，易溶于甲醇、乙醇、乙酸乙酯、乙醚等有机溶剂及稀碱溶液中。其中黄酮、黄酮醇、查耳酮等平面型分子，因分子与分子间排列紧密，分子间引力较大，更难溶于水；而二氢黄酮、二氢黄酮醇由于吡喃环（C 环）已被氢化成为近似半椅式结构，破坏了分子的平面性，使分子排列不紧密，分子间引力降低，有利于水分子进入，水溶性较大，异黄酮类化合物的 B 环受吡喃环碳基立体结构的阻碍，分子的平面性降低，水溶性增大；花色素类虽为平面型结构，但因以离子形式存在，具有盐的通性，亲水性较强，水溶性也较大。

在黄酮苷元分子中引入羟基后水溶性增强，亲脂性降低，而羟基经甲基化后则亲脂性增强，水溶性降低。例如，一般黄酮类化合物不溶于石油醚中，故可与脂溶性杂质分开，但川陈皮素（5，6，7，8，3′，4-六甲氧基黄酮）可溶于石油醚。黄酮类化合物的羟基糖苷化后，水溶性增大，一般易溶于热水、甲醇、乙醇等强极性溶剂，而难溶或不溶于苯、氯仿等有机溶剂中。糖链越长，亲水性越强。黄酮苷和苷元因含有酚羟基，均可溶于碱性溶液中。

③ 旋光性。分子结构中具有手性碳原子是化合物具有旋光性的基础。二氢黄酮、二氢黄酮醇、二氢异黄酮、黄烷醇中，因含手性碳原子而具有旋光性。异黄酮分子结构中无手性碳原子，不具有旋光性。苷类化合物由于在结构中引入糖分子，含手性碳原子，故有旋光性，且多为左旋。

④ 荧光性。黄酮类化合物在紫外灯下可产生不同颜色的荧光。黄酮醇呈亮黄色或黄绿色荧光，但是 C₃—OH 甲基化或与糖结合成苷后，则荧光暗淡，常呈棕色；黄酮类呈淡棕色或棕色荧光；异黄酮呈紫色荧光；查耳酮呈亮黄棕色或亮黄色荧光；花色苷呈棕色荧光。

⑤ 酸碱性。

（a）酸性。多数黄酮类化合物因分子中有酚羟基，故显酸性，可溶于碱性水溶液、吡啶、甲酰胺及二甲基甲酰胺等溶剂中。其酸性强弱与酚羟基数目及位置有关，如黄酮类酚羟基的酸性强弱顺序依次为：7、4′-二羟基>7-或 4′-羟基>一般酚羟基>5-羟基。

7、4′-二羟基黄酮，在 p-π 共轭效应的影响下，使酸性增强，可溶于 NaHCO$_3$ 溶液中；7-或 4′-羟基黄酮类能溶于 Na$_2$CO$_3$ 溶液中，而不溶于 NaHCO$_3$ 溶液中；具有一般酚羟基的黄酮类酸性较弱，可溶于 NaOH 溶液中；仅有 5-羟基者，因可与 C-4 羰基形成分子内氢键，故酸性最弱，只溶于较高浓度的 NaOH 溶液。此性质可用于提取分离及鉴定工作，例如可用 pH 梯度法来分离黄酮类化合物。

（b）碱性。黄酮类化合物因为分子中的 γ-吡喃酮环上的 1-位氧原子有未共用电子对，故表现出微弱的碱性，可与强无机酸如浓硫酸、浓盐酸等生成烊盐，但生成的烊盐极不稳定，遇水即分解。

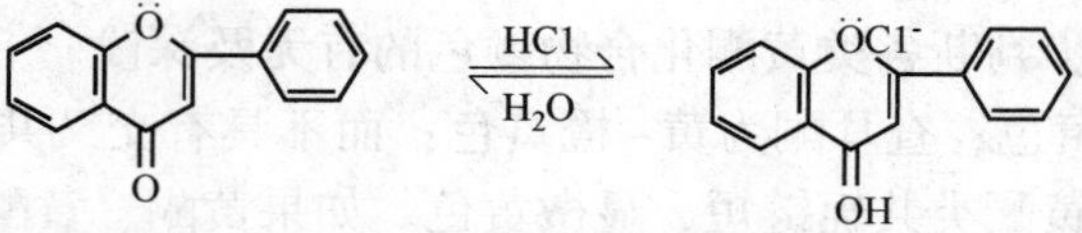

黄酮类化合物溶于浓硫酸中生成的烊盐常常表现出特殊的颜色，可用于黄酮类化合物的鉴别。某些甲氧基黄酮溶于浓盐酸中显深黄色，且可与生物碱沉淀试剂生成沉淀。

（2）化学性质。

① 还原反应。

（a）盐酸-镁粉（或锌粉）反应。将样品溶于 1mL 甲醇或乙醇，加入少许镁粉（或锌粉）振摇，滴加几滴浓盐酸，1~2min 内（必要时微热）即可显色。这是鉴定黄酮类化合物最常用的方法。多数黄酮、黄酮醇、二氢黄酮及二氢黄酮醇显橙红~紫红色，少数显紫~蓝色，当 B 环上有—OH 或—OCH$_3$ 取代时，呈现的颜色随之加深；异黄酮除少数例外均不显色；查耳酮、橙酮、儿茶素类则无该显色反应；由于花色素及部分查耳酮、橙酮等在单纯浓盐酸中也会发生颜色变化，故需预先做空白对照实验，即在供试液中仅加入浓盐酸进行观察，以便排除。

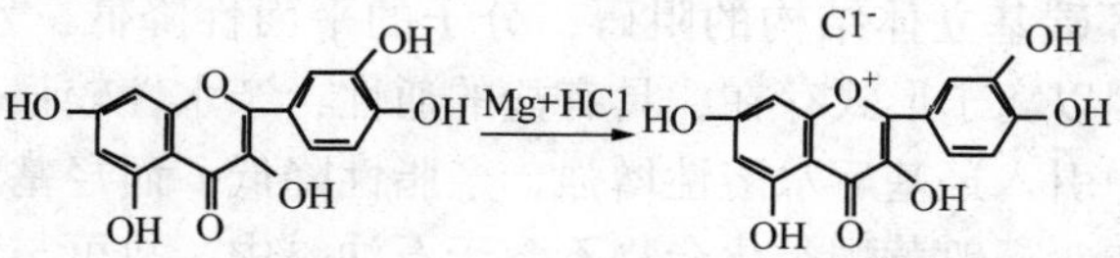

槲皮素　　　　花色素苷元(红色)

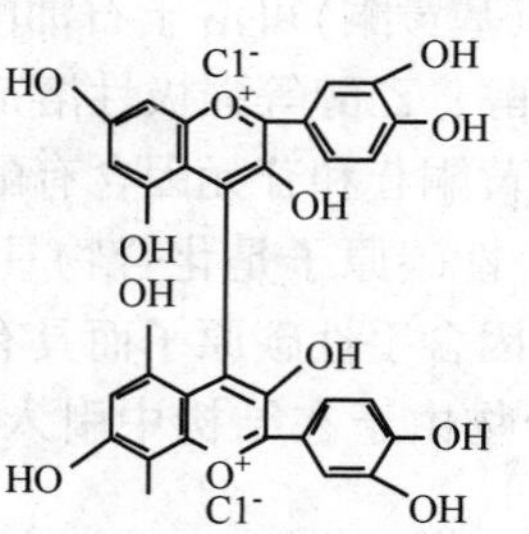

双花色素苷元(红色)

盐酸-镁粉反应的机理过去解释为由于生成了花色苷元所致，现在认为是因为生成了阳碳离子的缘故。

（b）硼氢酸钠（钾）反应。NaBH$_4$ 也是对二氢黄酮类化台物专属性较高的一种还原剂。与

280

二氢黄酮类化合物作用产生红色~紫色，其他黄酮类化合物均不显色，可与之区别。其方法是在试管中加入 0.1mL 含有样品的乙醇溶液，再加等量 2% $NaBH_4$ 的甲醇溶液，1min 后，加浓盐酸或浓硫酸数滴，生成紫色~紫红色。

另外，近来报道二氢黄酮可与磷钼酸试剂反应呈现棕褐色，也可作为二氢黄酮类化合物的特征鉴别反应。

②金属盐类试剂的络合反应　黄酮类化合物可与铝盐、铅盐、锆盐、镁盐等试剂反应，生成有色络合物。

（a）铝盐　常用的试剂为 1% 三氯化铝或硝酸铝溶液。生成的络合物多为黄色（λ_{max} = 415nm），并有荧光，可用于定性及定量分析。其原因是黄酮类化合物上的羰基或酚羟基与铝盐反应生成了鲜黄色的配合物。

（b）铅盐。常用 1% 乙酸铅及碱式乙酸铅水溶液，可生成黄至红色沉淀。黄酮类化食物与铅盐生成沉淀的色泽，因羟基数目及位置不同而异。其中，乙酸铅只能与分子中具有邻二酚羟基或兼有 3-羟基、4-羰基或 5-羟基、4-羰基结构的化合物反应生成沉淀。但碱式乙酸铅的沉淀能力要大得多，一般酚类化合物均可与其发生沉淀，依此不仅可用于鉴定，也可用于提取及分离工作。

（c）锆盐。多用 2% 二氯氧锆甲醇溶液。黄酮类化合物分子中有游离的 3-羟基或 5-羟基存在时，均可与该试剂反应生成黄色的锆络合物，但两种锆络合物对酸的稳定性不同。3-羟基-4-酮基络合物的稳定性比 5-羟基-4-酮基络合物的稳定性强（仅二氢黄酮醇除外）。故当反应液中接着加入柠檬酸后，5-羟基黄酮的黄色溶液显著褪色，而 3-羟基黄酮溶液仍呈鲜黄色（锆-柠檬酸反应）。方法是取样品 0.5~1.0mg，用 10.0mL 甲醇加热溶解，加 1.0mL 2% 二氯氧锆（$ZrOCl_2$）甲醇溶液，呈黄色后再加入 2% 柠檬酸的甲醇溶液，观察颜色变化。

上述反应也可在纸上进行，得到的锆盐络合物多呈黄绿色，并带荧光。

（d）镁盐。常用乙酸镁甲醇溶液为显色剂，本反应可在纸上进行。试验时在纸上滴加一滴供试液，喷以乙酸镁的甲醇溶液，加热干燥，在紫外光灯下观察。二氢黄酮、二氢黄酮醇类可显天蓝色荧光，若具有 C_5-OH，色泽更为明显。而黄酮、黄酮醇及异黄酮类等则显黄→橙黄→褐色。

（e）氯化锶（$SrCl_2$）。在氨性甲醇溶液中，氯化锶可与分子中具有邻二酚羟基结构的黄酮类化合物生成绿色至棕色乃至黑色沉淀。试验时，取约 1.0mg 检品置于小试管中，加入 1.0mL 甲醇使溶解（必要时可在水浴上加热），加入 3 滴 0.01mol/L 氯化锶的甲醇溶液，再加 3 滴已用氨蒸气饱和的甲醇溶液，注意观察有无沉淀生成。

（f）铁盐。常用三氯化铁水溶液。对黄酮专属性不强，除黄酮外，如蒽醌、香豆素等都显阳性反应，如为阴性反应，则有鉴别意义，说明不含黄酮类成分。因黄酮类化合物一般都含有酚羟基，但若为阳性反应，反而不能说明含有黄酮类成分，还必须借助其他特征性反应加以验证。

③硼酸显色反应。黄酮类化合物分子中当有下列结构时，在无机酸或有机酸存在条件下，可与硼酸反应，生成亮黄色。显然，5-羟基黄酮及 2-羟基查耳酮类结构可以满足上述要求，故可与其他类型区别，一般在草酸存在条件下显黄色并具有绿色荧光，但在柠檬酸-丙酮存在条件下，则显亮黄色，而无荧光。

④ 碱性试剂显色反应。在日光及紫外光下，通过纸斑反应，观察样品用碱性试剂处理后的颜色变化，对于鉴别黄酮类化合物有一定的意义。其中，用氨蒸气处理呈现的颜色置空气中随即褪去，但经碳酸钠水溶液处理后的呈色则不褪色。

此外，利用对碱性试剂的反应还可帮助鉴别分子中的某些结构特征。例如：二氢黄酮类易在碱液中开环，转变成相应的异构体——查耳酮类化合物，从而显橙色至黄色；黄酮醇类化合物在碱液中先呈黄色，通入空气后变为棕色，据此可与黄酮类物质相区别；黄酮类化合物分子中有邻二酚羟基取代或 3,4'-二羟基取代时，在碱液中不稳定，易氧化为黄色至深红色乃至绿棕色沉淀。

8.3.3.4 黄酮类化合物的命名和分类

根据中央三碳链的氧化程度、B 环连接位置(2 位或 3 位)及三碳链是否构成环状等特点，可将黄酮类化合物分为以下几大类型，如表 8-1 所示。此外，尚有由两分子黄酮、两分子二氢黄酮或一分子黄酮及一分子二氢黄酮按 C—C 或 C—O—C 键方式连接而形成的双黄酮类化合物(bioflavonoids)。另有少数黄酮类化合物结构很复杂，如水飞蓟素(silymarin)为黄酮木脂体类化合物，而榕碱(ficine)及异榕碱(isoficine)则为生物碱型黄酮。

表 8-1 黄酮类化合物的类型与结构

类型	基本结构	类型	基本结构
黄酮	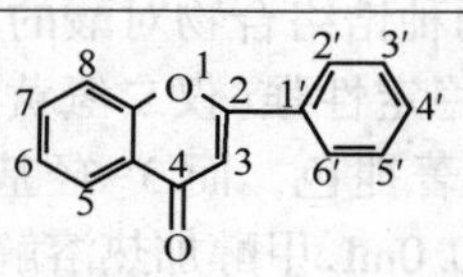	二氢查尔酮	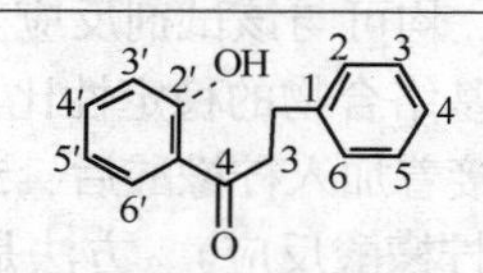
黄酮醇	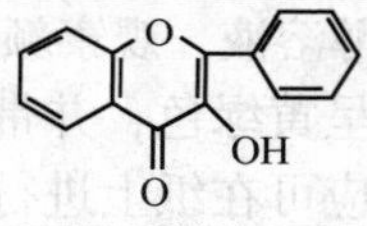	花色素	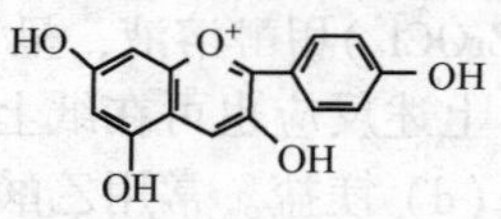
二氢黄酮	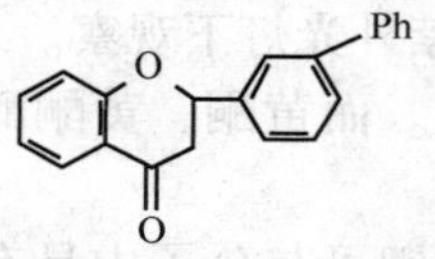	黄烷-3-醇	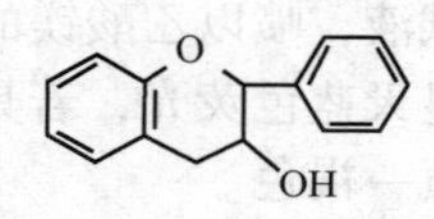
二氢黄酮醇	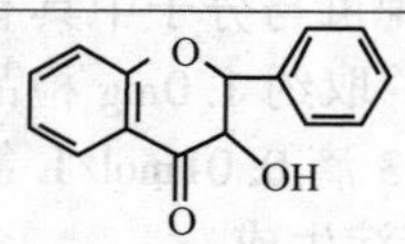	黄烷-3,4-二醇	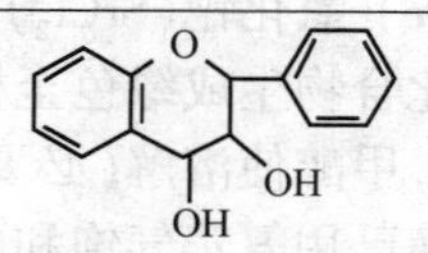
异黄酮	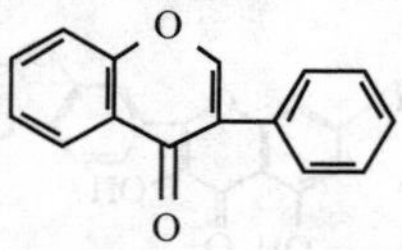	橙酮	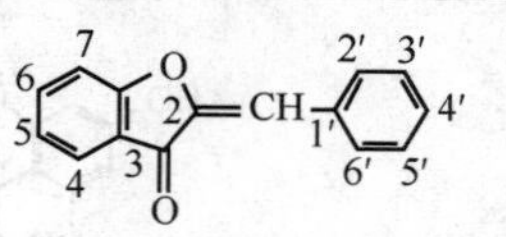
二氢异黄酮	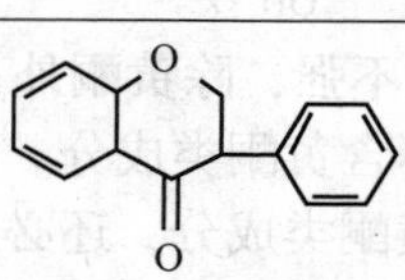	双苯吡酮	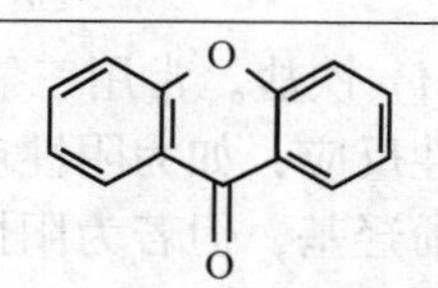
查尔酮	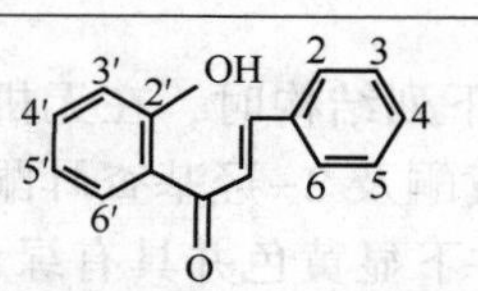	高异黄酮	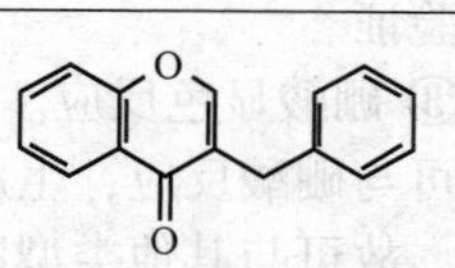

282

（1）黄酮和黄酮醇类。此类化合物较为多见，分布广泛。如木犀草素（luteolin）具抗菌作用；芹菜素（apigenin）有止咳祛痰作用。

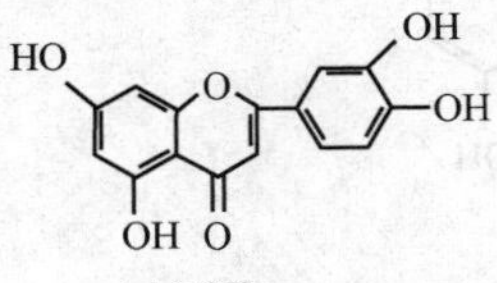

木犀草素

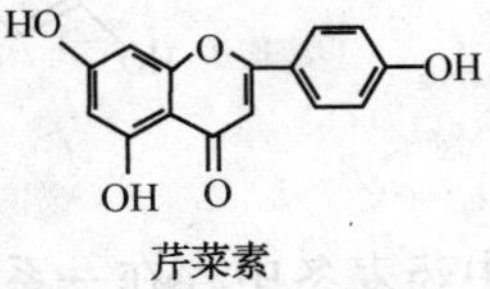

芹菜素

（2）二氢黄酮、二氢黄酮醇类。二氢黄酮在植物中存在亦较普遍，如甘草中的甘草苷（liquiritin）对消化系统溃疡有治疗作用；陈皮中的橙皮苷（hesperidin）具维生素P样作用。

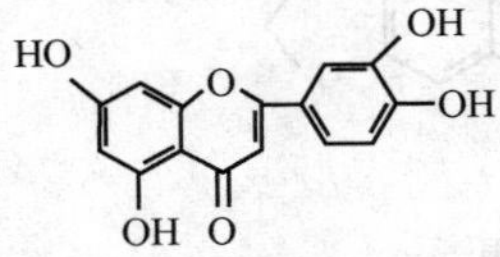

木犀草素

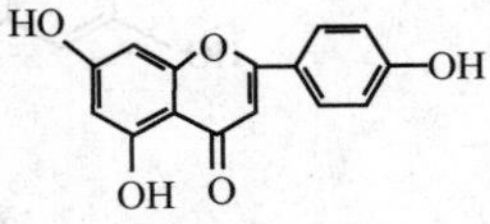

芹菜素

（3）异黄酮类。异黄酮类母核为3-苯基色原酮的结构，即B环连接在C环的3位上，如豆科植物葛根中所含的大豆素、大豆苷、葛根素等均属于异黄酮类化合物。

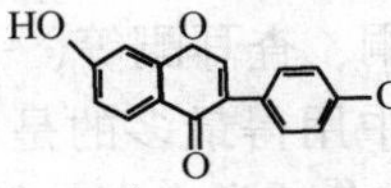

大豆素

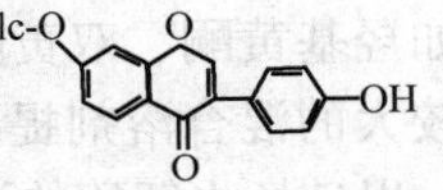

大豆苷

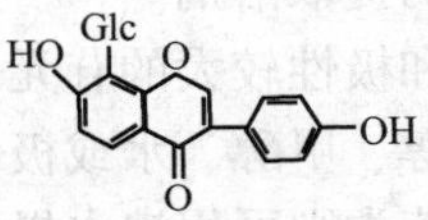

葛根素

（4）查耳酮类。查耳酮的2′-羟基衍生物为二氢黄酮的异构体，二者可相互转化。

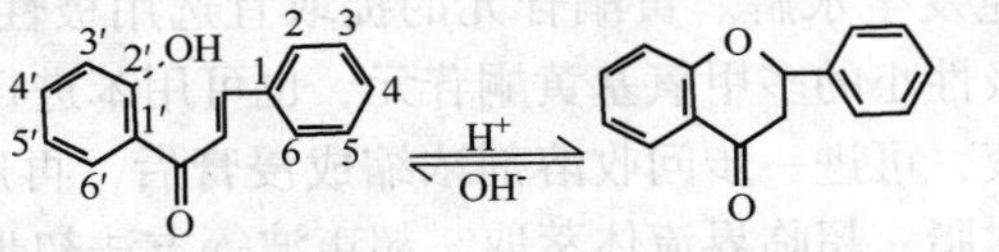

2′-羟基查耳酮

二氢黄酮

（5）花色素类和黄烷醇类。花色素类是广泛存在于植物的花、果、茎等部位，显红、蓝、紫等颜色的色素，多以苷的形式存在，称花色苷。如矢车菊素（cyanidin）是最为常见的花色素。黄烷醇主要存在于含鞣质的木本植物中，它们大都是缩合鞣质的前体，如儿茶素（cate-chin）。

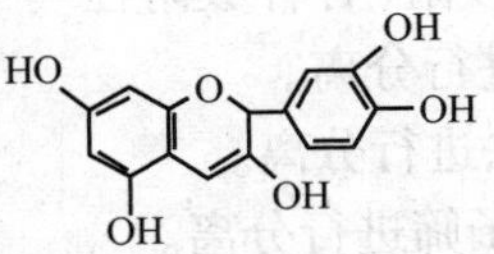

矢车菊素

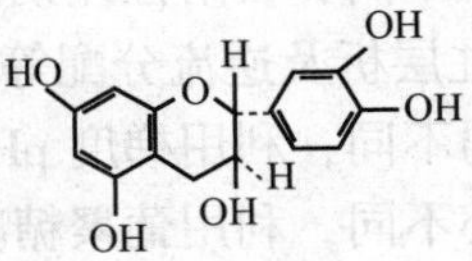

（+）儿茶素

（6）橙酮类。中药中比较少见，硫磺菊中的硫磺菊素（sulphuretin）属橙酮类化合物。

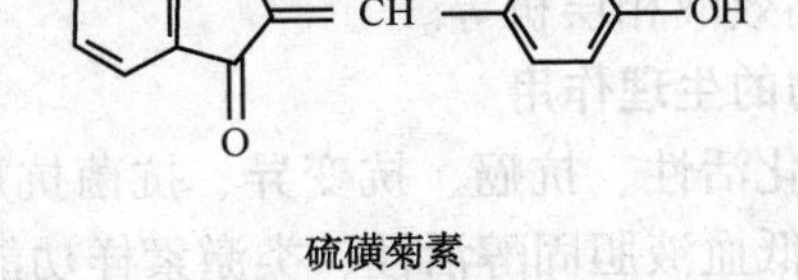

硫磺菊素

（7）双苯吡酮类。双苯吡酮类又称苯并色原酮，中药知母叶、芒果叶、石韦中的异芒果素（isomangiferin）属此类成分，具有止咳祛痰作用。

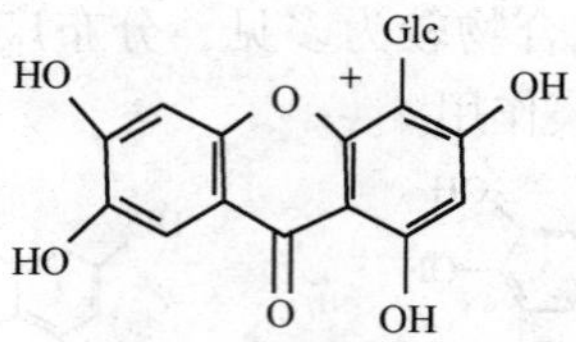

异芒果素

（8）高异黄酮。中药麦冬中存在一系列高异黄酮类化合物，如麦冬高异黄酮 A（ophio-pogonone A）。

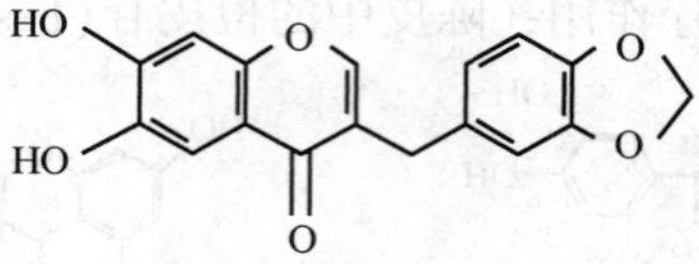

麦冬高异黄酮

8.3.3.5　黄酮类化合物的提取方法

黄酮类化合物的提取，主要是根据被提取物质的性质和提取过程伴随的杂质是否容易除去来选择适当的提取溶剂。

黄酮苷类和极性较大的苷元，如羟基黄酮、双黄酮、棱酮、查耳酮等，一般可用丙酮、乙酸乙酯、乙醇、甲醇、水或极性较大的混合溶剂提取，其中用得最多的是甲醇水（1∶1）或甲醇。多糖苷类则可用沸水提取，以破坏水解酶的活性，避免苷类水解，例如从槐花米中提取芦丁。在提取花青素类化合物时，可加入少量酸，如0.1%盐酸，但提取一般黄酮苷类成分时不应加酸，以避免发生水解。黄酮苷元的提取宜选用极性较小的溶剂，如氯仿、乙醚、乙酸乙酯等。对于极性小的多甲氧基黄酮苷元，也可用苯进行提取。

对于得到的粗提取液，可进一步回收溶剂浓缩成浸膏后，再用溶媒萃取、碱提酸沉淀、炭粉吸附法、大孔吸附树脂、超临界流体萃取、超声波等方法初步精制。

8.3.3.6　黄酮类化合物的分离方法

要从植物总黄酮提取液中获得黄酮类化合物单体，还需进一步分离、纯化。黄酮类化合物的分离方法有很多，尤其是各种层析技术的应用已经非常普遍。分离黄酮类化合物的主要依据是：

（1）根据极性大小不同和吸附性差别，利用吸附（各种吸附柱——硅胶、氧化铝、聚酰胺等）或分配（如分配柱层析及逆流分配等）原理进行分离。

（2）根据酸性强弱不同，利用梯度 pH 萃取法进行分离。

（3）根据分子大小不同，利用葡聚糖凝胶分子筛进行分离。

（4）根据分子中某些基团的特殊性质，利用金属盐络合能力不同等特点进行分离。

在实际分离过程中，应根据混合物中各成分的具体情况，合理使用各种方法，以达到最佳分离效果。常用的分离纯化方法主要有硅胶、聚酰胺、氧化铝、葡聚糖凝胶柱层析、梯度 pH 萃取、液滴逆流层析、高效液相层析等。

8.3.3.7　黄酮类化合物的生理作用

黄酮类化合物具有抗氧化活性、抗癌、抗变异、抗菌抗病毒、抗炎、抗衰老、抗过敏、抗心律失常、降低血糖、降低血液胆固醇活性、类激素样功能、调节免疫等生理活性。对心血管疾病、心肌缺血、肝功能障碍、防治糖尿病型白内障等疾病也有一定的治疗和预防作用，还有镇咳、祛痰、平喘等功能。

284

8.4 干细胞与组织工程

随着生命科学的飞速发展，目前组织工程、干细胞研究已经成为 21 世纪生命科学的研究焦点和前沿领域。组织工程研究涉及种子细胞、生物支架材料以及组织构建等众多研究方向。干细胞研究则有望解决组织工程研究中的种子细胞来源问题，可能成为组织工程研究中的理想种子细胞。

8.4.1 干细胞

干细胞(stem cell)是一类具有自我更新和分化潜能的细胞。根据来源可分为胚胎干细胞和成体干细胞。干细胞体外培养有望获得再生组织或器官，替换丧失功能的组织或器官，不仅将解决供体器官来源不足的问题，而且采用自身干细胞可避免异体器官移植的免疫排斥问题，提高治疗效果。干细胞是基因治疗较理想的靶细胞，因为它可以自我更新复制，治疗基因通过它带入人体中能够持久发挥作用，而不必担心分化细胞在细胞更新中可能丢失治疗基因。

8.4.1.1 自我更新特征

自我更新是指干细胞具有分裂和自我复制能力，子代细胞维持干细胞的原始特征。干细胞的自我更新可通过对称分裂和不对称分裂两种形式进行。对称分裂指一个干细胞分裂产生的两个子细胞全是干细胞。不对称分裂指一个干细胞分裂成一个干细胞和一个短暂增殖细胞，称为定向祖细胞。祖细胞分裂形成的是两个专一功能的子细胞，不具备自我复制的能力。

8.4.1.2 增殖特征

增殖缓慢性：一般情况下，干细胞处于休眠或缓慢增殖状态。经刺激进行分化时首先经过短暂的增殖期。当干细胞进入分化期时，其增殖速度开始逐渐加快，以适应组织器官生长、发育和修复的需要。此特点利于干细胞对特定的外界信号做出反应，以决定进行增殖还是进入特异的分化程序。缓慢增殖还可减少基因发生突变的可能性。

增殖自稳性：也称自我维持，指干细胞会自我更新维持自身数目的恒定，主要是通过不对称分裂来实现。

8.4.1.3 分化特征

分化潜能是干细胞的一个重要特征。不同干细胞的分化潜能不同，根据分化能力强弱，干细胞可分为单能干细胞、多能干细胞与全能干细胞。细胞分化如图 8-6 所示。单能干细胞(monopotent stem cell)是只能分化为单一类型细胞的干细胞，如表皮干细胞只能分化产生角化表皮细胞。多能干细胞(multipotent stem cell)是能够形成两种或两种以上类型细胞的干细胞，如骨髓造血干细胞可分化成红细胞、巨噬细胞、粒细胞、巨核细胞、淋巴细胞等多种类型细胞。全能干细胞(almighty stem cell)是具有无限分化潜能的干细胞，如胚胎干细胞。

8.4.2 胚胎干细胞

8.4.2.1 胚胎干细胞概述

胚胎干细胞(embryonic stem cell, ESC)是从着床前胚胎内细胞团或原始生殖细胞经体外

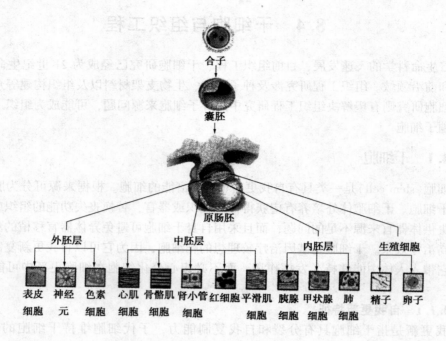

图 8-6　细胞分化示意图

分化抑制培养分离的一种全能性细胞，是可以分化成任何一种组织类型的细胞。胚胎干细胞具有与早期胚胎细胞相似的形态结构，细胞体积小，核大，核质比高，有一个或多个核仁，核型正常，具有整倍性。胚胎干细胞体外培养时呈鸟巢集落状生长，细胞紧密堆积，难以看清细胞轮廓，集落边界清晰，有立体感。

（1）胚胎干细胞分化潜能评价

① 体外分化实验。将获得的胚胎干细胞制成悬浮液培养在铺有明胶的培养皿中，一段时间后部分细胞贴壁生长，分化成神经、肌肉、软骨等不同组织细胞；同时一部分不贴壁的细胞悬浮生长，首先生成"简单类胚体"，进一步培养生成囊状胚体。

② 体内分化实验。将一定量胚胎干细胞注射进同源动物皮下，经过一段时间，注射处皮下有组织瘤生成。手术取瘤，常规制片后观察，一般是含有 3 个胚层的畸胎瘤。

③ 嵌合体形成。将胚胎干细胞通过聚集法或注射法与受体胚胎结合，并且将胚胎移植到同期化代孕母受体，最终得到嵌合体动物。嵌合体动物可通过毛色、皮肤颜色等外观指标进行判定，或取器官组织进行同工酶检测。

（2）胚胎干细胞的鉴定。

① 碱性磷酸酶（alkaline phosphatase，AKP）活性。未分化的胚胎干细胞中含有丰富的碱性磷酸酶，活性很高；而已经分化的胚胎干细胞中碱性磷酸酶呈现弱阳性或阴性。

② 端粒酶（telomerase）活性。端粒酶是增加染色体末端端粒序列、维持端粒长度的一种核糖蛋白。端粒酶有助于维持端粒长度，胚胎干细胞有着高水平的端粒酶活性，并具有长的端粒（见图 8-7）。

③ 干细胞标记物。是位于细胞表面有选择性结合和黏附信号分子的受体蛋白。

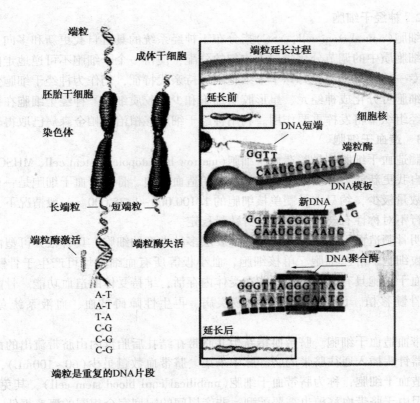

端粒延长过程

端粒

成体干细胞

胚胎干细胞

染色体

长端粒 — 短端粒

端粒酶激活   端粒酶失活

A-T
A-T
T-A
C-G
C-G
C-G

端粒是重复的DNA片段

延长前

细胞核

DNA短端

端粒酶

DNA模板

新DNA

DNA聚合酶

延长后

图 8-7　端粒与端粒酶

8.4.2.2　胚胎干细胞研究存在的问题

目前，胚胎干细胞研究存在以下问题：

（1）来源限制。人类胚胎干细胞研究存在来源限制问题。

（2）体外培养困难。由于胚胎干细胞在体外培养会自发分化，而且机制还尚不清楚，控制胚胎干细胞分化的抑制技术有待完善。

（3）安全性。胚胎干细胞和多能成体干细胞的自发分化方向是多向的，移植到体内的干细胞分化方向会与预期不同。干细胞移植后的成瘤性风险也较大。尽管胚胎干细胞是较原始的细胞，抗原性比较弱，但仍能引起免疫排斥反应。

（4）伦理道德问题。获取人的胚胎干细胞、建立胚胎干细胞系必须要破坏胚囊，体外培养的胚囊是否具有生命还存在争议，所以人类胚胎干细胞研究面临伦理道德问题。

8.4.3　成体干细胞

8.4.3.1　成体干细胞概述

成体干细胞（adult stem cell，ASC）是成体组织内具有进一步分化潜能的细胞，是多能或单能干细胞。可塑性（p1asticity）指一种组织的成体干细胞生成另一种组织的特化细胞类型的能力，又称干细胞的转分化或者横向分化。骨髓、脂肪、肌肉、脐带血、血液中均已发现具有多向分化潜能的成体干细胞。目前，成体干细胞已经成为干细胞研究的重要对象，是组织工程理想的种子细胞。

287

8.4.3.2　神经干细胞

神经干细胞(neural stem cell，NSC)指分布于神经系统的具有自我更新和多向分化潜能的细胞。由于细胞质中的调节分化蛋白不均匀的分配，使得一个子细胞不可逆地走向分化终端而成为功能专一的分化细胞，另一个子细胞则保持亲代特征，仍作为神经干细胞保留下来。

神经干细胞可分化成神经元、星形胶质细胞和少突胶质细胞。神经干细胞在神经发育和修复受损神经组织中将发挥重要作用。利用神经干细胞移植治疗帕金森病已取得较大进展。

8.4.3.3　造血干细胞

(1)骨髓造血干细胞。骨髓造血干细胞(marrow hematopoietic stem cell，MHSC)指存在于骨髓的具有自我更新能力和多向分化潜能的原始造血细胞。骨髓造血干细胞是一种组织特异性干细胞，数量极少，约只占骨髓单核细胞的 1/100 000～1/25 000。一般情况下，骨髓造血干细胞只进行不对称性有丝分裂保持自身数量稳定。

现已证明骨髓造血干细胞可分化为 3 个胚层多种类型的细胞，具有很大可塑性。血液中的红细胞、粒细胞、淋巴细胞、单核细胞、血小板等所有血细胞均可产生于骨髓造血干细胞。骨髓造血干细胞具有可移植性，能在受体内存活，维持受体的造血功能。骨髓造血干细胞移植又称骨髓移植，已被用于治疗血液疾病、再生性障碍贫血、血液系统免疫缺陷等疾病。

(2)脐带血造血干细胞。脐带血指新生儿脐带在结扎后胎盘内由脐带流出的血。脐带血可通过注射器针头插入通往脐带的脐静脉中采集。脐带血数量虽少(60～100mL)，却含有可观的未成熟造血干细胞，称为脐带血干细胞(umbilical cord blood stem cell)，其免疫原性低，副作用少。但由于脐带血移植也需要配型，非亲属间的配型完全相同的概率很低。出生时脐带血必须很快处理或者妥善保存，可通过建立脐血库以备急需。

8.4.3.4　间质干细胞

间质干细胞(mesenchymal stem cell，MSC)是存在于全身结缔组织和器官间质中具有自我更新和多向分化潜能的细胞。体外贴壁培养的间质干细胞呈圆形、纺锤形或梭形，传代后的间质干细胞为圆球形或梭形。

间质干细胞已被证明可分化为骨细胞、软骨细胞、脂肪细胞、肌细胞、内皮细胞、神经元和神经胶质细胞等，具有较大可塑性。间质干细胞来源广泛，易在体外培养增殖。利于外源基因表达并具有组织特异性的特点使其可能成为基因治疗的靶细胞。同时，间质干细胞还支持造血功能，与造血干细胞一起移植可提高造血干细胞的成功率。

8.4.3.5　成体干细胞研究的问题分析

(1)与胚胎干细胞相比，成体干细胞研究具有以下优点：

① 来源方便：可从自身获得。

② 没有伦理学问题：成体干细胞来自成熟个体，获得成体干细胞不会损伤供体避免胚胎干细胞研究带来的伦理学问题。

③ 避免免疫排斥反应：同种异体胚胎干细胞及其分化细胞用于临床会引起免疫排斥。尽管通过取自自身供体细胞核通过治疗性克隆可得到自身胚胎干细胞，但克隆技术的不成熟限制了目前应用。采用自身成体干细胞可解决免疫排斥反应问题，具有可行性。

④ 比较安全：虽然胚胎干细胞能分化成各种细胞类型，但目前还不能完全控制胚胎干细胞的定向分化，容易导致畸胎瘤。

(2)相对而言，成体干细胞比较安全。但成体干细胞研究也存在一些问题：

① 由于成体干细胞在组织中含量极少，又缺乏特异性检测标志，因此很难从组织中分离纯化出来。

② 成体干细胞的可塑性机制还不清楚。要确定一种成体干细胞确切的组织来源还需要深入研究。

③ 有待建立有效的使成体干细胞在体外增殖又能维持未分化状态的技术。

④ 成体干细胞体外长期传代后会发生表型改变，且成体干细胞也参与肿瘤的形成。

8.4.4 组织工程

8.4.4.1 组织工程

组织工程（tissue engineering）是利用生命科学、医学、工程学的原理与技术，利用细胞、生物材料、细胞因子实现组织修复或再生的一门技术。组织工程术语最早是 1987 年美国科学基金会在华盛顿举办的生物工程小组会上提出。20 世纪 80~90 年代为起步阶段，之后进入发展阶段。

8.4.4.2 基本要素

组织工程的基本要素包括：种子细胞、支架材料、细胞因子。

（1）种子细胞。种子细胞（seed cell）是组织修复或再生的细胞材料，包括干细胞、组织来源的体细胞。种子细胞的培养是组织工程的最基本要素。种子细胞可以来自于自体细胞，也可以来自于异体细胞，后者包括同种和异种细胞。理想的组织工程种子细胞应该容易获得和体外培养、遗传稳定。

自体组织细胞应为种子细胞首选。但由于组织工程细胞培养多需要高浓度的细胞接种，自体组织细胞存在着数量的局限性及长期传代后细胞功能老化的问题。使用同种异体细胞尽管有望解决种子来源限制问题，但免疫相容性是关键问题。不同的细胞引起免疫反应的能力不同，如角质细胞的人白细胞抗原会导致免疫排斥，而成纤维细胞、成肌细胞很少引起免疫反应，因此这类细胞进行细胞疗法的尝试取得了较大进展。异种细胞使用没有来源限制问题，但会面临更严重的免疫排斥问题以及携带病原的潜在危险。

干细胞有望成为组织工程理想的种子细胞来源。成体干细胞相对于胚胎干细胞作为组织工程种子细胞更具有可行性，如骨髓间充质干细胞已经被用于骨的修复与体外再造，表皮干细胞用于皮肤组织修复与人造皮肤。但目前干细胞的体外分化抑制培养以及诱导分化等技术还不成熟。体细胞克隆技术为使用自身干细胞作为种子细胞提供了潜在途径，但技术尚不成熟。

（2）支架材料。

① 组织工程支架材料是指替代细胞外基质使用的生物医学材料。按照不同的分类标准可分为：有机材料与无机材料、天然材料和人工合成材料、单一材料和复合材料。

用于组织工程的支架材料一般要满足以下条件：

（a）良好的生物相容性。生物相容性是指生物医学材料引起宿主反应和产生有效作用的能力。

（b）良好的生物降解性。材料完成支架的作用后能被降解，降解速率与细胞生长速率相互协调。

（c）合适的三维立体结构。孔隙率应达到 90% 以上，有较大的比表面积，利于黏附细胞，可容纳细胞因子、营养物质，同时内部必须具备均匀分布和相互连通的孔结构，有利于细胞在整个支架体内部均成网络状分布，利于代谢废物的排出，利于血管与神经的长入，保证再生组织具有三维结构。

（d）好的加工性与一定的机械强度。材料可设计成一定形状，对培养的细胞有支撑和保护作用。

（e）良好的消毒性能。可以满足无菌操作的要求。

② 有机材料。有机材料根据来源可分为天然高分子材料和合成高分子材料，根据其稳定性又可分为可降解和不可降解生物高分子材料。作为组织工程的有机材料主要是可降解高分子材料使用最为普通，尤其是可降解天然生物材料。常用的可降解天然生物材料有胶原、壳聚糖、透明质酸等。

人工合成的可降解高分子材料一般含有易被水解的酯键、醚键、酰胺键等，是组织工程中广泛使用的一类支架材料。目前研究较多的有聚乳酸（polyactiacid，PLA）、聚羟基乙酸（polyglycolicacid，PGA）、聚羟基丁酸（polyhydroxybutyrate，PHB）、聚原酸酯、聚磷苯酯、聚酸酐等。这些材料具有生物相容性及可塑性，在体内可逐步分解为小分子。

③ 无机材料。无机材料在人体硬组织的缺损修复、重建方面有着重要价值，已广泛用于人工牙齿、人工骨、人工关节等。无机材料包括生物惰性无机材料、生物活性无机材料；按照是否可以降解，又分为不可降解和可降解无机材料。

生物惰性无机材料指化学性能稳定、生物相容性好的无机材料，具有耐氧化、耐腐蚀、不降解、不变性等特点。它们与骨组织不能产生化学结合，而是被纤维结缔组织膜所包围，形成纤维骨性结合界面。应用较多的主要有高纯氧化铝陶瓷、玻璃陶瓷、多孔氧化铝陶瓷、一般氧化铝陶瓷和高纯热解碳等。

生物活性无机材料在体内有一定溶解度，能释放对机体无害的离子，参与体内代谢，对骨质增生有刺激或诱导作用，能促进缺损组织的修复。主要包括生物活性玻璃陶瓷、羟基磷灰石等。

大多数用于组织工程的无机材料是不可降解的，但也有可生物降解的无机材料。用于骨修复或者重建的可降解无机材料植入骨组织后，材料通过体液溶解吸收或被代谢系统排除体外，最终使缺损的部位完全被新生的骨组织替代。

④ 生物复合材料。生物复合材料是由两种或两种以上不同物理化学性质的材料复合而成的新材料，一般由基体材料和增强材料组成。不仅能保持原有组分的部分优点，而且可产生原组分所不具备的特性。

生物复合材料包括无机材料、有机材料、天然材料与合成材料间的组合。例如：天然高分子同合成高分子的复合物有胶原–PCA 的复合物；有机材料同无机材料的复合物有羟基磷灰石–甲壳素的复合物、羟基磷灰石–PLA 的复合物等；合成有机材料的复合材料包括聚乳酸（PLA）和聚羟基乙酸（PGA）的聚合物、聚乳酸–己内酯的共聚物（PLC）。

（3）细胞因子。细胞对外部环境产生的应答是通过感知某种化学信号或物理刺激，并将之传递到细胞核中，促发或抑制基因的表达实现的。细胞感受到的信号源包括：可溶解生长因子、难溶性胞外基质和生长基质、环境压力和物理信号、细胞相互作用等。细胞因子对于体外培养过程中的细胞生长、细胞形态等具有显著影响，也是组织修复与再生过程中的细胞分化、细胞功能再造的重要因素。既然细胞的增殖与分化由各种细胞因子调节，体外再造组织器官必须提供必要的细胞生长与分化的物理因子与化学因子。

① 物理因子。物理因子主要是应力作用。几乎所有细胞在体内都受到应力作用。这些

应力可改变细胞的生物学行为，影响细胞的基因表达、代谢以及生长因子的分泌。应力引起的一些细胞反应具有普遍性，还常引起细胞的协同反应，是影响生物体生理和病理变化的重要因素之一。在组织工程研究中，应力作用对细胞或组织结构、功能的影响可能是决定性的。

② 细胞生长因子。细胞生长因子（cell growth factor）主要是指在细胞间传递信息、对细胞生长具有调节功能的一些多肽。通常以无活性或部分有活性的前体形式存在，通过与靶细胞表面或细胞核的特异性受体结合来发挥作用。可能还需要与细胞外基质分子结合来维持活性与稳定性。

③ 细胞外基质。细胞外基质（extracellular matrix，ECM）主要是由细胞分泌的蛋白和多糖，分布于细胞外空间，构成网络结构。上皮组织、肌肉组织及脑与脊髓中的 ECM 含量较少，结缔组织中 ECM 含量较高。细胞外基质的组分及装配形式由所产生的细胞决定，并与组织的特殊功能需要相适应。构成细胞外基质的大分子种类繁多，可大致归纳为胶原、非胶原糖蛋白、弹性蛋白、糖胺聚糖与蛋白聚糖几类。

细胞外基质是细胞的生存及活动提供适宜的场所，所提供的物理与化学环境会影响细胞的黏附、迁移、增殖和分化，影响细胞的形状、代谢和功能。同时，细胞外基质赋予组织和器官相关功能，如骨骼强度、皮肤弹性等。细胞指导细胞外基质的合成，同时细胞外基质对于细胞产生重要影响。

8.4.4.3 技术路线与方法

组织工程有 3 条技术路线，如图 8-8 所示，最终达到原位修复或者替换目的。

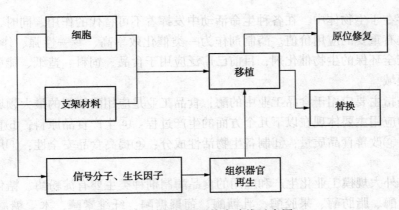

图 8-8 组织工程技术路线示意图

（1）将支架材料与细胞混合，移植到受损部位，随着细胞生长、支架材料的降解而取代或填补受损部位。

（2）将体外培养的细胞接种到受损部位生长进行原位修复。

（3）使用可降解三维多孔支架材料，接种培养细胞，体外再生组织或器官，移植替换。该途径组织工程产品构建一般由以下几个步骤组成：种子细胞的分离与体外增殖培养、支架材料的选择与加工修饰、细胞与支架材料联合培养、体内植入与临床监护。

前两条途径是以实现原位修复为目的，第三条途径目的在于进行组织或器官替换，是组织工程主要的研究内容。

8.4.4.4 组织工程研究的问题分析

（1）组织血管化。血管能提供营养物质、带走有毒代谢物质，同时提供组织重建需要的化合物。组织工程产品移植后血管化是否能够成功是临床应用的关键。血管生成由促血管生成因子等调控，主要是血管内皮生长因子、血小板衍生生长因子两种生长因子协同起作用：血管内皮生长因子促进内皮细胞生长、迁移；血小板衍生生长因子抑制内皮细胞的增殖，促进平滑肌细胞的积累和血管的成熟。两者分泌的时间与量上的差异控制着血管的生成，即通过促进信号–抑制信号的整体平衡来调控。

（2）组织器官的复杂性决定了人工构建的困难。以肝为例，含有肝细胞、血管内皮细胞、胆管细胞、肝间质细胞等，同时分离、扩增几种不同的种子细胞，并维持活力和功能的相对一致性，技术上相当困难。将不同的种子细胞严格按照解剖结构排列在具有三维空间结构的生物材料上培养也非常困难。如何在肝中形成动脉、静脉、胆管等并保持同步生长，现有手段还难以实现。

（3）其他问题。组织工程化产品研究及临床应用刚刚起步，还有许多技术没有建立，许多机制问题没有揭示。如种子细胞的来源及体外培养增殖技术还不完善；理想的支架材料欠缺；细胞接种、营养供给、细胞生长因子释放等技术还没有很好地建立；支架材料与细胞的相互关系也急需研究予以揭示；体外构建的组织工程产品移植后的相容性与免疫排斥、与受体组织的愈合、对药物的反应等均会影响治疗效果。

8.5 酶制剂在食品工业的应用

酶广泛存在于生物体中，在各种生命活动中发挥着不可替代的作用。同时，酶在实际工业生产中也具有重要的应用价值。酶制剂作为一类催化效率高、专一性强、作用条件温和、可控性强和安全环保的生物催化剂，目前已广泛应用于食品、饲料、造纸、能源、医药以及农业等不同领域。

食品酶是指主要应用于食品工业中的酶，食品工业是应用酶制剂的最大领域。酶制剂在食品工业中的应用主要体现在以下几个方面的生产过程：ⓐ生产食品原料；ⓑ直接参与食品的生产过程；ⓒ改善食品质量；ⓓ制备生物活性成分；ⓔ提高食品安全性；ⓕ用于食品安全检测。

目前国内外大规模工业化生产和应用的食品酶制剂种类主要有淀粉酶、糖化酶、葡萄糖异构酶、蛋白酶、脂肪酶、果胶酶、乳糖酶、葡聚糖酶、纤维素酶、木聚糖酶以及磷脂酶等。下面针对食品酶制剂作用机理及研究进展进行综述。

8.5.1 食品酶在食品生产中的应用

8.5.1.1 用酶进行淀粉类食品的生产

淀粉类食品是指含有大量淀粉或者以淀粉为主要原料加工制成的食品，是世界上产量最大的一类食品。在谷物中，淀粉具有较高的营养价值，运用小麦、马铃薯、绿豆等进行加工都可以制作成淀粉，而将淀粉进行微生物酶技术的加工后可以制作成糖和酒。

淀粉糖工业是食品酶制剂应用的最主要领域。目前淀粉糖生产中使用的酶制剂主要有：α-淀粉酶、β-淀粉酶、葡萄糖淀粉酶、普鲁兰酶等。通过淀粉酶的组合，可将淀粉转化为葡萄糖、果葡糖浆、麦芽糖、异麦芽糖以及环糊精等不同类型的淀粉糖产品。淀粉类食品生产中主要用酶如表 8-2 所示。

表 8-2　淀粉类食品生产中主要用酶

酶	用　途
α-淀粉酶	生产糊精、麦芽糊精
α-淀粉酶，糖化酶	生产淀粉水解糖、葡萄糖
α-淀粉酶，β-淀粉酶，支链淀粉酶	生产饴糖、麦芽糖、啤酒酿造
支链淀粉酶	生产直链淀粉
糖化酶，支链淀粉酶	生产葡萄糖
α-淀粉酶，糖化酶，葡萄糖异构酶	生产果葡糖浆、高果糖浆、果糖
α-淀粉酶，环状糊精葡萄糖苷基转移酶	生产环状糊精

（1）用酶进行葡萄糖的生产。酶法生产葡萄糖是以淀粉为原料，先经过 α-淀粉酶液化成糊精，再用糖化酶催化生成葡萄糖。α-淀粉酶又称为液化型淀粉酶，它作用于淀粉时，随机地从淀粉分子内部切开 α-1,4-葡萄糖苷键，使淀粉水解生成糊精和一些还原糖，所生成的产物均为 α-型，故称为 α-淀粉酶。

糖化酶又称为葡萄糖淀粉酶，它作用于淀粉时，从淀粉分子的非还原端开始逐个水解 α-1,4-葡萄糖苷键，生成葡萄糖。该酶还有一定的水解 α-1,6-葡萄糖苷键和 α-1,3-葡萄糖苷键的能力。

在葡萄糖的生产过程中，淀粉先配制成淀粉浆，添加一定量的 α-淀粉酶，在一定条件下使淀粉液化成糊精。然后，在一定条件下加入适量的糖化酶，使糊精转化为葡萄糖。

（2）用酶进行果葡糖浆的生产。果葡糖浆是由葡萄糖异构酶催化葡萄糖异构化生成部分果糖而得到的葡萄糖和果糖的混合糖浆。在高果糖浆生产中应用的固定化葡萄糖异构酶，是世界上生产规模最大的一种固定化酶。用淀粉生产高果糖浆包含三步：

① 用淀粉酶液化淀粉。

② 用糖化酶将其转化为葡萄糖，即糖化。

③ 经过精制获得浓度为 40%~45% 的精制葡萄糖液，要求葡萄糖值 DE 大于 96。再用葡萄糖异构酶将葡萄糖异构为果糖，异构化率一般为 42%~45%。

葡萄糖异构酶的确切名称是木糖异构酶，它是一种催化 D-木糖、D-葡萄糖、D-核糖等醛糖可逆地转化为酮糖的异构酶。

葡萄糖转化为果糖的异构化反应是吸热反应。随着反应温度的升高，反应平衡向有利于生成糖的方向变化，但是当温度超过 70℃ 时，葡萄糖异构酶容易变性失活。所以异构化反应的温度以 60~70℃ 为宜。在此温度下，异构化反应平衡时，果糖可达 53.5%~56.5%。但要使反应达到平衡，需要很长的时间。在生产上一般控制异构化率为 42%~45% 较为适宜。

异构化完成后，混合糖液经过脱色、精制、浓缩，以至固形物含量达 71% 左右，即为果葡糖浆。其中含果糖 42% 左右、葡萄糖 52% 左右，另有 6% 左右为低聚糖。

若将异构化后混合糖液中的葡萄糖与果糖分离，将分离出的葡萄糖再进行异构化，如此反复进行，可使更多的葡萄糖转化为果糖，由此可得到果糖含量达 70%、90% 甚至更高的糖浆，称之为高果糖浆。

目前在美、日等国，果葡糖浆已成为重要的甜味剂之一，并且其生产发展势头强劲，而果葡糖浆突飞猛进的发展得益于在它的生产过程中采用了酶法技术。

（3）酶法生产功能性低聚糖。功能性低聚糖生产是食品酶制剂应用发展的一个新兴领域。目前已作为食品原料广泛应用的低聚糖主要有低聚异麦芽糖、低聚木糖、低聚果糖和低聚半乳糖等。不同种类低聚糖的生产均需要相应酶制剂的参与，如低聚木糖的生产主要是通过木聚糖酶水解纤维质材料中的木聚糖生产的，内切木聚糖酶可以水解木聚糖的 β-1,4 糖苷键而得到以木二糖、木三糖、木四糖、木五糖为主要成分的混合物；果糖苷酶将蔗糖水解成果糖和葡萄糖，然后再将果糖基转移至蔗糖从而合成低聚果糖，此外也可以采用菊糖酶水解菊糖制备低聚果糖；低聚半乳糖的生产则是以乳糖为原料通过半乳糖苷酶的转糖苷作用合成得到。

β-甘露聚糖酶是一类能水解 β-1,4-D-吡喃甘露糖为主链的内切水解酶，利用酶水解含有 β-甘露聚糖的植物胶（角豆胶、瓜儿豆胶、魔芋粉和田菁胶等）能生成含有不同单糖分子（2~10 个）组成的分支甘露低聚糖。

（4）饴糖、麦芽糖的生产。饴糖是生产历史最为悠久的糖品，是以优质大米、糯米为原料，加进大麦芽，利用麦芽中的 α-淀粉酶和 β-淀粉酶，将淀粉液化、糖化、精制、浓缩而制成的麦芽糖浆，其中含麦芽糖 30%~40%，糊精 60%~70%。

β-淀粉酶又称为麦芽糖苷酶，β-1,4-麦芽糖苷酶，是淀粉酶类中的一种。β-淀粉酶是一种外切型淀粉酶，它作用于淀粉时从非还原性末端依次切开相隔的 α-1,4 键，水解产物全为麦芽糖。由于该淀粉酶在水解过程中使水解产物麦芽糖分子发生沃尔登转位反应，使得生成的麦芽糖由 α 型转变为 β 型，所以称为 β-淀粉酶。β-淀粉酶水解淀粉时，由于从分子末端开始，总有大分子存在，因此黏度下降很慢，不能作为液化酶使用，而 β-淀粉酶水解淀粉水解产物如麦芽糊精、麦芽低聚糖时，水解速度很快，故作为糖化酶使用。

饴糖除了用麦芽生产以外，也可以用酶法生产。使用时先用 α-淀粉酶使淀粉液化，然后再加入 β-淀粉酶，使糊精生成麦芽糖。酶法生产的饴糖中，麦芽糖的含量可达 60%~70%，可以从中分离得到麦芽糖。

（5）麦芽糊精的生产。糊精是淀粉低程度水解的产物，也称水溶性糊精。它是以各类淀粉作原料，经酶法工艺低程度控制水解转化、提纯、干燥而成。目前，我国各地生产的麦芽糊精系列产品，均以玉米、大米等为直接原料，酶法工艺生产的。淀粉在 α-淀粉酶的作用下生成糊精，控制酶反应液的 DE 值（10~20），可以得到含有一定量麦芽糖的麦芽糊精。麦芽糊精广泛应用在糖果、麦乳精、果茶、奶粉、冰淇淋、饮料、罐头等食品中，它是各类食品的填充料和增调剂。

8.5.1.2　酶在蛋白质类食品生产方面的应用

蛋白质是食品中的主要营养成分之一。以蛋白质为主要成分或以蛋白质为主要原料加工而成的食品称为蛋白质类食品，如乳制品、肉制品、水产制品、植物蛋白制品等。

由于蛋白质类食品富含蛋白质，所以在蛋白质类食品加工中主要使用的酶为蛋白酶。蛋白酶广泛存在于动物内脏、植物茎叶、果实和微生物中。微生物蛋白酶，主要由霉菌、细菌，其次由酵母、放线菌生产。

（1）水解蛋白的生产。蛋白质在蛋白酶的作用下，被完全水解或部分水解生成蛋白胨、多肽、氨基酸等水解产物，统称为水解蛋白。例如，用各种肉类生产肉类水解蛋白，用于保健食品、营养食品、调味品等；用鱼类生产鱼粉，可溶性蛋白粉和鱼露等，广泛用于饲料、营养食品和调味品等方面；用蛋白酶水解乳蛋白得到的乳蛋白水解物在细胞培养的研究和开发方面得到广泛应用。

用于生产水解蛋白的原料可以是动物蛋白，也可以是植物蛋白或者是微生物蛋白，但是具体的水解条件依所使用的蛋白酶和原料蛋白质的不同而有所差别。

以生产适度水解无过敏奶粉为例，牛奶中含有 β-乳球蛋白或酪蛋白，它是某些特殊人群的过敏原，在发达国家，儿童牛奶蛋白过敏患者的比例占 0.5%~7.5%。我国中小学推广学生饮用奶的过程中，也有极个别学生饮奶后出现皮肤过敏发痒、麻疹等症状，还有一些婴儿在使用奶粉后，出现过敏症状。

木瓜蛋白酶、菠萝蛋白酶等蛋白酶可将牛奶中 β-乳球蛋白或酪蛋白水解。随着酶解时间延长，牛奶中的蛋白质相对分子质量变小。在蛋白酶的剪切作用下，牛奶中的抗原决定部位的片段被水解，显著降低了牛奶的抗原性，这样过敏原就被消除。牛奶水解得到的肽类不仅提高了其消化吸收性，而且可防治牛奶过敏。

（2）水解氨基酸的生产。蛋白质在蛋白酶的催化作用下，可以完全水解生成各种氨基酸。其中，蛋氨酸、缬氨酸、苯丙氨酸、赖氨酸、亮氨酸、异亮氨酸、苏氨酸、色氨酸 8 种氨基酸是人体内不能合成，必须要从食品中摄取的必需氨基酸，具有重要的营养价值和生理功能。

蛋白质在加酶水解之前，一般可以采用加热处理的方法使其变性，以利于酶的水解。在加酶水解过程中，要控制好温度、pH 等水解条件，使蛋白质完全水解为各种氨基酸。水解完成后得到的各种氨基酸的混合液，可以直接应用，也可以通过各种生化分离技术，将不同的氨基酸分开，得到单一氨基酸产品。

（3）干酪的生产。干酪是以乳、稀奶油、脱脂乳或部分脱脂乳、酪乳或这些原料的混合物为原料，经凝乳并排出乳清而制成的新鲜或发酵成熟的乳制品。目前，大部分干酪属于酶凝型干酪，即通过凝乳酶的作用促进凝乳的形成。凝乳酶按来源可分为动物性凝乳酶、植物性凝乳酶、微生物凝乳酶、基因工程重组凝乳酶四类。凝乳酶在促进凝乳过程中的主要作用对象是酪蛋白。酪蛋白约占牛乳中蛋白质含量的 80%，牛乳中的酪蛋白会与磷酸钙相互结合成直径约为 100~300nm 的胶束，酪蛋白胶束之间通过胶束间毛发层的空间位阻作用与静电斥力而稳定存在于牛乳中。在凝乳的过程中，通过凝乳酶的作用可以破坏原本稳定的酪蛋白胶束结构，使得胶束之间发生聚集而形成凝乳。

（4）低乳糖奶的生产。牛奶中含有 4.3%~4.5%的乳糖。乳糖是由葡萄糖和半乳糖组成的二糖。它本身没有甜味，溶解度低，不能直接被小肠吸收。由于种族、遗传以及气候等诸多因素的影响，相当一部人群饮用牛奶后会腹泻、腹胀、腹痛等，即为乳糖不耐受或者乳糖酶缺乏人群。

用乳糖酶可以将乳糖分解为组成乳糖的两个单糖：半乳糖和葡萄糖。用固定化乳糖酶反应器可以连续处理牛奶，将乳糖分解，用于连续化生产低乳糖奶。此外，乳糖在温度较低时易结晶，用固定化乳糖酶处理后，可以防止其在冰淇淋类产品中结晶，改善口感，增加甜度。固定化乳糖酶还可以用来分解乳糖，制造具有葡萄糖和半乳糖甜味的糖浆。

8.5.1.3 用酶进行果蔬类食品的生产

（1）酶法果汁澄清工艺。果胶是一类酸性多糖，在酸性和高浓度糖分存在条件下容易形成凝胶，因此在压榨水果生产果汁时容易形成凝胶联体吸附水分，从而导致压榨困难、出汁率低、果汁混浊等问题。需要对果胶进行有效去除掉，或者对其颗粒半径进行减小。果胶酶澄清果蔬汁作用包括果胶的酶促水解和非酶的静电絮凝两部分。在果胶酶作用下果蔬汁中的果胶部分水解后，原本被包裹在内部的部分带正电荷的蛋白质颗粒暴露出来，随后与带负电荷的粒子相撞发生絮凝。絮凝物在沉降过程中，果胶酶又起到吸附、缠绕果蔬汁中的其他悬浮粒子作用，通过离心、过滤，可将絮凝物除去，从而达到澄清的目的。水果蔬菜的植物细胞壁中富含纤维素物质，在加工压榨的过程中其坚硬的特性使细胞内容物留在胞内，阻止胞内汁液的流出。而纤维素酶可降解纤维素，使植物细胞壁破坏，因此常被用来辅助提高果蔬的出汁率和可溶性固形物含量。因此应用复合酶制剂，可以丰富果汁澄清方法。有学者借助于果胶酶、纤维素酶等来对芒果混汁、苹果混汁进行制备，酶用量不仅得到降低，因为反应条件比较温和，水果的营养成分也得到了有效保留，制作出来的水果汁具有较好的稳定性和较高的出汁率。

（2）去除柑橘制品中的苦味。柑橘类加工产品出现过度苦味是柑橘加工业中较重要的问题。造成苦味的物质主要有两类：一类为柠檬苦素的二萜烯二内酯化合物；另一类为果实中多种黄酮苷。酶法脱苦主要是利用不同的酶分别作用于柠檬苦素和柚皮苷，可以将柚皮苷水解成无苦味的鼠李糖、葡萄糖和柚皮素；通过柠碱前体脱氢酶的作用，在 NAD^+ 或 $NADP^+$ 存在时，可以使柠碱前体脱氢。将酶加在桔汁中，经 $30\sim40℃$ 作用 1h 即可脱苦。

（3）用酶法进行果蔬保藏。在食品的加工、运输、保存和销售过程中，氧的存在使食品品质受到很大影响，如瓶装桔汁储藏时，因光线照射而生成过氧化物，促进氧化，使色泽和风味变坏，除氧是保鲜中的必要手段。利用葡萄糖氧化酶除氧是一种理想的方法，葡萄糖氧化酶具有非常专一性理想的抗氧作用，它可预防和阻止氧化变质的发生与发展。葡萄糖氧化酶对食品有多种作用，在食品保鲜与包装中表现突出的作用是除氧。葡萄糖氧化酶可去除乳制品中的氧气，防止产品氧化变色，并且抑制微生物生长，延长食品储藏期。对于已经发生氧化变质的食品，葡萄糖氧化酶可阻止其进一步发展；未变质时，它能防止其发生。由于葡萄糖氧化酶催化过程不仅能使葡萄糖氧化变性，而且在反应中消耗掉一个氧分子，因此它可作为葡萄糖和氧气的清除剂应用于食品保鲜。葡萄糖氧化酶可催化葡萄糖与氧反应生成双氧水。由于氧被消耗，能有效防止好氧细菌的生长繁殖；同时催化过程产生了过氧化氢，过氧化氢本身也具有杀菌作用。

溶菌酶又称胞壁质酶或 N-乙酰胞壁质聚糖水解酶，可以水解细菌细胞壁中肽聚糖的 $\beta-1,4$ 糖苷键，导致细菌自溶死亡，并且溶菌酶在含食盐、糖等的溶液中稳定，耐酸性耐热性强，故非常适合于各种食品的防腐。它对革兰氏阴性菌、好气性孢子形成菌、枯草杆菌、地衣型芽孢杆菌等都有抗菌作用。它能杀死肠道腐败球菌，增加抗感染力，同时还能促进婴儿肠道双歧乳酸杆菌增殖，促进乳酪蛋白凝乳利于消化，所以是婴儿食品、饮料的优良添加剂。溶菌酶对人体完全无毒、无副作用，具有抗菌、抗病毒、抗肿瘤的功效，是一种安全的天然防腐剂。现已用在香肠、鱼片、火腿、新鲜果蔬、豆腐、婴幼儿奶粉、酸奶、低度酒、香肠、奶油、糕点、面条、饮料及乳制品防腐保鲜中广泛应用。

（4）酶法进行果蔬制品的脱色。许多果蔬含有花青素，又称花色素，是自然界一类广泛存在于植物中的水溶性天然色素，属黄酮类化合物，也是植物花瓣中的主要呈色物质，水果、蔬菜、花卉等颜色大部分与之有关。花青素在光照或高温下变为褐色，与金属离子反应则呈灰紫色，对果蔬制品的外观质量有一定的影响。因此，采用一定浓度的花青素酶处理水果、蔬菜，可使花青素水解，以防止变色，从而保证产品质量。花青素酶是一种特异性很低的 $\beta-$葡糖苷酶，能使有色的花青素分解成花色素苷和葡萄糖，再进而成为无色的吖啶酮分解物和葡萄糖，从而达到消色的目的。

8.5.1.4 改善食品的风味和品质

在面制食品中添加不同的酶制剂能够明显改善产品的品质。如在制作馒头的面团中添加木聚糖酶不仅能够提高馒头的比容和高径比、增加白度，而且还能延缓馒头的老化。制作面条时，在面团中添加葡萄糖氧化酶或脂肪氧合酶能够将面粉中面筋蛋白的—SH 氧化成—S—S—，有助于面筋蛋白之间交联形成蛋白质网络结构，增强面团的筋力，从而使生产出来的面条更筋道。在面团中添加谷氨酰胺转胺酶也能够催化面筋蛋白交联形成网络结构，起到上述类似的效果。

焙烤食品是食品酶应用发展重要方向，面包加工中添加 α-淀粉酶、木聚糖酶、脂肪酶或葡萄糖氧化酶，能够起到改善面团的加工特性和稳定性、改善面包瓤的组织结构和增大面包比容的效果。在面团中添加麦芽糖淀粉酶可以将面团中的部分淀粉水解成小分子糊精，从而起到防止淀粉因和面筋之间的相互反应而产生的老化作用。制作饼干时在面团中添加天冬酰胺酶能够减少饼干在烘烤过程中丙烯酰胺（一种强致癌物）的生成量，提高饼干的品质。此外，在面团中添加中性蛋白酶能够水解部分面筋蛋白，降低面团的筋力，从而提高饼干的可塑性。

传统牛肉制品口感坚韧，色泽灰白，出品率低。采用木瓜蛋白酶与外源性 Ca^{2+} 激化剂嫩化处理，并经熟制等处理就可得到色泽棕红、口感脆嫩，风味良好的牛肉制品。绿茶饮料易产生浑浊沉淀，加入果胶酶可分解茶汤中的果胶沉淀，提高产品的澄清度，同时也可使茶叶在低温下萃取，避免高温对茶汤色泽和风味的破坏。利用禾本科植物种子芽中的醛脱氢酶使豆乳中腥味物质转化为酸，从而有效消除豆腥味，与常规热处理脱腥法相比，该法蛋白质得率高，无豆腥味，豆乳香甜可口。

加热肉制品时，成熟后会有蜡香风味，吸引到广大的消费者。特别是肉制品发酵后，更是美味。但是这个过程需要较为漫长的时间，借助于蛋白酶、脂肪酶的应用，促使游离氨基酸、脂肪酸等风味前体物质、中间产物产生于肉制品中，以便加快形成肉制品风味。有学者运用组合外源中性蛋白酶、中性脂肪酶对猪后腿组合腌制，温度控制在 43℃ 以下，经过 4h 后，制备风味前体物，以便丰富风味调味料的研制途径。

8.5.2 酶技术在食品安全检测中的应用

8.5.2.1 酶联免疫分析法

在 20 世纪 70 年代初，荷兰与瑞典的研究者最先提出了酶联免疫分析法。采用酶联免疫分析法进行食品安全检测，其过程较为简便，而且能够进行定量检测，因此，越来越多的食品安全检测开始使用酶联免疫分析法进行。酶联免疫吸附指的是通过酶的高效催化作用与抗原抗体反应的高度特异性相互结合，逐渐建立和发展起来的一种免疫分析手段。例如，酶联免疫分析法能够有效的检测出蔬果里农药成分的残留量及物质种类。现阶段，很多用于食品有毒物质检测的试剂以及相关产品都是采用酶联免疫分析法或者其改良方法。对于不同种类的检测试剂而言，其使用范围以及检测准确度还有着较大的差异。对于不同基质的食品，采用酶联免疫分析法可能出现较大的差异。因此，在日常进行食品毒素检测过程中，需要根据食品基质的差异，科学地选择酶联免疫试剂的种类。同时为了保证检测的准确性，需要进一步采用液相色谱法来确认检测结果。

8.5.2.2 酶生物传感器法

酶生物传感器是将酶作为生物敏感基元，通过各种物理、化学信号转换器捕捉目标物与敏感基元之间的反应所产生的与目标物浓度成比例关系的可测信号，实现对目标物定量测定的分析仪器。它是由物质识别元件(固定化酶膜)和信号转换器(基体电极组成)。当酶膜上发生酶促反应时，产生的电活性物质由基体电极对其响应。基体电极的作用是使化学信号转变为电信号，从而加以检测。

随着酶生物传感器的不断发展壮大，其逐渐的被应用于食品加工的安全检测中来，并且其应用范围越来越广泛，例如食品成分上、食品添加剂是否滥用、有毒有害物质的残留等检测。以亚硝酸盐为例，亚硝酸盐对于人体有巨大的危害，而很多的食品产品中都含有一定的亚硝酸盐，所以要对食品中亚硝酸盐含量进行检测。而基于亚硝酸盐还原酶的酶生物传感器就能够既迅速又精确地检测出食品中亚硝酸盐的含量，为食品的安全检测提供了极大的帮助。

8.6　生物芯片技术

生物芯片(biochip)是20世纪90年代初出现的一种新型高通量、并行分析的微量分析技术。生物芯片是构建在固体载体(如玻璃、金属或塑料)上的微小检测装置。阵列型生物芯片可以将大量已知的生物探针(核酸、蛋白、糖以及生物活性基团)以点阵的形式固定排列在固体表面，在一定的条件下与待检样品进行生物学反应，可以用荧光法、化学发光法、酶标法及同位素法显示反应结果。利用二维精密扫描仪等仪器进行数据采集。微流体芯片的特点是在固体载体上构建微流道、储液池、反应池、微泵、微阀、理化处理装置及检测装置等，实现对生物样品的分离、反应、分析等功能。液体芯片是将编码的微珠与已知的生物探针结合，然后将标记生物探针的微珠加入到含有待检的荧光标记样品的溶液中，待反应完成后利用流式微珠荧光检测装置分析检验结果。生物芯片技术是融生命科学、物理学、化学、微电子学和计算机科学于一体的崭新技术。通过选择不同的生物芯片设计和使用特定的分析方法，生物芯片可应用于不同的生命科学研究领域。由于具有微量、高通量、快速、微型化和自动化的特点，生物芯片技术具有广阔的发展前景。

8.6.1　生物芯片的分类

生物芯片分类具有多种方式，根据其构造不同可分为阵列型芯片、微流体芯片和液体芯片；根据其分析的靶标不同可分为基因芯片、蛋白芯片、细胞芯片、组织芯片等；根据其应用不同可分为表达谱芯片、诊断芯片、检测芯片、基因组SNP分析芯片、基因组染色体变异分析芯片以及药物分析芯片等。

8.6.1.1　阵列型芯片

微阵列生物芯片主要包括基因芯片、蛋白质芯片和组织芯片等生物芯片，所谓微阵列芯片是将数十甚至几万种生物探针分子以阵列的形式固定在厘米级别的固体载体上，利用生物分子间的相互作用，俘获样品中的靶分子，通过荧光、化学发光、酶标显色及同位素放射显影分析阅读系统读取每个位点的复杂信息。高达 8×10^3 数量的生物探针可以被点样在一张 2cm×4cm 的基板之上，每个探针位点的直径约为 $75 \sim 100 \mu m$，探针之间的距离约为 $150 \mu m$。目前，Affymetrix 公司生产芯片采用原位光刻技术，可以在每平方厘米基片上合成超过 400 万种探针的微阵列位点。HuProt™人类蛋白质组芯片，芯片覆盖约17000种人类重组蛋白。该芯片可以应用于疾病血清谱、抗体特异性、蛋白质相互作用、泛素和 SUMO 的 E3 连接酶和蛋白激酶等底物筛选的研究。利用微阵列生物芯片，研究者可在数十分钟内完成对整个基因组或蛋白质组的分析。基于这种快速、高效的特点，微阵列生物芯片在生物学和医学等领域获得了广泛应用，包括测定基因/蛋白质表达图谱、研究特定的基因/蛋白质功能、研究分子间交互作用、寻找疾病的生物学标记、药物靶标微生物鉴别以及微生物族群分析等。

8.6.1.2 液体芯片

液体芯片是利用聚苯乙烯微球中掺入两种不同比例荧光染料的方法将微球编码 100 余种不同的微珠，不同荧光编码微球分别共价包被特异的基因探针或蛋白探针来特异结合待检样品中的靶标分子，溶液中靶标分子事先被标记上相应的报告荧光分子；将微球加入到含有荧光标记待检样品中进行生物学反应，反应完成后利用流式荧光检测技术依次检测编码微球与待检样品中靶标分子反应情况，如果某一编码微球携带靶标分子的报告荧光分子，就可以判定该编码微球包被的探针与待检样品中的靶标分子发生了反应，通过计算机的分析处理，确定微球结合的分析物的定性和定量信息。液体芯片微球表面分子杂交或免疫反应在悬浮溶液中进行，具有较高的反应速度和反应效率，反应所需时间短，灵敏度可达 $0.01pg/\mu L$。检测特异性强，背景低，可同时得到定性和定量指标。目前，液体芯片技术可开展不同类型的工作，如微生物鉴定、免疫分析、核酸序列研究、酶学分析、受体和配体识别分析等。

8.6.1.3 微流体芯片

微流体芯片是当前微全分析系统（μ-TAS）发展的热点领域。在固体片基上构建微流道、微泵、微阀、反应器、混合器、过滤器、分离器等微小装置，实现生物样品的制备、生物化学反应、液相色谱分析、PCR 反应、电泳检测等操作。如果要将样品制备、生化反应、结果检测等步骤集成到生物芯片上，可以将实验所用流体的量从毫升、微升级降至纳升或皮升级，功能强大的微流体装置可以取代现有实验室的常规操作，它的目标是把整个实验室的功能，包括采样、稀释、加试剂、反应、分离、检测等集成在微芯片上。

8.6.2 生物芯片技术的应用现状

8.6.2.1 生物芯片在科学研究中的应用

生物芯片技术使得同时分析数以千计的 DNA 序列成为可能，对于基因与基因组的研究具有重要的划时代的意义。目前生物芯片已经广泛应用于大规模 DNA 测序，可用于含重复序列及较长序列的 DNA 序列测定及不同基因组同源区域的序列比较。另外，生物芯片还可用于基因表达分析、基因诊断、基因突变和多态性检测，能够比较不同个体生物物种之间及同一个个体在正常和疾病状态下的基因表达的差异，寻找和发现新的基因，研究发育、遗传、进化等过程中的基因表达功能，揭示不同层次上多基因协同作用的生命过程。

在基因表达检测的研究上人们已比较成功地对多种生物包括拟南芥（Arabidopsis thaliama）、酵母（Saccharomyces cerevisiae）及人的基因组表达情况进行了研究，并且用该技术（共 157112 个探针分子）一次性检测了酵母几种不同株间数千个基因表达谱的差异；在基因突变检测上，Du 等通过生物芯片筛选 DNA 点突变以及确定 MELAS（脑肌瘤病伴高乳酸血症和卒中样发作）综合症或 MERRF（肌阵挛性癫痫伴发不规整红纤维）综合症的突变点，利用 Cy5 标记的 DNA 芯片检测，结果表明芯片检测与 DNA 测序结果完全一致。

8.6.2.2 生物芯片在微生物检测中的应用

传统微生物检测主要有酶联免疫吸附试验（ELISA）技术和聚合酶链式反应（PCR）技术。但 ELISA 法重复性不好、受自身抗体干扰容易出现假阳性。PCR 难以满足对多病毒的检测，易污染及易出现假阳性。生物芯片的高通量、高灵敏度、高特异性等优点是传统检测方法不可比拟的。

Manzano 等使用深蓝色有机发光二极管作为激发光源，研制了一种高灵敏度和高特异性的 DNA 生物芯片，该光源可以高效激发与 DNA 探针结合的荧光基团，可对肉类样品进行检测。与传统检测方法比较，他们构建的便携式生物芯片诊断系统用于检测家禽肉类食品中空肠弯曲杆菌污染，所需检测时间更短，并且灵敏度达到 0.37ng/μL。Jing 等开发了基于培养生物芯片可以应用于环境样品中分支杆菌快速检测，他们利用 10~26GHz 微波，快速检测生物芯片表面微生物质量，在 2h 内可以快速确定和分析环境样品中分支杆菌。Yagur 等构建了实时细菌报告装置，利用多孔氧化铝建成流动池芯片，具有微生物传感器功能，这种廉价、易于安装多孔氧化铝流动池生物传感器，可以用于将来水质量检测技术平台。

8.6.2.3 生物芯片在疾病诊断中的应用

生物芯片已用于肿瘤、遗传疾病、传染性疾病的诊断与治疗，由博奥生物有限公司研发的多重等位基因特异性 PCR 通用芯片，可在 5h 之内完成导致遗传性耳聋的 4 种常见基因（GJB2，GJB3，SLC26A4 和线粒体基因）的检测。运用蛋白芯片联合检测 104 例经冠状动脉造影证实为 ACS（急性冠状动脉综合症）患者的研究结果发现，AMI（急性心肌梗死）和不稳定性心绞痛患者血液中 MMP29、sCD40L、心肌型脂肪酸结合蛋白等 10 种蛋白标记物，在 ACS 不同分型中呈规律性变化，提示蛋白标记物谱在 ACS 的诊断及预后方面具有潜在的应用价值。美国学者 Erali 等应用 Nanogen 公司的电子生物芯片与罗氏公司的另一种芯片 LightcyclerSNP 分析仪进行比较，对 VTE[静脉血栓症，是一种常见疾病，与多种遗传因素（基因突变和多态性）有关]常见的 3 种突变（FVL、FGⅡ20210A 和 MTHFR）进行检验后证实，电子生物芯片具有精确、可重复性强等特点。Ciphergen Biosystem 公司的研究小组应用蛋白质芯片研究了健康个体和不同发病阶段癌症病人的血清样品，仅仅 3d 时间，就发现了前列腺癌 6 种潜在的标记物，而常规的方法则需要几个月到几年的时间。

8.6.2.4 生物芯片在预防医学中的应用

在婴儿出生前，可用生物芯片进行有效地产前筛查和诊断，以防止患有先天性疾病的婴儿出生。已有相近发明专利一项"用于产前诊断的蛋白质芯片及制造方法"（G01N33/68，上海晶泰生物技术有限公司）对 TORCH 产前筛查的五项指标抗原[风疹病毒（RV）、弓形虫（TOX）巨细胞病毒（CMV）单纯疱疹病毒（HSV）]点于一张芯片上，仅通过一次反应即可得到多种指标的反应结果，大大提高了检测速度、效率和灵敏度。有人还预言在婴儿出生后，即可采用生物芯片技术来分析其基因图谱，不仅可预测出婴儿日后可以长多高，还可预测其患心脏病或糖尿病等疾病的潜在可能性有多大，以便采取预防措施。

8.6.2.5 生物芯片在新药开发中的应用

生物芯片的应用正在方兴未艾地发展中，从经济效益来说，最大的应用领域可能就是制药厂用来开发新药了。目前市场上用来筛选药物的芯片类产品主要是博奥生物芯片有限公司研发的"超高通量药物筛选芯片"，该芯片每小时能做 380 个细胞分析，而一个科研人员一天最多只能分析五六个细胞，这意味着药物研发效率的飞跃，同时新药物研发费用也大大降低。药物的研究和开发正从一种药物适用于所有人群的时代，转变成根据基因组的差异开发出以适用于某一个体或人群的个体化药物。据美国国家卫生院统计，美国每年约有 2400 个儿童和成人死于急性淋巴性白血病，adverse topurine 是一种特效药。但是，大约有 10% ~ 15% 的儿童对于该种药物的代谢太快或太慢。代谢太快则正常的剂量就不可能获得好的疗效，而代谢太慢则药物可能积蓄到致死量，产生过大的毒性。如果利用生物芯片技术对患者先进行诊断，再开处方，就可对症下药。有人预言，在不久的将来生物芯片将纳入手提式诊断仪器中，使用在病人的床边或医生的办公室，自动化芯片扫描病人的基因，可在几分钟内确定病人症状，给病人特定的药物，生物芯片技术将帮助实现医疗保健和个性化给药成为可能。

8.6.2.6　生物芯片在食品安全检测中的应用

（1）生物毒素的检测。在正常情况下，人体有能力化解和排除部分微量的毒素以维持自身健康。一旦平衡被打破，体内毒素得不到及时清除而不断累积，人体则会进入亚健康状态，进而引发多种疾病。Pennacchio 等通过表面等离子体共振生物芯片来检测棒曲霉素毒素。棒曲霉素是青霉和黑曲霉属真菌有毒的次生代谢产物，能引起胃溃疡和肠道炎症，常存在于感冒药中。传统的检测方式需要昂贵的分析仪器，该项研究提出了新的竞争免疫测定方法来检测感冒药。试验中很重要的检测方式是表面等离子体共振光学技术。激光诱导生物芯片表面金属附近的探针和目标分子相互作用，很容易测出轻微改变的反射率，从而检测棒曲霉素毒素。Jimena 等用自动化微列阵芯片提取生咖啡中的赭曲霉素 A，并用化学发光检测法检测由可再生免疫生物芯片筛选出的赭曲霉素 A。他们通过接触式点样，合成了一种共价固定在玻璃芯片上的与水溶性肽共轭羧基化的赭曲霉素 A。该芯片可用间接竞争免疫来测定赭曲霉素 A。

（2）残留农兽药的检测。不管何种食品中残留有抗生素，均会严重影响食品的品质。食用抗生素使得人体内有益菌被抑制、致病菌产生耐药性。"无抗奶"是一个通用的国际化原料奶的收购标准，Kloth 等设计了间接竞争化学发光免疫芯片法，仅需要几分钟就可同时检测牛奶中 13 种抗生素的含量。该方法灵敏度较高，且芯片可重复使用 50 次。Gaudin 等根据欧盟标准实验室的控制方法和关于蜂蜜中的抗生素残留控制的策略，采用竞争化学发光免疫分析原理，设计生物芯片检验了 6 种蜂蜜中的抗生素，特异性优良，且适用于不同种类的蜂蜜。同样是对蜂蜜中抗生素的检测，Mahony 等用化学发光的生物芯片阵列传感技术检测蜂蜜中硝基呋喃类抗生素的残留。使用多路复用的方法，能同时检测 4 个主要的硝基呋喃类抗生素代谢物，最后用高效液相色谱二级质谱对测定结果进行验证。

（3）非法添加物及掺假的检测。在利益的驱使下，不良商家会向食品中添加非法添加物或掺假。他们的方式和手法日趋复杂，所用的物质五花八门。传统的检测方法明显跟不上造假手段的翻新。可卡因是食品中严令禁止的，为了优化食品风味，火锅底料等食品中会添加微量的可卡因。Kawano 等用膜蛋白通道结合 DNA 适配体检测可卡因，DNA 适配体可以高选择性地确认可卡因分子，可以通过嵌入了生物纳米孔的微芯片在 60s 内检测出 300 ng/mL 的可卡因。肉制品的检验是世界各地食品检验机构的一项基本任务。到目前为止，肉制品安全检测最常用的两种方法是免疫吸附试验法和聚合酶链式反应法。这两种方法得到广泛认可，但是不适用于多种肉类样品的同时检测，要用来检测意外污染或蓄意掺假肉类产品需要很高的成本。Iwobi 等使用两个商用动物芯片检测系统（CarnoCheck 检测试剂盒与 MEATspecies 液晶阵列），该法灵敏度高、可重复利用、操作简便，可高效地同时检测出 8 ~ 14 种肉类制品中的动物种类。这两种芯片效果优良，可以实现在任何食品检测机构中的常规使用。

（4）转基因食品的检测。从 1994 年美国第一个转基因番茄获得美国食品药品监督管理局批准进入市场以来，转基因产品在全球飞速发展。由于转基因食品安全问题争议很大，目前国际上没有正式的科学报告能够证实转基因食品是永久安全的，而国际上转基因产品的检测还没有统一的标准和方法。传统的转基因检测方法不能满足同时对多个目标进行检测，且准确性不高。此外，转基因食品中包含某些人们尚未完全认识清楚的成分。因此，开发高效、高通量的检测技术是势在必行的。成晓维等用薄膜生物传感器芯片检测转基因大豆、水稻和玉米，选取 9 个外源 DNA 段作为靶基因，设计并合成引物及探针，采用 PCR 技术扩增样品中的 DNA 目标序列，杂交 PCR 产物及生物芯片，芯片会直接显示杂交结果。该试验方法可以检测出常见的 5 种改性植物，高效、准确、易操作、高通量、实用且不用使用荧光扫描仪。

（5）食品过敏原的检测。食品过敏的发病率和流行情况日益增加，尤其是在发达国家，这给医学和食品工业造成了巨大的压力。加上人们现在生活习惯的改变，饮食面的快速拓宽，使得过敏症状多样、复杂和严重。在世界各地的过敏专家和商业公司，致力于开发新的测试方法，以提高诊断风险评估及过敏的早期预防性治疗。Wang 等用光学薄膜芯片多重检测食品中 8 个过敏原(芹菜、杏仁、燕麦、芝麻、芥末、羽扇豆、核桃、榛子)，PCR 扩增之后，用生物芯片检测，30min 即可得出结果。光学薄膜芯片可检测 PCR 目标片段的存在生物，芯片表层光干涉图样改变引起肉眼可见的颜色变化。这是一种能特异、高通量检测食品样品中过敏原的检测方法。Harwanegg 等采用复用芯片免疫检测分析了牛奶和鸡蛋中的过敏原。Pasquariello 等用复用芯片免疫分析检验致敏性的苹果，该研究针对 10 种传统的苹果品种和两种在意大利南部广泛种植的品种进行研究。选取过敏体质者血清作为探针，IgE、IgG 和 IgG4 抑制试验在复用基因芯片上进行反应，即可得到过敏成分。该技术可以快速检测致敏性食物。

8.6.2.7　生物芯片在司法鉴定中的应用

生物芯片技术已用于法医物证学检验，为法医物证检验提供了科学，可靠和快速的手段，使物证鉴定从过去只能作个体排除过滤到了可以作同一认定的水平。在司法方面，便携式 DNA 芯片检测装置可以直接在犯罪现场对可能是疑犯留下来的头发、唾液、精液等进行分析，并立刻与 DNA 罪犯指纹库系统存蓄的 DNA"指纹"进行比较，进行快速准确地破案。李莉等根据 SNP 不同等位基因的序列设计探针，制成分型芯片，采用 4 个复合 PCR 体系，用末端标记了 Cy5 的引物进行复合 PCR 扩增，产物与寡核苷酸探针进行杂交，根据杂交产生的荧光信号值确定样品在 SNP 位点的基因型，根据 109 份样本基因型分布统计，同时进行家系调查和方法灵敏度分析，有 31 个 SNP 位点为中高信息量位点，适用于法医学个体识别。

8.6.3　生物芯片技术的发展趋势

生物芯片技术经历多年的发展，已在生物学、医学、农业、环保和食品科学等领域取得了丰硕的应用成果。但许多技术问题仍有待发展和完善，如芯片检测的特异性、重复性、灵敏度、定量等。此外，芯片标准化也是一个亟待解决的问题，包括产品质量的标准化、数据处理及试验操作的标准化等。此外，还有一些关键性瓶颈问题：提高生物芯片的稳定性；增加信号检测的灵敏度；高度集成化样品制备、基因扩增、核酸标记及检测仪器的研制和开发等。这些都是生物芯片技术将来需要逐一解决的问题。

目前，生物芯片支撑技术所涉及的生物、医学、化学、物理、微电子等领域都有了长足发展，在今后的一段时间里，生物芯片的研究将主要围绕提高芯片的特异性、简化性、准确性以及生物芯片的集成化、微型化、便携化等方面进行。在我国，生物芯片技术研究也紧跟国际前沿，并为我国生命科学研究、医学诊断、新药筛选以及人口素质、农业发展、环境保护等方面做出巨大的贡献。生物芯片技术既具有重大的基础研究价值，又具有明显的高新技术产业化前景，在不久的将来会出现具有良好经济和社会效益的高新技术产业。

8.7　生物制药

正常机体之所以能保持健康状态，具有抵御和自我战胜疾病的能力，是由于生物体内部不断产生各种与生物体代谢紧密相关的调控物质，如蛋白质、酶、核酸、激素、抗体、细胞因子等，通过它们的调节作用使生物体维持正常的机能。根据这一特点，我们可以从生物体内提取这些物质作为药物，它们既具有很高的疗效，毒副作用又很小，因此，生物制药是很有前景的一个领域。

8.7.1　生物药物的定义

生物药物是指运用生物学、医学、生物化学等的研究成果，从生物体、生物组织、细胞、体液等，综合利用物理学、化学、生物化学、生物技术和药学等学科的原理和方法制造的一类用于预防、治疗和诊断的制品。泛指包括生物制品在内的生物体的初级和次级代谢产物或生物体的某一组成部分，甚至整个生物体用作诊断和治疗疾病的医药品。

生物制药是利用生物体或生物过程在人为设定的条件下生产各种生物药物的技术，研究的主要内容包括各种生物药物的原料来源及生物学特性、各种活性物质的结构与性质、结构与疗效间的相互关系、制备原理、生产工艺及质量控制等。现代生物技术的快速发展、基因工程和蛋白质工程的应用使得生物制药的技术不断革新，开创了很多新的领域。

8.7.2　生物药物的特性

8.7.2.1　药理学特性

(1) 治疗的针对性强、药理活性高。机体代谢发生障碍时应用与人体内生理活性物质十分接近或类同的生物活性物质作为药物来补充、调整、增强、抑制、替换或纠正代谢失调，其机理合理、效果显著。例如细胞色素 c 为呼吸链的重要组成成分，用于治疗组织缺氧所引起的一系列疾病具有显著疗效。

(2) 毒副作用小、营养价值高。氨基酸、蛋白质、核酸、糖类、脂类等生物药物本身就直接取自生物体内，是人体维持正常代谢的原料，因而生物药物进入人体后易为机体吸收利用，并可直接参与人体的正常代谢与调节。

(3) 生理副作用时有发生。生物体之间的种属差异或同种生物体之间的个体差异都很大，其含有的生物活性物质结构存在较大差异，尤其以蛋白质更为突出，所以用药时会发生免疫反应和过敏反应。

8.7.2.2　生产、制备中的特殊性

(1) 原料中的有效物质含量低，杂质多。激素、酶等物质在体内含量极低，如胰岛中胰岛素的含量仅为 0.002%，因此提取工艺复杂，收率低。

（2）稳定性差

生物药物多以其严格的空间构象维持其生理活性，一旦结构破坏，生物活性也就随之消失，因此生物药物对热、酸、碱、重金属及 pH 变化等各种理化因素都较敏感。如酶，很多理化因素使其失活。

（3）易腐败。生物药物营养价值高，易染菌、腐败，并产生热源或致敏物质，因此对原料的保存、加工有一定的要求，生产过程中应低温、无菌操作。

（4）注射用药有特殊要求。生物药物易被肠道中的酶分解，给药途径可直接影响其疗效，所以多采用注射给药。如胰岛素，因其生物学特性，需制成注射剂、缓释剂等剂型才能达到更好的治疗效果。

8.7.2.3 检验上的特殊性

由于生物药物具有生理功能，因此生物药物不仅要有理化检验指标，更要有生物活性检验指标。

8.7.3 生物药物的分类

8.7.3.1 按药物的结构分类

按结构分类有利于比较同类药物的结构与功能的关系，有利于分离制备方法和检验方法的研究。

（1）氨基酸及其衍生物类药物。这类药物包括天然氨基酸和氨基酸混合物及衍生物。主要生产品种有谷氨酸、蛋氨酸、赖氨酸、天冬氨酸、精氨酸、半胱氨酸、苯丙氨酸、苏氨酸和色氨酸。单一氨基酸制剂如蛋氨酸可防治肝炎、肝坏死和脂肪肝；复方氨基酸制剂为重症患者提供合成蛋白质的原料。

（2）多肽和蛋白质类药物。多肽和蛋白质类药物其化学本质相同，相对分子质量有差异，生物功能差异较大。蛋白质类药物有单纯蛋白质和结合蛋白质。单纯蛋白类药物有血清白蛋白、丙种球蛋白、胰岛素等；结合蛋白类药物有胃膜素、促黄体激素等。特异免疫球蛋白制剂的发展十分引人注目，如丙种球蛋白 A 和丙种球蛋白 M 等。活性多肽类药物相对分子质量一般较小，多数无特定空间构象。多肽在生物体内含量很少，但活性很强，已应用于临床的多肽药物达 20 种以上，如催产素（9 肽）、胰高血糖素（29 肽）等。

细胞生长因子是动物体内对细胞的生长有调节作用，并在靶细胞上具有特异受体的一类物质，已发现的细胞生长因子均为多肽或蛋白质，如神经生长因子（NGF）、表皮生长因子（EGF）、集落细胞刺激因子（CSF）等。

（3）酶和辅酶类药物。酶类药物按功能分为：消化酶（胃蛋白酶、胰酶、麦芽淀粉酶）、消炎酶（溶菌酶、胰蛋白酶）、心血管疾病治疗酶（激肽释放酶）、抗肿瘤类酶（L-天冬氨酰胺酶、谷氨酰胺酶）等。辅酶类药物在酶促反应中起到传递氢、电子和基团的作用，对酶的催化作用的反应方式起着关键性作用。辅酶药物已广泛用于肝病和冠心病的治疗。

（4）核酸及其降解物和衍生物类药物。DNA 可用于治疗精神迟缓、虚弱和抗辐射，RNA 用于慢性肝炎、肝硬化和肝癌的辅助治疗，多聚核苷酸是干扰素的诱导剂，经人工化学修饰的核苷酸常用于治疗肿瘤和病毒感染。

（5）多糖类药物。多糖类药物在抗凝血、降血脂、抗病毒、抗肿瘤、增强免疫功能和抗衰老等方面具有较强的药理活性。如肝素有很强的抗凝血作用，小分子肝素有降血脂、防止冠心病的作用。

（6）脂类药物。脂类药物具有相似的非水溶性性质，但其化学结构差异较大，生理功能较广泛。磷脂类的脑磷脂、卵磷脂可用于治疗肝病、冠心病和神经衰弱症。多不饱和脂肪酸如亚油酸、亚麻酸等，常有降血脂、降血压、抗脂肪肝作用，用于冠心病的防治。胆酸类中的去氧胆酸可治疗胆囊炎，猪去氧胆酸用于高血脂症。固醇类中的胆固醇是人工牛黄的主要原料。卟啉类中原卟啉、血卟啉用于治疗肝炎，还用于肿瘤的诊断和治疗。

（7）生物制品类。从微生物、原虫、动物和人体材料直接制备或用现代生物技术、化学方法制成作为预防、治疗、诊断特定传染病或其他疾病的制剂。

8.7.3.2　按来源分类

按原料来源分类，有利于对不同原料进行综合利用、开发研究。

（1）人体组织来源的生物药物。以人体组织为原料制备的药物疗效好、无毒副作用，但是来源有限。已投产的主要品种包括：人血液制品类、人胎盘制品类、人尿制品类。目前生物技术的应用解决了因原料限制而无法生产的药物，保障了临床用药需求。

（2）动物组织来源的生物药物。牛、猪、羊的器官、组织、腺体、血液、毛、角等都可做为原料，该类药物来源丰富、价格低廉、可以批量生产。但由于人和动物存在较大的种属差异，要进行严格的药理、毒理实验，有些药物的疗效低于人源的同类药物。如人生长素对侏儒症有效而动物生长素对治疗侏儒症无效且会引起抗原反应。

（3）植物组织来源的生物药物。该类药物为具有生理活性的天然有机化合物，按其在植物体的功能可分为初级代谢产物和次级代谢产物，其中次级代谢产物是中草药的主要有效成分。药用植物的使用已有上千年的历史，药用植物中具有药物功能的物质种类繁多，结构复杂，资源十分丰富。

（4）微生物来源的生物药物。来源于微生物的的药物在种类、用途方面都为最多，包括各种初级代谢产物、次级代谢产物及工程菌生产的各种人体内活性物质，产品包括抗生素、氨基酸、维生素、酶等。

（5）海洋生物来源的生物药物。由于资源缺乏，人们将目光转向海洋，国外20世纪60年代开始对海洋天然药用活性物质进行深入研究。海洋生物种类繁多，从中分离的天然化合物的结构多与陆地天然物质不同，许多物质具有抗菌、抗病毒、抗肿瘤、抗凝血等生理活性。

8.7.3.3　按生理功能和用途分类

生物药物用途广泛，在医学、预防医学、保健医学等领域都发挥着重要作用。

（1）治疗药物。治疗疾病是生物药物的主要功能。生物药物以其独特的生理调节作用，对许多常见病、多发病、疑难病、感染性疾病均有很好的治疗作用，且毒副作用低。如生物药物对肿瘤、爱滋病、心脑血管疾病等的治疗效果是其他药物无法替代的。

（2）预防药物。对于传染性强的疾病来说，预防比治疗更重要。常见的预防药物有疫苗、菌苗、类毒素等。在疾病的预防方面只有生物药物可担此重任。

（3）诊断药物。疾病的诊断也是生物药物的重要用途之一，生物药物诊断具有速度快、灵敏度高、特异性强的优点。现已应用的有免疫诊断试剂、酶诊断试剂、基因诊断试剂、单克隆抗体诊断试剂等。

（4）其他生物医药用品。生物药物在其他方面应用也很广泛，如生化试剂、保健品、化妆品、食品、医用材料等。

8.7.4　生物药物的发展过程

人类利用生物药物治疗疾病有着悠久的历史。我国应用生物材料作为治疗药物的最早者为神农，他开创了用天然物质治疗疾病的先例，如用靥（包括甲状腺的头部肌肉）治疗甲状腺肿大，用紫河车（胎盘）作强壮剂，用鸡内金止遗尿及消食健胃。早在 10 世纪，我国民间就有种牛痘预防天花的实践。明代李时珍的《本草纲目》记载药物 1892 种，除植物药外，还有动物药 444 种，书中详述了各种药物的用法、功能、主治疾病等。

早期的生物药物多数来自动植物组织，有效成分不明确。随着生物化学、生理学等学科的发展，对生物体内各种生物物质功能的认识和了解，各种必需氨基酸、多种维生素及纯化的胰岛素、甲状腺素和必需脂肪酸等开始用于临床治疗和保健。20 世纪 40 年代以后开始了抗生素的工业化生产，相继又发现和提纯了肾上腺皮质激素和脑垂体激素；50 年代起开始应用发酵法生产氨基酸类药物；60 年代以后，从生物体分离、纯化酶制剂的技术日趋成熟，酶类药物很快获得应用，尿激酶、链激酶、溶菌酶、天冬酰胺酶、激肽释放酶等已成为具有独特疗效的常规药物。自 1982 年人胰岛素成为用重组 DNA 技术生产的第一个生物医药产品以来，以基因重组技术开发研究的新药数目一直居首位。

20 世纪以来，随着病毒培养技术的发展，疫苗种类日益增加，制造工艺日新月异。20 世纪 30 年代中期建立了小鼠和鸡胚培养病毒的方法，从而用小鼠脑组织或鸡胚制成黄热病、流感、乙型脑炎、斑疹伤寒等疫苗。50 年代，在离体细胞培养物中繁殖病毒的技术取得突破，从而研制成功麻疹、腮腺炎等新疫苗。80 年代后期，应用基因工程技术研制成功乙肝疫苗、狂犬病疫苗、口蹄病疫苗和 AIDS 病疫苗等。同时各种免疫诊断制品和治疗制品也迅速发展，如各种单克隆抗体诊断试剂、甲肝诊断试剂、乙肝诊断试剂、丙肝诊断试剂、风疹病毒诊断试剂、水痘病毒诊断试剂等都已相继投放市场。

目前，世界各国纷纷把现代生物技术研究开发的目标瞄准医药、医疗和特殊化学品领域的产业化。预计今后制药工业将更广泛地应用现代生物技术，促进产品结构更新换代和发展。在肿瘤防治、老年保健、免疫性疾病、心血管疾病等疑难病的防治中，生物药物将起到独特作用，为保障人类健康做出更大贡献。

8.7.5　生物药物研究的新进展

21 世纪，生物技术在药物制造、基因治疗等方面获得了广泛应用，生物技术药物的市场占有品种明显增加，预计发展比较迅速的有以下几个方面。

8.7.5.1　与疾病相关基因的发现将促进并加快新型生物药物开发

每个新基因的发现都具有商业开发的潜力，都可能产生作为人类疾病检测、治疗和预防的新药。1989 年 10 月，国际合作项目人类基因组计划开始实施，并于 2006 年 5 月公布了人类基因组谱图，科学家发现了与癌症、帕金森症、老年痴呆症和糖尿病等 350 余种疾病相关的基因，这一成果将有助于开发出更多新的医疗用途的新型药物及治疗方法。同时随着 HGP 的实施及基因组研究的深入，20 世纪 90 年代末由金塞特和科伯特提出了基于功能基因组学与分子药理学的药物基因组学这一新概念，这是研究基因序列变异及其对药物不同反应的科学，指导合理用药，提高用药的安全性和有效性。人类基因组计划的深入研究和完成，以及药物基因组学在医药领域得到广泛的应用，必将给 21 世纪的医药学发展带来深刻的变革。

8.7.5.2 新型疫苗的研制

疫苗是预防传染病最有效的手段，而目前传染病仍严重威胁人类健康和生命。还有许多难治之症(如肥胖症、肿瘤、艾滋病等)和新型疾病(如甲型 HINI 流感、SARS)的预防和治疗需要进行更深人的研究，有的目前尚无疫苗或现有疫苗效果及使用上存在诸多问题。今后主要目标是研究、开发新疫苗和改进现有疫苗，生物技术的有效利用将大大促进和缩短新型疫苗的研制进程。采用基因工程技术，克隆和表达保护性抗原基因，利用表达的抗原产物或重组体自身制成的疫苗称为重组疫苗，是新一代疫苗的研制方向。目前我国研究成功的有重组乙肝疫苗、福氏-宋内氏痢疾双价疫苗、霍乱疫苗、轮状病毒疫苗等。预计未来联合疫苗、可控缓释疫苗、载体疫苗(多价)、偶联疫苗、DNA 疫苗、T 细胞疫苗和治疗性疫苗制造技术将会有较大进展。近年来，国外大量关于治疗肿瘤的疫苗进入临床研究，为肿瘤的生物治疗提供了一个新的途径。肿瘤疫苗包括肿瘤细胞和基因改变的肿瘤或其他细胞、细胞裂解成分、多抗原组分、纯化蛋白质、合成蛋白多肽、神经节苷脂、含有肿瘤抗原基因的病毒和质粒载体等。以肿瘤特征性受体的部分特异性氨基酸序列为抗原的疫苗开发研究正进入申报临床试验阶段。

8.7.5.3 抗体工程药物的研制

以细胞工程技术和基因工程技术为主体的抗体工程药物是生物技术药物研究的热点之一，它包括单克隆抗体、抗体片段、基因工程改造的抗体、抗体与"弹头"物质的偶联物和含抗体的融合蛋白。单克隆抗体对相应抗原具高度特异性和抗原均质性，近二十年发展迅猛，单抗药物包括单抗和单抗偶联物，可用于治疗肿瘤、病毒感染、心血管疾病、脓毒症、类风湿性关节炎等，其中以肿瘤治疗居多。美国 1995~1999 年间批准的 24 种生物药品中，有 6 种是单抗。要解决单克隆抗体免疫原性，需进行基因工程抗体研制，制备嵌合抗体以使鼠原性单抗人源化，或使用抗体片断使抗体小型化从而降低抗原性。通过基因工程方法将特异抗体基因克隆至原核表达体系，构建并发展了抗体库技术，从而大大促进了新型基因工程抗体的制备和开发。随着人类基因组研究的完成，后基因组研究的开展将为疾病治疗提供新的分子靶位，为新型基因工程抗体研制提供广阔发展空间。

8.7.5.4 反义核酸药物的研制

反义技术是采用反义核酸分子抑制、封闭或破坏靶基因的技术。根据碱基互补原理结合并调节靶基因活性的核酸分子称为反义核酸。作为一种基因下调作用因子，反义核酸主要包括反义 DNA、反义 RNA、核酶和三链形成寡核苷酸等，在抑制一些有害基因表达和失控基因过度表达方面起了重要作用。反义核酸药物特异性高、可直接阻止靶基因的转录和翻译，在体内最终被降解清除，因此毒性低，避免了如转基因疗法中外源基因整合至宿主染色体的危险性。目前第一个反义寡核苷酸药物福米苇新已在美国和欧洲上市，用于治疗对其他治疗方案不能耐受、禁忌或无效的艾滋病患者巨细胞病毒视网膜炎。

8.7.5.5 蛋白质工程药物的研制

通过蛋白质工程可以改善重组蛋白产品的稳定性、提高产品的活性、延长产品在体内的半衰期、提高生物利用度、降低产品的免疫原性等。如天然胰岛素制剂在储存中易形成二聚体和六聚体，延缓了胰岛素从注射部位进入血液的速度，从而延缓了降糖作用，也增加了抗原性。这是胰岛素 B23~B28 氨基酸残基结构所致，改变这些残基则可降低聚合作用。又如为降低 IL-2 的副作用，将 125 位的 Cys 残基用 Ser 取代，成为一种新型的 IL-2，其生物活性和稳定性提高。利用蛋白质工程技术对现有蛋白质类药物进行改造，使其具有较好性能，是获得具有自主知识产权生物技术药物最有效的途径之一。

8.7.5.6　基因工程活性肽的生产

用基因工程技术制备的具有生物活性的多肽称为基因工程活性肽。基因工程的应用，一方面使这些活性肽的生产成为可能，另一方面又发现了更多新的活性肽，如仅神经肽一类就已发现 50 多种，胃肠肽类发现 19 种，作用于心血管的活性肽和生长因子也发现了 10 多种。在人体内存在的维持正常生理调控机制和对疾病的防御机制中，可能存在着极其丰富的活性肽等物质，但我们了解的却很少。人体中可能还有 90% 以上的活性多肽尚待发现，因此发展基因工程活性肽药物的前景十分光明。

8.7.5.7　新的高效表达系统的研究与应用

目前最主要的用于生产的表达载体是哺乳动物细胞和大肠杆菌。迄今为止，已经上市的生物技术药物（DNA 重组产品）多数是在大肠杆菌表达系统生产的（34 种），其次是 CHO 细胞（14 种）、幼仓鼠肾细胞（2 种）及酿酒酵母（11 种）。大肠杆菌属于原核表达系统，没有糖基化功能，只能用于表达功能蛋白不需要糖基化的重组药物，如胰岛素等，且目的蛋白大量表达之后易形成包涵体，不易复性。而功能蛋白需要糖基化的则主要在哺乳动物细胞中表达。正在进一步改进的重组表达系统有真菌、昆虫细胞和转基因植物和动物。转基因动物作为新的表达体系，因其能更便宜地生产高活性的复杂产品而令人关注。目前还有"人源化"酵母表达体系和植物表达体系正在发展。

8.7.5.8　生物药物新剂型的研究

生物药物多数易受胃酸及消化酶的降解破坏，其生物半衰期普遍较短，需频繁注射给药，给患者造成痛苦，使患者用药的依从性降低，且其生物利用度也较低。另外多数多肽与蛋白质类药物不易被亲脂性膜摄取，很难通过生物屏障。目前生物药物在剂型方面比较单一，多数药物只有一或两种剂型，限制了其临床应用，因此生物药物的新剂型发展得十分迅速。目前已经改进了注射用溶液和注射用无菌粉末的稳定性，还发展出化学修饰型、控释微球型和脉冲式给药系统，在鼻腔、口服、直肠、口腔、肺部给药方面也已取得重大进展。利用剂型的改变，可增加药物的新用途，扩大其适应症，如玻璃酸钠的注射液、滴眼液、散剂等分别在眼科、关节病及手术外科等有不同的适应症。通过剂型的改变，还可方便用药，如利用胸腺激素类药物来提高免疫力、利用低分子肝素来预防血栓、利用玻璃酸钠和硫酸软骨素来防治关节疾病等，都以经口服用药为宜。

21 世纪现代生物技术定将会得到蓬勃发展，推动全球许多问题的解决。与人类生存密切相关的医药生物技术的发展，必将为保障人类健康作出更大的贡献。

8.8　油藏极端环境石油烃厌氧生物降解产甲烷

大多数油藏环境都有生物降解的现象，这些微生物种类多样，功能各异，在温度低于 80℃ 并且深度小于 4km 的油藏一般都存在微生物降解。很长一段时间内人们认为油藏中烃的微生物降解是好氧生物降解占主导，然而最近发现，油藏中原油的微生物降解主要是厌氧降解。Larter 等人利用模拟油藏条件建立了石油烃厌氧生物降解模型，通过计算烃降解的反应常数，发现厌氧情况下微生物降解正构烷烃已经发生了数百万年，同油藏形成油的时间尺度很相近，说明石油烃的厌氧降解从油藏形成就开始发生了，一直到现在始终在进行。在尚未明显受到注入水（携带溶解氧）影响的海洋盆地油田中发现存在较高的生物降解也证实了油藏中发生着厌氧生物降解这一点。即使是注水开发的油藏，注入水中的溶解氧也会在注水井的近井地带迅速被消耗，油层深处总体上仍然是厌氧环境。对油藏伴生气同位素的组成研究表明，有50%以上的油藏都在一定程度上发生了从原油到甲烷的生物转化，说明在油藏中自发进行着原油生物气化过程。如中国的松辽盆地、辽河盆地、准噶尔盆地、济阳坳陷、南阳盆地等也已经发现了次生生物气藏。这显示出油藏原油厌氧生物气化开采不仅理论上具有可行性，而且具有一定的物质基础，因此油藏可以看作是原油厌氧生物转化产甲烷的巨型的反应器。

8.8.1 油藏石油烃降解过程内源微生物种类及功能

油藏作为一极端环境，通常拥有高温、高压、高矿化度等特点。温度一般在40~180℃，压力在几兆帕到数十兆帕不等，矿化度可达20%以上。油藏基质为结构尺寸变化多样的孔隙介质，这些孔隙介质中充满着油、气和水。随沉积类型不同，油、气和水的性质差异很大，同时这些空隙中孕育着物种多样的微生物。

8.8.1.1 微生物在岩石表面聚集生长的主要因素

研究表明：微生物在岩石表面聚集生长主要由于以下三种因素：

(1) 岩石本身为微生物提供了营养。

(2) 岩石粗糙的表面提供了良好的吸附场所，岩石表面水流冲刷力小，有利于微生物的聚集。

(3) 岩石上吸附有机物吸引了具有趋化性的微生物。

这些微生物代谢类多、变异性大，在生态系统中占有重要的位置，对研究极端微生物的适应机制、获取多样化的微生物功能基因和开发新的微生物产品有重要意义；同时，这些微生物自身也是极其重要的资源，将油藏微生物资源应用于油田开发领域已经取得预期的效果。

油藏中的微生物由于注水开发而发生变化，在微生物多样性和活性方面，注水开发油田往往大大超过未注水开发油田。这些丰富多样的微生物菌群当中，长期以来人们一直认为只有好氧微生物参与油藏微生物的降解作用，直到20世纪90年代，才开始报道有关石油烃类物质厌氧生物降解的研究。一些研究者提出，微生物能够在硝酸盐还原、硫酸盐还原、Fe^{3+}还原及产甲烷条件下降解烃，而且分离到了相关的烃降解菌株。同时，研究表明烃的厌氧生物降解在热力学上是可行的；而在产甲烷条件下，烃的降解是分步反应实现的，尽管在标准状态下，烷烃降解中三种潜在反应的自由能变化为正（吸热反应）；然而在实验条件下，烷烃降解反应的自由能变化为负，表明该反应是热力学可行的。标准状态下十六烷厌氧降解产甲烷过程的反应自由能，见表8-3。

表8-3 标准状态下十六烷厌氧降解产甲烷过程的反应自由能

底 物	产 物	$\Delta G''(25℃)$
$4C_{16}H_{34} + 128H_2O$	$64CO_2 + 196H_2$	4922.1
$4C_{16}H_{34} + 64H_2O$	$32CH_3COO^- + 32H^+ + 68H_2$	1883.1
$4C_{16}H_{34} + 30H_2O + 34CO_2$	$49CH_3COO^- + 49H^+$	268.6
$4C_{16}H_{34} + 30H_2O$	$15CO_2 + 49CH_4$	-1487.1

随着人们对厌氧微生物的深入研究。人们用纯培养的方法不断地从油藏样品中分离到各种各样的微生物。牟伯中等利用 PCR-DGGE 检测油田产出液中烃降解菌的多样性，首次运用 alkB 基因的 DGGE 指纹图谱法分析了油藏环境烃降解功能菌群的多样性，探索了油藏极端环境微生物资源和基因资源。分析结果表明油藏内能够检测到丰富多样的微生物，如厚壁菌门（*Firmicutes*）、热孢菌门（*hermotogae*）、氢营养型甲烷菌（*ethanomicrobiales*、*Methanococ-cales*、*Methanobacteriales*）和乙酸营养型产甲烷菌（*Methanosarcinales*）等。

8.8.1.2 厌氧微生物分类

根据生理生化特征可将地层油藏中厌氧微生物分为发酵菌、硝酸盐还原菌、铁还原菌、硫酸盐还原菌和产甲烷古菌。

（1）发酵菌（*Fermentative bacteria*）。发酵菌是一类能发酵糖、氨基酸、长链有机酸等复杂有机物最终产 H_2、CO_2、乙酸等短链有机酸的细菌和古菌的总称，大部分发酵菌可以还原亚硫酸盐或单质硫产生 H_2S 气体。在油藏的特殊高温环境中，发酵菌尤其是嗜热发酵菌在地下油藏中分布广泛，不同的油藏条件分离出不同种属的发酵菌，但随着油藏温度升高，可分离出的菌株数随之降低。研究者们从各种不同油藏中分离的发酵菌主要分布于热袍菌目（*Thermotogales*）、热球菌属（*Thermococcus*）、嗜热厌氧杆菌属（*Thermoanaerobacter*）、盐厌氧菌属（*Haloanaerobium*）中。

（2）硝酸盐还原菌（*Nitrate- reducing bacteria*，简称 NRB）。硝酸盐还原菌（*NitrateRedue-ingBaeteria*，NRB）还原硝酸盐为氨，也可以发酵单糖，多糖等若干种糖类化合物和有机酸生成更简单的糖和小分子有机酸。1996 年，首次利用甲苯、乙苯、丙苯和间二甲苯为共底物的富集培养基中分离获得了烃降解硝酸盐还原菌（菌株 TbNI、mXyNI、EbNI 和 PbNI），在原油中这类菌能利用烷基苯为底物进行生长。在硝酸盐和挥发性脂肪酸等有机物存在条件下，异养硝酸盐还原菌迅速繁殖，一方面可以代谢产生大量的 N_2、CO_2 和 N_2O 等气体以及大分子增黏剂等有利于驱油的物质，另一方面可以通过生存竞争抑制硫酸盐还原菌的生长，清除体系中的硫化物。

目前分离到的降解烃的硝酸盐还原菌都是属于 β-*Proteobacteria* 和 γ-*Proteobacteria*。迄今为止，已经报道了 6 株烃降解硝酸盐还原菌，见表 8-4。

表 8-4 厌氧降解烷烃的硝酸盐还原菌

菌名	分类	来源	底物	代谢机制	温度/℃	pH
Strain HNX1	β- Prot.	Ditch sediments	$C_6 \sim C_8$	Fumarate	28	7.1
Strain HdN1	γ- Prot.	Activates sludge	$C_{14} \sim C_{20}$	Unknown	28	7.1
Strain OcN1	β- Prot.	Ditch sediments	$C_8 \sim C_{12}$	Fumarate	28	7.1
Marinbacter sp. BC36	γ- Prot.	Lagoon mats	C_{18}	nd	nd	nd
Marinbacter sp. BC42	γ- Prot.	Lagoonmats	C_{18}	nd	nd	nd
Pseudomonas balearica	γ- Prot.	Brakish lagoon	$C_{15} \sim C_{18}$	nd	nd	nd

（3）铁还原菌（*Iron- reducing bacteria*）。在地层油藏研究领域上，Greene 等首次报道从油藏中发现了一株嗜热铁还原细菌（*Deferribacter thermophilus*），该菌能够利用 H_2 和乙酸盐等有机酸为电子供体，以 Fe(III)、Mn(IV) 和硝酸盐作为电子受体。另一株从油藏中分离的腐败希瓦氏菌（*Shewanella p utrefaciens*）能以 H_2 或甲酸盐作为电子供体还原氢氧化铁。

Van Bodegom 等人的研究，发现异化铁还原过程还会影响到产甲烷菌的产甲烷过程。产甲烷菌和 Fe(III)还原菌利用相同的电子受体产生竞争性抑制作用，产甲烷菌的作用过程往往会受到铁还原反应的影响。产甲烷菌有时可直接利用 Fe(III)作为电子供体，从而发生的是 Fe(III)还原而不是产甲烷。但是 Fe(III)还原菌对产甲烷过程的抑制不是绝对的。二者之间存在一定的平衡关系，如何控制 Fe(III)还原浓度对产甲烷过程能够产生积极的影响是个很好的研究课题。

（4）硫酸盐还原菌（*Sulfate-reducing bacteria*）

自从 Beijerinck 在 1895 年第一次发现 SRB，近 100 多年来，各国学者对 SRB 研究颇为深入，据不完全统计，目前已知的硫酸盐还原菌有 14 个属，近 40 个种，名称及特征见表 8-5。

表 8-5　硫酸盐还原菌种类及特征

名　称		特　征
脱硫肠状菌属	*Desulfotomaculum*	杆状周生
脱硫叶菌属	*Desulfobulbus*	椭圆形，有鞭毛，单极生或无
硫微菌属	*Desulfomicrobium*	—
脱硫假单胞菌属	*Desulfopseudomonas*	杆状，有鞭毛，单极生或无
热脱硫杆菌属	*Thermodesulfobacterium*	杆状
脱硫菌属	*Desulfobacter*	椭圆形、球形，有鞭毛，单极生或无
脱硫杆菌属	*Desulfobacterium*	杆状
脱硫球菌属	*Desulfococcus*	球状，有鞭毛或无
脱硫念珠菌属	*Desulfomonile*	球形，形成念珠状
脱硫线菌属	*Desulfoema*	丝状且形成多细胞体
脱硫八叠球菌属	*Desulfosarcina*	八叠球状或单球状，有鞭毛，单极生或无
脱硫单胞菌属	*Desulfuromonas*	杆状，有鞭毛，单极生或无
硫还原菌属	*Desulfurella*	杆状
脱硫弧菌属	*Desulfovibrio*	主要为弧状也有杆状，有鞭毛，单极生

在研究地层油藏微生物的生命代谢活动过程中，根据从油藏中分离到的硫酸盐还原菌的营养需求，硫酸盐还原菌可利用多种不同电子供体。而油层水通常含有乙酸、丙酸、丁酸等小分子有机酸以及地热反应或发酵细菌降解原油产生的 H_2 等，这些营养物质为硫酸盐还原菌生长提供了必要条件。硫酸盐还原菌电子受体种类见表 8-6。

表 8-6　硫酸盐还原菌电子受体及来源

电子受体种类	电子受体来源
H_2	地质变化、金属腐蚀、微生物代谢产生
脂肪酸	油藏早起形成、原位高温水解、微生物代谢
极性有机副产物、石油烃	主要是微生物菌群在利用原油生长代谢过程中形成

研究者们从油藏采出水中分离出了多种硫酸盐还原菌纯培养物（见表 8-7）。研究这些臭名昭著的腐蚀性微生物的代谢过程，希望能通过人为的手段去控制 SRB 的生长代谢，减少损失。

表 8-7　油藏中分离出来的硫酸盐还原菌

种　属	矿化度/%		温度/℃	
	范围	最适	范围	最适
Archaeoglobus fulgidus	0.02~3	2	60~85	76
Desulfacinum infernum	0~5	1	40~65	60
Desulfobacter	1~5	ND	5~38	33
Desulfobacterium	5	1	20~37	30~35
Desulfomicrobium	0~8	ND	4~40	25~30
Desulfotomaculum	1~14	4~6	30~40	35
Desulfotomaculum	0~3	0	50~85	60~65
Desulfotomaculum	4	1	40~70	60
Desulfotomaculum	5	0.3~1.2	41~75	62
Desulfovibrio	1~17	5~6	15~40	30
Desulfovibrio longus	0~8	2	10~40	35
Desulfovibrio	0~10	5	12~45	37
Thermodesulfobacterium	ND	ND	45~85	65
Thermodesulforhabdus	0~5.6	1.6	44~74	60

从表 8-7 中可以看出硫酸盐还原菌生命活力非常强，在矿化度（0~17%）和温度（4~85℃）条件下都可生长繁殖。而这些在不同的矿化度和温度下都可生长繁殖的硫酸盐还原菌产生的 H_2S 能够增加油气中的硫含量而降低了原油品质，还可以与金属离子形成沉淀抑制油水分离，对采用聚合物驱的油田来说，它使聚丙烯酰胺黏度下降从而导致聚合物驱失效。针对地层油藏石油烃厌氧降解产甲烷过程，SRB 的存在能够抑制甲烷气体的产生。

（5）产甲烷古菌（Methanogenic archaea）。产甲烷古菌是一类极端厌氧古菌，对氧气的存在敏感，属于严格厌氧菌。广泛分布于淡水海水沉积物、地热环境、土壤、动物肠胃及瘤胃、厌氧污泥消化器和地层油藏中。在地层油藏石油烃厌氧降解产甲烷过程中，产甲烷古菌和其他细菌（发酵菌，共生菌等）形成一种特殊的互营关系，能够降解地层原油组分接受末端电子产生甲烷气体，处于厌氧生物链最末端的产甲烷古菌在生物圈碳元素循环中起着重要作用。产甲烷菌系统分类及其代谢特性见表 8-8。

表 8-8　产甲烷菌系统分类及其代谢特性

分类单元（目） Taxon（Order）	典型属 Typical genus	主要代谢底物 Major metabolic substrate	典型栖息地 Typical habitat
甲烷杆菌目 *Methanobacteriales*	*Methanobrevibacter*	氢气，二氧化碳，甲酸盐，甲醇	厌氧消化反应设备、动物瘤胃等
甲烷球菌目 *Methanococcales*	*Methanococcus*	氢气，二氧化碳，甲酸盐	海底沉积物、温泉等
甲烷微菌目 *Methanomicrobiales*	*Methanomicrobium*	氢气，二氧化碳，2-丙醇，2-丁醇，乙酸盐，2-丁酮	土壤、海底沉积物、温泉等
甲烷八叠球菌目 *Methanosarcinales*	*Methanosaeta*	氢气，二氧化碳，甲酸盐，乙酸盐，甲胺	高盐海底沉积物、厌氧消化反应器等
甲烷火菌目 *Methanopyrales*	*Methanopyrus*	氢气，二氧化碳	海底沉积物

近年来从油藏分离的产甲烷古菌纯培养物，按其营养类型可分为：

① 氢营养型，氧化 H_2 还原 CO_2 产生甲烷。

② 甲基营养型。利用甲基化合物产生甲烷。

③ 乙酸营养型。利用乙酸产甲烷。油藏条件下主要以前两种类型为主要反应类型。产甲烷菌古菌处于厌氧生物链最末端，其新陈代谢过程能够解除生物链的末端抑制，使反应向正方向进行。

8.8.2 油藏条件对微生物的影响

石油烃未开发的油藏环境中能够稳定存在百万年甚至能无限期存在，换一种环境，相同的烃化合物在几天甚至几小时内可被完全降解。

8.8.2.1 石油烃物理状态对生物降解的影响

石油烃的微生物降解没有水体系的存在几乎不可能，所以微生物与石油烃的降解作用主要在油-水界面活动，油-水界面表面积的增加，不仅使微生物更容易接触到石油烃，而且进入水体的乳化液滴使氧和营养物更易被微生物获得，从而促进石油烃的微生物降解。油在水中的分散程度越高。分散的越好，微生物对石油烃的降解效率就越高，反之亦然。

8.8.2.2 温度对生物降解的影响

温度对微生物降解石油烃的影响，主要是对石油烃物理状态、化学组成的影响，特别是对微生物可接触到的石油烃的表面积的大小以及挥发后供微生物降解的石油烃类组成的影响，以及对微生物本身代谢活性的影响。针对油藏微生物，随着油藏深度的增加，每增加100m，地层温度平均增加 $2.5\sim4℃$。微生物生长的温度范围见表8-9。

表8-9　微生物生长的温度范围

微生物	生长温度/℃			举　例
	最低	最适	最高	
低温微生物	$-5\sim10$	$10\sim20$	$25\sim30$	活性污泥
中温微生物	$5\sim10$	$15\sim40$	$45\sim50$	梭状芽孢杆菌
高温微生物	$25\sim45$	$45\sim65$	$70\sim100$	黄单胞杆菌

8.8.2.3 压力

在油藏环境中，油、气、水还有微生物等都承受着地层压力。这些压力对微生物的影响具体有多大，直接关系到实验室水平对油藏微生物的研究结果。王登庆等研究了高压（10MPa）和常压下的静态激活试验，以葡萄糖为碳源研究不同压力对采油微生物生长代谢的影响。结果显示：微生物在不同压力下的生长代谢有较大的差异，压力不仅显著影响微生物群落的结构，而且影响微生物的生长代谢活性和速度，以及整体群落的代谢方式；与高压相比，常压下微生物种类较多，丰度较高。

8.8.2.4 pH 值

微生物生长最适合 pH 值为中性，上下限一般在 $4\sim9$，一般油层具备这一条件。很多微生物能在很大程度上耐酸碱性。

8.8.2.5 矿化度

油层的矿化度应在合适范围内，矿化度过高对微生物生长不利。水中氧化钠或镁离子的浓度过高，对大部分微生物有毒性，只有少数微生物能承受高盐浓度。另外，地层缺氮、磷也不利于微生物生长。不同类型油田矿化度见表8-10。

表 8-10　不同类型油田矿化度

总矿化度/(μg/g)	水质类型	代表油田
<1000	淡水	委内瑞拉西部的拉斯·克鲁斯油田水
1000~3000	微咸水	委内瑞拉夸仑夸尔油田水
3000~10000	咸水	美国堪萨斯州奥陶系油田水
10000~50000	盐水	我国酒泉盆地老君庙油田水
>50000	卤水	我国胜坨油田沙三段膏盐层油田水

由表 8-10 可见由于地质条件不同，油田水的矿化度差异很大。

同时原油在油藏环境中被微生物的降解程度很大程度上影响了微生物的再降解，如果油藏原油在地层中受到微生物的轻微降解，低相对分子质量正构烷烃大量存在，那么这些容易被微生物利用的低相对分子质量碳源能够在短时间内对微生物进行富集，对微生物的生长繁殖就会有个积极的作用，如果这些烷烃类的低相对分子质量碳源在地层条件下已经被严重降解，那么微生物对原油的再利用就会困难的多。Peters 和 Moldowan 将典型的成熟原油的生物降解程度划分了 10 个等级(见表 8-11)。

表 8-11　原油在不同降解程度下的表现特征

等　级	生物标志物化学组成	生物降解程度
1	低相对分子质量正构烷烃消失	轻微
2	大部分正构烷烃消失	轻微
3	只存在微量正构烷烃	轻微
4	无正构烷烃，无环类异戊二烯烃完整	中度
5	无环类异戊二烯烃消失	中度
6	甾烷部分消失，甾烷降解出现 25-降甾烷	严重
7	甾烷消失，重排甾烷完整	严重
8	藿烷部分降解，无 25-降藿烷	非常严重
9	藿烷部分消失，重排甾烷部分消失	非常严重
10	无甾烷、藿烷，C_{26}~C_{29} 芳甾烷部分消失	极其严重

8.8.3　降解产生中间代谢产物及终产物

地层原油在厌氧降解微生物的作用下降解成小分子有机物，小分子有机物在其他微生物的代谢过程中形成小分子脂肪酸，简单化合物。这一过程中的代谢产物分析，对于推测石油烃厌氧降解机制、了解原油厌氧降解产甲烷过程具有重要的意义。目前分析代谢中间产物的方法多种多样；包木太等综述了以烃类为碳源的采油微生物在模拟油藏环境条件下产生的酸、生物气、生物表面活性剂、有机溶剂及生物聚合物的检测方法。采油微生物代谢产物及其对油藏的作用见表 8-12。

表 8-12　采油微生物代谢产物及其对油藏的作用

代谢产物类型	代谢产物对油藏的作用
酸、有机酸(甲酸、乙酸、丙酸等低分子酸)	溶解孔喉中碳酸盐岩或其胶结物，提高孔隙度和渗透率，改善原油的流动性
无机酸(H_2SO_4)	与碳酸盐岩反应产生 CO_2 等气体，增加油层压力，部分气体溶于原油使原油膨胀，黏度降低

代谢产物类型	代谢产物对油藏的作用
生物表面活性剂	降低原油/岩石/水界面张力 乳化原油 改变岩石的润湿性
气体(CO_2，CH_4，H_2，N_2，H_2S)	增加驱动压力 溶解于原油中使原油黏度下降，流动性改善 使原油膨胀，黏度降低
有机溶剂(醇类、酮类、醛类)	溶解于原油中降低原油黏度 溶解孔喉中重质组分
生物聚合物	提高驱动相黏度，改变流度比 堵塞高渗透层，增大水驱扫油效率并降低水油比
生物体(细胞)	细胞体堵塞高渗透层 细胞体在水/油界面分裂，降低界面张力 细胞体在水/岩石界面生长，改变润湿性

　　虽然多年的科学研究让人们了解了石油烃厌氧代谢的中间产物及其作用，但是石油烃厌氧降解的代谢产物分离和检测仍存在一定的困难，原因是微生物代谢产物瞬时性、低浓度的限制引起的。石油烃在被微生物混合菌群逐级降解成小分子化合物直至代谢产生气体，单质等。在这一过程中上一级的代谢产物可能很快就被下一级微生物利用了，而不会产生量的积累。所以无论时间上还是浓度上都较难捕捉。

8.8.3.1　气体

　　微生物在地下发酵过程中能产生各种气体如 CH_4、CO_2、N_2、H_2 和 H_2S 等。可利用密封性好的气体进样器采集。这些气体(除 H_2S 外)通常用气相色谱(GC)或者气相色谱-质谱联用(GC-MS)进行检测，定量分析常以色谱峰的峰面积或者峰高积分值来确定。

8.8.3.2　有机酸

　　挥发性脂肪酸通常是指从 $C_1 \sim C_5$ 极易挥发的短链脂肪酸，例如乙酸，在石油烃厌氧微生物降解产甲烷过程中，它是重要中间代谢产物，产甲烷菌能够利用的重要前体。

8.8.4　残余油生物气化研究现状

　　目前地层油藏残余油产气过程能够产生天然气的数量还难以确定，Finkelstein 等根据气体定律用模拟实验结果对美国犹他州某油田生物气开采前景进行了理论计算，该油田含油面积 $16km^2$，砂岩油层厚 6m，注水开采后的残余油饱和度为 40%，孔隙度是 12%。按实验室在 87d 和 297d 时的产气率计算，这套砂岩的单井甲烷日产量可分别达到 $3736m^3$ 和 $1415m^3$，与该区油井目前的产油当量相当。他们进而对美国可以通过这种方式回收的甲烷做了简单测算，美国边缘油层总储量为 $596\times10^8m^3$，如果有 1% 的残余油($5.96\times10^8m^3$)可以进行生物转化，每天可产生 $(0.85\sim3.7)\times10^8m^3$ 的甲烷气或每年($310\sim1344)\times10^8m^3$ 的甲烷气，美国目前每年天然气消耗量约 $8500\times10^8m^3$，因此 1% 的转化率便可满足 10% 的天然气需求。计算结果显示残余油向甲烷的生物转化其经济价值非常巨大。Gieg 等根据实验对残余油转化为天然气的潜能进行了推算，实验数据显示每克岩心中的残余油每天可产甲烷的量是 $0.1\sim0.4\mu mol$，以美国残余油的总量为 3750 亿桶计算，如果 1% 的残余油被微生物转化，每年将

315

产生(1~5)万亿 ft³ 的甲烷。以目前美国每年消耗 30 万亿 ft³ 的天然气计算，这些目前尚不能有效开采出的残余油将会解决 3%~15% 的天然气供应问题，而实际上美国总的残余油数量远远超过这个级别。虽然实验室模拟状态可能和油井的复杂条件有一定差距，但是随着科学的发展，这些地下残余油终会被开发出来。

参 考 文 献

[1] EubelerJP, Bernhard M, Zok S, et al. Environmental biodegradation of synthetic polymers I. Test methodologies and procedures[J]. Trend Anal Chem, 2009, 28(9): 1 057

[2] Mueller RJ. Biological degradation of synthetic polyesters-enzymes as potential catalysts for polyester recycling [J]. Proc Biochem, 2006, 41(10): 2124

[3] Jayasekara R, Harding I, Bowater I, et al. Biodegradability of selected range of polymers and polymer blends and standard methods for assessment of biodegradation[J]. J Polym Environ, 2005, 13: 231

[4] Tokiwa Y, Calabia BP, Ugwu CU, et al. Biodegradability of Plastics[J]. Int J MolSci, 2009, 10: 3722

[5] 李琳琳, 高佳, 杨翔华, 等. 可降解塑料的生物降解性能研究进展[J]. 湖北农业科学, 2013, 52(11): 2481

[6] Babu RP, Connor KO, Seeram R. Current progress on bio-based polymers and their future trends Current progress[J]. Prog Biomate, 2013, 2(8): 4

[7] 陈国强, 罗荣聪, 徐军, 吴琼. 聚羟基脂肪酸酯生态产业链——生产与应用技术指南[M]. 北京: 化学工业出版社, 2008: 25

[8] Ojumu T V, Yu J, Solomon BO. Production of polyhydroxyalkanoates, a bacterial biodegradable polymer[J]. Afri J Biotechnol, 2004, 3(1): 18

[9] Lucas N, Bienaime C, Belloy C, et al. Polymer biodegradation: Mechanisms and estimation techniques[J]. Chemosphere, 2008, 73(4): 429

[10] Volova TG, Boyandin AN, Vasiliev AD, et al. Biodegradation of polyhydroxyalkanoates (PHAs) in tropical coastal waters and identification of PHA-degrading bacteria[J]. Polym Degrad Stabil, 2010, 95(12): 2350

[11] 李成涛, 张敏, 白清友, 等. 聚丁二酸丁二醇酯生物降解酶及其催化性能研究[J]. 环境科学与技术, 2012, 35(8): 37

[12] Tsuji H, Miyauchi S. Poly(L-lactide): Effects of crystallinity on enzymatic hydrolysis of poly(l-lactide) without free amorphous region[J]. Polym Degrad Stabil, 2001, 71(3): 415

[13] 张昌辉, 寇莹, 翟文举. PBS 及其共聚酯生物降解性能的研究进展[J]. 塑料, 2009, 38(1): 38

[14] 陈诗江, 王清文. 生物降解高分子材料研究及应用[J]. 化学工程与装备, 2011, 7: 142

[15] 肖峰, 王庭慰, 丁培. PBS 基共聚酯降解性能的研究概述[J]. 中国塑料, 2009, 23(9): 12

[16] Artham T, Doble M. Biodegradation of Aliphatic and Aromatic Polycarbonates[J]. MacromolBiosci, 2008, 8(1): 14

[17] Trainer MA, Charles TC. The role of PHB metabolism in the symbiosis of rhizobia with legumes [J]. ApplMicrobiolBiotechnol, 2006, 71(4): 377

[18] 王蕾, 张敏, 田小艳, 等. 土壤中降解聚己内酯(PCL)微生物菌种的筛选及降解性能[J]. 环境化学, 2010, 29(9): 856

[19] Khatiwala VK, Shekhar N, Aggarwal S, et al. Biodegradation of Poly(e-caprolactone) (PCL) Film by AlcaligenesFaecalis[J]. J Polym Environ, 2008, 16: 61

[20] Li F, Yu D, Lin XM, et al. Biodegradation of poly(e-caprolactone) (PCL) by a new Penicilliumoxalicum strain DSYD05-1[J]. World J Microb Biot, 2012, 28: 2929

[21] Chua TK, Tseng M, Yang MK. Degradation of Poly(ε-caprolactone) by thermophilic Streptomyces thermovio-

laceus subsp. thermoviolaceus 76T-2[J]. AMB Express, 2013, 3: 8

[22] TokiwaY, Calabia BPM. Biodegradability and biodegradation of polyesters[J]. J Polym Environ, 2007, 15 (4): 259

[23] Simioni AR, Vaccari C, Re MI, et al. PHBHV/PCL microspheres as biodegradable drug delivery systems (DDS) for photodynamic therapy (PDT)[J]. J Mate Sci, 2008, 43: 580

[24] Lu L, Zhang QW, Wootton D. Biocompatibility and biodegradation studies of PCL/β-TCP bone tissue scaffold fabricated by structural porogen method[J]. J Mate Sci, 2012, 23(9): 2217

[25] Sun MZ, Downes S. Physicochemical characterisation of novel ultra-thin biodegradable scaffolds for peripheral nerve repair[J]. J Mater Sci, 2009, 20: 1181

[26] Martins-Franchetti SM, Campos A, Egerton TA, et al. Structural and morphological changes in Poly(caprolactone)/ poly(vinyl chloride) blends caused by UV irradiation[J]. J Mater Sci, 2008, 43: 1063

[27] 张昌辉, 寇莹, 翟文举. PBS 及其共聚酯生物降解性能的研究进展[J]. 塑料, 2009, 38(1): 38

[28] 李凡, 杨焕, 郭子琦, 等. 聚丁二酸丁二醇酯(PBS)降解菌的筛选及降解特性研究[J]. 东北师大学报(自然科学版), 2011, 43(1): 127

[29] 张敏, 沈颖辉, 李成涛, 等. 一株聚丁二酸丁二醇酯降解菌的分离鉴定[J]. 生态环境学报, 2012, 21(4): 775

[30] Abe M, Kobayashi K, Honma N, et al. Microbial degradation of poly(butylene succinate) by *Fusarium solani* in soil environments[J]. Polym Degrad Stabil, 2010, 95: 138

[31] 胡雪岩, 马莹, 高兆营, 等. 聚琥珀酸丁二醇酯的酶促降解研究[J]. 中国塑料, 2016, 30(7): 18

[32] Hu X Y, Gao Z Y, Wang Z Y, et al. Enzymatic degradation of poly(butylene succinate) by cutinase cloned from *Fusarium solani*[J]. Polym Degrad Stabil, 2016, 134: 211

[33] Hiroko KK, Shinozaki Y, Cao XH. Phyllosphere yeasts rapidly break down biodegradable plastics[J]. AMB Express, 2011, 1(44): 2

[34] Tan LC, Chen YW, Zhou WH, et al. Novel poly(butylene succinate-co-lactic acid) copolyesters: Synthesis, crystallization, and enzymatic degradation[J]. Polym Degrad Stabil, 2010, 95: 1920

[35] Chiellini E, Corti A, Antone SD. Biodegradation of poly(vinyl alcohol) based materials[J]. Prog Polym Sci, 2003, 28: 963

[36] Yamatsu A, Matsumi R, Atomi H. Isolation and characterization of a novel poly(vinyl alcohol)-degrading bacterium, *Sphingopyxis* sp[J]. PVA3. ApplMicrobiolBiot, 2006, 72: 804

[37] Kawai F, Hu XP. Biochemistry of microbial polyvinyl alcohol degradation[J]. ApplMicrobiol Biot, 2009, 84: 227

[38] Tsujiyama S, Nitta T, Maoka T. Biodegradation of polyvinyl alcohol by *Flammulinavelutipes* in an unsubmerged culture[J]. J Biosci Bioeng, 2011, 112(1): 58

[39] Tsujiyama S, Okada A. Biodegradation of polyvinyl alcohol by a brown-rot fungus, *Fomitopsis pinicola*[J]. Biotechnol Lett, 2013, 35: 1907

[40] Shah A A, Hasan F, Hameed A, et al. Biological degradation of plastics: A comprehensive review[J]. Biotechnol Adv, 2008, 26(3): 246

[41] Chanprateep S. Current trends in biodegradable polyhydroxyalkanoates[J]. J Biosci Bioeng, 2010, 110 (6): 621

[42] Chen GQ. A microbial polyhydroxyalkanoates (PHA) based bio- and materials industry[J]. ChemSocRev, 2009, 38: 2434

[43] Papaneophytou C P, Velali E E, Pantazaki A A. Purification and characterization of an extracellular medium- chain length polyhydroxyalkanoate depolymerase from *Thermus thermophilus* HB8[J]. Polym Degrad Stabil, 2011, 96(4): 670

[44] Luzier W D. Materials derived from biomass/biodegradable materials[J]. P Natl Acad Sci USA, 1992, 89 (3): 839

[45] María C G D, Domínguez K B H. Simultaneous kinetic determination of 3-hydroxybutyrate and 3-hydroxyvalerate in biopolymer degradation processes[J]. Talanta, 2010, 80(3): 1 436

[46] Zhou H, Wang Z, Chen S, et al. Purification and characterization of extracellular poly(β-hydroxybutyrate) depolymerase from Penicillium sp. DS9701-D2[J]. Polym-Plast Technol, 2009, 48(1): 58

[47] Calabia B P, Tokiwa Y. A novel PHB depolymerase from a thermophilic Streptomyces sp[J]. Biotechnol Lett, 2006, 28(6): 383

[48] Zhou H, Wang Z, Chen S, et al. Purification and characterization of extracellular poly(β-hydroxybutyrate) depolymerase from Penicillium sp. DS9701-D2[J]. Polym-plast Technol, 2009, 48(1): 58

[49] Bachmann B M, Seebach D. Investigation of the enzymatic cleavage of diastereomeric oligo (3-hydroxybutanoates) containing two to eight HB subunits. A model for the stereo-selectivity of PHB depolymerase from Alcaligenes faecalis[J]. Macromolecules, 1999, 32(6): 1 777

[50] Kasuya K, Doi Y, Yao T. Enzymatic degradation of poly [(R)-3-hydroxybutyrate] by Comamonas testosterone ATSU of soil bacterium[J]. Polym Degrad Stab, 1994, 45(3): 379

[51] Schober U, Thiel C, Jendrossek D. Poly(3-hydroxyvalerate) depolymerase of Pseudomonas lemoigne[J]. Appl Environ Microbiol, 2000, 66(4): 1 385

[52] Jendrossek D. Microbial degradation of polyesters: a review on extracellular poly-(hydroxyalkanoic acid) depolymerase[J]. Polym Degrad Stab, 1998, 59(1-3): 317

[53] Mergaert J, Webb A, Anderson C, et al. Microbial degradation of poly(3- hydroxybutyrate) and poly(3-hydroxybutyrate-co-3-hydroxyvalerate) in soils[J]. Appl Environ Microb, 1993, 59(10): 3233

[54] Tseng M, Hoang KC, Yang MK, et al. Polyester- degrading thermophilic actinomycetes isolated from different environment in Taiwan[J]. Biodegradation, 2007, 18(5): 579

[55] Pranamuda H, Tokiwa Y, Tanaka H. Polylactide Degradation by an Amycolatopsis sp[J]. Appl Environ Microb, 1997, 63(4): 1637

[56] Pranamuda H, Tokiwa Y. Degradation of poly (l-lactide) by strains belonging to genus Amycolatopsis[J]. Biotechnol Lett, 1999, 21(10): 901

[57] Nakamura K, Tomita T, Abe N, et al. Purification and characterization of an extracellular poly(L-lactic acid) depolymerase from a soil isolate, Amycolatopsis sp. strain K104-1[J]. Appl Environ Microb, 2001, 67 (1): 345

[58] Jarerat A, Tokiwa Y, Tanaka H. Microbial poly(L-lactide) degrading enzyme induced by amino acids, peptides and poly(L-amino acids)[J]. J Polym Environ, 2004, 12(3): 139

[59] Torres A, Li SM, Roussos S, et al. Screening of microorganisms for biodegradation of poly (lactic acid) and lactic acid-containing polymers[J]. Appl Environ Microbiol, 1996, 62(7): 2393

[60] Tomita K, Kuraki Y, Nagai K. Isolation of thermophiles degradating poly (L-lactic acid)[J]. J Biosci Bioeng, 1999, 87(6): 752

[61] Williams D F. Enzymatic hydrolysis of polylactic acid[J]. Eng. Med, 1981, 10: 5

[62] 刘玲绯, 李凡, 林秀梅, 等. 1 株聚乳酸降解细菌的筛选鉴定及产酶研究[J]. 微生物学杂志, 2011, 31(5): 7

[63] Wang ZY, Wang Y, Guo ZQ, et al. Purification and characterization of poly (L-lactic acid) depolymerase from Pseudomonas sp. strain DS04-T[J]. Polym Eng Sci, 2011, 51(3): 454

[64] Nair NR, Nampoothiri KM, Pandey A. Preparation of poly(L-lactide) blends and biodegradation by Lentzea waywayandensis[J]. BiotechnolLett, 2012, 34: 2031

[65] Gilan I, Hadar Y, Sivan A. Colonization, biofilm formation and biodegradation of polyethylene by a strain of

Rhodococcus ruber[J]. Appl Microbiol Biotechnol, 2004, 65(1): 97

[66] Rosa DS, Gaboardi F, Guedes CGF, et al. Influence of oxidized polyethylene wax (OPW) on the mechanical, thermal, morphological and biodegradation properties of PHB/LDPE blends[J]. J Mater Sci, 2007, 42 (19): 8093

[67] Chandra R, Rustgi R. Biodegradation of maleated linear low-density polyethylene and starch blends[J]. Polym Degrad Stab, 1997, 56(2): 185

[68] Albertsson AC, Karlsson S. Aspects of biodeterioration of inert and degradable polymers[J]. Int Biodeterior Biodegrad, 1993, 31(3): 161

[69] 何小维, 黄强. 淀粉基生物降解材料[M]. 北京: 中国轻工业出版社, 2008: 262

[70] 土肥義治, A. 斯泰因比歇尔. 生物高分子第4卷聚酯Ⅲ——应用和商品[M]. 北京: 化学工业出版社, 2004: 49

[71] Nishioka M, Tuzuki T, Wanajyo Y, et al. Biodegradable Plastics and Polymers[J]. Amsterdam: Elsevier Science, 1994: 584

[72] Ratto JA, Stenhouse PJ, Auerbach M, et al. Processing, performance and biodegradability of a thermoplastic aliphatic polyester/starch system[J]. Polymer, 1999, 40(24): 6777

[73] Tudorachi N, Cascaval CN, Rusu M, et al. Testing of polyvinyl alcohol and starch mixtures as biodegradable polymeric materials[J]. Polym Test, 2000, 19(7): 785

[74] Howard GT. Biodegradation of polyurethane: a review[J]. Int Biodeter Biodegr, 2002, 49(4): 245

[75] ShahAA. Role of microorganisms in biodegradation of plastics [J]. Islamabad: Quaid-i-Azam University, 2007

[76] Tang YW, Labow RS, Santerre JP. Isolation of methylene dianiline and aqueous-soluble biodegradation products from polycarbonate-polyurethanes[J]. Biomaterials, 2003, 24(17): 2805

[77] Oprea S, Doroftei F. Biodegradation of polyurethane acrylate with acrylate depoxidized soybean oil blend elastomers by *Chaetomium globosum*[J]. Int Biodeter Biodegr, 2011, 65(3): 533

[78] 袁振宏, 雷廷宙, 庄新姝等. 我国生物质能研究现状及未来发展趋势分析[J]. 太阳能产业论坛, 2017, (2): 12-19, 28

[79] 朱明. 浅谈怎样提高"秸秆禁烧"工作成效[J]. 黑龙江环境通报, 2009, 33(3): 48-49

[80] 王久臣, 戴林, 田宜水, 等. 中国生物质能产业发展现状及趋势分析[J]. 农业工程学报, 2007, 23 (9): 276-282

[81] 王振平. 开发生物质能保护生态环境[J]. 济南教育学院学报, 2004, (6): 55-57

[82] 陈晨. 生物质能产业: 国家政策意在推动而非限制[N]. 科学时报, 2007, (3): 12-19

[83] 邱钟明, 陈砺. 生物质气化技术研究现状及发展前景[J]. 可再生能源, 2002, (4): 16-19

[84] 吴伟烽, 刘聿拯. 生物质能利用技术介绍[J]. 研究与开发, 2003, (5): 11-15

[85] 占子玉, 舒新前. 生物质热解油的化学组成及其研究进展[J]. 农机化研究, 2008, (12): 181-184

[86] 朱满洲, 朱锡锋, 郭庆祥, 等. 以玉米秆为原料的生物质热解油的特性分析[J]. 中国科学技术大学学报, 2006, 36(4): 374-377

[87] 朱锡锋, 郑冀鲁, 郭庆祥, 等. 生物质热解油的性质精制与利用[J]. 中国工程科学, 2005, 7(9): 83-88

[88] 司展, 蒋剑春, 王奎. 生物质热解油的精制方法研究进展[J]. 生物质化学工程, 2013, 47(6): 21-26

[89] 王琦, 李信宝, 王树荣, 等. 生物质热解生物油与柴油乳化的试验研究[J]. 太阳能学报, 2010, 31 (3): 380-384

[90] 许凤, 孙润仓, 詹怀宇. 木质纤维原料生物转化燃料乙醇的研究进展[J]. 纤维素科学与技术, 2004, 12(1): 45-54

[91] 吴创之，庄新姝，周肇秋等．生物质能利用技术发展现状分析[J]．可再生能源，2007，29（9）：35-41.

[92] 王常文，崔方方，宋宇．生物柴油的研究现状及发展前景[J]．油脂化工，2014，39（5）：44-48

[93] 滕虎，牟英，杨天奎．生物柴油研究进展[J]．生物工程学报，2010，26（7）：892－902

[94] 郝宗娣，杨勋，时杰等．微藻生物柴油的研究进展[J]．上海海洋大学学报，2013，22（2）：282-288

[95] 李扬，曾静，杜伟，刘德华．我国生物柴油产业的回顾与展望[J]．生物工程学报，2015，31（6）：820-828

[96] 林晶，林金清．生物柴油及其催化合成技术研究进展[J]．化学工程与装备，2009，（1）：102-107

[97] 郭海霞，左月明，张虎．生物质能利用技术的研究进展[J]．农机化研究，2011，（6）：178-185

[98] 张裕卿．天然产物及药物分离材料[M]．天津：天津大学出版社，2012

[99] 徐怀德．天然产物提取工艺学[M]．北京：中国轻工业出版社，2008

[100] 刘成梅．天然产物有效成分的分离与应用[M]．北京：化学工业出版社，2003

[101] 李志勇等．细胞工程（第二版）[M]．北京：科学出版社，2015

[102] 邓宁．动物细胞工程[M]．北京：科学出版社，2014

[103] 胡火珍．干细胞生物学[M]．成都：四川大学出版社，2005

[104] 江正强，杨绍青．食品酶技术应用及展望[J]．生物产业技术，2015，（4）：17-21.

[105] 潘兴华等．干细胞：从类疾病治疗的新希望[M]．昆明：云南科学技术出版社，2004

[106] 刘毅．酶技术在食品加工与检测中的应用[J]．食品工程，2015，3：12-14.

[107] 李炜炜，陆启玉．酶工程在食品领域的应用研究进展[J]．粮油食品科技，2008，3：34-36.

[108] 刘显庭，张昊，郭慧媛，等．凝乳酶在干酪生产中的应用[J]．中国乳业，2013，1：53-57.

[109] 夏文水，高沛，刘晓丽，等．酶技术在食品加工中应用研究[J]．食品安全质量检测学报，2015，6：568-574.

[110] 陈红霞．酶工程研究及应用[J]．化学工程师，2005，（9）：29-33.

[111] 陈坚，刘龙，堵国成．中国酶制剂产业的现状与未来展望[J]．食品生物技术学报，2012，31：1-7.

[112] 王洪媛，陈晓畅，杨翔华．低聚木糖的功能特性及木聚糖酶的生物制备[J]．食品研究与开发，2003，24（1）：32-35.

[113] 张玲，丁长河，阮文彬．低聚木糖的应用研究和产品开发进展[J]．粮食与油脂，2015，28（2）：9-12.

[114] 刘佐才，侯平然．酶法生产果葡糖浆的发展[J]．冷冻与速冻食品工业，2001，3：39-41.

[115] 陈燕银．微生物酶技术在食品加工与检测中的应用[J]．粮食流通与技术，2016.5：94-96.

[116] 刘显庭，张昊，郭慧媛，等．凝乳酶在干酪生产中的应用[J]．中国乳业，2013，1：54-57.

[117] 吴洁，郜志辰．食品加工中酶技术的应用研究[J]．山东工业技术，2016，22：232-233.

[118] 何梅，杨月欣．乳糖酶缺乏和乳糖不耐受[J]．国外医学卫生学分册，1999，2（6）：339-342.

[119] 门玉梅，第建锋，董鹏，去乳糖奶粉辅助治疗婴幼儿腹泻继发乳糖酶缺乏疗效观察[J]．现代中西医结合杂志，2009，18（32）：3966.

[120] 任国谱，余兵．解乳清浓缩蛋白 WPC80 制备乳清肽的研究[J]．食品科学，2010，31：（20）11-14.

[121] 史先振．现代生物技术在食品领域的应用研究进展[J]．食品研究与开发，2004，25（4）：40-43.

[122] 田英华，刘晓兰，郑喜群，等．果胶酶及其在食品加工中的研究进展[J]．中国酿造，2017.3：10-11.

[123] 黄惠芝，马林，黄春波．葡萄糖氧化酶延长啤酒保鲜期的研究[J]．中国食品卫生杂志，2000，12（3）：13-15.

[124] 刘学文，王文贤，冉旭，等．嫩化性牛肉干的研究开发[J]．食品科学，2002，23（3）：106-1085.

[125] 梅丛笑，方元超，赵晋府．提高绿茶饮料风味的途径[J]．饮料工业，2000，（3）：4-8.

[126] 刘志强，王珍辉．酶法脱除大豆乳腥味因子研究[J]．食品工业科技，2003，24（5）：17-18.

[127] 蒲海燕，刘春芬，贺稚非，等．酶制剂在食品中的应用概况[J]．中国食品添加剂，2004，（4）：101-105.

[128] 马美湖，葛长荣，王进．冷却肉生产中保鲜技术的研究[J]．食品科学，2003，24(4)：74-83.

[129] 郭勇．2009．酶工程[M]．北京：科学出版社．

[130] 陈栋．酶联免疫检测方法及其对食品安全检查的重要作用[J]．食品安全导刊，2016(9)：18-19.

[131] 陈艺煊．酶生物传感器在食品分析检测中的应用[J]．科技传播，2013，6：109.

[132] 李毅，刘汉灵，黄菊，等．生物酶制剂在乳及乳制品中的应用进展[J]．食品安全导刊，2016，5：146-148.

[133] 路福平，刘逸寒，薄嘉鑫．食品酶工程关键技术及其安全性评价[J]．中国食品学报，2011，11：l88-193.

[134] Yang S, Wang L, Yan Q, et al. Hydrolysis of soybean isoflavone glycosides by a thermostable β- glueosidase from *Paecilomyces thermophila*[J]. Food Chemistry, 2009, 115：1247-1252.

[135] Gaspar A L C, de Goes-Favoni S P. Action of microbial transglutaminase in the modification of food proteins：a review[J]. Food Chemistry, 2015, 171：315-322.

[136] Jiang Z Q, Cong Q Q, Yan Q J, et al. Characterisation of a thermostable xylanase from Chaetomium sp. and its application in Chinese steamed bread[J]. Food Chemistry, 2010, 120：457-462.

[137] Yang T, Bai Y, Wu F, et al, Combined effects of glucose oxidase, papain and xylanase on bro wning lnhibition and characteristics of fresh whole wheat dough[J]. Journal of Cereal Science, 2014, 60：249-254.

[138] Alaunyte I, Stojceska V, Plunkett A, et al. Improving the quality of nutrient-rich Teff breads by combination of enzymes in straight dough and sourdough breadmaking[J]. Journal of Cereal Science, 2012, 55：22-30.

[139] Anese M, Quarta B, Frias J. Modelling the effect of asparaginase in reducing acrylamide formation in biscuits[J]. Food Chemistry, 2011, 126：435- 440.

[140] Zhang H, Jin Z. Preparation of resistant starch by hydrolysis of maize starch with pullulanase[J]. Car bohydrate Polymers, 2011, 83：865- 867.

[141] Choi J M, Han S S, Kim H S. Industrial applications of enzyme biocatalysis：current status and future aspects[J]. Biotechnology Advances, 2015, 33(7) : 1443-1454.

[142] Li S, Yang X, Yang S, et al. Technology prospecting on enzymes：application, marketing and engineering Computational and Structural Biology[J]. Computational and Structural Biotechnology Journal, 2012 , 2(3) : 1-11.

[143] Fox P F, Brodkorb A. The casein micelle：Historical aspects, current concep ts and significance [J]. International Dairy Journal, 2008, 18(7)：677-684.

[144] Martin G J O, Williams R P W, Dunstan D E, Comparison of caseinmicelles in raw and reconstituted skim miIk[J]. Journal of Dairy Science. 2007(90)：4543-4551.

[145] Dalgleish DG, Correding M. The structure of the casein micelle of milk and its changes during processing [J]. Annual Review of Food Science and Technology, 2012(3)：449-467.

[146] Van der Maarel M J, Leemhuis H. Starch modification with microbial alpha-glucanotransferase enzymes[J]. Carbohydrate Polymers, 2013, 93：116-121.

[147] Furukawa S, Hasegawa K, Fuke I, et al. Enzymatic synthesis of Z- aspartame in liquefied amino acid substrates[J]. Biochemical Engineering Journa1. 2013, 70：84- 87.

[148] 陈爱华，杨坚．酶联免疫吸附(ELISA)法在食品微生物检测中的应用[J]．中国食品添加剂，2004(4)：109-111，105.

[149] 马军，邱立平，冯琦．聚合酶链式反应在微生物检测中的应用[J]．中国给水排水，2002(1)：34-36.

[150] 王运照，胡文忠，李婷婷，等．基因芯片在微生物检测中的应用及发展概况[J]．食品工业科技，

2015(15)：396-400.

[151] 毛华，李路远．蛋白芯片在心血管疾病研究中的现状与进展[J]．中华老年心脑血管疾病杂志，2008，
10(2)：153-154.

[152] Erali M，Schmidt B，Lyon E，et al. Evaluation of elect ronicmicroarrays for genotyping factor V，factor Ⅱ，
and MTHFR[J]. Clin Chem，2003，49：732-739.

[153] 周冬生．生物芯片分类及其技术原理[J]．微生物学免疫学进展，2002，30(3)：101-107.

[154] 梁建功，何治柯．蛋白质芯片及其分析应用新进展[J]．分析化学，2004，2(32)：244-247.

[155] 陆祖宏，何农跃，孙啸．基因芯片技术在药物研究和开发中的应用[J]．中国药科大学学报，2001，
32(2)：81-86.

[156] 李莉，李荣宇，李成涛，等．31 个 SNP 位点多重 PCR 扩增和芯片分型技术的建立及法医学应用[J]．
法医学杂志，2005，2：90-95.

[157] Pennacchio A，Ruggiero G，Staiano M，et al. A surface plasmon resonance based biochip for the detection
of patulin toxin[J]. . Optical Materials，2014，36：1670-1675.

[158] Jimena C，Friebea S. Regenerable immunobiochip for screening ochratoxin A in green coffee extract using an
automated microarray chip reader with chemiluminescence detection[J]. Analytica Chimica Acta，2011，689
(2)：234-242.

[159] Gaudina V，Hedoua C，Soumet C，et al. Evaluation and validation of a biochip multi-array technology for
the screening of 14 sulphonamide and trimethoprim residues in honey according to the European guideline for
the validation of screening methods for veterinary medicines[J]. Food and Agricultural Immunology，2015，
26(4)：477-495.

[160] Gaudina V，Hedoua C，Soumet C，et al. Evaluation and validation of biochip multi-array technology for the
screening of six families of antibiotics in honey according to the European guideline for the validation of
screening methods for residues of veterinary medicines[J]. Food Additives & Contaminants：Part A，2014，
31：1699-1711.

[161] Mahony J，Moloner M，Mcconnell R I，et al. Simultaneous detection of four nitrofuran metabolites in honey
using a multiplexing biochip screening assay[J]. Biosensors and Bioelectronics，2011，26：4076-4081.

[162] Kloth K，Rye-johnsen M，Didier A，et al. A regenerable immunochip for the rapid determination of 13 dif-
ferent antibiotics in raw milk[J]. Analyst，2009，134(7)：1433-1439.

[163] 王君，刘蓉．近红外光谱技术在液态食品掺假检测中的应用[J]．食品工业科技，2016(7)：374-
380，386.

[164] 王小波，叶能胜，王继芬，等．可卡因及代谢物的分析检测研究进展[J]．化学通报，2010(2)：
111-117.

[165] Kawano R，Osaki T，Sasaki H，et al. Rapid detection of a cocaine -binding aptamer using biological nanop-
ores on a chip[J]. Journal of the American Chemical Society，2011，133：8474-8477.

[166] Hasman H，Hammerum A M，Hansen F，et al. Detection of mcr-1 encoding plasmidmediated colistin-re-
sistant Escherichia coli isolates from human bloodstream infection and imported chicken meat，Denmark
[J]. . Eurosurveillance，2015，20(49)：2-6 .

[167] Iwobi A N，Huber I，Hauner G，et al. Biochip technology for the detection of animal species in meat prod-
ucts[J]. Food Analytical Methods，2011，4：389-398.

[168] Marques M D，Critchley C R，Jarrod W. Attitudes to genetically modified food over time：How trust in or-
ganizations and the media cycle predict support[J]. Public Understanding of Science，2015，24(5)：
601-618.

[169] 穆小婷，董文宾，王玲玲，等．特异性生物芯片在乳品检测中的应用[J]．中国乳品工业，2014(2)：
38-40，43.

[170] 成晓维，王小玉，胡松楠，等．可视芯片检测大豆，水稻和玉米中的转基因成分[J]．现代食品科技，2013，29(3)：654-659．

[171] 齐香君．现代生物制药工艺学[M]．北京：化学工业出版社，2010

[172] 熊宗贵．生物制药技术[M]．北京：高等教育出版社，1999

[173] Aitken CM, Jones DM, Larter SR. Anaerobic hydrocarbon biodegradation in deep sub surface oil reservoirs [J]. Nature, 2004, 431: 291-294

[174] Head IM, Jones DM, Larter SR. Biological activity in the deep subsurface and the origin of heavy oil [J]. Nature, 2003, 426(6964): 344-352

[175] 朱光有，张水昌，赵文智，等．中国稠油区浅层天然气地球化学特征与成因机制[J]．中国科学：D 辑，2007，37：80-89

[176] Zengler K, Richnow HH, Rossello-Mora R, et al. Methane formation from long-chain alkanes by anaerobic microorganisms [J]. Nature, 1999, 401(6750): 266-269

[177] Anderson RT, Lovley DR. Hexadecane decay by methanogenesis [J]. Nature, 2000, 404(13): 722-723

[178] Jones DM, Head IM, Gray ND, et al. Crude-oil biodegradation via methanogenesis in subsurface petroleum reservoirs [J]. Nature, 2008, 451(7175): 176-180

[179] Gieg LM, Duncan KE, Suflita JM. Bioenergy production via microbial conversion of residual oil to natural gas [J]. Appied and Environmental Microbiology, 2008, 74(10): 3022-3029

[180] Belyaev SS, et al. Activation of the geochemical activity of strata microflora as basis of a biotechnology for enhancement[J]. Microbiology, 1998, 67 (6): 708-714

[181] 王修垣．微生物提高石油采收率的油田应用[J]．微生物学通报，1990，17(6)：374-374

[182] Nazina TN. Microbiological investigation of the carbonate reservoir of the Romashkinoe oil field：background study before testing a biotechnology for the enhancement of petroleum recovery[J]. Microbiology, 1998, 67 (5): 582-589

[183] Spormann AM, Widdel F. Metabolism of alkylbenzenes, alkanes, and other hydrocarbons in anaerobic bacteria [J]. Biodegradation, 2000, 11(2): 85-105

[184] 任红燕，宋志勇，李霏霁，等，胜利油藏不同时间细菌群落结构的比较[J]．微生物学通报，2010. 38 (4): 561-568

[185] 陈硕，李辉，杨世忠，等．PCR-DGGE 用于检测油田产出液中烃降解菌的多样性[J]．微生物学杂志，2010，30(2)：1-6

[186] OrphanVJ, Taylor LT, Hafenbrad ID, et al. Culture- dependent and culture- independent characterization of microbial assemblages associated with high-temperature petroleum reservoirs [J]. Applied and Environmental Microbiology, 2000, 66(2): 700-711

[187] Stetter KO, Huber R, BlochIE, et al. Hyperthermophilic archaea are thriving in deep North Sea and Alask an oil reservoirs [J]. Nature, 1993, 365 (6448): 743-745

[188] Rabus R, Widdel F. Utilization of alkylbenzenes during anaerobic growth of pure cultures of denitrifying bacteria on crude oil [J]. Applied and Environmental Microbiology, 1996, 62: 1238-1241

[189] 张红丽．青海跃进油区微生物驱油技术研究[D]．北京：中科院渗流流体力学研究所．2009

[190] 王俊，俞理，黄立信．油藏生物气研究进展[J]．特种油气藏，2010，17(5)：8-12

[191] Dalsgaard T, Bak F. Nitrate reduction in a sulfide-reducing bacterium, Desulfovibrio desulfuricans, isolated from rice Paddy soil, sulfide inhibition, kinetics and regulation [J]. Applied and Environmental Microbiology, 1994, 60: 291-297

[192] Telang AJ, Ebert S, Foght JM, et al. Effect of nitrate injection on the microbial community in an oil field as monitored by reverse sample genomeprobing [J]. Applied and Environmental Microbiology, 1997, 63: 1785-1793

[193] Fries MR, Zhou J, Chee-Sanford J, et al. Isolation, characterization, and distribution of Denitrifying toluene degraders from a variety of habitats [J]. Applied and Environmental Microbiology, 1994, 60: 2802-2810

[194] Alexander IS, Christian J, Stephane LH, et al. Dissimilatory reduction of Fe (III) by thermophilic bacteria and archaea in deep subsurface petroleum reservoirs of Western Siberia [J]. Current Microbiology, 1999, 39 (2): 99-102

[195] McKay DS, Gibson EK, Thomas Keprta T Jr, et al. Search for past life on Mars: possible reliobiogenic activity in martian meteorite ALH84001 [J]. Science, 1996, 273: 924-930

[196] 刘亭亭, 曹靖瑜. 产甲烷菌的分离及其生长条件研究[J]. 黑龙江水专学报, 2007, 34(4): 3-5

[197] 王靖, 章厚名. 油田中微生物防治硫酸盐还原菌腐蚀的研究进展[J]. 环境污染与防治, 2008, 8: 1-6

[198] 陈涛, 曹毅, 伊芬芬, 等. 一株耐酸硫酸盐还原菌的分离筛选及生理特性研究[J]. 四川大学学报: 自然科学版, 2006, 43(2): 454-455

[199] Greene EA. Hubert C. Nemati M. et al. Nitrite reductase activity of sulfate-reducing bacteria prevents their inhibition by nitrate-reducing, sulfide-oxidizing bacteria [J]. Environmental Microbiology. 2003, 5(7): 607-617

[200] Rueter P, Rabus R, Aeckersberg FA. et al. Anaerobic oxidation of hydrocarbons in crude oil by new types of sulphate- reducing bacteria. [J] Nature, 1994, 372: 455- 458

[201] Szaleniec M, Hagel C, Menke M, et al. Kinetics and mechanism of oxygen-independent hydrocarbon hydroxylation by ethylbenzene dehydrogenase[J]. Biochemistry, 2007, 46(25): 7637-7646

[202] 贾晓珊, 李顺义. 厌气混合培养中产甲烷菌和硫酸盐还原菌的动力学竞争 II. 动力学推定的结果与讨论[J]. 中山大学学报 (自然科学版), 2004, 41(1): 92-98

[203] 农业部厌氧微生物重点开放实验室. 产甲烷菌及其研究方法[M]. 成都: 成都电子科技大学出版社, 1997